前言

《工程制图》课程是高等工科院校必修的一门技术基础课。随着教育观念的转变和科学技术的发展，我国高等院校《工程制图》课程的教学也发生了深刻的变化。在人才培养上更加注重能力和素质的培养，其中最为突出的是教学内容的更新、课程体系的重组和教学手段的现代化。

本书在编写过程中，以掌握基础理论、注重技能培养和提高综合素质为主导思想，从优化课程体系、教学内容、加强学生实践能力出发，全面贯彻“够用为度、培养技能、重在应用”的编写原则。本书根据教育部制定的《工程图学课程教学基本要求》，在总结《工程制图》课程教学改革经验的基础上编写而成。

本书主要有以下特点：

1. 本书重组了教学内容。以必需、够用为原则，对画法几何和机械制图内容优化组合，将画法几何内容进行了压缩和调整。

2. 本书介绍了 AutoCAD 2013 最新版绘图软件的功能，将工程制图和计算机绘图有机融合，为学生学习后续课程和设计打下良好基础。

3. 本书注重绘图能力的培养，加强了绘图、读图训练，提高学生的图形表达能力、形体分析能力、几何构形能力、动手能力和创新意识。

4. 本书全部贯彻最新发布的《技术制图》与《机械制图》国家标准，书后附有部分常用国家标准，供学生学习时参考使用。

5. 同时出版《工程制图习题集》与本书配套使用。

本书可作为高等院校机械类、近机类及相关专业《工程制图》课程的教材。

本书由辽宁科技学院王春莲、杨月新主编，辽宁科技学院徐国新、韦杰担任副主编，参加本书编写的有：杨月新（绪论、第 1、3 章）、辽宁科技学院杨光（第 2 章）、韦杰（第 4、5 章）、王春莲（第 6、9 章及附录）、徐国新（第 7、8 章）、辽宁科技学院马艳萍（第 10 章）。

由于编者水平有限，书中难免存在缺点，敬请各位读者批评指正。

编者

2014 年 6 月

目　录

绪　论

0.1　课程的研究对象

在工程中，根据国家标准和有关规定，应用正投影理论准确地表达物体的形状、大小及其技术要求的图纸，称为图样。图样是人们表达设计思想、传递设计信息、交流创新构思的重要工具之一，是现代工业生产部门、管理部门和科技部门中一种重要的技术资料，在工程设计、施工、检验、技术交流等方面有着极其重要的地位，因此，图样被喻为“工程界的语言”。

“机械制图”是一门研究绘制和阅读机械图样的技术基础课，在工科院校中，是相关专业培养高级工程技术应用型人才必须学习的一门主干课，是每个从事机械行业的工程技术人员都必须学习和熟练掌握的技能。

0.2　学习任务和内容

本课程的主要任务是：

(1) 学习和掌握正投影的基本理论及应用，能够绘制和阅读中等复杂程度机械图样。

(2) 熟悉并贯彻执行《技术制图》与《机械制图》国家标准的有关规定，培养查阅有关标准、手册的能力。

(3) 培养和发展学生的空间想象力以及分析问题、解决问题的能力。

(4) 熟练地掌握 AutoCAD 绘图技能，同时培养学生在尺规绘图和徒手绘图方面的综合能力。

(5) 培养学生一丝不苟的工作作风和严谨的工作态度。

本课程包括的内容如下：

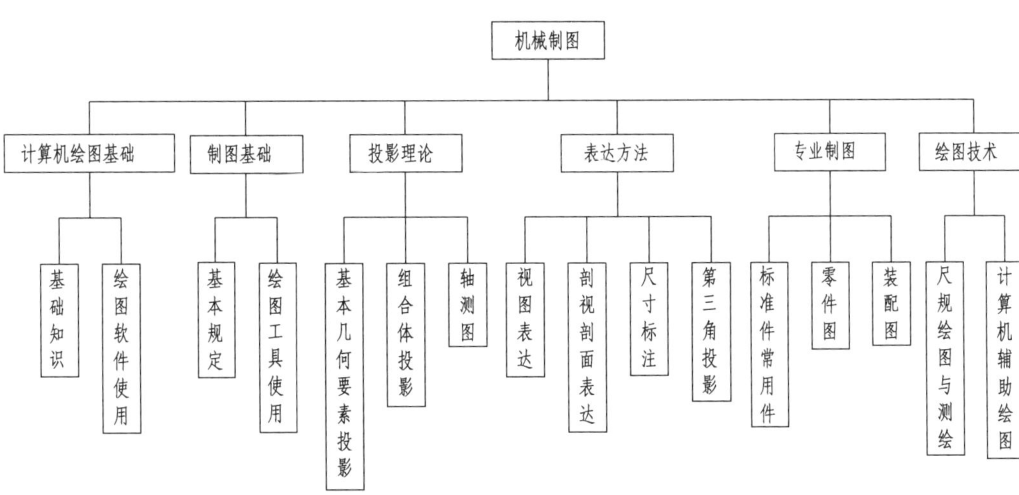

0.3 课程的学习方法

（1）本课程是实践性很强的技术基础课，在学习中除了掌握基本理论知识外，还必须密切联系实际，更多地注意在具体作图时如何运用这些理论。因此，必须通过一系列绘图、看图练习，才能掌握本课程的基本原理和基本方法。

（2）在学习中，必须经常注意空间几何关系的分析以及空间几何元素与其投影之间的相互关系。只有“从空间到平面，再从平面到空间”，进行反复研究和思考，才是学好本课程的有效方法。

（3）在计算机绘图的训练中，应掌握 AutoCAD 的绘图设置、编辑和绘图方法，不断提高综合应用 AutoCAD 各种命令的绘图技能。

（4）注意正确使用绘图仪器，不断提高尺规绘图技能和绘图速度。

（5）认真听课，及时复习，独立完成作业，有意识的培养自学能力和学生的标准意识，提高创新意识，养成认真工作的习惯，这是 21 世纪高技能人才必备的基本素质。

第 1 章　制图的基本知识与技能

工程图样是工程上用以表达设计意图和交流技术思想的技术文件，是工程界的技术语言。设计师通过图样设计新产品，工艺师依据图样制造新产品。此外，工程图样还广泛应用于技术交流。

在各个工业部门，为了科学地进行生产和管理，对图样中的图幅的安排、尺寸注法、图样画法、图纸大小、图线等内容，都做出了统一规定，这些规定称为制图标准。国家标准《机械制图》是我国颁布的一项重要技术标准，统一规定了有关机械方面生产和设计部门共同遵守的制图规则；我国还制定了对各类技术图样和有关技术文件都适用的《技术制图》国家标准。每一个工程技术人员都必须树立标准化的概念，严格遵守、认真执行国家标准。

本章主要介绍由国家质量技术监督局最新颁布的《技术制图》、《机械制图》国家标准（以下简称国标）中的有关规定，同时介绍绘图工具的使用、几何作图和平面图形的绘图方法等有关的制图基本知识。

国家标准代号为“GB”，它是由“国标”两个字的汉语拼音的第一个字母“G”和“B”组成的，例如“GB/T 14690—1993”，国标后面的两组数字分别表示标准的序号和颁布的年份。国家标准的代号以“GB”开头者为强制性标准，国家标准的代号以“GB/T”开头者为推荐性标准。

图样在国际上也有统一的标准，即 ISO 标准（International Standardization Organization 的缩写），这个标准是由国际标准化组织制定的。我国 1978 年参加国际标准化组织后，为了加强我国与世界各国的技术交流，国家标准的许多内容已经与 ISO 标准相同了。

1.1　国家标准有关制图的规定

1.1.1　图纸幅面及格式

1. 图纸幅面（GB/T 14689—1993）

标准图幅共有五种，其尺寸见表 1-1 所示。绘制图样时应优先采用这些图幅尺寸，必要时也允许加长幅面。加长幅面的尺寸是由基本幅面的短边成整数倍增加后得出的，见图 1-1 所示。

表 1-1　图纸幅面尺寸

幅面代号	A0	A1	A2	A3	A4
$B \times L$	841×1189	594×841	420×594	297×420	210×297
a			25		
c		10		5	
e		20		10	

2. 图框格式

图纸可以横放，也可以竖放。

每张图纸上都必须用粗实线画出图框，其格式有两种，一种是用于需要装订的图纸，如

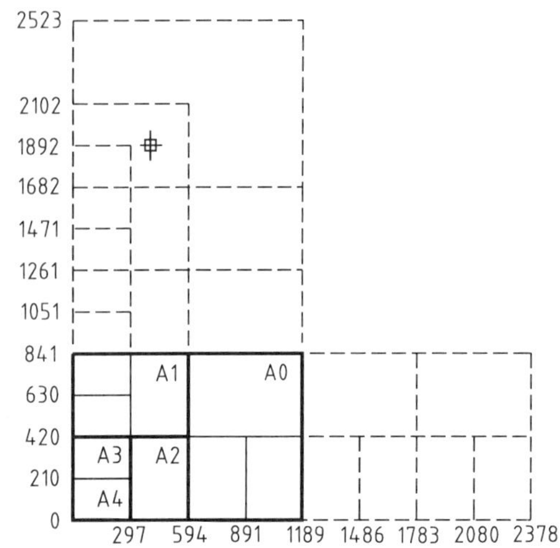

图 1-1 图幅及加长边

图 1-2（a）所示；另一种则用于不需要装订的图纸，如图 1-2（b）所示。同一产品的图样只能采用一种格式。

3. 标题栏格式（GB 10609.1—1989）

每张图纸都必须具有一个标题栏，它通常位于图纸右下角紧贴图框线的位置上。标题栏的格式和内容在国家标准 GB 10609.1—1989 中作出了详细的规定，如图 1-3 所示，它适用于工矿企业等各种生产用图纸。而一般在学校的制图作业中可采用图 1-4 所示的标题栏格式及尺寸。标题栏的外框画粗实线，分栏线画细实线。

标题栏的方位和看图方向：

（1）按标题栏中的文字方向为看图方向。这是当 A4 图纸竖放，其他基本图纸幅面横放，且标题栏均位于图纸右下角时的正常情况下所绘图样的看图方向规定，如图 1-5（a）所示。

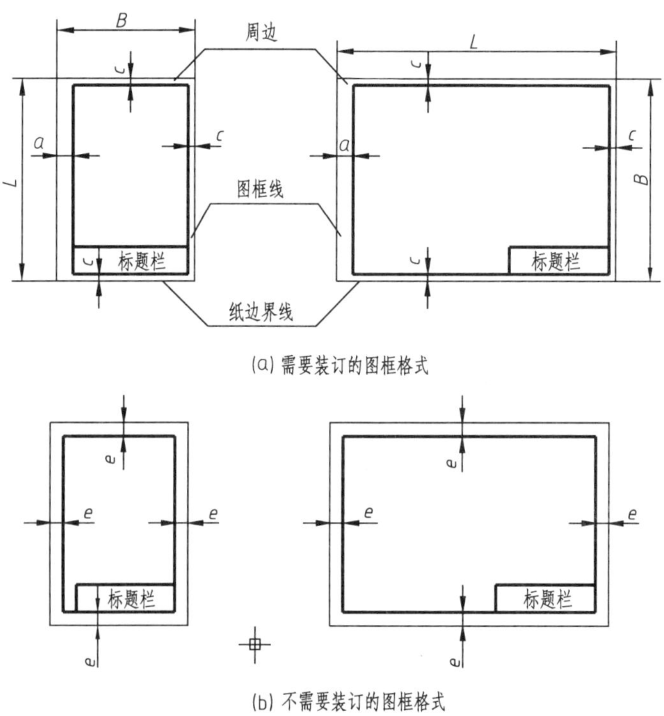

图 1-2 图框格式

（2）按方向符号指示的方向看图，即令画在对中符号上的等边三角形（即方向符号）位于图纸下边后看图。这是当 A4 图纸横放，其他基本图纸幅面竖放，且标题栏均位于图纸右上角时所绘图样的看图方向规定。此时标题栏的长边均置于铅垂方向，画有方向符号的装订边位于图纸下边。这种情况是当必要时为利用预先印制的图纸而规定的，如图 1-5（b）所示。

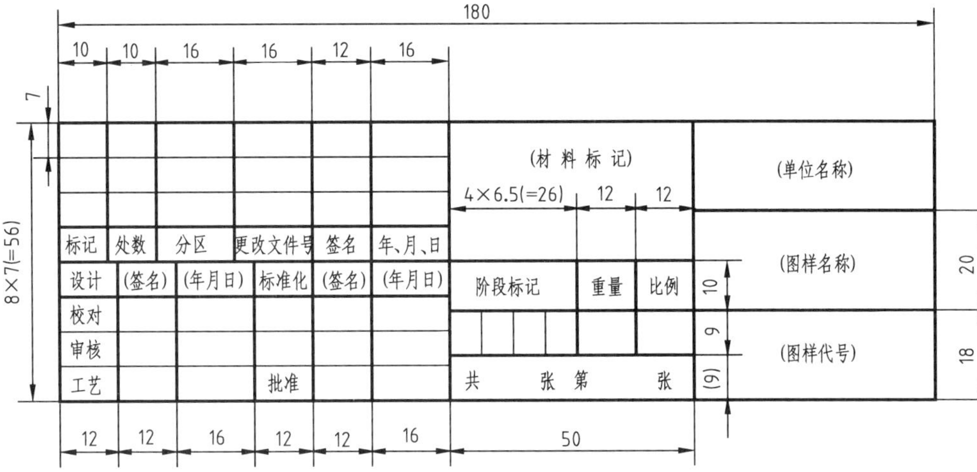

图 1-3　标题栏举例

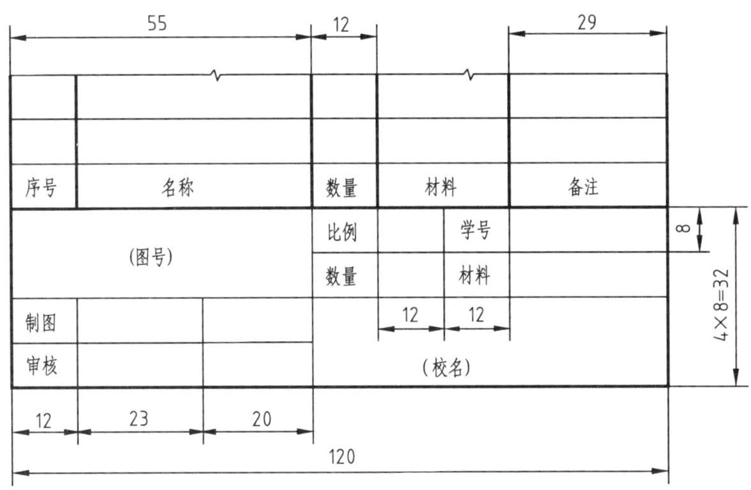

图 1-4　推荐学生使用的标题栏格式

1.1.2　比例（GB/T 14690—1993）

绘制图样时所采用的比例，是指图样中图形与其实物相应要素的线性尺寸之比。比值为 1 的比例，即 1∶1，称为原值比例；比值大于 1 的比例，如 2∶1 等，称为放大比例；比值小于 1 的比例，如 1∶2 等，称为缩小比例。

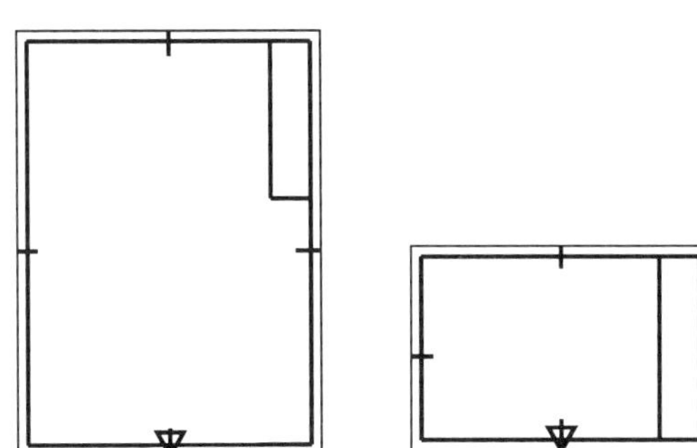
(a) A4图纸竖放　(b) A4图纸横放

图 1-5　看图方向与标题栏的方位

绘制图样时，应尽可能按机件的实际大小采用 1∶1 的比例画出，以方便绘图和看图。但由于机件的大小及结构复杂程度不同，有时需要放大或缩小，当需要按比例绘制图样时，应由表 1-2 中所规定的第一系列中选取适当的比例，必要时也可选取表 1-2 第二系列的比例。

表 1-2 比例

种类	比例	
	第一系列	第二系列
原值比例	1∶1	1∶1
放大比例	5∶1 2∶1 5×10^n∶1 2×10^n∶1 1×10^n∶1	4∶1 2.5∶1 4×10^n∶1 2.5×10^n∶1
缩小比例	1∶2 1∶5 1∶10 1∶2×10^n 1∶5×10^n 1∶1×10^n	1∶1.5 1∶2.5 1∶3 1∶4 1∶6 1∶1.5×10^n 1∶2.5×10^n 1∶3×10^n 1∶4×10^n 1∶6×10^n

注：n 为正整数。

在图样上标注比例应采用比例符号"∶"表示，如 1∶1、2∶1 等，并在标题栏的比例栏中填写。在同一张图样上的各图形一般采用相同的比例绘制；当某个图形需要采用不同的比例绘制时，可在视图名称的下方或右侧标注比例，如：$\frac{I}{2:1}$、$\frac{B—B}{2.5:1}$。不论采用何种比例，图上所注的尺寸数值均应为机件的实际尺寸，如图 1-6 所示。

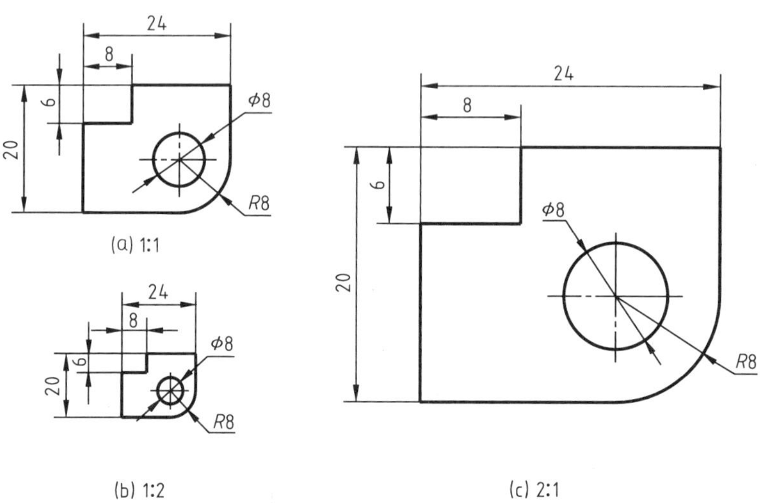

图 1-6 采用不同比例绘制的同一图形

1.1.3 字体（GB/T 14691—1993）

图样上除了表达机件的图形外，还需要用数字和文字来说明机件的大小和技术要求等内容。国标规定书写的字体必须字体端正、笔画清楚、排列整齐、间隔均匀。

1. 字高

字体的高度 h（单位为 mm）代表字体的号数，分为 1.8、2.5、3.5、5、7、10、14、20 八种。

2. 汉字

汉字应写成长仿宋体，并采用国家正式公布推行的简化字。长仿宋字的书写要领为：横平竖直、注意起落、结构匀称、填满方格。

汉字的高度应不小于 3.5mm，其宽度一般为 $h/\sqrt{2}$。见表 1-3。

长仿宋体的书写示例如下所示：

机 械 图 样 中 的 汉 字 数 字 各 种 字 母 必 须 写

得 字 体 端 正 笔 画 清 楚 排 列 整 齐 间 隔 均 匀

表 1-3　字体大小

字体的代号	20 号	14 号	10 号	7 号	5 号	3.5 号	2.5 号	1.8 号
字高	20	14	10	7	5	3.5	2.5	1.8
字宽（$h/\sqrt{2}$字高）	14	10	7	5	3.5	2.5	1.8	1.3

注：单位为 mm。

3. 数字

数字有阿拉伯数字和罗马数字两种，有直体和斜体之分。常用的是斜体字，其字头向右倾斜，与水平方向约成 75°，书写示例如下所示。

1 2 3 4 5 6 7 8 9 0

1 2 3 4 5 6 7 8 9 0

阿拉伯数字示例

Ⅰ Ⅱ Ⅲ Ⅳ Ⅴ Ⅵ Ⅶ Ⅷ

Ⅰ Ⅱ Ⅲ Ⅳ Ⅴ Ⅵ Ⅶ Ⅷ

罗马数字示例

4. 字母

字母有拉丁字母和希腊字母两种，常用的是拉丁字母，我国的汉语拼音字母与它的写法一样，每种均有大写和小写、直体和斜体之分。写斜体字时，通常字头向右倾斜与水平线约成 75°，以下即为拉丁字母与希腊字母的书写示例。

ABCDEFGHIJKLMN

拉丁字母示例（斜体）

$\alpha\ \beta\ \gamma\ \delta\ \varepsilon\ \zeta\ \eta\ \theta\ \iota\ \kappa\ \lambda\ \mu\ \nu\ \xi$

希腊字母示例（斜体）

5. 应用示例

用作分数极限偏差、注脚等的数字及字母一般采用小一号的字体，下面是字体的应用示例。

$$10^{3}\quad S^{-1}\quad D_{1}\quad T_{d}\quad \phi 20^{+0.010}_{-0.023}\quad 7^{\circ}{}^{+1^{\circ}}_{-2^{\circ}}\quad \frac{3}{5}$$

1.1.4　图线（GB/T 17450—1998、GB/T 4457.4—2002）

1. 图线及其应用

绘制图样时应采用表 1-4 中规定的各种图线。机械图样中图线的宽度分为粗、细两种，

粗线的宽度 d 应按图的大小和复杂程度在 0.5～2mm 间选择，常用的线宽约 1mm。细线的宽度约为 $d/2$。国标推荐的图线宽度系列为：0.13、0.18、0.25、0.35、0.5、0.7、1、1.4、2mm，图 1-7 为图线的应用示例。

表 1-4　图线及应用举例

图线名称	图线型式	图线宽度	主要用途
粗实线	————————	d	可见轮廓线
细实线	————————	$0.5d$	尺寸线、尺寸界线、剖面线、辅助线、重合断面的轮廓线、引出线、螺纹的牙底线及齿轮的齿根线
波浪线	～～～～	$0.5d$	断裂处的边界线、视图和剖视的分界线
双折线	—\\/—\\/—\\/—	$0.5d$	断裂处的边界线
虚线	– – – – – – – – –	$0.5d$	不可见的轮廓线、不可见的过渡线
粗虚线	—— —— —— ——	d	有特殊要求表面
细点画线	—— - ———— - ——	$0.5d$	轴线、对称中心线、轨迹线、齿轮的分度圆及分度线
粗点画线	—— - ———— - ——	d	限定范围的表示线
细双点画线	—— - - —— - - ——	$0.5d$	相邻辅助零件的轮廓线、中断线、极限位置的轮廓线、假想投影轮廓线

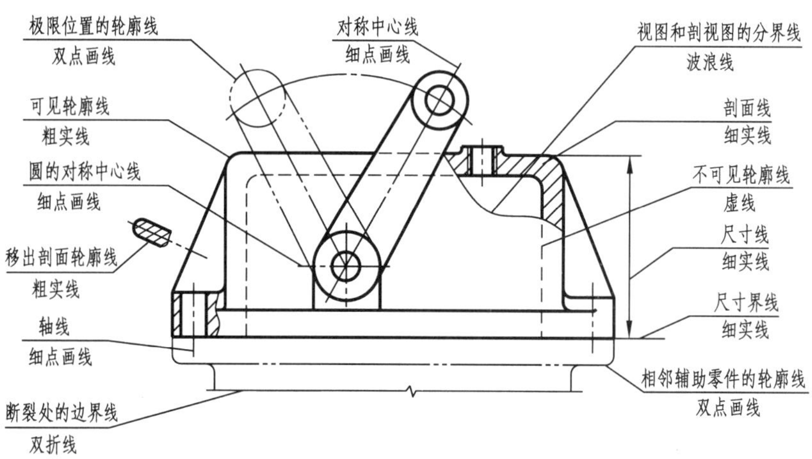

图 1-7　图线应用示例

2. 图线画法

同一张图样中同类图线的宽度应基本一致，虚线、点画线、双点画线的线段长短和间隔应各自大致相等。

绘制圆的对称中心线时，圆心应为线段的交点，首末两端应是线段而不是短画或点，且超出图形外 2～5mm。

在较小的图形上绘制点画线、双点画线有困难时，可用细实线来代替。

虚线、点画线或双点画线和实线或它们自己相交时，应以线段相交，而不应在空隙处相交。

当细虚线是粗实线的延长线时，连接处应为空隙，如图 1-8 所示。

两条平行线之间的最小间隙不得小于 0.7mm。

当各种线型重合时，应按粗实线、虚线、点画线的优先顺序画出。

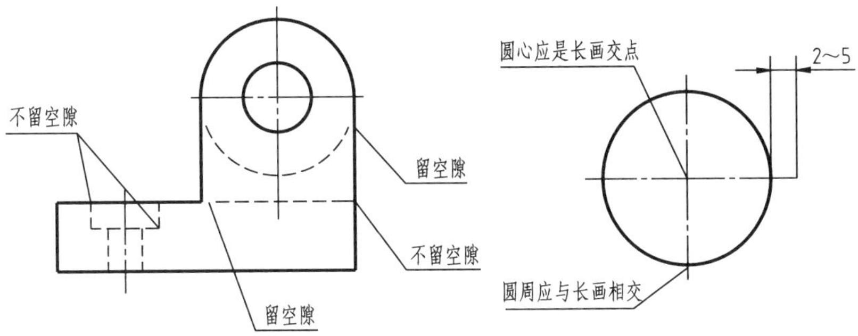

(a)　(b)

图 1-8　图线绘制注意事项

1.1.5　尺寸注法（GB/T 4458.4—2003、GB/T 16675.2—1996）

在工程图样中机件的形状由图形来表达，而大小则必须由尺寸来确定。标注尺寸时，应严格遵守国家标准有关尺寸标注的规定，做到正确、完整、清晰、合理。

1. 尺寸标注的基本规则

(1) 机件的真实大小应以图样上所标注的尺寸数值为依据，与图形的比例大小及绘图的准确程度无关。

(2) 图样中（包括技术要求和其他说明）的尺寸，以 mm 为单位时，不需标注计量单位的名称或代号，如采用其他单位，则必须注明相应的计量单位或名称（如 30°10′5″）。

(3) 图样中所标注的尺寸，应为该图样所示机件的最后完工尺寸，否则需另加说明。

(4) 机件的每一尺寸，一般只标注一次，并应标注在反映该结构最清晰的图形上。

2. 尺寸的组成

一个完整的尺寸标注由尺寸界线、尺寸线、尺寸数字和表示尺寸线终端的箭头或斜线组成，如图 1-9 所示。

(1) 尺寸界线。尺寸界线用细实线绘制，用以表示所注的尺寸范围。尺寸界线一般由图形的轮廓线、轴线或对称中心线引出，也可利用轮廓线、轴线或对称中心线作为尺寸界线。通常，尺寸界线应与尺寸线垂直，并超出尺寸线终端 2mm 左右，必要时允许尺寸界线与尺寸线倾斜，如图 1-10 所示。

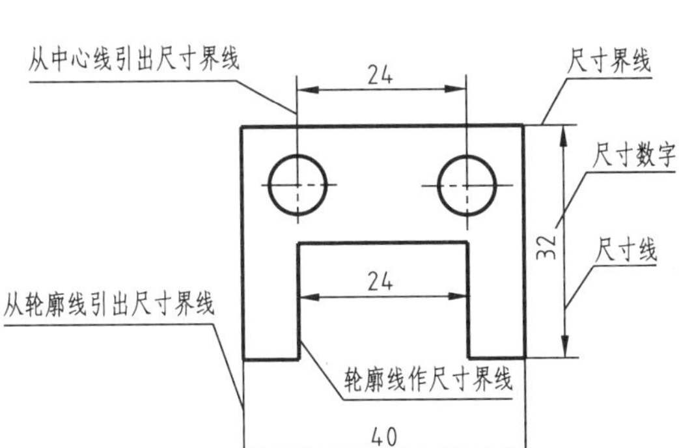

图 1-9　尺寸的基本要素

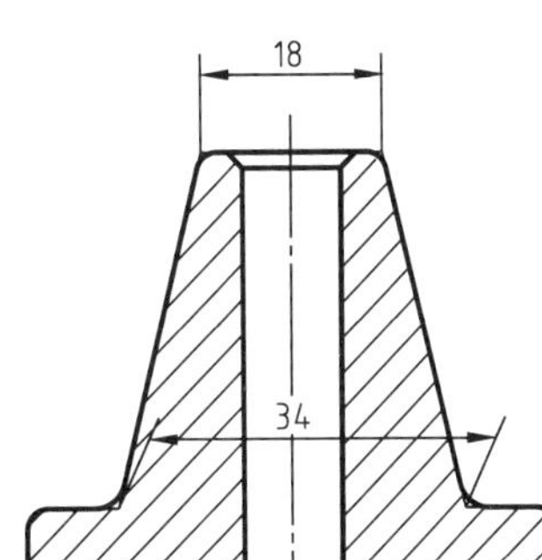

图 1-10　尺寸界线与尺寸线

(2) 尺寸线。尺寸线用细实线绘制在尺寸界线之间，表示尺寸度量的方向。

尺寸线必须单独绘制，不能用其他图线代替，也不得与其他图线重合或画在其他图线的延长线上。标注线性尺寸时，尺寸线必须与所标注的线段平行，如图 1-10 所示。

尺寸线的终端有两种形式：箭头和斜线。

机械图样中一般采用箭头作为尺寸线的终端，斜线形式主要用于建筑图样。当尺寸线与尺寸界线垂直时，同一图样中只能采用一种尺寸终端形式。

箭头适用于各种类型的图样，如图 1-11（a）所示。

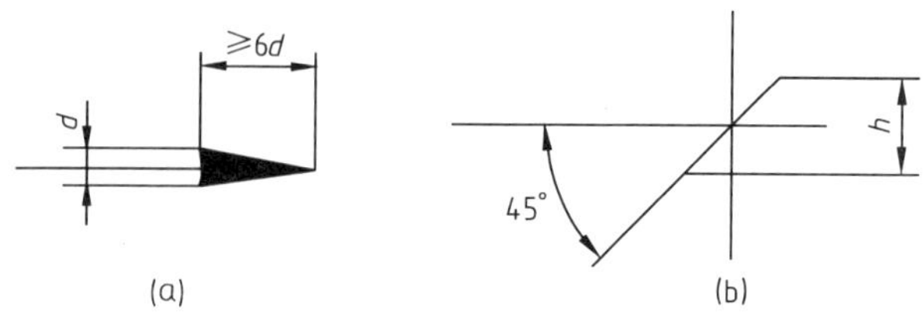

图 1-11　箭头形式

斜线用细实线绘制，其画法如图 1-11（b）所示。当尺寸线的终端采用斜线形式时，尺寸线与尺寸界线必须互相垂直。

（3）尺寸数字。尺寸数字表示所注机件尺寸的实际大小。

线性尺寸的数字一般注写在尺寸线的上方，也可注写在尺寸线的中断处。尺寸数字的书写方法有两种：

① 如图 1-12（a）所示，水平方向的尺寸数字，字头朝上；垂直方向的尺寸数字，字头朝左；倾斜方向的尺寸数字，其字头保持有朝上的趋势，但在 30°范围内应尽量避免标注尺寸，当无法避免时，可参照如图 1-12（b）的形式标注。在注写尺寸数字时，数字不可被任何图线所通过，当不可避免时，必须把图线断开，如图 1-12（c）所示。

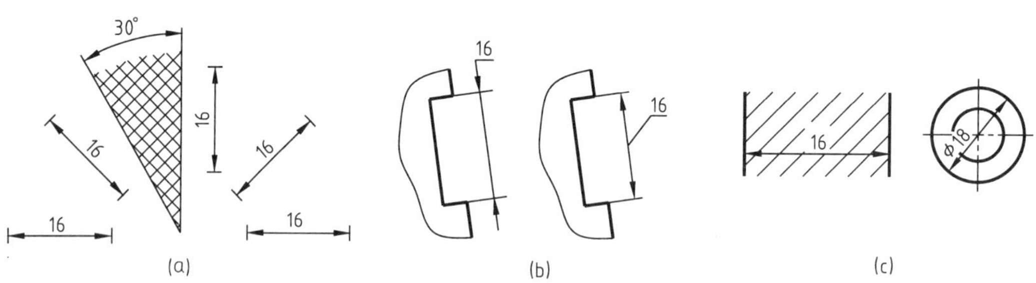

图 1-12　尺寸数字的方向

② 如图 1-13 所示，对于非水平方向的尺寸，其数字可水平地注写在尺寸线的中断处。尺寸数字的注写一般采用第一种方法，且注意在一张图样中，尽可能采用同一种方法。

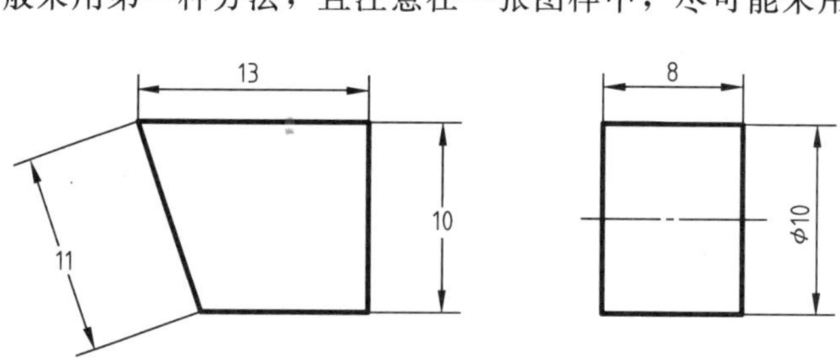

图 1-13　线性尺寸数字的注写方法

3. 常用的尺寸标注法

根据国家标准的有关规定，表 1-5 列举了一些常见的尺寸注法示例以供参考。

表 1-5　尺寸注法的基本规定

内　　容	示　　例	说　　明
角度	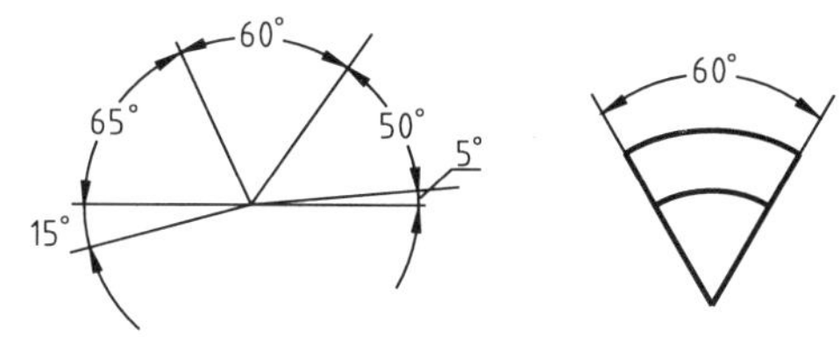	角度的尺寸界线应沿径向引出。尺寸线应画成圆弧，其圆心是该角的顶点。角度的尺寸数字一般应注写在尺寸线的中断处，并一律写成水平方向，必要时也可写在尺寸线的上方、外面或引出标注
直径和半径	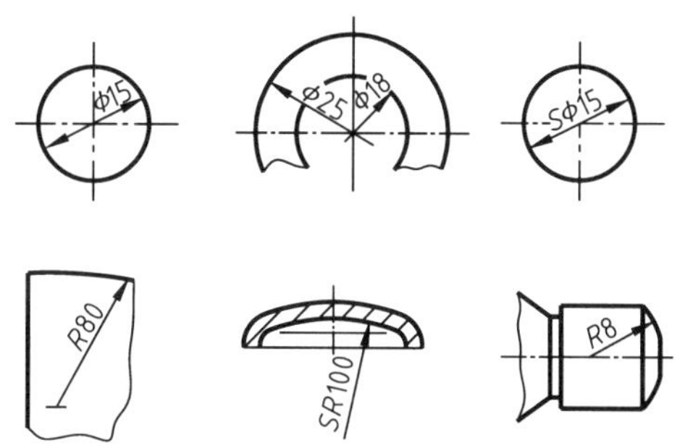	直径、半径的尺寸数值前，应分别注出符号“ϕ”“R”。对球面，应在符号“ϕ”“R”前加注符号“S”，在不致引起误解时，也允许省略符号“S” 当圆弧的半径过大或在图纸范围内无法标注其圆心位置时，可用折线形式表示尺寸线。若无需表示圆心位置时，可将尺寸线中断
小间隔、小圆和小圆弧	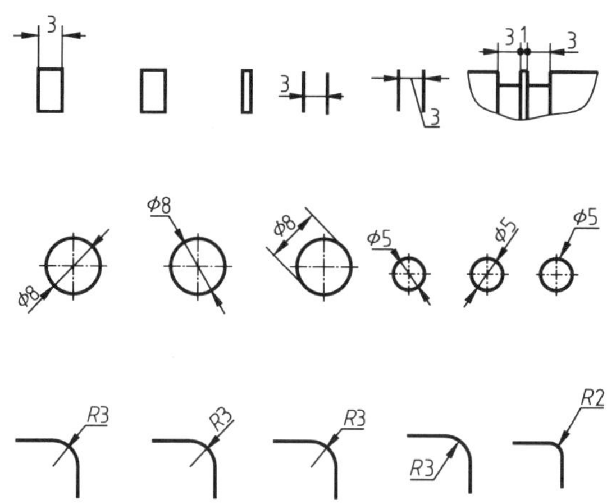	没有足够位置画箭头或注写尺寸数字时，可按左图形式标注
弦长和弧长	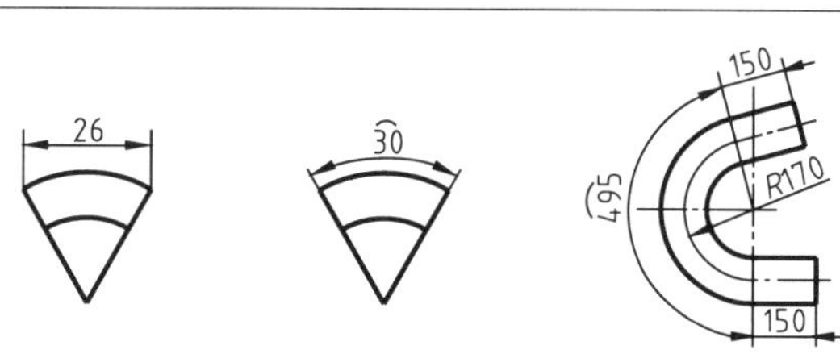	标注弦长尺寸时，尺寸界线应平行于该弦的垂直平分线。标注弧长尺寸时，尺寸线用圆弧，尺寸数字上方应加注符号“⌒”，尺寸界线应沿径向引出
对称机件	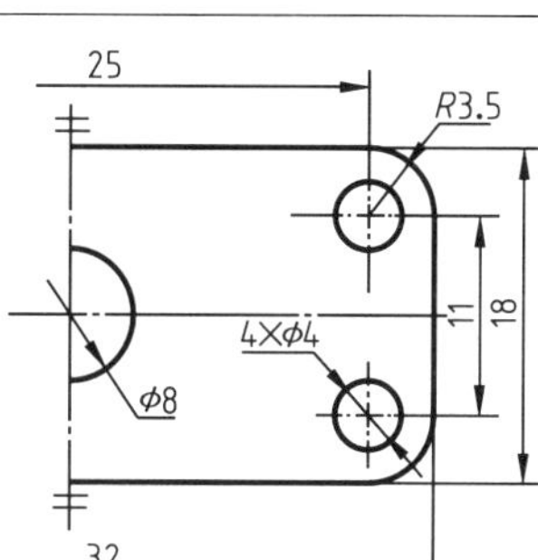	当对称机件的图形只画出一半或略大于一半时，尺寸线应略超过对称中心线或断裂处的边界线，且只在有尺寸界线的一端画出箭头

续表

内容	示例	说明
正方形结构	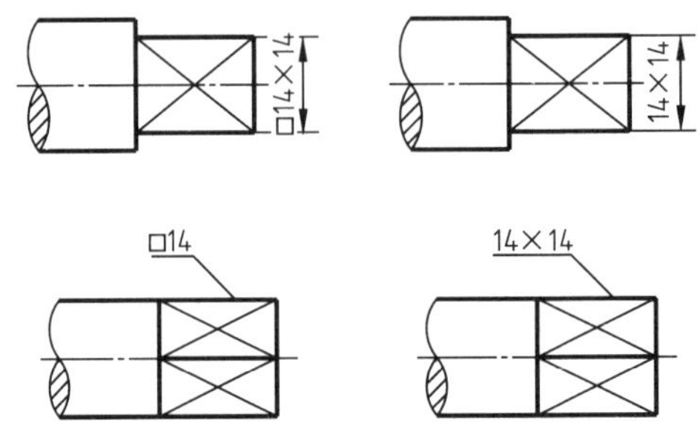	剖面为正方形时，可在正方形边长尺寸数字前加注符号“□”或用“$B\times B$”注出（B为正方形的对边距离）

1.2 制图工具、仪器及使用方法

正确使用绘图工具和仪器，是保证绘图质量和绘图效率的一个重要方面。为此将尺规绘图工具及其使用方法介绍如下。

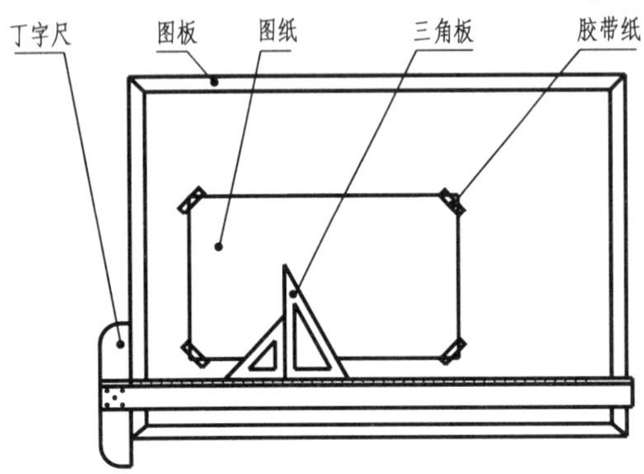

图1-14 图板、丁字尺、三角板及其图纸固定方法

图板要求板面平滑光洁，它的左侧边为丁字尺的导边，必须平直光滑，图纸用胶带纸固定在图板上，如图1-14所示。

丁字尺由尺头和尺身两部分组成，它主要用来画水平线，其头部必须紧靠绘图板左边，然后用丁字尺的上边画线。移动丁字尺时，用左手推动丁字尺头沿图板上下移动，把丁字尺调整到准确的位置，然后压住丁字尺进行画线。画水平线是从左到右画，铅笔前后方向应与纸面垂直，而在画线前进方向倾斜约30°。

三角板可配合丁字尺画铅垂线及15°倍角的斜线；或用两块三角板配合画任意角度的平行线或垂直线，如图1-15所示。

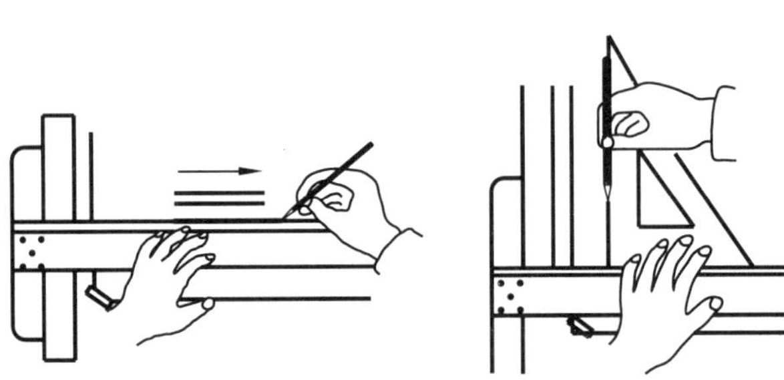

(a) (b)

图1-15 三角板和丁字尺联合作图

绘图用铅笔的铅芯分别用B和H表示其软、硬程度，绘图时根据不同使用要求，应准备以下几种硬度不同的铅笔：

B或HB——画粗实线用；

HB 或 H——画箭头和写字用；

H 或 2H——画各种细线和画底稿用。

其中用于画粗实线的铅笔磨成矩形，其余的磨成圆锥形，如图 1-16 所示。

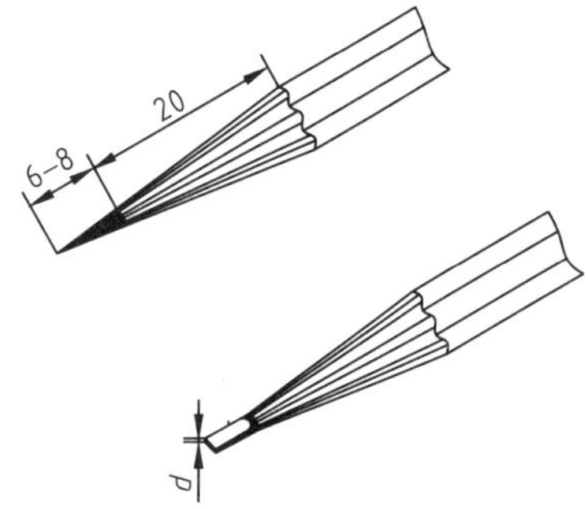

图 1-16　铅笔的削法

圆规用来画圆和圆弧。画图时应尽量使钢针和铅芯都垂直于纸面，钢针的台阶与铅芯尖应平齐，使用方法如图 1-17 所示。

分规主要用来量取线段长度或等分已知线段。分规的两个针尖应调整平齐，从比例尺上量取长度时，针尖不要正对尺面，应使针尖与尺面保持倾斜。用分规等分线段时，通常要用试分法，分规的用法如图 1-18 所示。

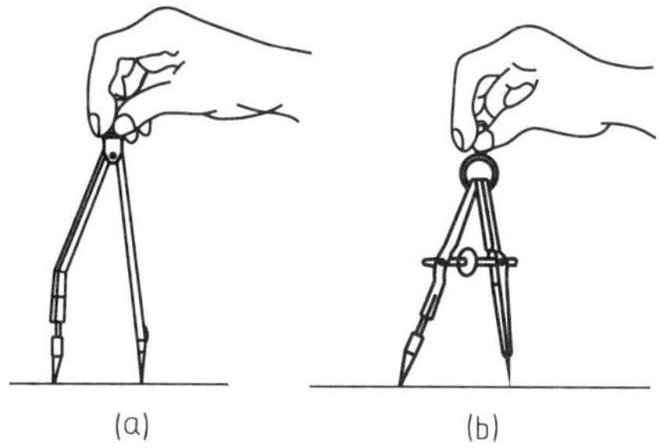

图 1-17　圆规的使用方法

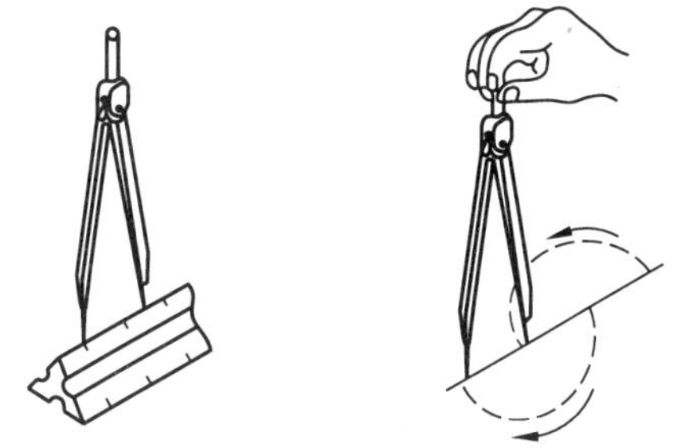

图 1-18　分规及其用法

1.3　几何作图方法

机械图样的图形都是由平面几何图形构成，掌握常见的几何作图方法是绘制机械图样的基础，作图方法如表 1-6。

表 1-6　几何作图方法

	内　　容	方法步骤	示　　例
直线作图	等分线段	将线段 AB 三等分，过点 A 作任意直线 AB_1，用分规以任意长度在 AB_1 上截取三个等长线段，得 1、2、3 点，连接 $3B$，并过 1、2 点作 $3B$ 的平行线，即得三个等长线段	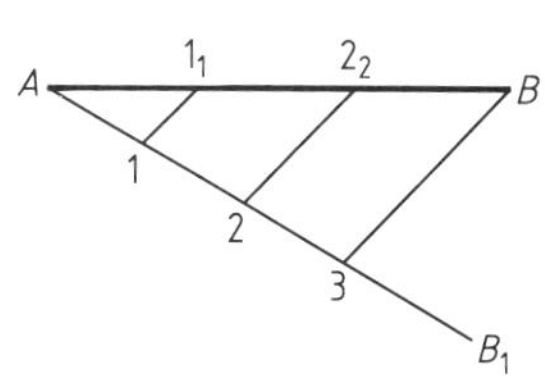
	过定点 K 作已知直线 AB 的垂线	先使三角板的斜边过 AB，以另一个三角板的一边作导边，将三角板翻转 90°使斜边过点 K，即可过点 K 作 AB 的垂线	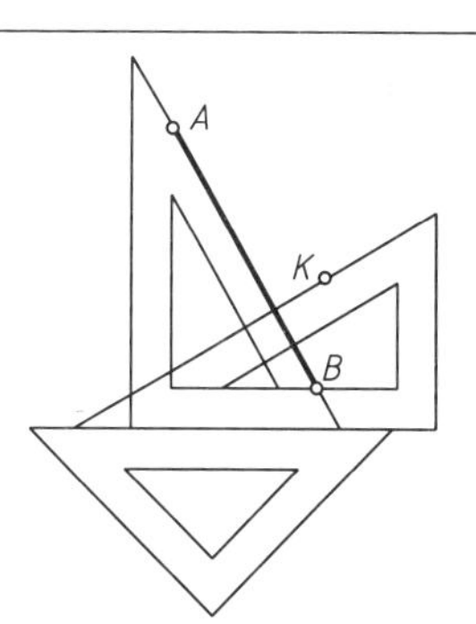

续表

	内　　容	方法步骤	示　　例
等分圆周及作内接正多边形	六等分圆周和作正六边形	圆规等分法：以已知圆的直径的两端点 A、B 为圆心，以已知圆的半径 R 为半径画弧与圆周相交，即得等分点，依次连接等分点，即得圆内接正六边形	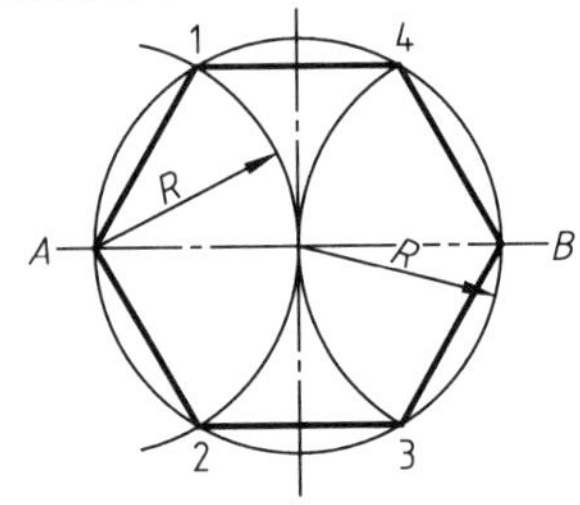
		30°～60°三角板与丁字尺（或45°三角的一边）相配合作内接或外接圆的正六边形	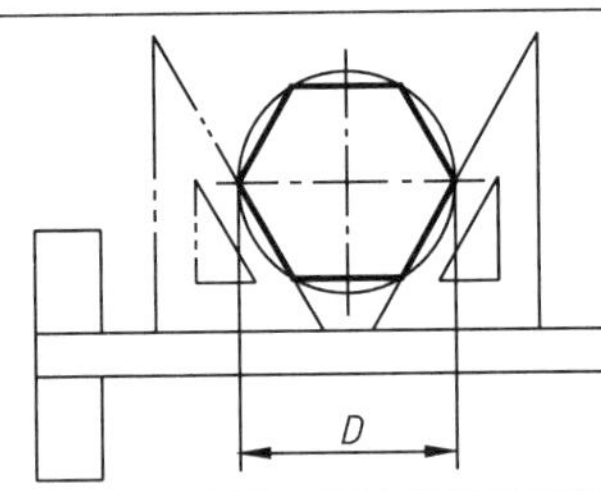
	四等分圆周和作正四边形	用45°三角板与丁字尺（或30°三角板的一边）相配合，即可作出圆的内接正四边形	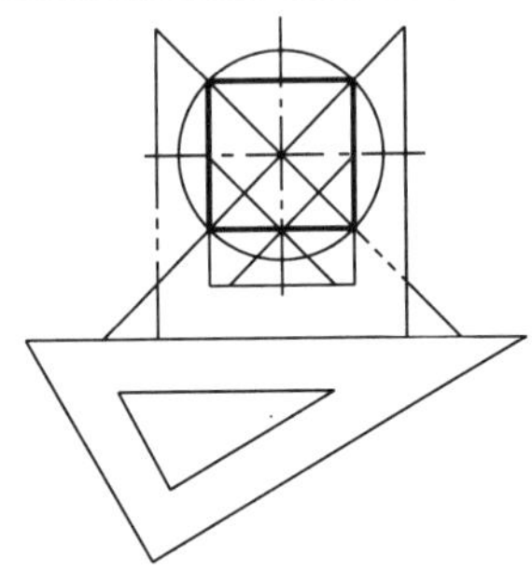
	五等分圆周和作圆内接正五边形	平分半径 OB 得点 O_1，以 O_1 为圆心，以 O_1D 为半径画弧，交 OA 于 E，以 DE 为弦在圆周上依次截取即得圆内接正五边形	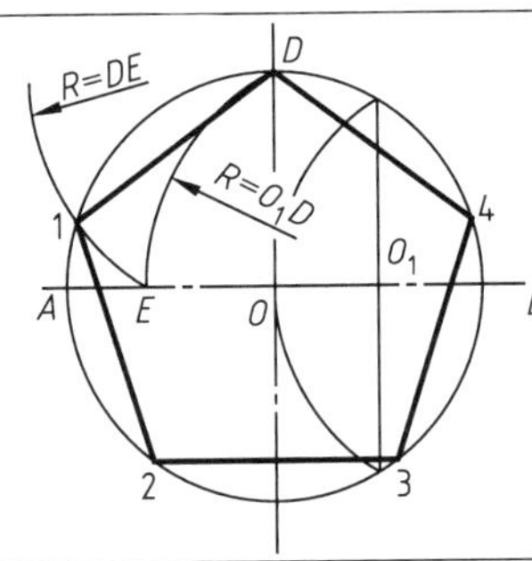
斜度与锥度	斜度的作法与标注方法	斜度是指一直线对另一直线或平面对另一平面的倾斜程度，其大小用该两直线（或平面）间夹角的正切来表示，并把比值简化为 $1:n$ 的形式	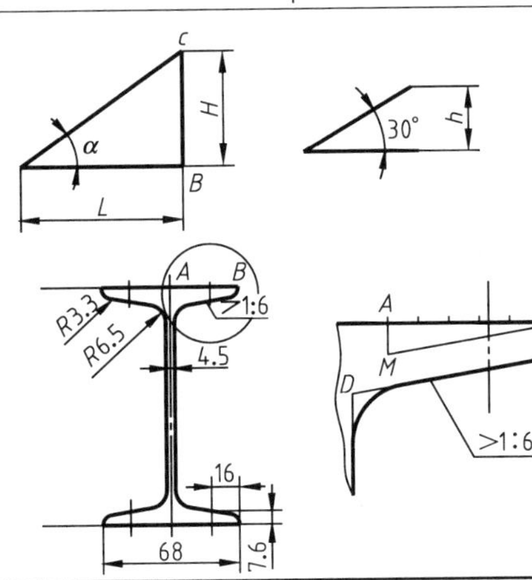

续表

	内　容	方法步骤	示　例
斜度与锥度	锥度的定义、作法与标注方法	锥度是指正圆锥体的底圆直径与其高度的比值，如果是锥台，则为上、下两底的直径差与锥台高度的比值，并以 1∶*n* 的形式表示	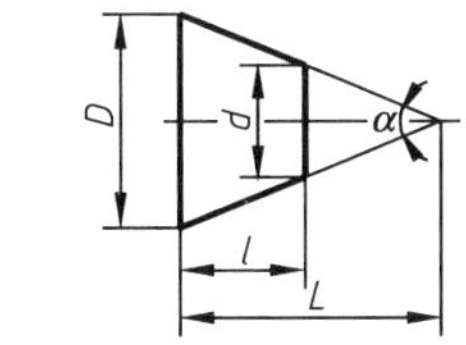 锥度 $= \frac{D}{L} = \frac{D-d}{l}$ 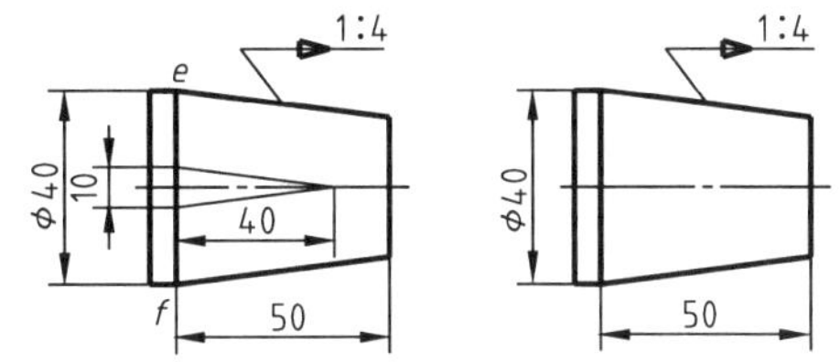
	圆弧连接的几何原理	与直线相切的圆弧圆心的轨迹是与已知直线相距圆弧半径且平行的直线 与圆弧相切的圆弧圆心轨迹是已知圆弧的同心圆，外切时轨迹圆的半径为两圆弧半径之和，内切时为两圆弧半径之差	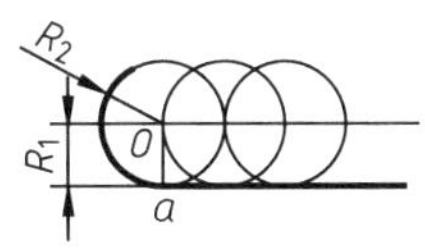 (a) 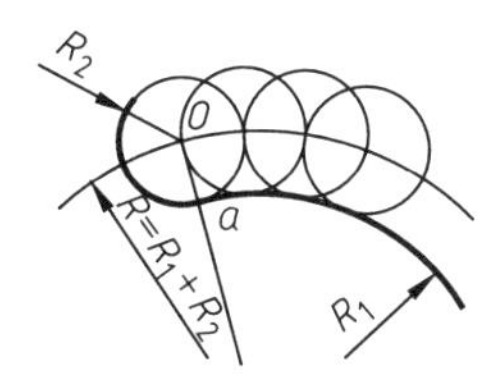 (b) 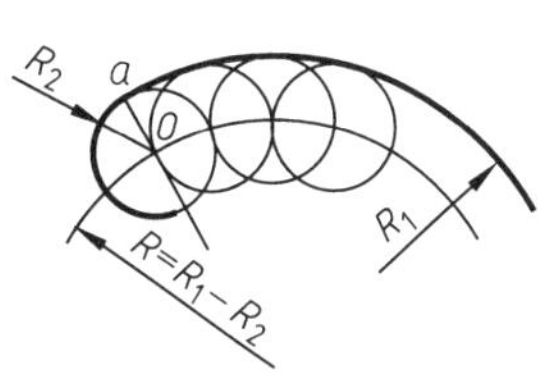 (c)
	圆弧与直线相切	分别作已知直线的直线（距离为 R_2），两平行直线的交点即为圆心 O，自点 O 向已知直线作垂线，垂足即切点 a、b，再用半径为 R_2 的圆弧连接即可	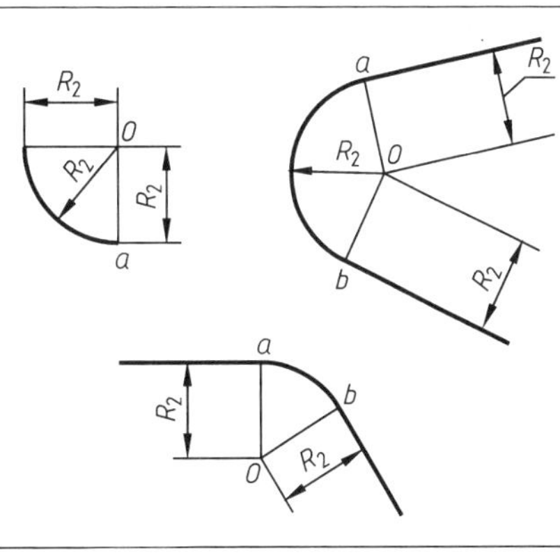
	与两圆弧相外切	分别过圆心 O_1、O_2 作圆弧 $R_a(R_1+R)$ 和 $R_b(R_2+R)$，其交点即为圆弧 R 的圆心 O，作直线 OO_1、OO_2，它们与已知圆弧的交点即为切点 a、b，再用半径为 R 的圆弧连接即可	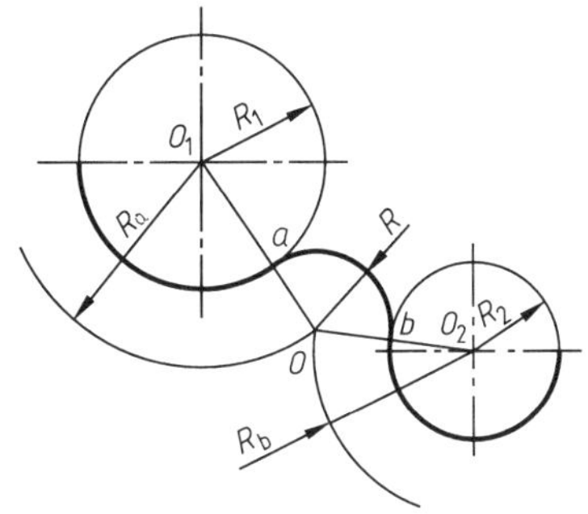

续表

	内　　容	方 法 步 骤	示　　例
斜度与锥度	与两圆弧相内切	分别过圆心 O_1、O_2 作圆弧 $R_a(R-R_1)$ 和 $R_b(R-R_2)$，其交点即为圆弧 R 的圆心 O，作直线 OO_1、OO_2，它们与已知圆弧的交点即为切点 a、b，再用半径为 R 的圆弧连接即可	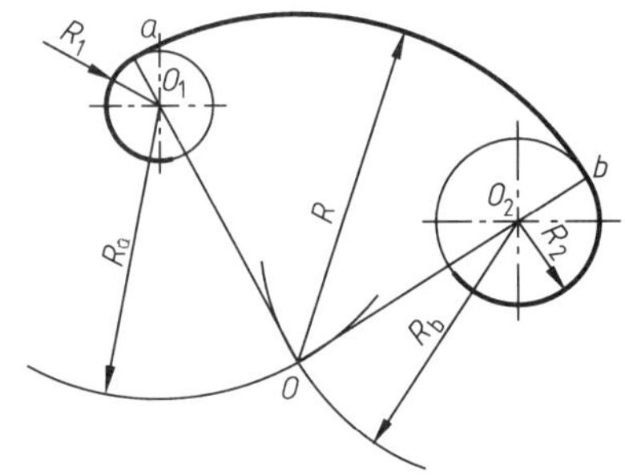
椭圆作图	一动点到两定点（焦点）的距离之和为一常数（等于长轴），该动点的运动轨迹为椭圆	作图椭圆的长轴 AB 和短轴 CD，连 AC、取 $CM=OA-OC$；作 AM 的中垂线，使之与长、短轴分别交于 O_3、O_1 两点；作与 O_1、O_3 的对称点 O_2、O_4。连 O_1O_3、O_1O_4、O_2O_3、O_2O_4，分别以 O_1、O_2 为圆心、O_1C（或 O_2D）为半径，画弧交 O_2O_3、O_2O_4、O_1O_3、O_1O_4 的延长线于 G、H、E、F，再分别以 O_3、O_4 为圆心，O_3A（或 O_4B）为半径，画弧与前所画弧连接即得椭圆	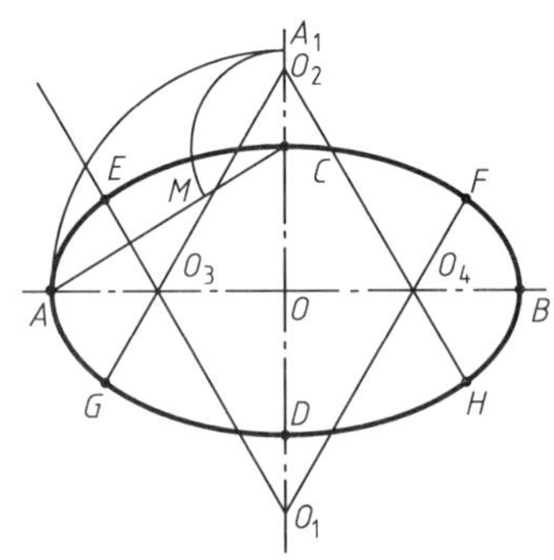

1.4　平面图形的尺寸分析与绘图方法

平面图形都是由若干直线段和曲线段连接而成的，有些线段可根据给定的尺寸关系直接画出，而有些线段则要根据两线段的几何条件作图。要想正确而又迅速地画好平面图形，首先必须对图形中标注的尺寸进行分析，通过分析，可使我们了解平面图形中各种线段的形状、大小、位置，确定画图顺序。

1.4.1　平面图形的尺寸分析

平面图形的尺寸分析就是分析平面图形中所有尺寸的作用以及图形与尺寸之间的关系。在标注和分析尺寸时，必须确定基准，尺寸基准就是标注尺寸的起点。在平面图形中，有水平和竖直两个方向上的基准。基准一般采用图形的对称线、圆的中心线、重要的轮廓线等。

平面图形中的尺寸按其作用分为定形尺寸和定位尺寸两类。

（1）定形尺寸。确定平面图形上几何元素形状和大小的尺寸。例如直线的长短，圆的大小等，图 1-19 中的尺寸 $\phi15$、$R28$ 等都称为定形尺寸。

（2）定位尺寸。确定各几何元素之间位置的尺寸称为定位尺寸。例如圆心的位置、直线的位置等，图 1-19 中的尺寸 6、60、10 都是定位尺寸。

对于定位尺寸而言，应以基准为标注或度量的起点。图 1-19 中两条垂直相交的中心线就是该图形的尺寸基准。

1.4.2　平面图形的线段分析

根据定形尺寸与定位尺寸的概念来分析图 1-19 所示的吊钩，可以把图形中的线段分为三种。

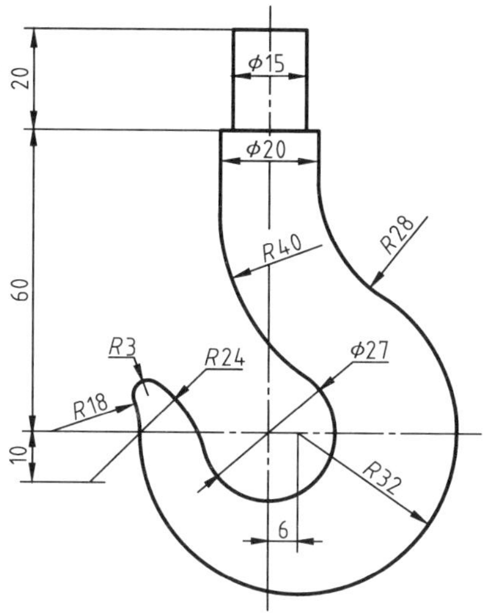

图 1-19　吊钩

(1) 已知线段。定形、定位尺寸齐全，可以直接画出的线段称为已知线段，图 1-19 中，作为尺寸基准的直角坐标系建立后，$R32$ 及 $\phi27$ 的圆弧就可根据有关尺寸直接画出。

(2) 中间线段。具有定形尺寸，但定位尺寸不全，需根据另外的几何要素的连接关系才能画出的线段称为中间线段，如图 1-19 中的 $R18$ 及 $R24$ 两段圆弧。

(3) 连接线段。只有定形尺寸，没有定位尺寸，完全根据与其他线段的连接关系画出的线段称为连接线段，图 1-19 中的 $R3$、$R28$、$R40$ 圆弧就属于连接线段。

根据以上分析可以知道，平面图形的绘图顺序应该是：已知线段——中间线段——连接线段。

1.4.3　平面图形的绘图方法和步骤

图 1-20 为一手柄的平面图形，其作图步骤如下：

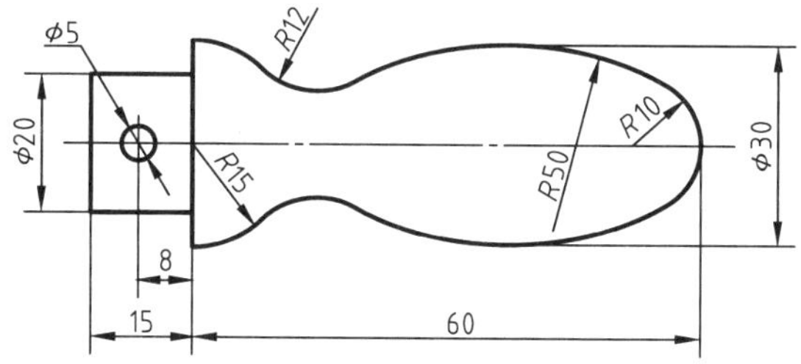

图 1-20　手柄

(1) 确定尺寸基准并作出图形的基准线。根据该平面图形的特点，以上下对称中心线为竖直方向基准，通过 $R15$ 圆心的竖直线为水平方向基准，如图 1-21 (a) 所示。

(2) 画已知线段，如图 1-21 (b) 所示。

(3) 画中间线段，大圆弧 $R50$ 是中间圆弧，圆心位置尺寸只有一个垂直方向是已知的，水平方向位置需根据 $R50$ 圆弧与 $R10$ 圆弧内切的关系画出，如图 1-21 (c) 所示。

(4) 画连接线段，$R12$ 的圆弧只给出半径，同时与 $R15$、$R50$ 圆弧外切，所以它是连接线段，应最后画出，如图 1-21 (d) 所示。

(5) 校核作图过程，擦去多余的作图线，描深图形，如图 1-20 所示。

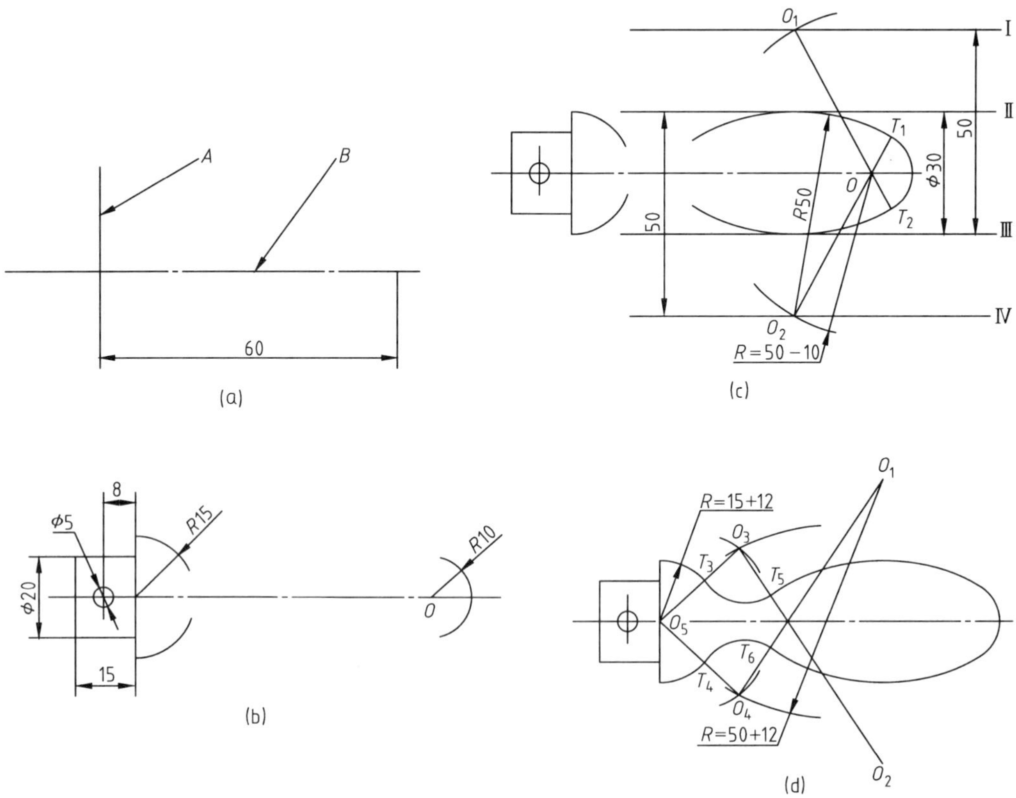

图 1-21 平面图形作图步骤

第2章　点、直线和平面的投影

2.1　投影法概述

在日常生活中可以看到，当光线照射物体时，会在地面或墙壁上出现物体的影子。基于这一自然现象，经过科学的总结和抽象，形成了投影法的概念。

如图 2-1 所示，光源 S 称为投射中心，由光源 S 所发出的光线 SA、SB、SC 称为投射线，平面 P 称为投影面，$\triangle abc$ 称为$\triangle ABC$ 的投影。这种利用投射线在投影面上产生物体投影的方法称为投影法。

工程上常用的投影法是中心投影法和平行投影法。

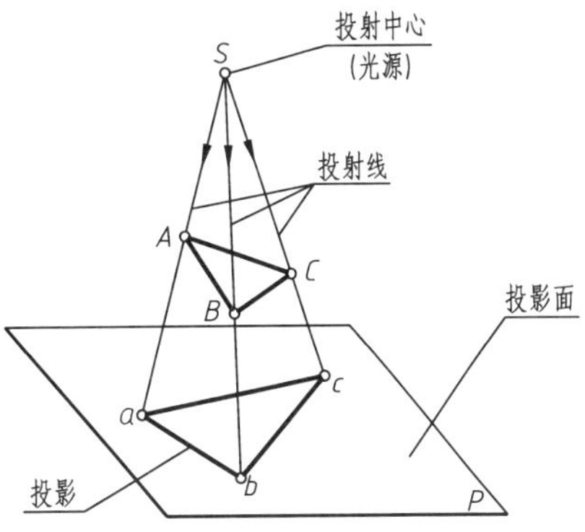

图 2-1　中心投影法

1. 中心投影法

投射线汇交于一点的投影法，称为中心投影法，如图 2-1 所示。用中心投影法所得到的投影，称为中心投影。

中心投影一般不能反映物体的实际大小和真实形状，它随着投影中心、物体和投影面之间的相对位置不同而变化，所以度量性较差。但由于它的立体感较强，常应用于建筑、桥梁等的外形设计中。

2. 平行投影法

当投射中心 S 与投影面的距离为无穷远时，则投射线相互平行，这种投射线相互平行的投影方法称为平行投影法，如图 2-2 所示。

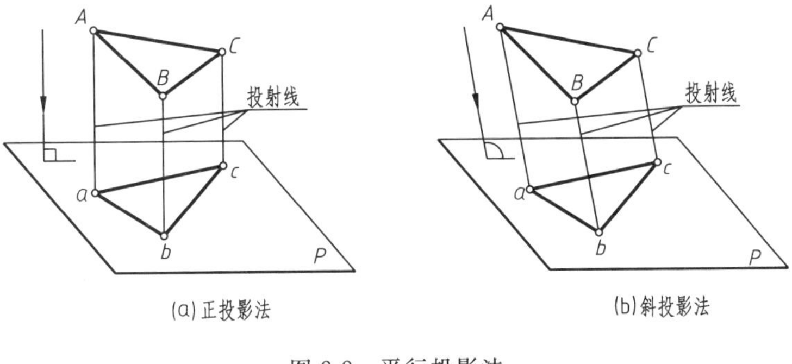

图 2-2　平行投影法

在平行投影法中，根据投射线与投影面的倾角不同，又分为正投影法和斜投影法。

(1) 正投影法。即投射线与投影面垂直的平行投影法，如图 2-2 (a) 所示。

(2) 斜投影法。即投射线与投影面倾斜的平行投影法，如图 2-2 (b) 所示。

正投影图能反映物体在投射方向上的真实形状，且大小与物体到投影面的距离无关。因此，机械工程图中主要采用这种投影方法。为叙述方便，在后续章节中，将“正投影”简称为“投影”。

2.2 点的投影

点是组成形体的最基本元素，研究点的正投影规律是图示线、面和体的基础。

2.2.1 点在两投影面体系中的投影

1. 两投影面体系的建立

两投影面体系是由相互垂直的两个投影面组成。分别为：正立投影面（简称正面），用 V 表示；水平投影面（简称水平面），用 H 表示。两投影面间的交线称为投影轴，用 OX 表示。两个投影面把空间分为四个区域，分别称为第一、二、三、四分角，如图 2-3 所示。我国采用第一角投影。

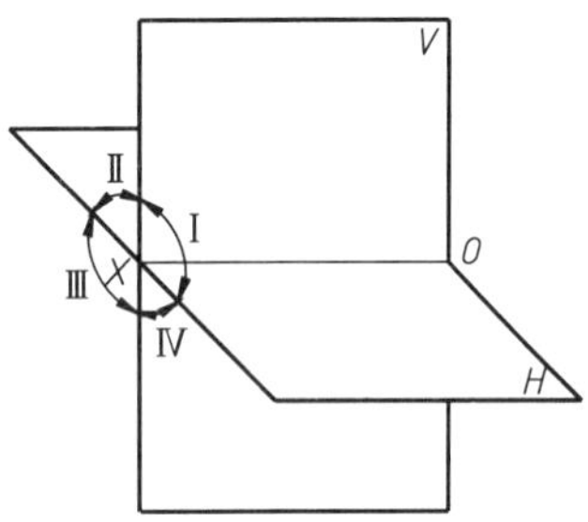

图 2-3 四个分角

2. 点在两投影面体系中的投影

在图 2-4（a）中，将空间点 A 用正投影法向水平投影面和正立投影面作投影，即由点 A 分别向 H 面和 V 面作垂线，垂足 a、a'称为点 A 的水平投影和正面投影。

为了把两个投影 a 和 a'画在同一平面上，规定 V 面不动，将 H 面绕 OX 轴向下旋转 90°，使之与 V 面处于同一平面上，展开后的投影图如图 2-4（b）所示。为了便于作图，通常在投影图上省略投影面的边框和投影面的标记 H、V，图 2-4（c）即为点 A 的两面投影图。

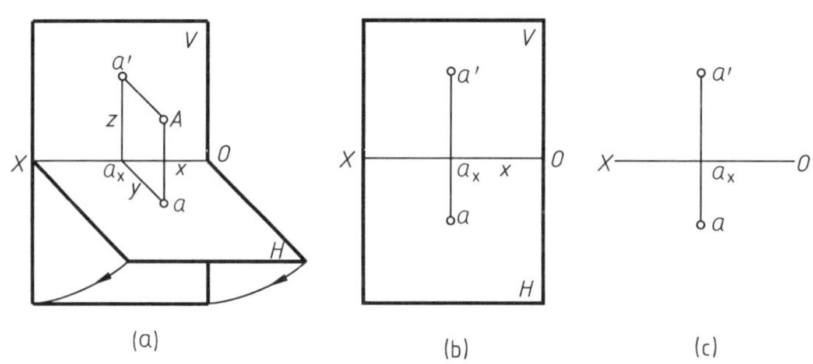

图 2-4 点的两面投影

3. 点的两面投影规律

（1）点的两面投影连线垂直于 OX 轴，即 $aa' \perp OX$。

（2）点的正面投影到 OX 轴的距离反映空间点到 H 面的距离；点的水平投影到 OX 轴的距离反映该点到 V 面的距离，即 $a'a_X = Aa$ 和 $aa_X = Aa'$。

2.2.2 点在三投影面体系中的投影

1. 三投影面体系的建立

在两投影面体系的基础上，再增加一个同时垂直于 H 面、V 面的侧立投影面 W 面（简称侧面），就构成了三投影面体系。H 面与 V 面之间的交线为 OX 轴，简称 X 轴；H 面与 W 面之间的交线为 OY 轴，简称 Y 轴；V 面与 W 面之间的交线为 OZ 轴，简称 Z 轴；三个坐标轴的交点 O 称为原点，如图 2-5 所示。

2. **点在三投影面体系中的投影**

在图 2-6（a）中，将空间点 A 分别向三个投影面作垂线，得到点的三面投影 a、a'、a''，a''称为点 A 的侧面投影。三个投影面仍需展开在同一平面上，展开方法如图 2-6（a）的箭头所示：V 面保持不动，H 面绕 OX 轴向下旋转 90°，W 面绕 OZ 轴向右后方向旋转 90°。其中 Y 轴随 H 面旋转时以 Y_H 表示，随 W 面旋转时以 Y_W 表示。在投影图上通常省略投影面的边框与投影面的标记 H、V 和 W，图 2-6（b）即为点 A 的三面投影图。

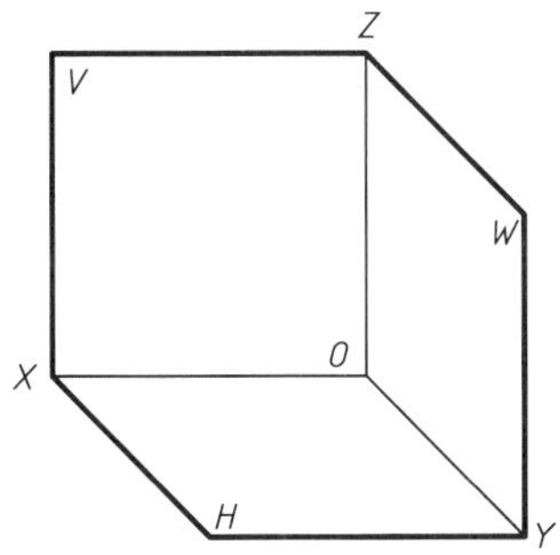

图 2-5　三投影面体系的形成

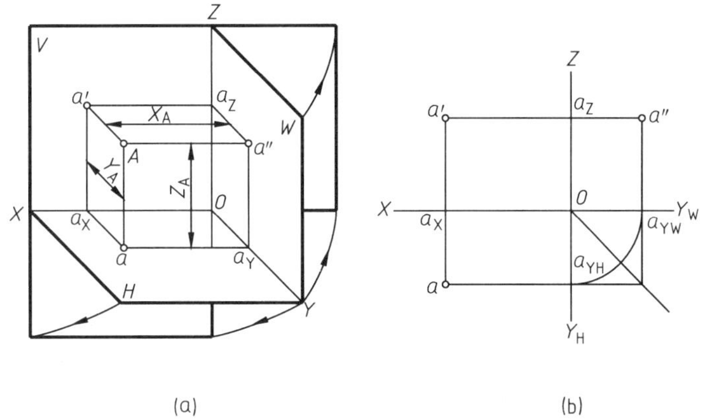

图 2-6　点在三投影面体系中的投影

3. **点的三面投影规律**

（1）点的两面投影连线垂直于相应的投影轴。即：

点的正面投影和水平投影的连线垂直于 OX 轴，$aa' \perp OX$。

点的正面投影和侧面投影的连线垂直于 OZ 轴，$a'a'' \perp OZ$。

（2）点的投影到投影轴的距离，反映该点到相应投影面的距离。即：

$$a'a_X = a''a_Y = A\text{ 点到 }H\text{ 面的距离}$$

$$aa_X = a''a_Z = A\text{ 点到 }V\text{ 面的距离}$$

$$aa_Y = a'a_Z = A\text{ 点到 }W\text{ 面的距离}$$

2.2.3　点的三面投影与直角坐标

如果将三投影面体系看做是空间直角坐标系，则投影轴 OX、OY、OZ 就是三个坐标轴，O 点即为坐标原点，那么点在投影面体系中的位置就可以用坐标（X_A，Y_A，Z_A）来确定。

点 A 到 H 面的距离等于点 A 的 Z 坐标 Z_A；

点 A 到 V 面的距离等于点 A 的 Y 坐标 Y_A；

点 A 到 W 面的距离等于点 A 的 X 坐标 X_A。

点的投影与坐标的关系为：点 A 的水平投影 a 由（X_A，Y_A）确定；点 A 的正面投影 a'由（X_A，Z_A）确定；点 A 的侧面投影 a''由（Y_A，Z_A）确定。

例 2-1　已知点 A 的坐标 A（15、10、20），求点 A 的三面投影。

作图步骤如下：

（1）画投影轴 OX、OY_H、OY_W、OZ，建立三投影面体系。

（2）沿 OX 轴正方向量取 15，得到 a_X，如图 2-7（a）所示。

（3）过 a_X 作 OX 轴的垂线，并使 $a_Xa = 10$，$a_Xa' = 20$，得到 a 和 a'，如图 2-7（b）

所示。

（4）过 a' 点作 OZ 轴的垂线，并使 $a_Za''=10$，得到 a''，a、a'、a'' 即为点 A 的三面投影。如图 2-7（c）所示。

还可利用 45°辅助线，求得 a''，如图 2-7（d）所示。

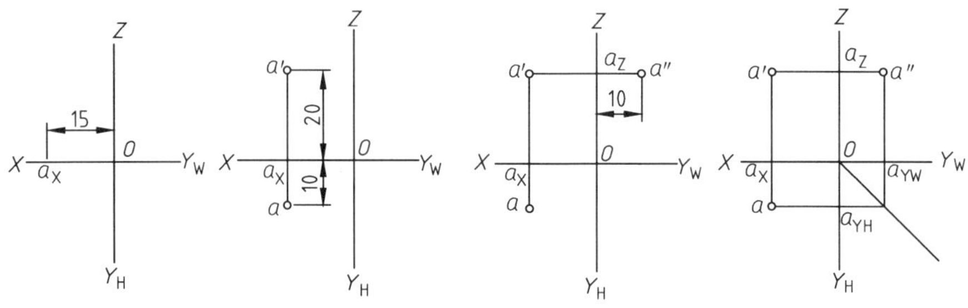

(a)　(b)　(c)　(d)

图 2-7　已知点的坐标作投影图

2.2.4　各种位置的点

空间点在三投影面体系中的位置可分为四种情况：①一般位置点；②投影面上的点；③投影轴上的点；④点在原点上。其投影图例和投影特性见表 2-1。

表 2-1　各种位置点的投影图例及投影特性

点的位置	投 影 图 例	投影图特性
一般位置	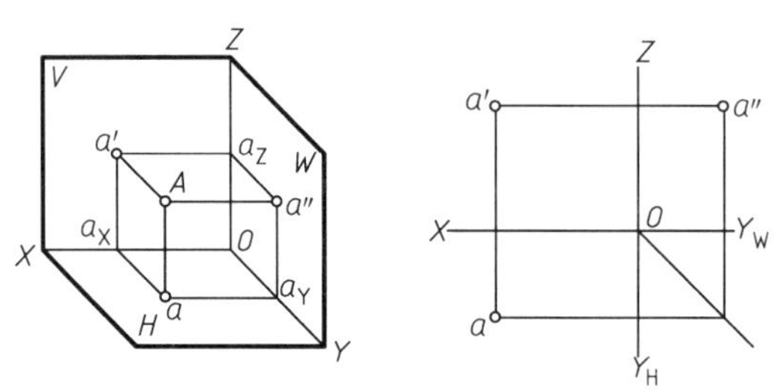	点的三个坐标值均不为零。空间点与三投影点不重合
在投影面上	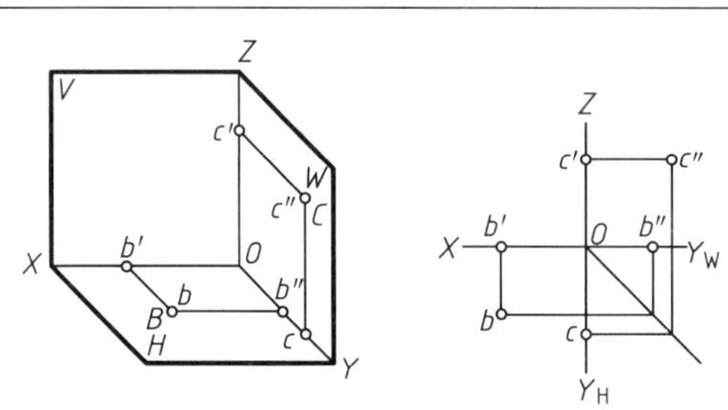	点的一个坐标值为零。空间点与该面投影点重合，另两面投影在相应投影轴上
在投影轴上	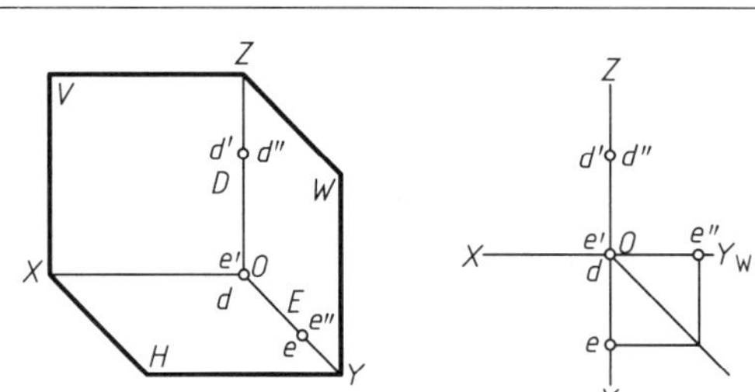	点的两个坐标值为零。空间点与该两面投影点重合，第三投影与原点重合
在原点	点的三个坐标值均为零。点的三个投影与空间点都重合在原点	

2.2.5　两点的相对位置

1. 两点相对位置关系

空间两点的相对位置是指两点间上下、前后、左右的位置关系，可在它们的三面投影中反映出来。正面投影反映出两点的上下、左右关系，水平投影反映出前后、左右关系，侧面投影反映出前后、上下关系。根据两点在各投影面上的投影关系（或坐标差），可以判定该两点在空间的相对位置。

判断方法如下：

(1) 两点的上下位置关系，由 Z 坐标值来确定，Z 值大的在上边；

(2) 两点的左右位置关系，由 X 坐标值来确定，X 值大的在左边；

(3) 两点的前后位置关系，由 Y 坐标值来确定，Y 值大的在前边。

如图 2-8 所示的 A、B 两点，对应的 $X_A > X_B$、$Y_A < Y_B$、$Z_A < Z_B$，说明 A 点在 B 点的左、后、下方。

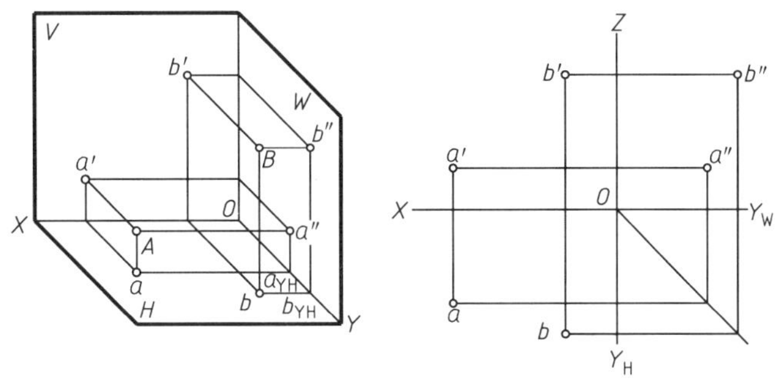

图 2-8　空间两点的相对位置

2. 重影点

当空间两点位于某一投影面的同一投射线上时，它们在该投影面上的投影重合为一个点，这时空间两点称为该投影面的重影点。

在投影图中，当两点的投影出现重影时，为了图形的清晰，要判别两点的可见性，必须注意重影点的可见性与投射方向有关，并根据两点坐标大小来判断。坐标值大者为可见，较小者为不可见。

如图 2-9 (a) 所示的 E、F 两点，因为 $X_e = X_f$、$Z_e = Z_f$，所以两点位于垂直 V 面的同一条投射线上，e'和 f'重合；由于 $Y_e > Y_f$，这表示点 E 位于点 F 的前方。可判断 e'可见，f'不可见，用（f'）表示，如图 2-9 (b) 所示。

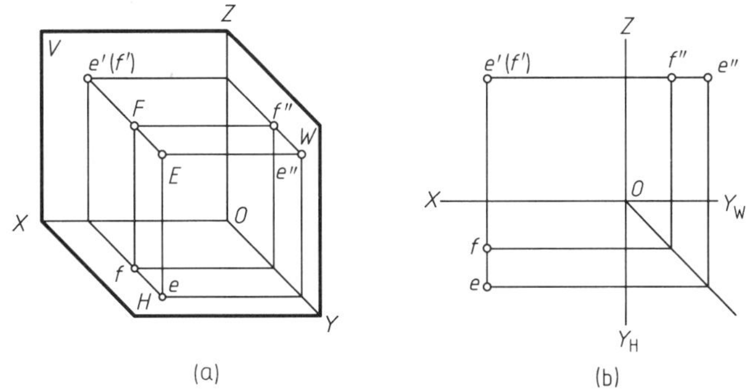

图 2-9　重影点的可见性

例 2-2　如图 2-10（a）所示，已知点 A 的三面投影，点 B 在点 A 的左方 15m、后方 5mm、上方 10mm，点 C 在点 A 的正前方 10mm 处，求作 B、C 两点的三面投影。

作图步骤：

（1）自 a_X、a_{YH}、a_Z 分别向左、向后、向上量取 15mm、5mm、10mm，得到 b_X、b_{YH}、b_Z；

（2）根据点的投影规律，作出 B 点的三面投影 b、b'、b''；

（3）从 A 的水平投影 a 沿 aa_X 向前量取 10mm，得到 c；

（4）根据投影关系求出 c''；

（5）C 点的正面投影 c' 与 a' 重合，为一对重影点，c' 可见，a' 不可见，如图 2-10（b）所示。

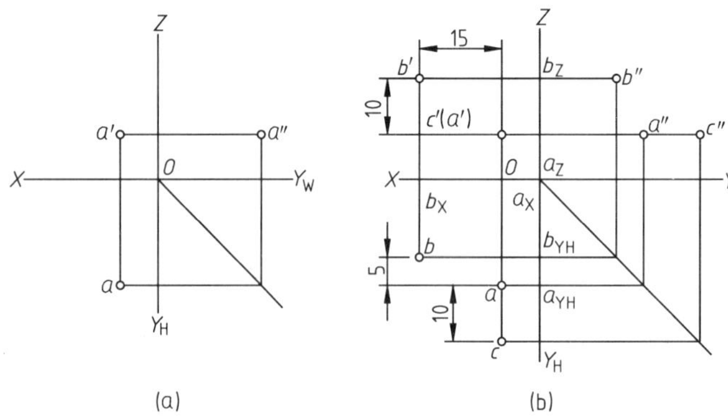

图 2-10　根据点的相对位置求投影

2.3　直线的投影

2.3.1　直线的投影

直线投影的一般仍为直线，特殊情况下投影积聚为一点。直线一般用线段表示，连接线段两端点的三面投影即为直线的三面投影，如图 2-11 所示。

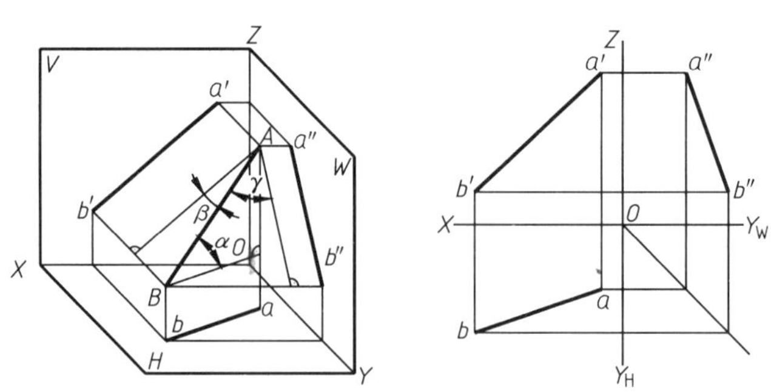

图 2-11　直线的投影

2.3.2　直线的投影特性

（1）显实性。当直线平行于投影面时，其投影反映实长，如图 2-12（a）所示，$ab=AB$。

（2）积聚性。当直线垂直于投影面时，其投影积聚为一点，如图 2-12（b）所示。

（3）类似性。当直线倾斜于投影面时，其投影仍为直线，但小于实长，如图 2-12（c）所示，$ab<AB$。

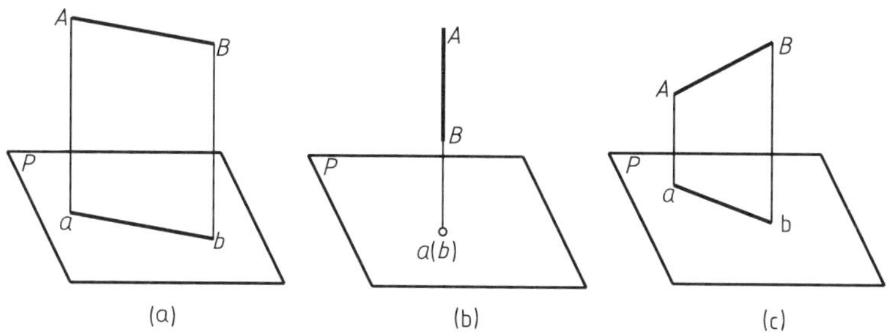

图 2-12　直线的投影特性

直线与投影面倾斜的角度称为直线与投影面的倾角。直线对投影面 H、V、W 的倾角分别用 α、β、γ 表示，如图 2-11 所示。

2.3.3　各种位置直线

直线对投影面的相对位置有三种情况：投影面平行线、投影面垂直线和一般位置直线。

1. 投影面平行线

当空间一直线平行于某一个投影面而与另外两个投影面倾斜时，该直线称为投影面平行线。投影面平行线分为三种：

（1）水平线，平行于 H 面，与 V 面、W 面倾斜的直线；

（2）正平线，平行于 V 面，与 H 面、W 面倾斜的直线；

（3）侧平线，平行于 W 面，与 H 面、V 面倾斜的直线。

表 2-2 为投影面平行线的直观图、投影图和投影特性。

表 2-2　投影面平行线的直观图、投影图及投影特性

名称	直观图、投影图	投影特性
水平线	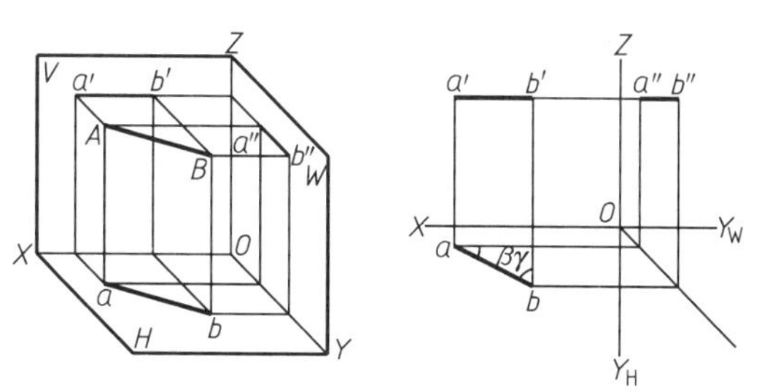	1. 水平投影反映实长，即 $ab=AB$ 2. β、γ 反映直线对 V 面、W 面的倾角 3. $a'b'$ // OX，$a''b''$ // OY_W　$a'b'$、$a''b''<AB$
正平线	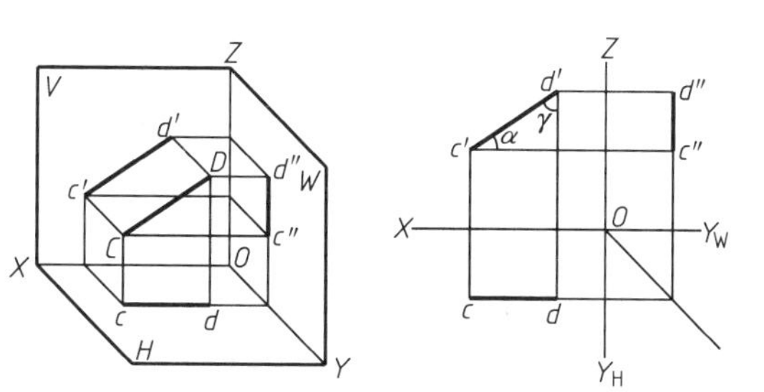	1. 正面投影反映实长，即 $c'd'=CD$ 2. α、γ 反映直线对 H 面、W 面的倾角 3. cd // OX，$c''d''$ // OZ，cd、$c''d''<CD$

续表

名称	直观图、投影图	投 影 特 性
侧平线	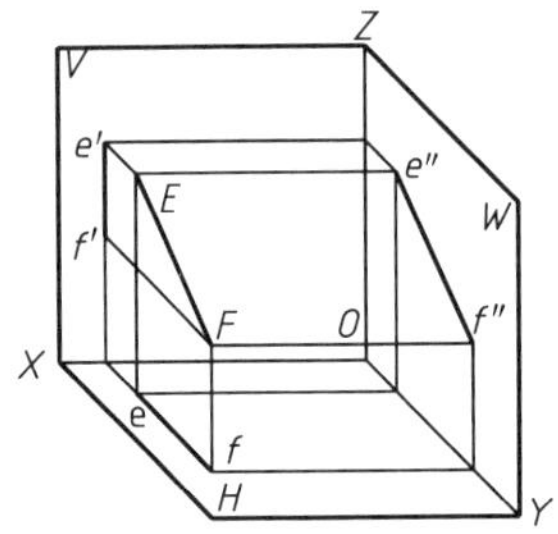 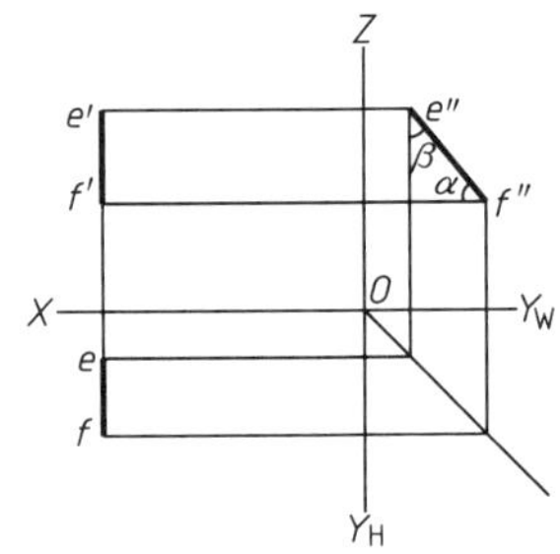	1. 侧面投影反映实长，即 $e''f''=EF$ 2. α、β 反映直线对 H 面、V 面的倾角 3. $ef /\!/ OY_H$，$e'f' /\!/ OZ$，ef、$e'f'<EF$

2. 投影面垂直线

当空间一直线垂直于一个投影面而与另外两个投影面平行时，该直线称为投影面垂直线。投影面垂直线分为三种：

(1) 铅垂线，垂直于 H 面，平行于 V 和 W 面的直线；

(2) 正垂线，垂直于 V 面，平行于 H 和 W 面的直线；

(3) 侧垂线，垂直于 W 面，平行于 V 和 H 面的直线。

表 2-3 为投影面垂直线的直观图、投影图和投影特性。

表 2-3 投影面垂直线的直观图、投影图及投影特性

名称	直观图、投影图	投 影 特 性
铅垂线	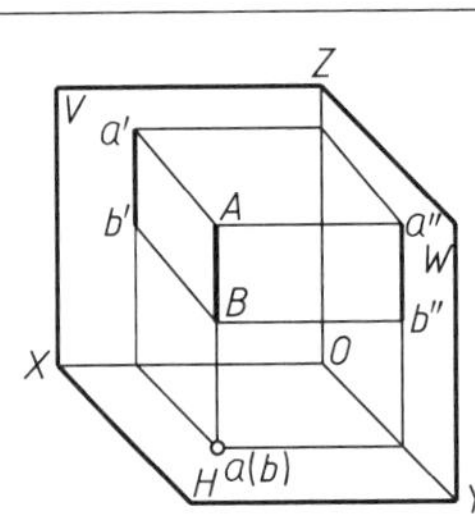 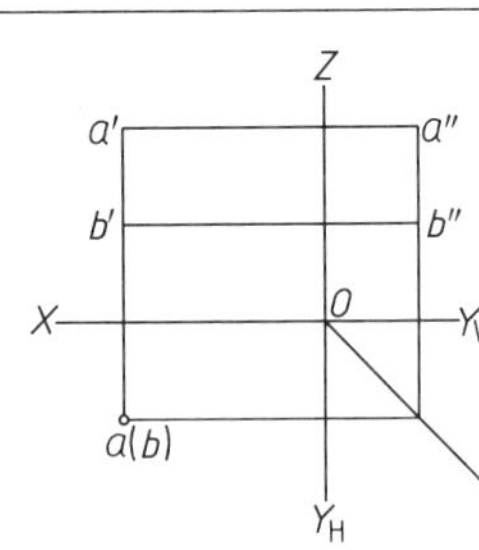	1. 水平投影 $a(b)$ 积聚成一点 2. 正面投影和侧面投影反映实长，即：$a'b'=a''b''=AB$ 3. $a'b'$、$a''b'' /\!/ OZ$
正垂线	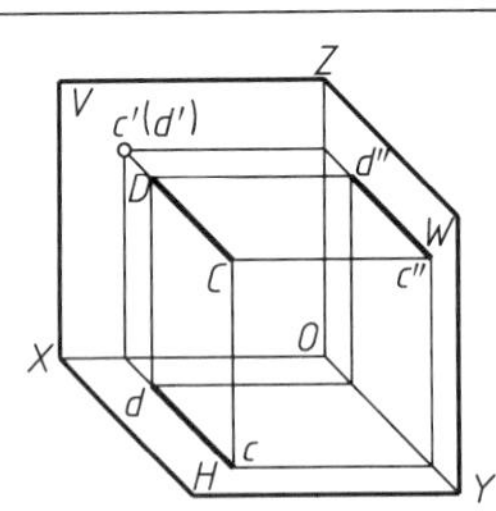 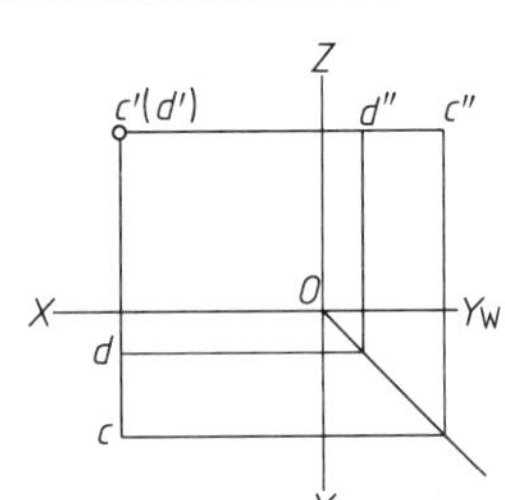	1. 正面投影 $c'(d')$ 积聚成一点 2. 水平投影和侧面投影反映实长，即：$cd=c''d''=CD$ 3. $cd /\!/ OY_H$　$c''d'' /\!/ OY_W$
侧垂线	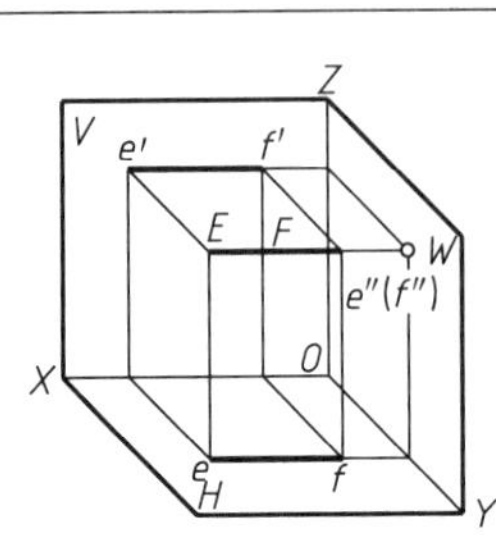 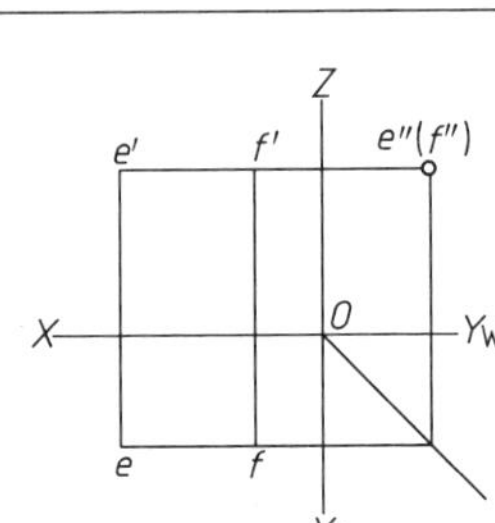	1. 侧面投影 $e''(f'')$ 积聚成一点 2. 水平投影和正面投影反映实长，即：$ef=e'f'=EF$ 3. ef、$e'f' /\!/ OX$

3. 一般位置直线

对三个投影面都倾斜的直线称为一般位置直线，如图 2-11 所示。由正投影的类似性可知，一般位置直线的三面投影都是直线，且均小于实长。

2.3.4　一般位置线段的实长及对投影面的倾角

由于一般位置线段对各投影面的投影均不反映实长，也不反映对投影面的倾角，所以工程上常用直角三角形法求一般位置线段的实长和对投影面的倾角。

如图 2-13 (a) 所示，过 A 点作 $AB_1 // ab$，得到一直角$\triangle AB_1B$。其中一直角边 $AB_1=ab$，另一直角边 $BB_1=Z_B-Z_A$（即为两端点 A、B 的 Z 轴坐标差），斜边 AB 即为线段的实长，AB 与 AB_1 的夹角即为 AB 对 H 面的倾角 α。

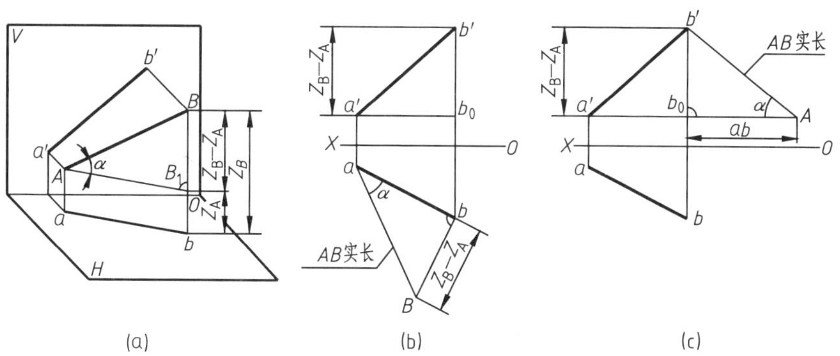

图 2-13　直角三角形法求线段的实长

作图方法：

(1) 如图 2-13 (b) 所示，过 b 作 ab 的垂线 bB，在此垂线上量取 $bB=Z_B-Z_A$，则 aB 即为直线 AB 的实长，$\angle Bab$ 即为倾角 α。

(2) 如图 2-13 (c) 所示，过 a' 作 X 轴的平行线，与 $b'b$ 相交于 b_0（$b'b_0=Z_B-Z_A$），量取 $b_0A=ab$，则 $b'A_0$ 也是所求直线段的实长，$\angle b'A_0b_0$ 即为倾角 α。

同理，可以利用线段的正面投影求出 β 角，利用线段的侧面投影求出 γ 角。

例 2-3　如图 2-14 所示，已知直线 AB 的实长 L，正面投影 $a'b'$ 及点 A 的水平投影 a，求 AB 的水平投影 ab。

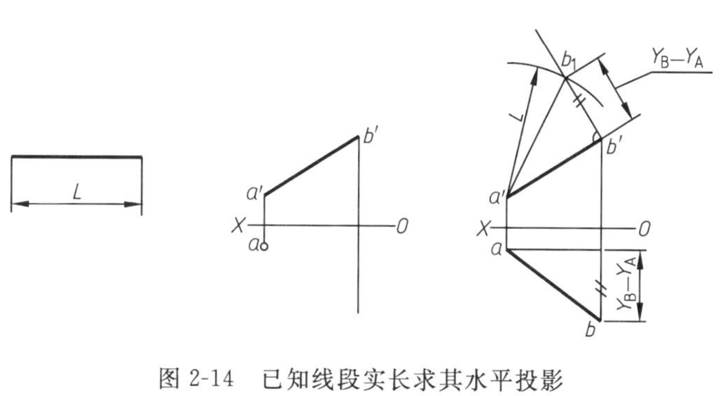

图 2-14　已知线段实长求其水平投影

分析：由于实长 L 和 $a'b'$ 已知，可用直角三角形的作图方法，求出 Y_B-Y_A，通过 Y_B-Y_A 确定 b 的位置。

作图步骤：

(1) 由 b' 作 $a'b'$ 的垂线 $b'b_1$；

（2）以 a' 为圆心、L 为半径画弧，与 $b'b_1$ 相交于 b_1；

（3）过 a 作 OX 轴的平行线，与过 b' 作的 OX 轴的垂线相交；

（4）自此交点沿 Y 方向量取 $b'b_1$，得到 b，连接 ab，即为 AB 的水平投影。

2.3.5 直线上的点

由于直线的投影是直线上所有点的投影的集合，所以属于直线上点的各投影必属于该直线的同面投影。且点分线段长度之比等于点的投影分线段的同面投影长度之比，反之也成立。我们称其具有定比性。

例 2-4 如图 2-15 所示，已知线段 AB 上点 K 的正面投影 k'，求点 K 的水平投影 k。

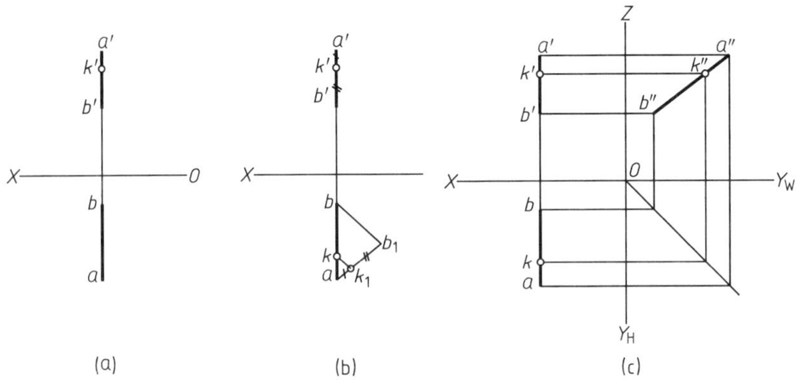

图 2-15 求直线上点 K 的水平投影

此题可用两种方法求解：

（1）利用直线上点的定比性

① 过 a 作任意辅助线 ab_1，并在 ab_1 上量取 $ak_0=a'k'$、$k_0b_1=b'k'$。

② 过 k_0 作 bb_1 的平行线与 ab 相交，求出 k。

（2）求出直线 AB 的侧面投影 $a''b''$、再按直线上点的投影特性，求出 k''、k。

2.3.6 两直线的相对位置

空间两直线的相对位置有平行、相交和交叉三种情况。现将它们的投影特性分述如下。

1. 两直线平行

空间两直线互相平行，则它们的同面投影也一定互相平行；反之，如果两直线的同面投影互相平行，则空间两直线必平行，如图 2-16 所示。

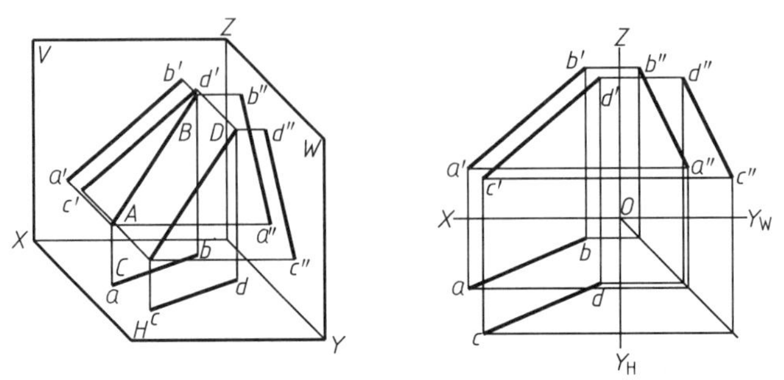

图 2-16 两直线平行

2. 两直线相交

空间两直线相交，则两直线的同面投影必相交且交点符合点的投影规律。反之，如果两直线的同面投影都相交，且交点符合点的投影规律，则两直线在空间一定相交，如图 2-17 所示。

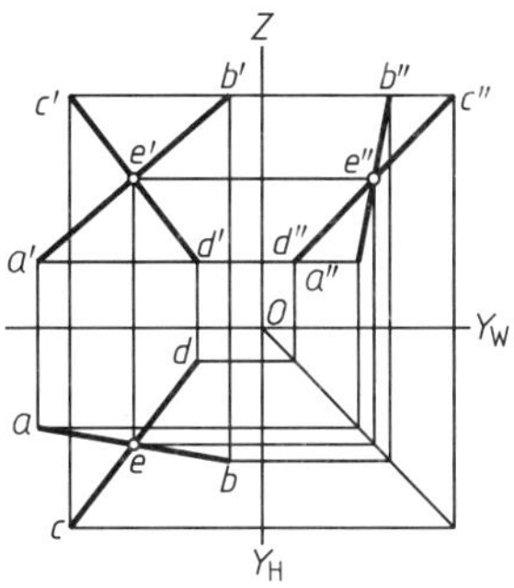

图 2-17　两直线相交

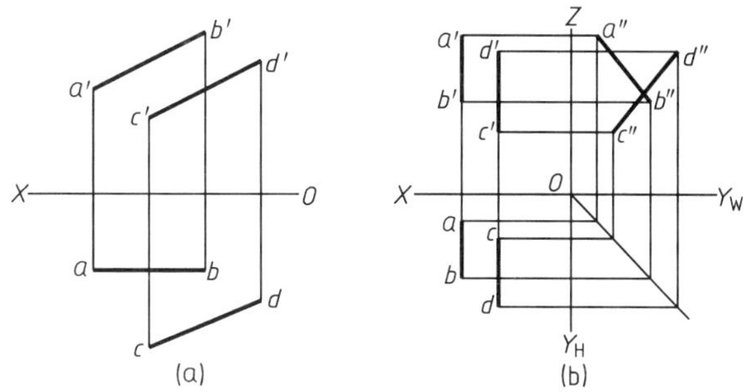

图 2-18　两直线交叉（一）

3. 两直线交叉

空间既不平行，又不相交的两直线称为交叉两直线，如图 2-18 和图 2-19 所示。

交叉两直线的投影可能有一组或两组是平行的，但绝不会三组同面投影都互相平行，如图 2-18 所示。

交叉两直线的投影可以有一组、两组甚至三组是相交的，但它们的交点一定不符合点的投影规律。若其中有一直线为投影面平行线时，则一定要检查直线在三个投影面上的投影交点是否符合点的投影规律，如图 2-19 所示。

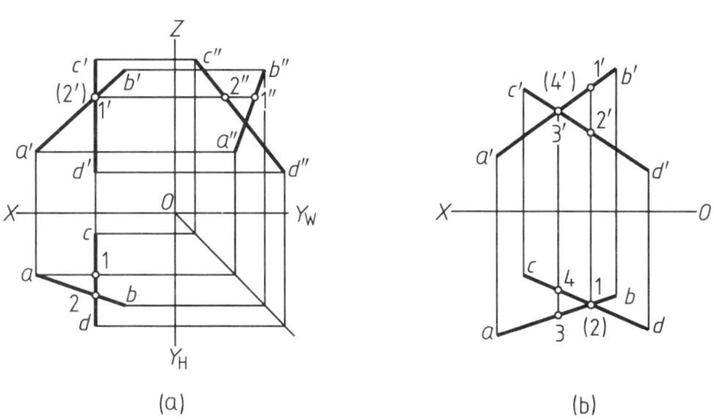

图 2-19　两直线交叉（二）

如图 2-19（b）所示，ab 和 cd 的交点实际上是 AB 上 Ⅰ 点与 CD 上 Ⅱ 点的重合投影，由于 $Z_1 > Z_2$，所以 H 面上的投影，1 可见，2 不可见。同理可判断Ⅲ、Ⅳ点的可见性。

例 2-5　如图 2-20 所示，过点 K 作一直线与 AB、CD 两直线相交。

分析：由图可知，直线 CD 是正垂线，所求直线与 CD 交点的正面投影和直线 CD 的正面投影积聚为一点。因此由点 K 所作的与 AB、CD 相交的直线，其正面投影一定是由 k' 经 c'（d'）并与 $a'b'$ 相交，根据相交两直线的投影特性，求出水平投影。

作图步骤：

(1) 过 k'、c'（d'）作直线与 $a'b'$ 相交于 f''。

（2）由 f' 作 OX 轴的垂线与 ab 相交于 f。

（3）连接 k、f，与 cd 相交于 e，则 ekf、$(e')\ k'f''$ 即为所求，如图 2-20（b）所示。

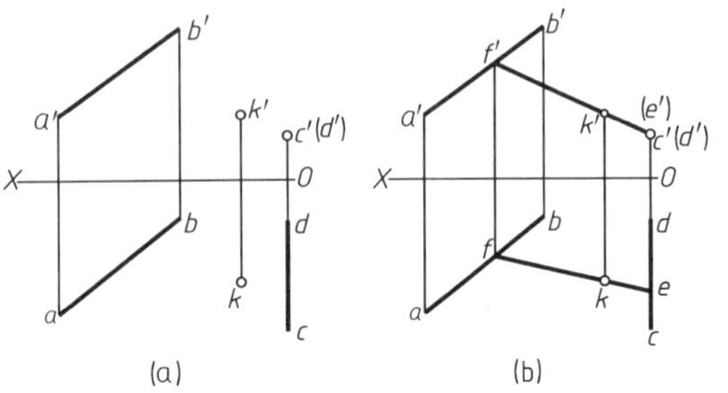

图 2-20 过点 K 作直线与 AB、CD 两直线相交

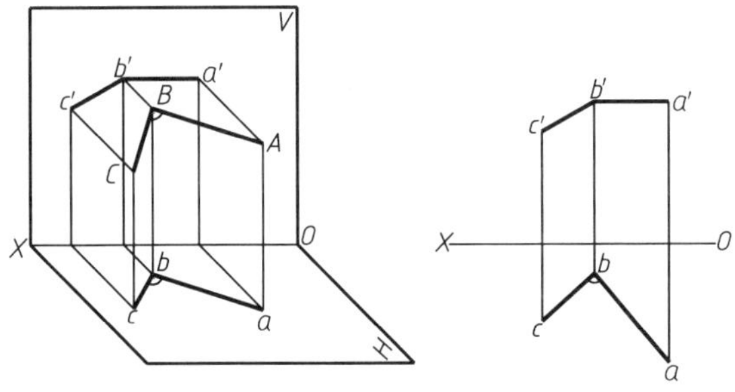

图 2-21 直角投影定理

2.3.7 直角投影定理

如图 2-21 所示，直线 AB、BC 垂直相交，其中 AB 为水平线，BC 为一般位置直线，因为 $AB \perp BC$，$AB \perp Bb$，所以 $AB \perp$ 平面 $BCcb$；又因为 AB 平行于 H 面，所以 $AB /\!/ ab$，则 $ab \perp$ 平面 $BCcb$；因此 $ab \perp bc$。

由此可知，空间两直线垂直相交时，若其中一条直线为投影面平行线，则两直线在该投影面上的投影一定相互垂直。反之，如果两相交直线在某一投影面上的投影相互垂直，且其中有一直线为该投影面的平行线时，则这两直线在空间必定垂直。这种投影性质称为直角投影定理。

当两直线垂直但不相交时，若其中一直线为投影面的平行线时，其投影仍具有上述性质。

2.4 平面的投影

2.4.1 平面投影的表示法

平面在投影图上可用下列任一组几何元素的投影来表示。

（1）不在同一直线的三个点，如图 2-22（a）所示。

（2）一直线和直线外一点，如图 2-22（b）所示。

（3）相交两直线，如图 2-22（c）所示。

（4）平行两直线，如图 2-22（d）所示。

（5）任意平面图，如图 2-22（e）所示。

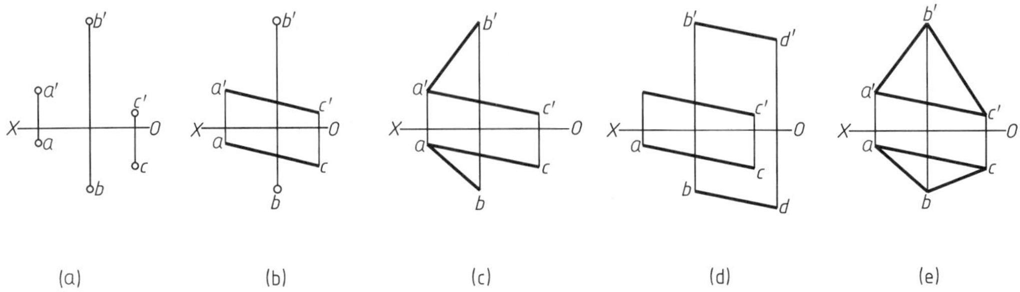

图 2-22 平面投影的表示法

平面除用上述表示法外，还可以用迹线表示。平面与投影面的交线称为平面的迹线，如图 2-23 所示，平面 P 与 H 面、V 面和 W 面的交线，分别称为水平迹线、正面迹线和侧面迹线，依次用 P_H、P_V 和 P_W 表示。

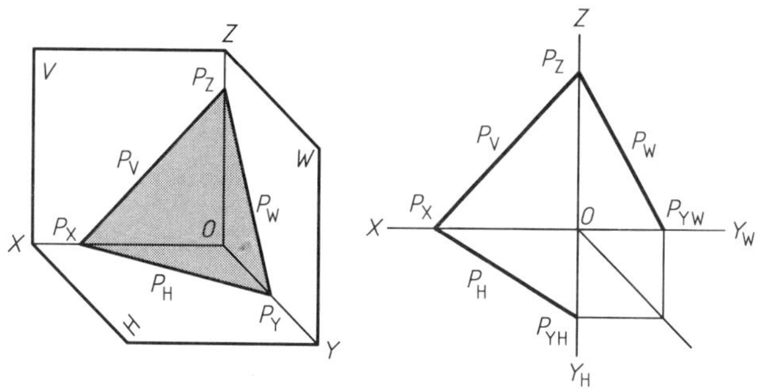

图 2-23　用迹线表示平面

2.4.2　各种位置平面的投影特性

平面对投影面的相对位置有三种情况：投影面平行面、投影面垂直面和一般位置平面。前两种平面又称为特殊位置平面。

1. 投影面平行面

平行于一个投影面而与另两个投影面垂直的平面称为投影面平行面。投影面平行面又分为三种：

（1）水平面，平行于 H 面的平面；

（2）正平面，平行于 V 面的平面；

（3）侧平面，平行于 W 面的平面。

表 2-4 为投影面平行面的直观图、投影图和投影特性。

表 2-4　投影面平行面的直观图、投影图和投影特性

名称	直观图、投影图	投影特性
水平面	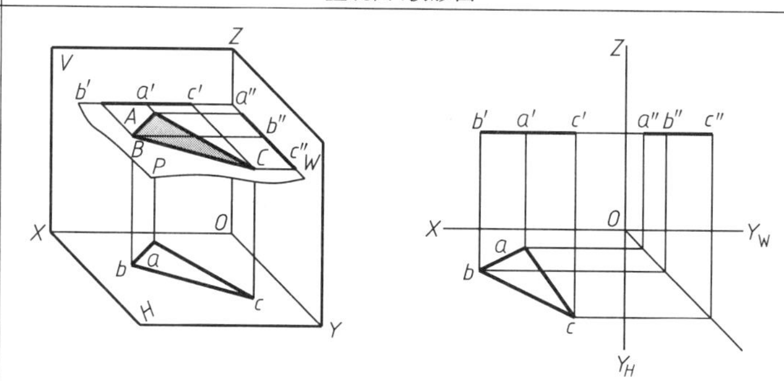	1. 水平投影反映实形 2. 正面投影积聚成直线，且平行于 OX 轴 3. 侧面投影积聚成线，且平行于 OY 轴
正平面	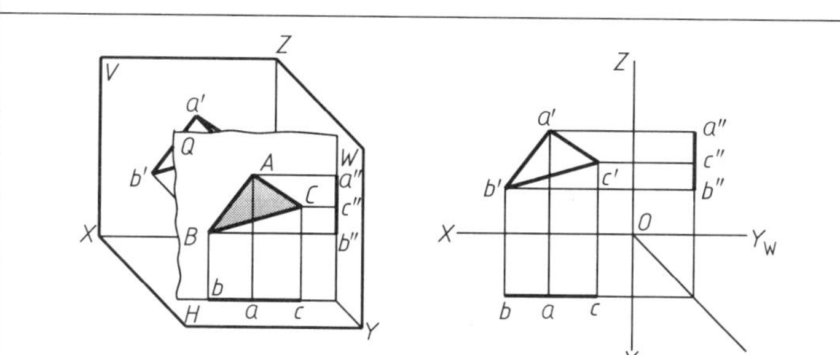	1. 正面投影反映实形 2. 水平投影积聚成直线，且平行于 OX 轴 3. 侧面投影积聚成直线，且平行于 OZ 轴

续表

名称	直观图、投影图		投影特性
侧平面	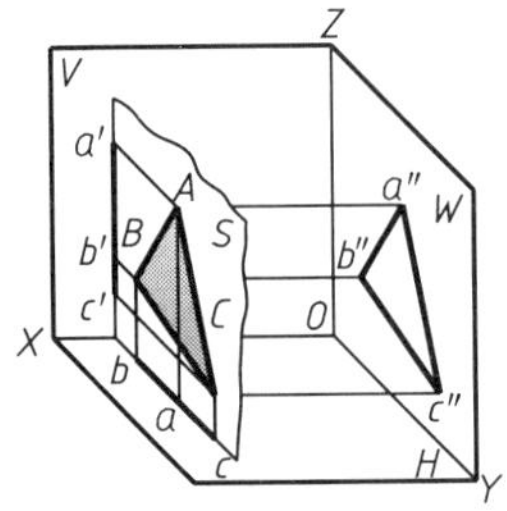	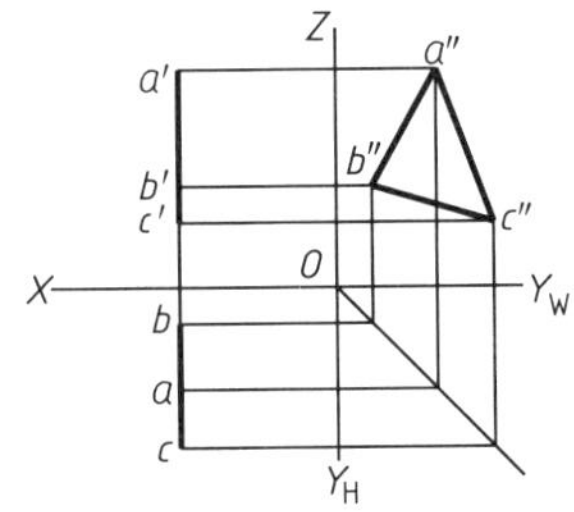	1. 侧面投影反映实形 2. 水平投影积聚成直线，且平行于 OY 轴 3. 侧面投影积聚成直线，且平行于 OZ 轴

2. 投影面垂直面

垂直于一个投影面而与另两个投影面倾斜的平面称为投影面垂直面。投影面垂直面又分为三种：

(1) 铅垂面，垂直于 H 面的平面、倾斜于 V 和 W 面；

(2) 正垂面，垂直于 V 面的平面、倾斜于 H 和 W 面；

(3) 侧垂面，垂直于 W 面的平面、倾斜于 V 和 H 面。

表 2-5 为投影面垂直面的直观图、投影图和投影特性。

表 2-5 投影面垂直面的直观图、投影图及投影特性

名称	直观图、投影图		投影特性
铅垂面	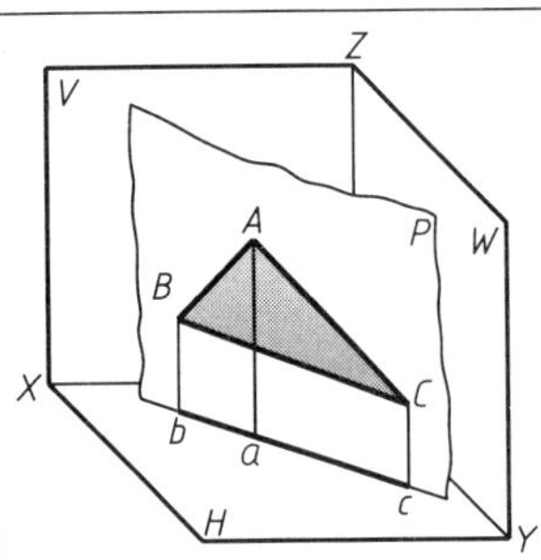	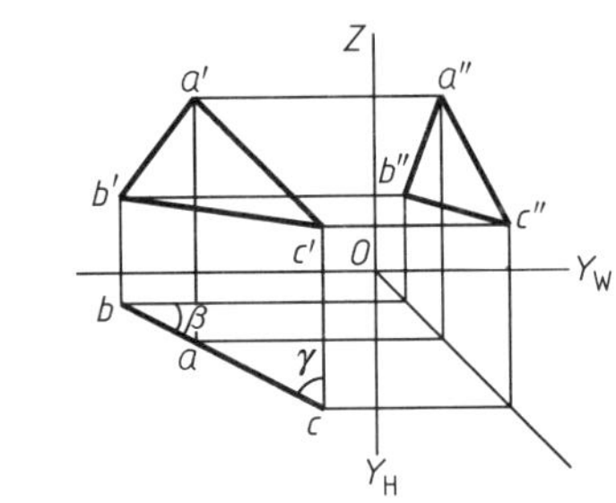	1. 水平投影积聚成直线 2. 水平投影反映直线对 V 面、W 面的倾角 β、γ 3. 正面投影和侧面投影均为原形的类似形
正垂面	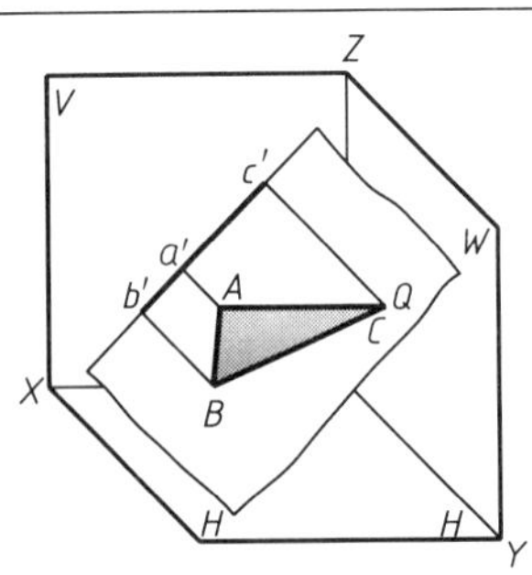	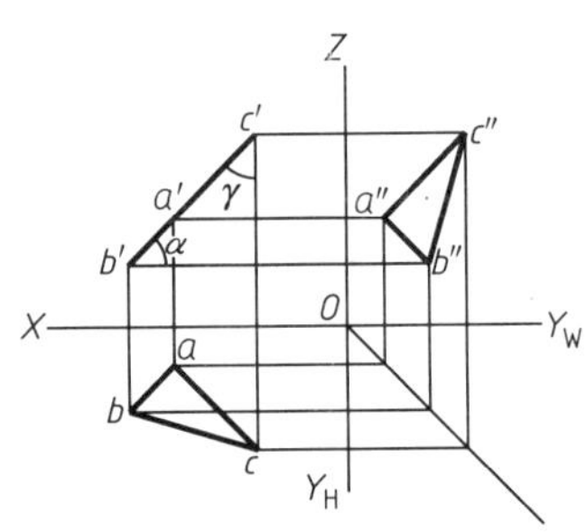	1. 正面投影积聚成直线 2. 正面投影反映直线对 H 面、W 面的倾角 α、γ 3. 水平投影和侧面投影均为原形的类似形
侧垂面	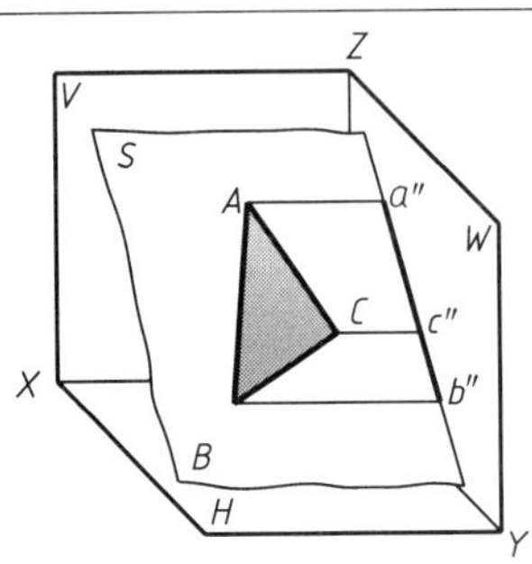	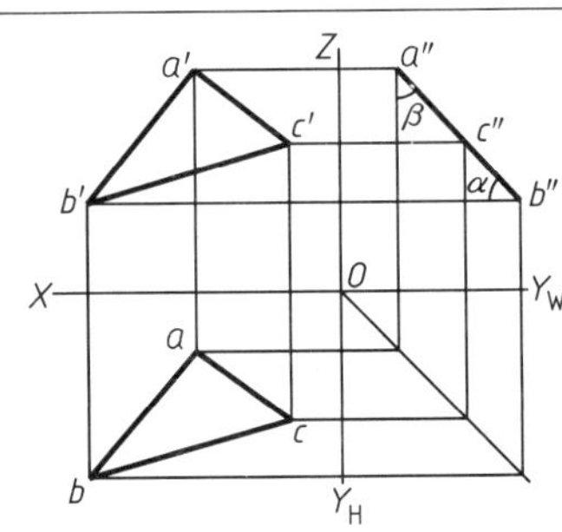	1. 侧面投影积聚成直线 2. 侧面投影反映平面对 H 面、V 面的倾角 α、β 3. 水平投影和侧面投影均为原形的类似形

3. **一般位置平面**

对三个投影面都处于倾斜的平面称为一般位置平面。

如图 2-24 所示，由于平面△ABC 倾斜于三个投影面，所以它的三面投影不反映实形，也不反映该平面与投影面的倾角，均为原形的类似形。

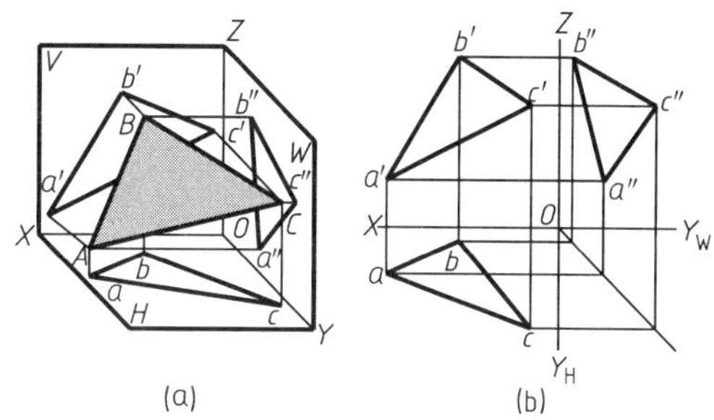

图 2-24　一般位置平面的投影

2.4.3　平面上的点和直线

如果已知平面上的点和直线的一个投影，则可根据点和直线在平面上的几何条件作出其他投影。

1. **平面上取点**

点在平面上的几何条件：如果一点在平面的一已知直线上，则此点一定在该平面上。

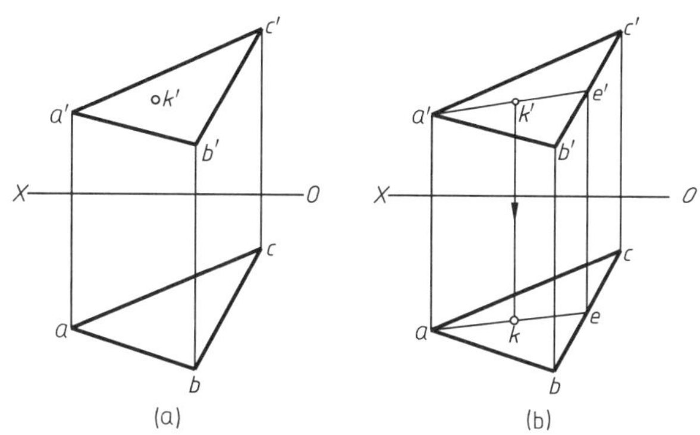

图 2-25　求平面上点的投影

例 2-6　如图 2-25（a）所示，已知平面△ABC 上点 K 的正面投影 k'，求其水平投影 k。

分析：过△ABC 的某顶点与点 K 作一直线如 AE，点 k 在 AE 的水平投影上。

作图步骤：

（1）连接 $a'k'$，并将其延长交 $b'c'$ 于 e'，得到直线 AE 的正面投影 $a'e'$。

（2）作 $a'e'$ 的水平投影 ae，点 k 在 ae 上，从而求出 k，如图 2-25（b）所示。

例 2-7　如图 2-26（a）所示，已知平面五边形 $ABCDE$ 的正面投影和 AB、BC 两边的水平投影，且 $AB /\!/ CD$，完成五边形的水平投影。

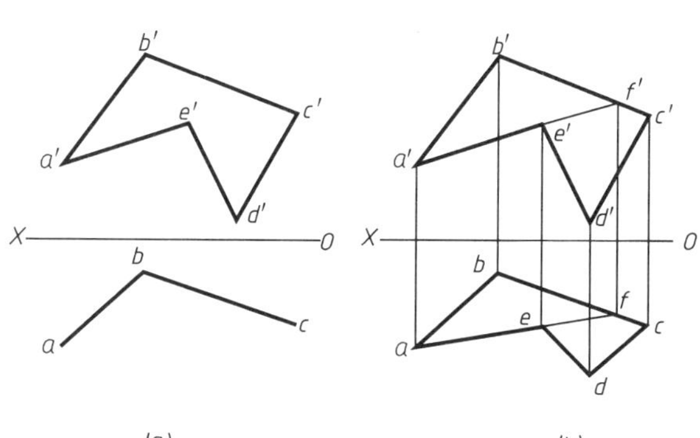

图 2-26　完成平面图形的投影

分析：根据点在平面上的几何条件及平行两直线的投影特性作出点的投影即可。

作图步骤：

（1）连接 $a'e'$，并将其延长交 $b'c'$ 于 f'，根据 F 点在直线 BC 上，得到 F 点的水平投影 f；

（2）连接 af，根据 E 点在直线 AF 上，求出 E 点的水平投影 e；

（3）过 c 作 $cd /\!/ ab$，并由 d' 求

出 d；

(4) 依次连接 c、d、e、a，得平面图形 $ABCDE$ 的水平投影 e，如图 2-26（b）所示。

2. 平面上取线

直线在平面上的几何条件是：

(1) 若一直线经过平面上两个点，则此直线必在该平面上。

如图 2-27 所示，△ABC 决定一平面 P，M 点和 N 点分别是 AB、AC 上的两点，则直线 MN 必在平面 P 上。

(2) 若一直线经过平面上一点，且平行于该平面上的另一直线，则此直线必在该平面上。

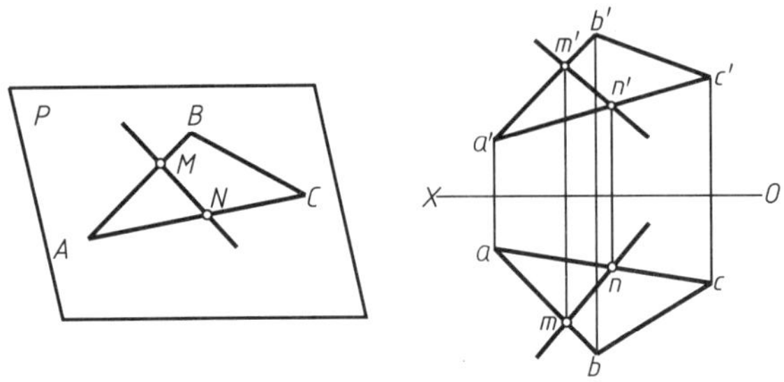

(a) (b)

图 2-27 直线在平面上的几何条件（一）

如图 2-28 所示，相交两直线 AB、BC 确定一平面 P，M 是 AB 上的一点，若过 M 点作直线 MN，使 $MN//BC$，则直线 MN 必在平面 P 上。

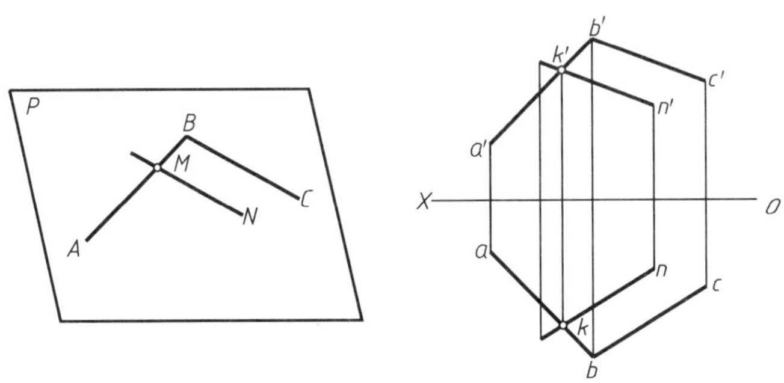

(a) (b)

图 2-28 直线在平面上的几何条件（二）

例 2-8 如图 2-29（a）所示，在△ABC 所确定的平面中，过点 A 作一条正平线。

分析：根据正平线的水平投影平行于 OX 轴的特性，先作出正平线的水平投影，然后再作出正面投影。

作图步骤：

(1) 在△ABC 的水平投影上，过 a 作 OX 的平行线，交 bc 于 m，连接 am；

(2) M 点在 BC 边上，根据点的投影特性作出 M 点的正面投影 m'，连接 $a'm'$，AM 即为所求，如图 2-29（b）所示。

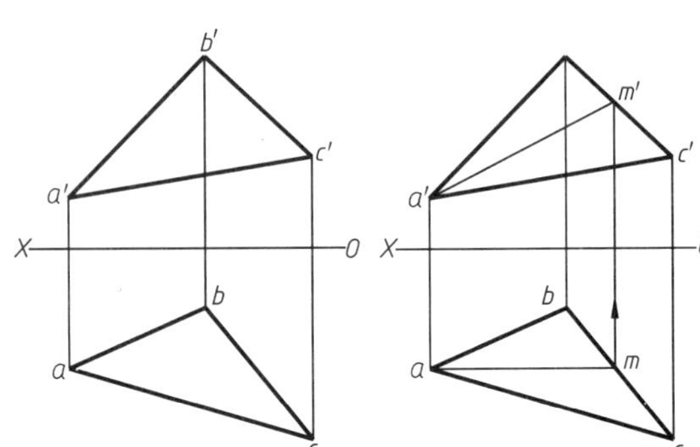

(a) (b)

图 2-29 完成平面图形的投影

第 3 章　立体的投影及表面交线

立体是由若干表面围成的封闭空间，按照表面性质的不同，立体分为平面立体和曲面立体两类。表面均为平面的立体，称为平面立体；表面为曲面或包含曲面的立体，称为曲面立体。棱柱、棱锥、圆柱、圆锥、球和圆环等称为基本立体。本章重点讨论基本立体的三视图画法及其表面的交线。

3.1　三视图的形成及投影规律

根据有关标准和规定，用正投影法绘制出立体的投影图，称为视图。为了完整地表达物体的形状，一般的工程图样常采用多面正投影图，立体在三投影面体系中所得到的三面投影，称它们为三面视图，简称三视图。

3.1.1　三视图的形成

如图 3-1 所示，将物体置于三投影面体系中，按正投影法分别向三个投影面投射，并把 H 面和 W 面按规定的方法展开，便可得到物体的三面投影，如图 3-2 (a) 所示。

在投影面体系中，若改变物体与投影面间的距离，物体的各投影与投影轴之间的距离也随着发生改变，但各投影的大小、形状始终保持不变。因此投影图中的投影轴对表达物体的形状并无实际意义，为了作图简便和图面清晰，投影轴可省略不画，不画投影轴的三面投影就称作三视图，如图 3-2 (b) 所示。

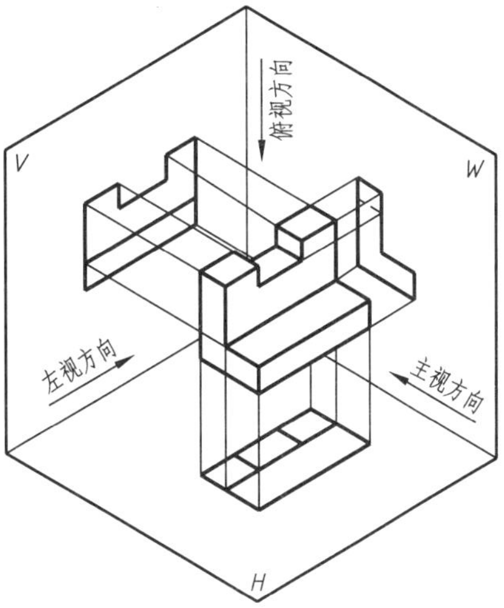

图 3-1　三视图的形成

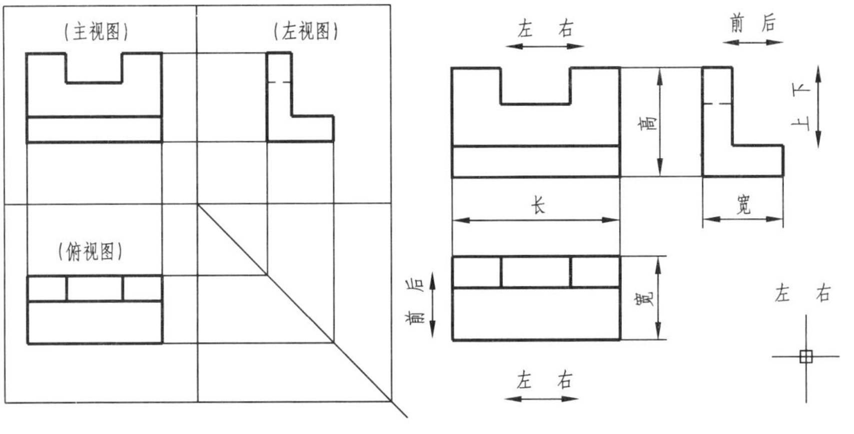

(a)　　(b)

图 3-2　三视图

在机械制图中，物体在 V 面上的投影即正面投影称为主视图，在 H 面上的投影即水平投影称为俯视图，在 W 面上的投影即侧面投影称为左视图。绘制三视图时，必须按如图 3-2（b）所示配置三视图，不能随意变动。

3.1.2 三视图的投影规律

立体有长、宽、高三个方向的尺寸，立体 X 轴方向的尺寸称为长度，Y 轴方向的尺寸称为宽度，Z 轴方向的尺寸称为高度。主、俯视图同时反映了物体的长度；主、左视图同时反映了物体的高度；左、俯视图同时反映了物体的宽度。根据点的三面投影规律，三视图的作图规律，简称“三等”规律可归纳为：

主、俯视图——长对正；

主、左视图——高平齐；

俯、左视图——宽相等。

需要特别注意的是：“三等”规律反映了三个视图之间的投影关系，是画图和读图的依据，无论是整个立体的投影还是立体局部的投影都要符合“三等”规律。

物体有上、下、左、右、前、后六个方位，如图 3-2（b）所示。主视图反映了物体的上、下和左、右位置关系，俯视图反映了物体的左、右和前、后位置关系，左视图反映了物体的上、下和前、后位置关系。俯视图和左视图都反映物体的前、后位置关系，显然远离主视图的一边为立体的前面，靠近主视图的一边为立体的后面。

3.2 平面立体的投影及其表面取点

绘制立体的三视图，实际上就是绘制围成立体的各个表面的投影。由于平面立体的表面是由平面多边形构成，因此，作平面立体的三视图，可归结为作面→线→点的投影，同时还要考虑各要素之间的相互位置关系和各要素的可见性。平面立体分为棱柱、棱锥两种。

3.2.1 棱柱

棱柱的顶面和底面是两个形状相同且互相平行的多边形，其余的面为棱柱的棱面或侧面。相邻两个棱面的交线称为棱线或侧棱，它们是互相平行的。棱线垂直于底面的棱柱称直棱柱，棱线与底面斜交的棱柱称斜棱柱，顶面和底面为正多边形的直棱柱则称为正棱柱。为了使棱柱的投影能反映底面的实形，通常使其底面平行于某一投影面。

1. 棱柱的三视图

图 3-3 表示一个正六棱柱的投影。它的顶面和底面为水平面，六个侧面中，前、后面为正平面，另四个为铅垂面，六条棱线均为铅垂线。俯视图反映了顶面和底面的实形为正六边形，其中每条边又都是六个侧面的积聚投影；主视图和左视图中，顶面和底面积聚成直线；棱线的投影反映实长（六棱柱的高）且互相平行。假定立体是不透明的，则立体的每个投影都包含了该投射方向上可见表面和不可见表面的投影。

画棱柱三视图的方法：先画顶面和底面的各面投影，从反映顶面和底面实形的视图画起。再画侧棱线的各面投影，不可见轮廓的投影画成虚线。

2. 棱柱表面上的点

由于棱柱的表面均为平面，所以在棱柱表面上取点与在平面上取点的方法相同。一般情况下，棱柱的表面均为特殊位置平面，所以求棱柱表面上点的投影均可利用平面投影的积聚性作图。处于可见表面上的点，其投影为可见，反之，为不可见。作图时，首先要分析判断

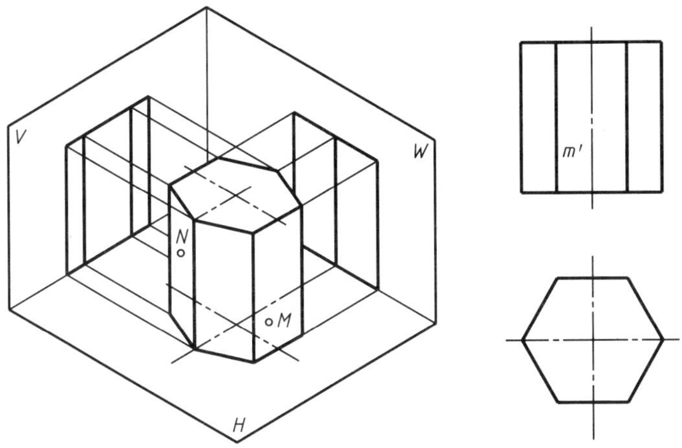

(a)　(b)

图 3-3　正六棱柱的三视图

点在立体的哪个面上，其次利用面的积聚性和投影规律确定点投影的位置，最后判断点投影的可见性。

例 3-1　如图 3-4 所示，已知正六棱柱的表面上的 M 点的正面投影 m'，N 点的侧面投影 n''，求各点的另两面投影。

作图步骤：

(1) 由于 m' 可见，故 M 点在六棱柱的最前棱面上，该棱面为正平面，水平投影和侧面投影有积聚性，可直接求出 m 和 m''，m'' 可见。

(2) 同理，根据 N 点的侧面投影 n'' 可判断出 N 点在六棱柱的左后侧面上，水平投影有积聚性，量取 Y 坐标差 $\triangle Y$，首先确定水平投影 n，最后求出正面投影 n'，n' 不可见，如图 3-4 所示。

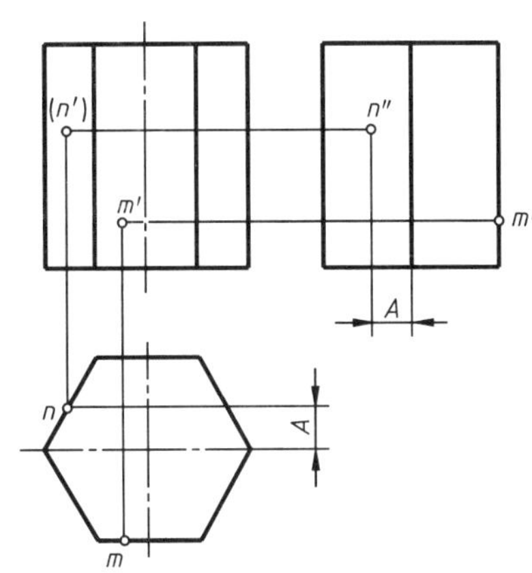

图 3-4　棱柱表面上的点

3.2.2　棱锥

棱锥的底面为多边形，各侧面为具有公共顶点的三角形。从棱锥顶点到底面的距离叫做棱锥的高。当棱锥的底面为正多边形、各侧棱相等时，该锥体称为正棱锥。正棱锥的各侧面为等腰三角形。为了便于画图和看图，通常使其底面平行于一个投影面。

1. 棱锥的三视图

如图 3-5 所示为一个正三棱锥，它由四个表面围成。锥的底面 $\triangle ABC$ 为水平面，水平投影 $\triangle abc$ 反映实形，V 面和 H 面投影各积聚为一条分别平行于 X 轴和 Y 轴的直线；锥体的后侧面 $\triangle SAC$ 为侧垂面，它的 W 面投影积聚为一段倾斜于 OZ 轴的直线，V 面和 H 面投影为 $\triangle s'a'c'$ 和 $\triangle sac$。锥的左、右两个侧面为一般位置平面，它的三面投影均为三角形。

画棱锥三视图的方法：一般先画底面各投影，再画出锥顶点各投影，然后连接各棱线，并区分可见性，如图 3-5 (b) 所示。

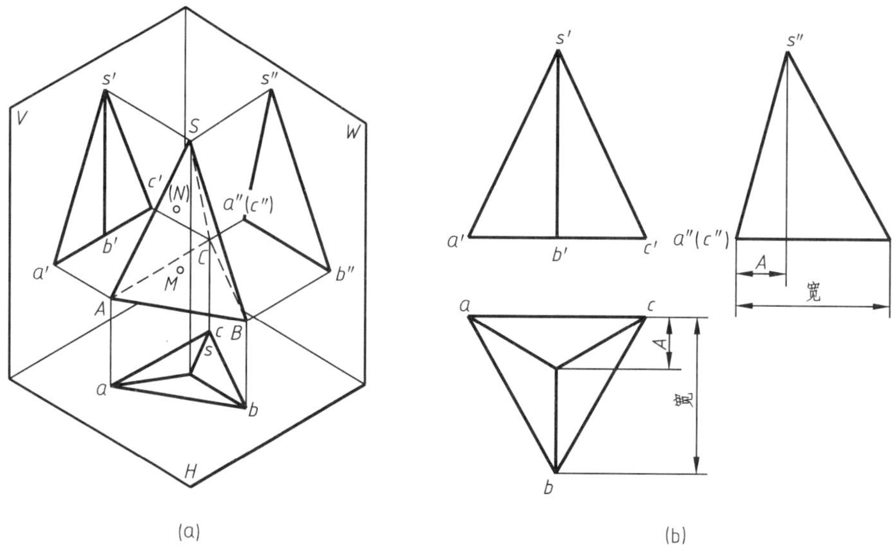

图 3-5 正三棱锥的三视图

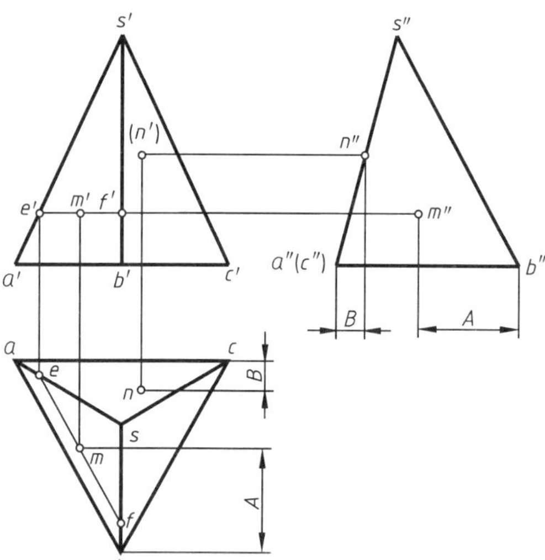

图 3-6 正三棱锥表面上

2. 棱锥表面上的点

当棱锥的表面与投影面处于特殊位置时，可直接利用平面投影的积聚性来作图。当棱锥的表面处于一般位置时，则应利用在平面上取点的方法来作图。

例 3-2 如图 3-6 所示，已知棱锥表面上的 M、N 点的正面投影 m'、n'，求 M、N 点的另外两面投影。

分析与作图：由于 N 点所在平面 SAC 为侧垂面，可利用其 W 面投影的积聚性先求出 n''，再由 n'' 和 n' 求出 n，n、n'' 均可见。M 点所在平面 $\triangle SAB$ 为一般位置平面，过 m' 点作辅助线 $e'f'$（$EF/\!/AB$），找到 EF 的水平投影 ef，按点的投影规律在 ef 上作出 M 点的水平面投影 m。最后根据 m' 和 m 求出 m''，三个视图上 M 点的投影均可见。

3.3 曲面立体的投影及其表面取点

常见的曲面立体是回转体。由回转面或回转面与平面围成的立体称为回转体。常见的回转体有圆柱、圆锥、圆球和圆环等。由于回转体的侧面是光滑回转面，所以绘制回转体的视图，主要是画出对相应投影面可见与不可见部分的分界线的投影，这种分界线称为转向轮廓线。

3.3.1 圆柱

1. 圆柱面的形成

圆柱面可看成是由一条直母线，围绕与它平行的轴线回转而成。如图 3-7 所示。母线的任一位置称为圆柱面的素线，所有素线都与轴线平行。母线上任一点的运动轨迹都是圆，且圆的直径相同。

圆柱由圆柱面、顶面和底面组成。

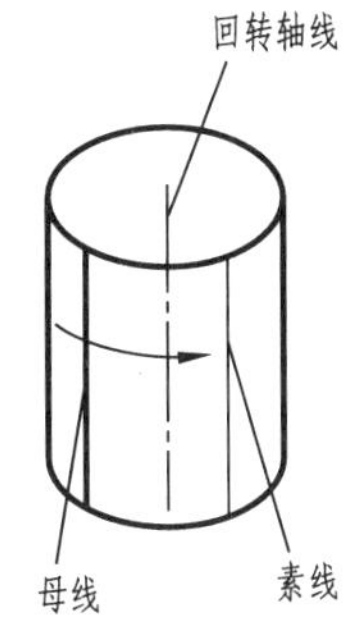

图 3-7　圆柱面的形成

2. 圆柱的投影

如图 3-8 所示，圆柱的轴线垂直水平面，圆柱面的俯视图积聚成一个圆，顶面与底面反映实形。圆柱在主、左视图上的投影为相同的矩形线框，上、下两边是顶面和底面的积聚投影，其长为圆柱的直径；主视图矩形的左、右两边分别是圆柱面最左、最右素线的投影，它们是圆柱面由前向后的转向轮廓线，也是主视图上圆柱面投影的可见与不可见部分的分界线，左视图矩形的两边分别是圆柱面最前、最后素线的投影，它们是圆柱面由左向右的转向轮廓线，也是左视图上圆柱面投影的可见与不可见部分的分界线。

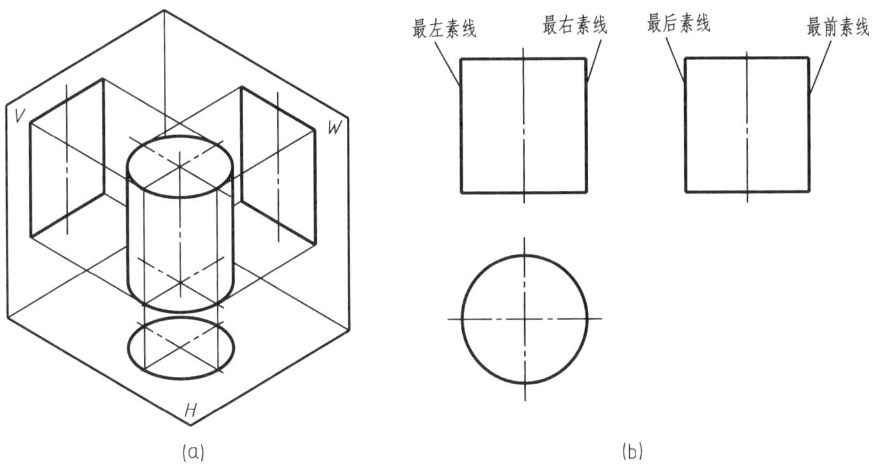

图 3-8　圆柱的投影

还应注意回转体的轴线应该用细点画线清晰地表示出来。画圆柱的三视图时，应先用细点画线画圆的中心线、轴线，再画投影为圆的视图，最后画其余两个视图。

3. 圆柱表面上的点

圆柱面上点的投影，均可利用圆柱面投影的积聚性来作图。

例 3-3　如图 3-9 所示，已知圆柱面上 M 点的正面投影 m' 和 N 点的侧面投影 n''，求 M、N 点的其他两面投影。

由于圆柱的水平投影有积聚性，M 点的水平投影在圆柱水平投影的圆周上，而 M 点的正面投影 m' 可见，故 M 点必在前半个圆柱面上，因此 m 必在俯视图的前半个圆周上。根据 m'、m 求出 m''，侧面投影 m''可见。而 N 点的投影，读者可自行分析。

3.3.2　圆锥及圆锥台

1. 圆锥面的形成

圆锥面可看成是由一条直母线，围绕与它相交的轴线回转而成，如图 3-10 所示。母线的任一位置称为圆锥面的素线，所有素线相交于锥顶。母线上任一点的运动轨迹都是圆，不同的点其圆的直径不同。由圆锥面和底平面组成的立体既是圆锥。

2. 圆锥的投影

如图 3-11 所示，圆锥的轴线垂直于水平面，圆锥的俯视图是一个圆，它即是圆锥面的水

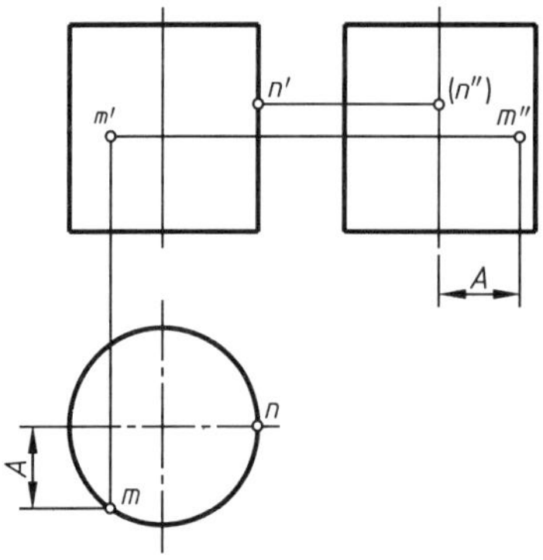

图 3-9　圆柱面上点的投影

图 3-10　圆锥面的形成

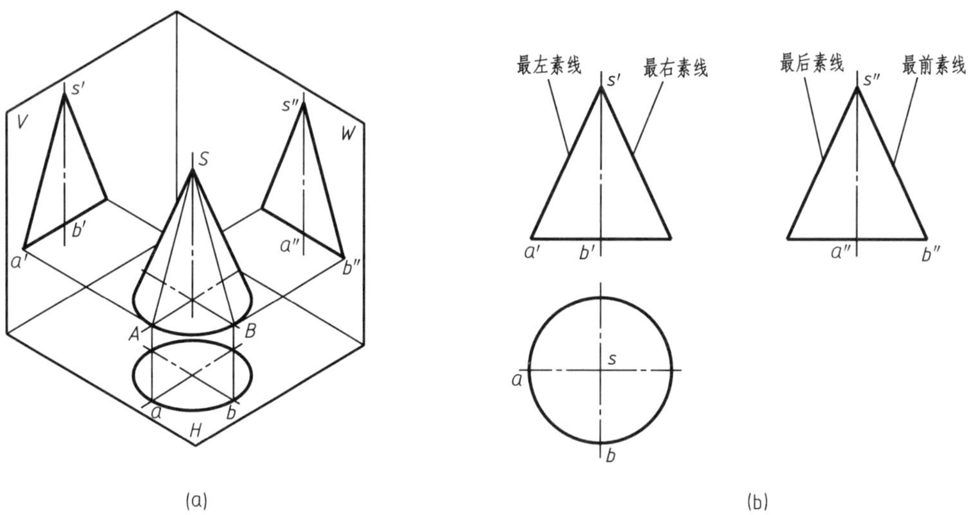

图 3-11　圆锥的投影

平投影，又是底平面的实形投影。主、左视图是两个相等的等腰三角形，它表示了圆锥面的投影，其底边是底圆的积聚性投影。主、左视图三角形的两腰分别是圆锥最左、最右素线和最前、最后素线的投影。

同样画圆锥的三视图时，先用细点画线画出轴线和圆的对称中心线，再画出投影为圆的视图，最后画出其余两个视图。

3. 圆锥表面上的点

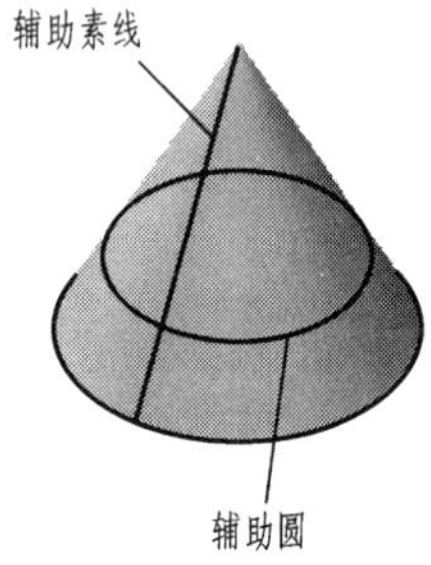

图 3-12　辅助素线和辅助圆

当点位于圆锥表面的最左、最右素线和最前、最后素线上时，可直接利用这些素线的特殊性作出点的投影，如果点处于圆锥表面的一般位置，可采用下述两种方法求解：

(1) 辅助素线法。利用圆锥面素线来求点的投影的方法称为辅助素线法。如图 3-12 所示。

(2) 辅助圆法。如图 3-12 所示，在圆锥面上可以作出无数个垂直于轴线的圆，利用这些圆来求点的投影的方法称为辅助圆法。

例 3-4　如图 3-13 所示，已知圆锥面上的 M 点的正面投影

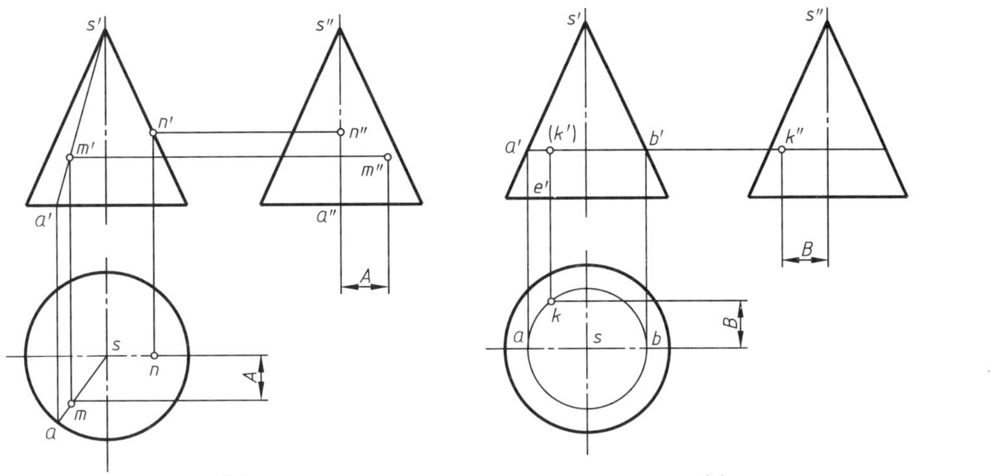

图 3-13　圆锥表面上的点的投影

m'、N 点的正面投影 n'和 K 点投影侧面投影 k''，求它们其余的两面投影。

如图 3-13（a）所示，可通过 M 点作辅助素线的方法求点。在主视图上，过锥顶 s'和 m' 作一辅助线 $s'm'$，并将其延长与底平面的正面投影交于 a'，作出其 H 面投影 sa，再由 m'根据点的投影关系求出 m、m''。由于 M 点在左半个圆锥面上位置，故 m、m'' 均可见。N 点位于最右素线上，可直接求出。

过 K 点作辅助圆，其正面和侧面投影为垂直轴线的直线，长度为直径，作辅助圆的水平投影，可求出 k，再根据 k、k'' 求出 k'，如图 3-13（b）所示。

圆锥台可看成由平于圆锥底面的平面截去锥顶部分而形成的。图 3-14 所示为圆锥台的三视图。圆锥台视图的绘制及表面取点的方法与圆锥基本相同。应注意的是当用辅助素线法取点时一定要过原圆锥的锥顶作辅助素线。

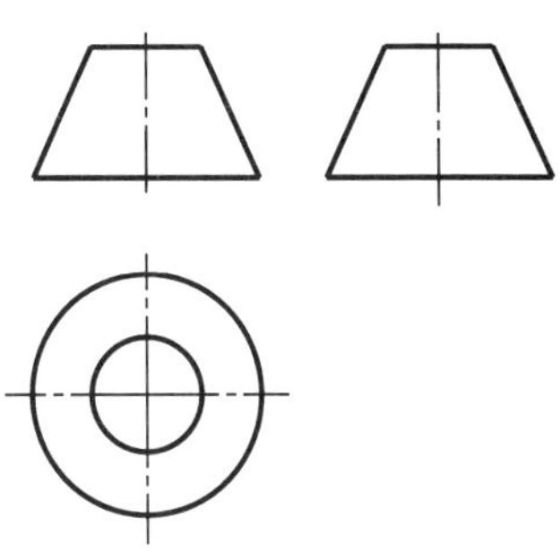

图 3-14　圆锥台三视图

3.3.3　圆球

1. 圆球面的形成

圆球面可看成是由一个圆母线，以其直径为轴线回转而成，如图 3-15 所示。同样母线上任一点的运动轨迹都是圆，不同的点其圆的直径不同。

2. 圆球的投影

如图 3-16 所示，圆球的三个视图都是圆，其直径为圆球直径。但这三个圆并非球面上同一个圆的投影，而是圆球面上三个方向上的转向轮廓线的投影。V 面投影中的圆，是球面上前、后半球的转向轮廓线，也是 V 面上前、后半球的可见与不可见的分界圆；W 面投影中的圆，是球面上左、右半球的转向轮廓线，是 W 面上左、右半球的可见与不可见的分界圆；H 面投影中的圆，是球面上、下半球的转向轮廓线，是 H 面上、下半球的可见与不可见的分界圆。

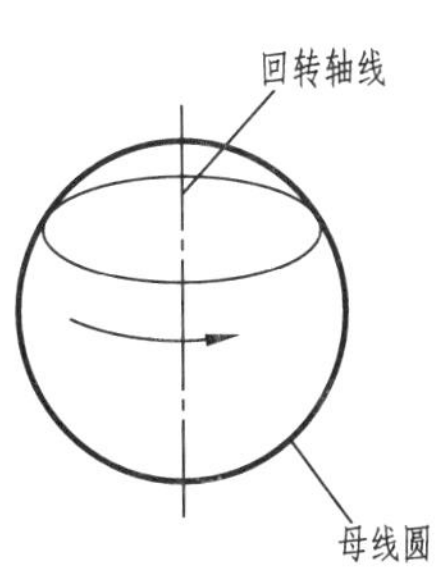

图 3-15　圆球面的形成

画圆球的三视图时，应先画三个圆的中心线，然后再分别画圆。

3. 圆球表面上的点

因为圆球面的母线不是直线，因此在圆球面上取点应采取作辅

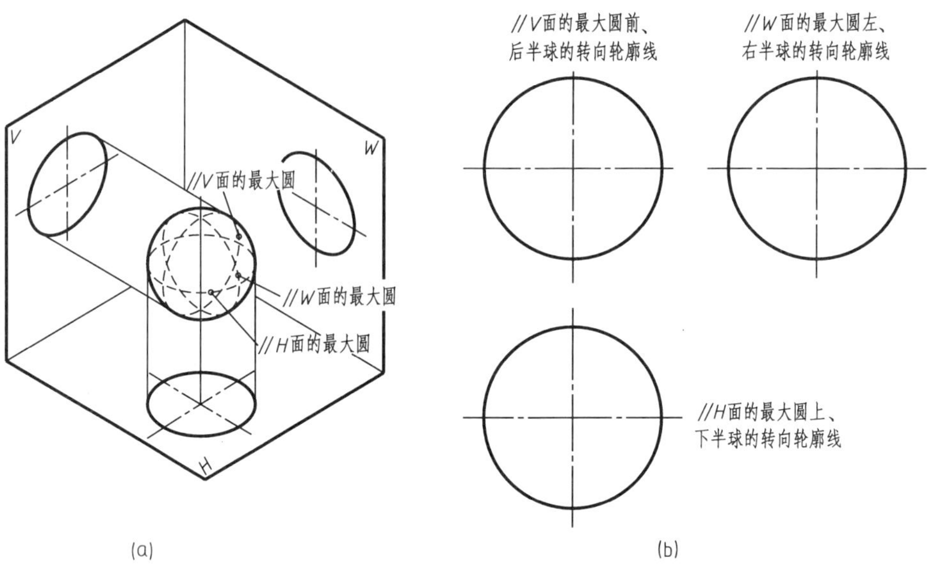

图 3-16 圆球的投影

助圆的方法求解。在圆球表面上，过任意一点可以作出无数个圆，但考虑作图简便，应选择过球面上已知点作平行于投影面的辅助圆来作图。

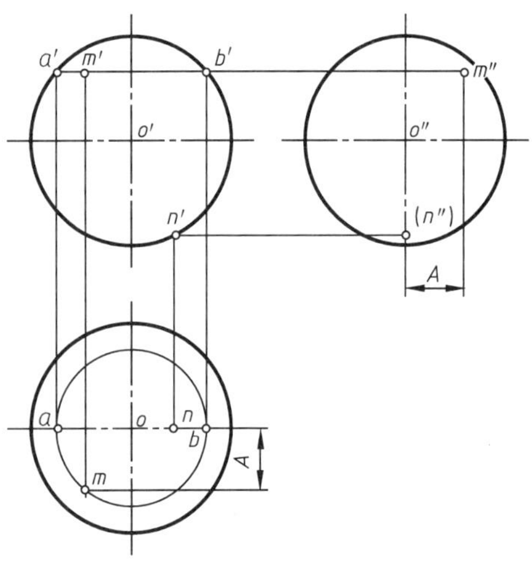

图 3-17 圆球表面上点的投影

例 3-5 如图 3-17 所示，已知圆球面上的 M 和 N 点的 V 面投影 m'、n'，求两点的其他两面投影。

由于 m' 为可见，所以 M 点在球体的前半个球面上。选择在球面上过 M 点作平行于水平面的辅助圆的方法求点。过 m' 作辅助圆的 V 面投影 $a'b'$，作出圆的 H 面投影，其直径等于 $a'b'$ 的长度，按点的投影规律作出 m 和 m''。由 m' 的位置可知，M 点在球面的左、上、前部。故 m、m'' 都可见。

由于 n' 位于圆球面转向轮廓线上，其投影处于特殊位置，可利用点的投影规律直接求出。

3.3.4 圆环

1. 圆环面的形成

圆环面可看成是由一个圆作母线，以其同平面但位于圆周之外的直线为轴线回转而成，如图 3-18 所示。其中，母线圆上 B 点和 D 点绕成的圆分别是圆环面上直径最大和最小的圆，分别称为最大圆和最小圆。圆环外表面称为外环面，是由圆的 ABC 弧回转而成；里侧表面称为内环面，是由圆的 CDA 弧回转而成。母线上任一点的运动轨迹也是圆。

2. 圆环的投影

如图 3-19 所示，俯视图是直径不等的两个同心圆，分别是环面上最大和最小圆的投影，是上下表面分界线的投影。点画线圆是母线圆心轨迹的投影。主视图中的两个小圆是平行 V 面的最左、最右素线圆的投影，该素线圆是外环面在 V 面上可见与不可见的分界线；上下两条水平直线内、外环面的分界圆的投影。主视图中外环面的前半部可见，后半部不可见，内环面均不可见。左视图的情况与主视图类似，读者可自行分析。

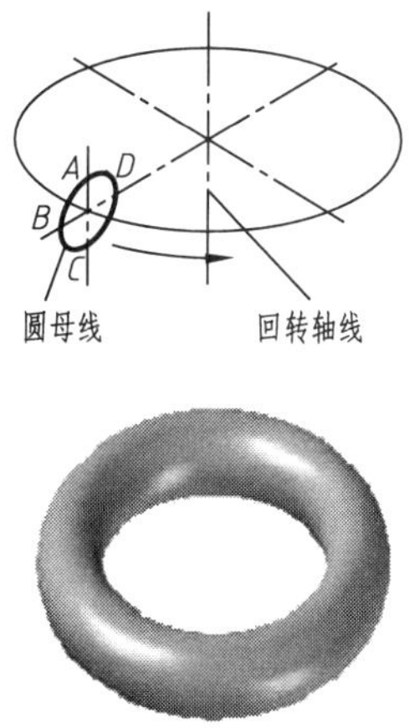

图 3-18　圆环面的形成

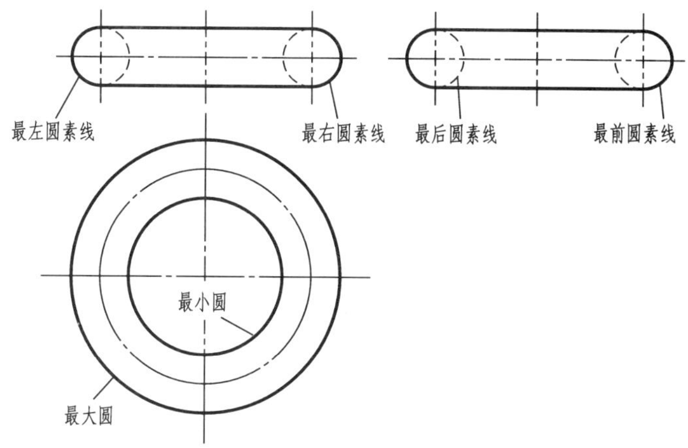

图 3-19　圆环的投影

画圆环的三视图时，可先画出各视图中的轴线、中心线，再画中心圆并确定素线圆的中心，然后绘出圆环的各投影。

3. 圆环面上的点

圆环面上点的投影一般要通过作与轴线垂直的辅助圆来确定。圆环面上位于特殊位置点的投影可直接作出。

例 3-6　如图 3-20 所示，已知圆环面上的 E 点的 H 面投影 e、M 点的 V 面投影 m'、N 点的 H 面投影 n，求 M、N 点的其他两面投影。

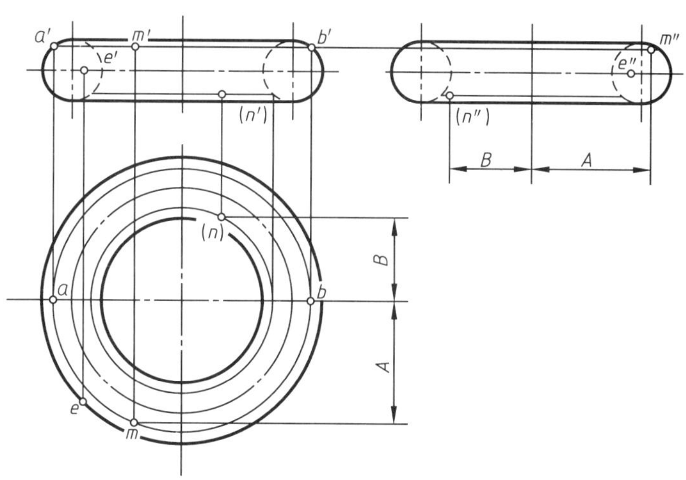

图 3-20　圆环面上的点的投影

由于 E 点位于圆环面的最大圆上，可按点的投影规律直接作出 e'、e''。由于 m' 可见，所以 M 点在外环面的前半部。可在环面上过 M 点作水平辅助圆的方法求点，作图时先过 m' 作辅助圆的 V 面投影 $a'b'$，再作圆的 H 面投影和 W 面投影，最后按点的投影规律在圆的同面投影上作出 m 和 m''。N 点位于内环面的后半部，其投影作法基本相同，不再详述。

3.4　平面与立体表面相交

在物体上常有平面与立体相交或立体与立体相交而形成的交线。平面与立体表面的交线称为截交线，平面称为截平面。基本立体被截平面截断后的部分称为截断体，被截切后的断面称为截断面，如图 3-21 所示。画图时，为了清楚地表达物体的形状，必须正确地画出其截交线的投影。

截交线具有下列基本性质：

(1) 截交线是截平面与立体表面的共有线；

(2) 截交线一般情况下应为封闭的平面图形。

求截交线的方法和步骤如下：

(1) 首先根据截平面与立体的相对位置，分析出截交线的形状；

(2) 求截交线；

(3) 补全立体被截切后的投影，并判断可见性。

当用一个截平面截切立体时，依次求出截交线上的点或线，从而作出截交线的投影。

当用多个截平面截切立体，形成具有切口或穿孔时，逐个作出各截平面与立体的截交线，再画出相邻两平面之间的交线，如图 3-22 所示。

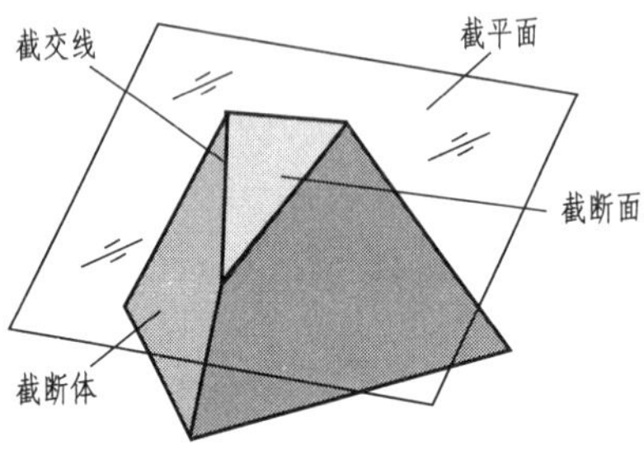

图 3-21　截平面截切平面立体

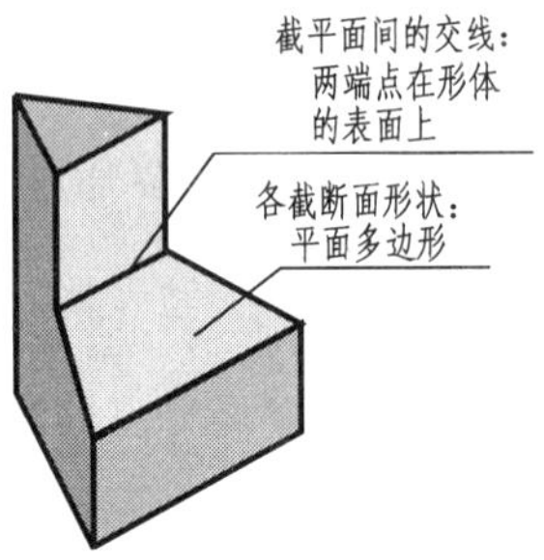

图 3-22　用多个截平面组合截切平面立体

3.4.1　平面与平面立体相交

平面立体的表面是由若干个平面图形所组成的，所以它的截交线均为封闭的、直线段围成的平面多边形。多边形的边是立体表面与截平面的交线，而多边形的顶点则是立体棱线与截平面的交点。因此，求截交线实际上是求截平面与平面立体棱线的交点，或求截平面与平面立体表面的交线。

例 3-7　如图 3-23 所示，已知正四棱柱被正垂面截切，完成被切正四棱柱的侧面投影，

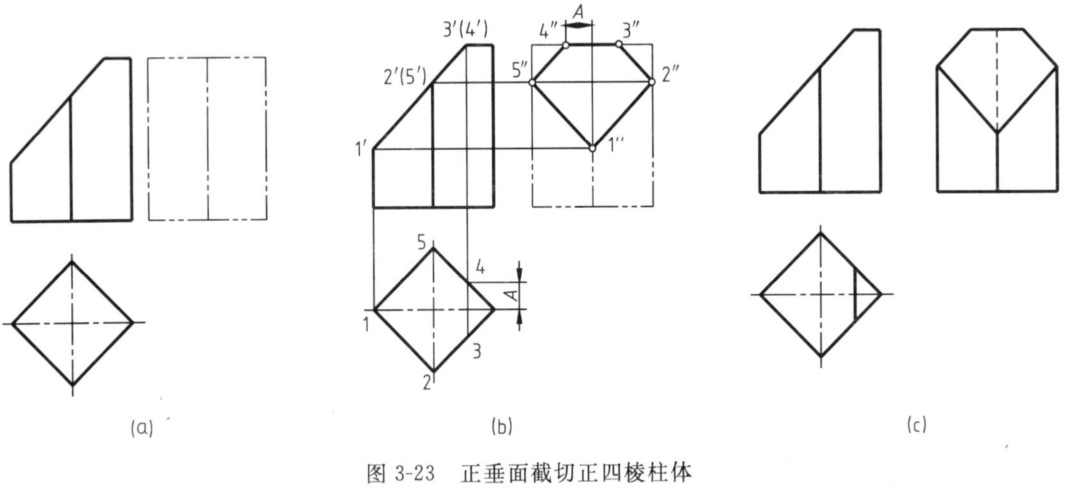

图 3-23　正垂面截切正四棱柱体

并补全水平投影。

分析：截平面与棱柱顶面及四个侧棱面相交，故截交线由五条交线组成的五边形。五边形的各顶点分别是截平面与棱柱表面的五条被截棱线的交点。因截平面为正垂面，故截断面的正面投影积聚成直线段，水平投影与侧面投影为类似的五边形。

作图：

（1）画出四棱柱的侧面投影，如图 3-23（a）所示；

（2）利用截平面正面投影的积聚性，首先出截交线各顶点的正面投影；

（3）求出各点的水平投影和侧面投影，依次连接各点，如图 3-23（b）所示；

（4）整理轮廓线，判别可见性，在左视图中，应去除被截去部分的投影，补画左视图中虚线，即完成切口的水平投影和侧面投影，如图 3-23（c）所示。

例 3-8　如图 3-24（a），已知带切口的正三棱锥正面投影，补全水平投影完成侧面投影。

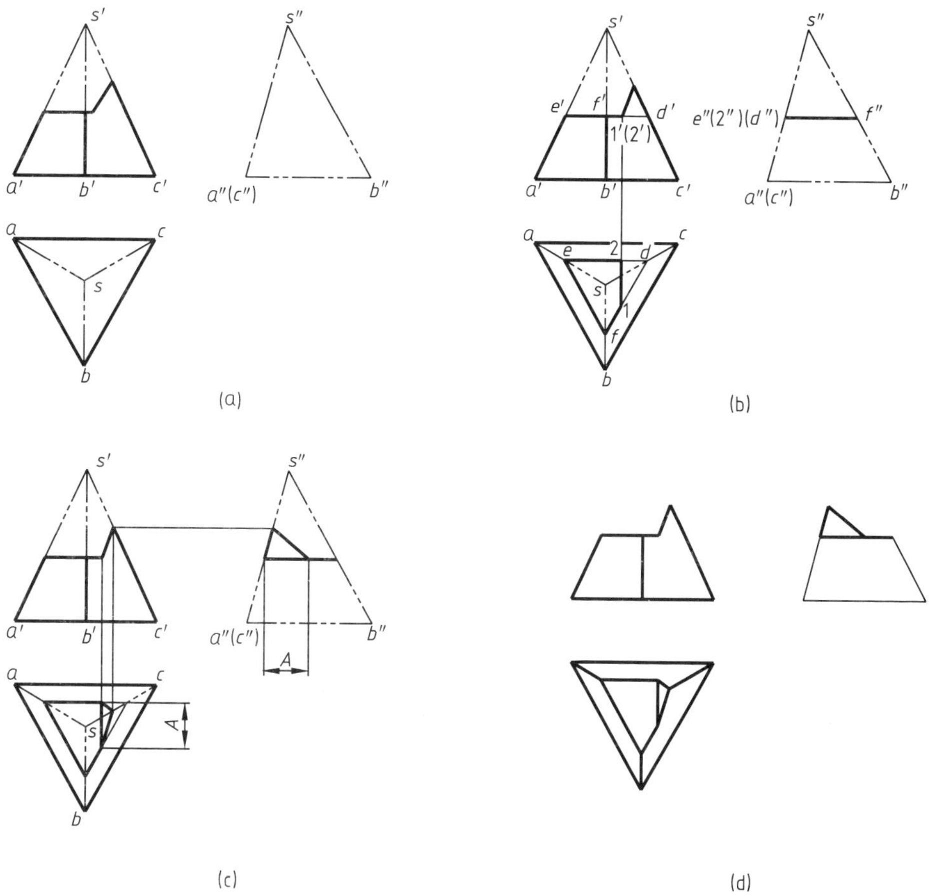

图 3-24　带切口的正三棱锥

分析：切口是三棱锥被一个水平面和一个正垂面截切而成。切口的水平面为四边形，其中三条边是三个侧平面与水平面的交线，与三棱锥的底面的对应边平行；另外一条边是水平面和正垂面的交线。切口的正垂面为三角形；切口的正面投影有积聚性。

作图：

（1）画出三棱锥的侧面投影，如图 3-24（a）所示。

（2）求切口水平面的各顶点。包含切口的水平面作一辅助平面 P，求出 P 与三棱锥的交线 DEF，水平面的各顶点 E、F、Ⅰ、Ⅱ均在 DEF 上，按投影关系求出它们的三面投影，如图 3-24（b）所示。

（3）求切口正垂面的顶点。正垂面的最高点Ⅲ在 SC 棱线上，按投影关系求出它的三面投影，如图 3-24（c）所示。

（4）整理轮廓线。去除被截切掉的部分投影，补全水平投影并判别可见性，如图 3-24（d）所示。

3.4.2　平面与曲面立体相交

曲面立体的截交线的形状与曲面立体的几何性质及其与截平面的相对位置有关，概括起来有三种情况：①封闭的平面曲线；②直线段围成的平面多边形；③直线段和平面曲线共同组成的平面图形。不论截交线是直线还是曲线，它都是截平面和曲面立体表面的共有线，截交线上的点也都是它们的共有点。当截交线为曲线时，一般需要通过求曲线上一系列点的投影，并依次光滑连接即为截交线的投影。

作截交线的顺序是：先作出截交线的特殊点，然后按需要求出若干一般点，最后判别可见性，依次光滑连接各点的同面投影。

1. 圆柱的截交线

当平面与圆柱相交时，根据截平面与圆柱轴线的相对位置不同，截交线有三种形状，见表 3-1。

表 3-1　圆柱的截交线

截平面位置	垂直于圆柱轴线	平行于圆柱轴线	倾斜于圆柱轴线
立体图	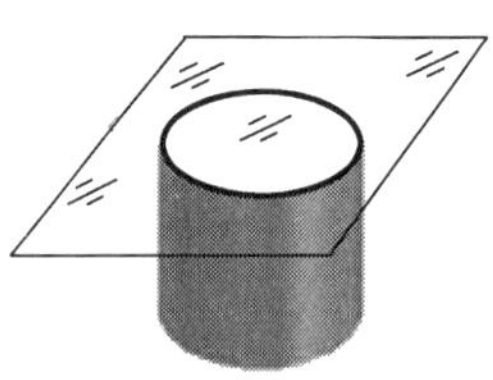	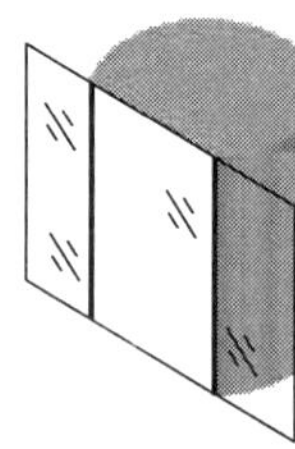	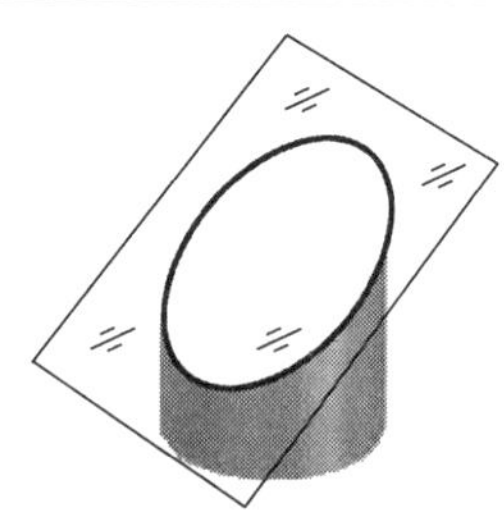
圆柱面上的截交线形状	圆	两平行直线（截断面为矩形）	椭圆
三视图	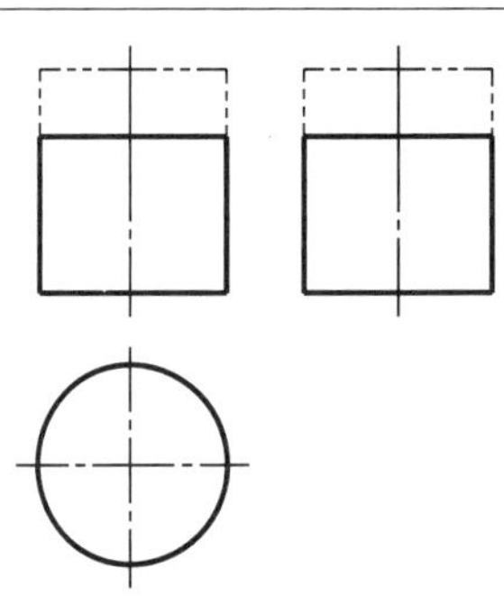	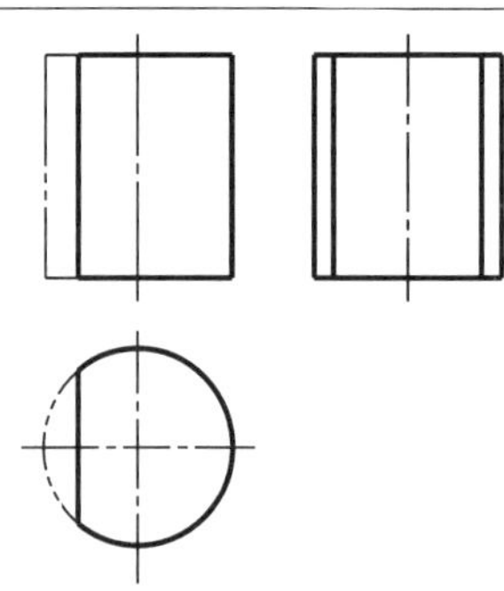	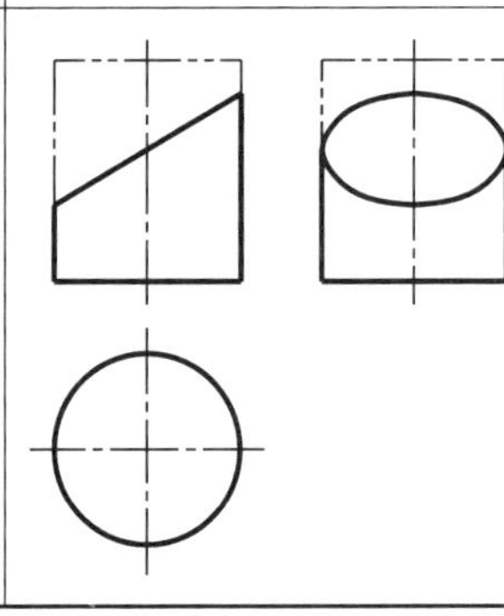

作图时应首先根据截平面与圆柱轴线的位置，分析确定截交线的形状，再作出截交线的投影。

例 3-9　如图 3-25 所示，完成被正垂面截切后的圆柱的三面投影。

分析：由于截平面为正垂面，倾斜于圆柱轴线，且与圆柱面完全截切，故截交线应为椭圆。截交线的正面投影积聚成直线，圆柱的水平投影具有积聚性，故截交线的水平投影与圆柱面的积聚投影重合为一圆，侧面投影一般情况下为椭圆，其长短轴要根据截平面与轴线的夹角而定（特殊情况即截平面与轴线的夹角为 45°时，左视图投影为圆）。

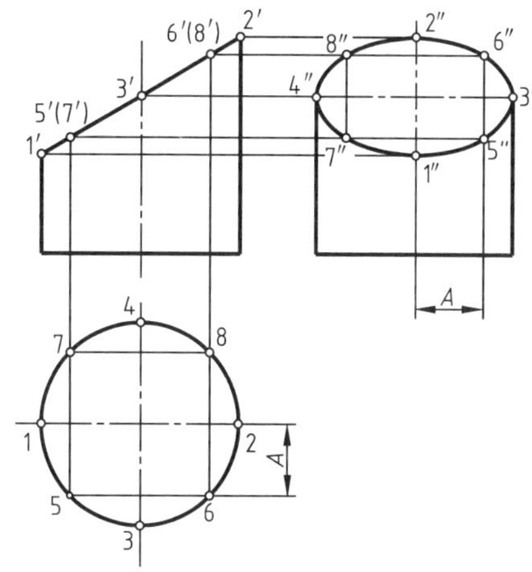

图 3-25　斜切圆柱

作图：

（1）求特殊点。特殊点一般指最高、最低、最左、最右、最前、最后点，以及可见性分界点。从图中可知，截交线上的最低点Ⅰ和最高点Ⅱ，分别是最左素线和最右素线与截平面的交点，也是截交线上最左点和最右点。最前点Ⅲ和最后点Ⅳ，分别是最前素线和最后素线与截平面的交点。利用主视图上截交线的积聚投影，确定四个特殊点的正面投影 1′、2′、3′、4′，根据投影关系求出各点的其他两面投影。

（2）求作一般点。根据具体情况作出适当数量的一般点，如图中的Ⅴ、Ⅵ、Ⅶ、Ⅷ。

（3）依次光滑连接各点的同面投影，擦去左视图中被截去部分的投影，判断可见性。

例 3-10　如图 3-26 所示，已知圆柱的两端被切，完成圆柱接头的三面投影。

分析：图 3-26 所示立体的左端凹槽是用两个水平面和一个侧平面切割而成。凹槽侧面的截交线为矩形；凹槽底面的截交线由两段圆弧和两条直线组成。右端每个切口是用一个正平面和一个侧平面切割而成，其截交线分别为矩形和圆弧。

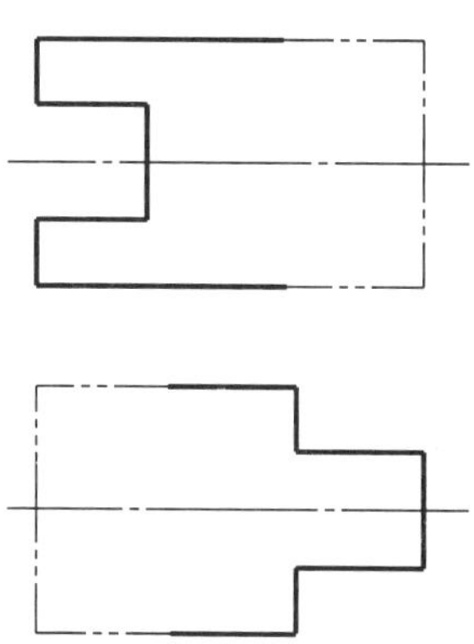

(a)

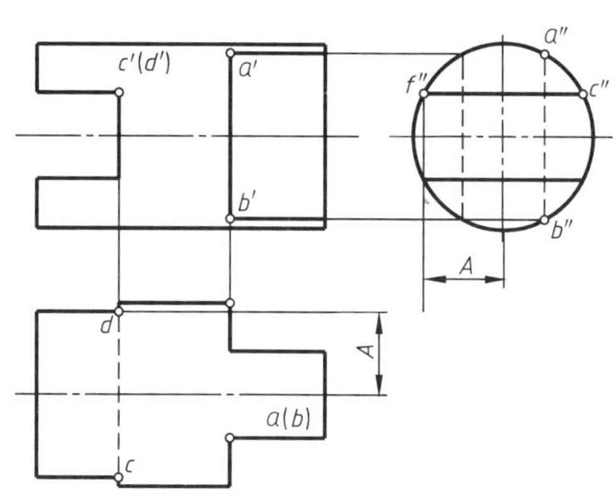

(b)

图 3-26　圆柱切割体

作图：

（1）在左视图中作凹槽和切口的积聚性投影：两条粗实线和两条虚线；

（2）在俯视图中作左边凹槽的投影，矩形的宽 cd 由 $c''d''$ 确定，槽底 cd 之间不可见；

（3）在主视图中作右边切口的投影，矩形的高 ab 由 $a''b''$ 确定；

（4）擦去俯视图中被截去部分的投影，完成全图。

2. 圆锥的截交线

平面与圆锥相交，根据截平面与圆锥轴线的相对位置不同，圆锥上的截交线的形状也不同，可分下列为五种情况，见表 3-2。同样，作图时应首先根据截平面与圆柱轴线的位置，分析确定截交线的形状，再作出截交线的投影。

表 3-2 圆锥的截交线

截平面位置	过圆锥顶点	垂直于圆柱轴线	倾斜于圆柱轴线	平行于圆柱轴线	平行于任一圆锥表面素线
立体图	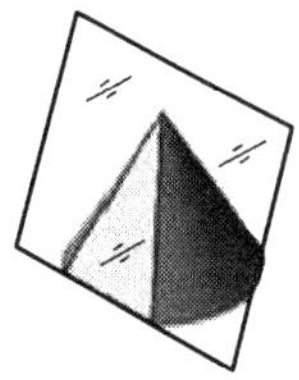	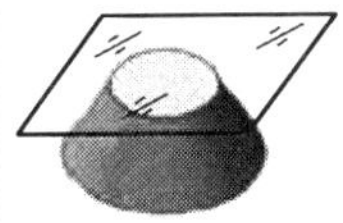	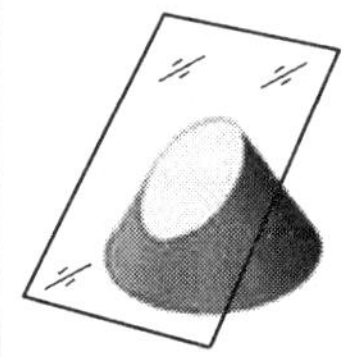	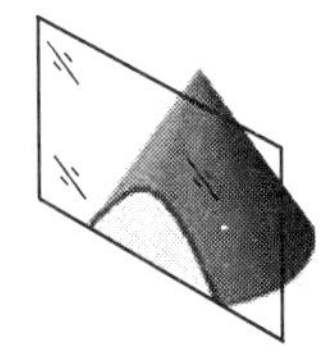	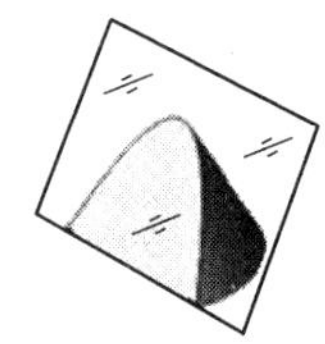
截交线形状	两相交直线	圆	椭圆	双曲线	抛物线
三视图	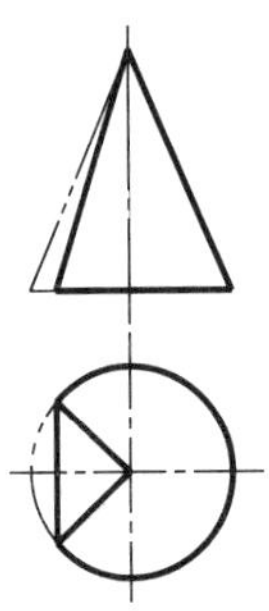	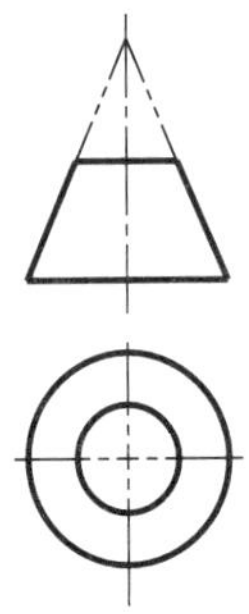	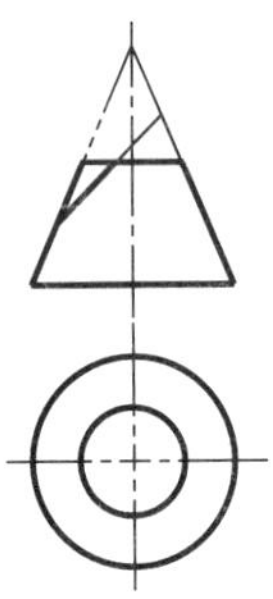	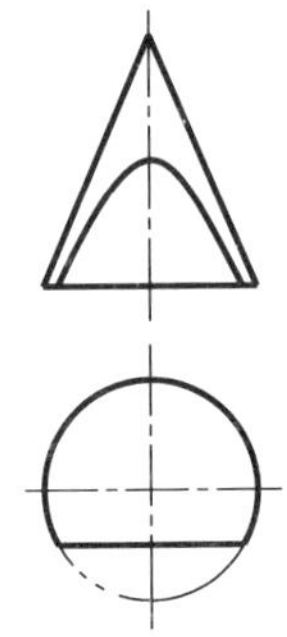	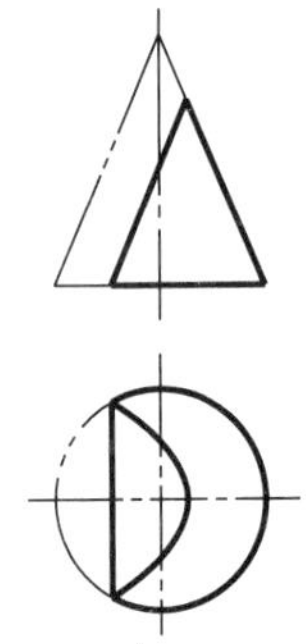

例 3-11 如图 3-27 所示，已知切口的正面投影，补全被正垂面截切圆锥的水平投影，完成正面投影。

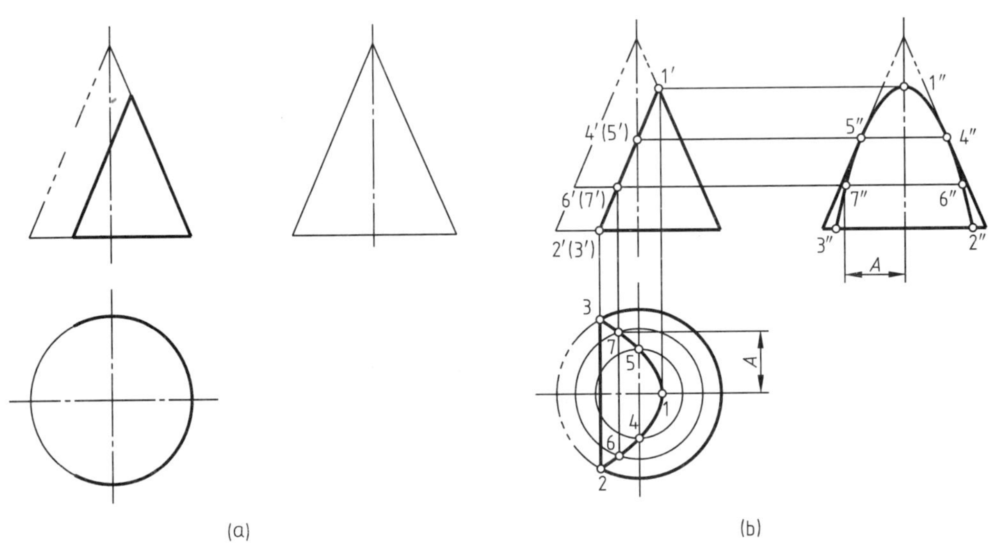

图 3-27 圆锥的截交线

分析：由于截平面与圆锥的最左素线平行，所以截交线为抛物线。切口的正面投影积聚成直线。

作图：

（1）先画出完整圆锥的侧面投影。

（2）求特殊点。分别作截交线上的最高点、最右点Ⅰ和最低点Ⅱ、Ⅲ，也是最前点和最后点，以及位于最前素线和最后素线上的Ⅳ、Ⅴ。

（3）求适当的一般点。过一般点Ⅵ、Ⅶ点的正面投影 6′、7′作辅助圆，求出两点的其他两面投影。

（4）连接各点，判断可见性；擦去圆锥被切掉的部分，完成全图。

3. 圆球的截交线

圆球被截平面截切后，其截交线都是圆。当截平面平行于某一投影面时，截交线在该投影面上的投影反映圆的实形，在其他两投影面上的投影积聚为直线。当截平面为投影面垂直面（平面与投影面的夹角不等于 45°）时，截交线在该投影面上的投影积聚为一直线，另两面投影为椭圆。

例 3-12　如图 3-28 所示，完成被正垂面截切的圆球的三视图。

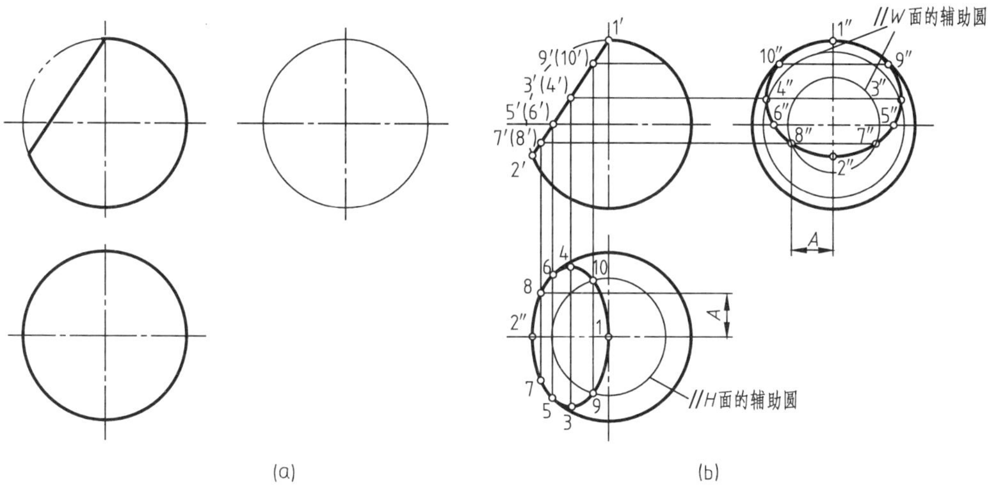

图 3-28　正垂面与圆球的截交线

分析：因截平面是正垂面，所以截交线的正面投影积聚为直线，其水平投影和侧面投影都是椭圆。

作图：

（1）先画出完整圆球的侧面投影。

（2）求特殊点。主视图中，截交线的投影积聚为直线，其两端点 1′、2′ 和中点 3′、4′ 是截交线的最高、最右点Ⅰ、最低、最左点Ⅱ、最前点Ⅲ、最后点Ⅳ的正面投影；该直线与水平对称中心线交于 5′、6′ 点，5′、6′ 是圆球上、下转向轮廓线上的Ⅴ、Ⅵ点的正面投影，Ⅴ、Ⅵ点的水平投影 5、6 在俯视图的圆形轮廓线上。利用球面取点的方法求出前述各点的其他各面投影。

（3）求适当的一般点。如图 3-28 所示，作一般点Ⅶ、Ⅷ、Ⅸ、Ⅹ的三面投影，可作辅助圆求出。

（4）粗实线依次光滑连接各点形成椭圆。

（5）整理轮廓线。擦去俯视图中被截去部分的投影，完成全图。

例 3-13　如图 3-29 所示，已知主视图，完成开槽半圆球的三视图。

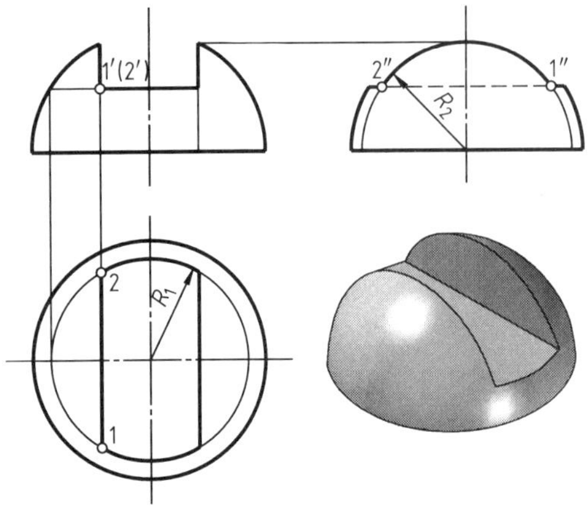

图 3-29　开槽半圆球

分析：开槽半圆球的槽的两侧面是侧平面，它们与半圆球的截交线为两段圆弧，侧面投影反映实形；槽底是水平面，与半圆球的截交线也是两段圆弧，水平投影反映实形。

作图：

（1）完成半圆球的水平投影和侧面投影。

（2）作矩形槽的水平投影，R_1 由主视图所示槽深决定。

（3）作矩形槽的侧面投影，R_2 由主视图所示槽宽决定。槽底投影的中间部分 1″2″不可见。

4. 综合举例

当复合曲面立体被几个平面截切时，可按照它的几何特性、与截平面的相对位置确定其截交线的数量和形状，再逐个作出其投影。

例 3-14　如图 3-30 所示，已知顶尖的主视图，完成三视图。

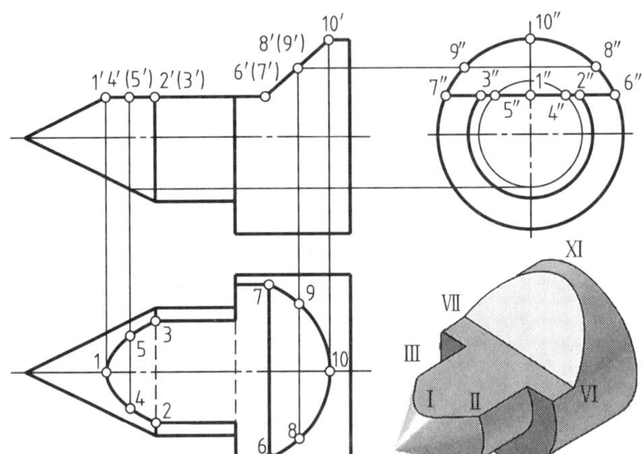

图 3-30　顶尖

顶尖是由同轴的圆锥和直径不同的两段圆柱组合而成，且被一个水平面和正垂面截切。水平面切在圆锥和大、小圆柱的上部，圆锥面的截交线为双曲线，大、小圆柱面的截交线为两平行直线（素线），水平投影反映实形。正垂面位于大圆柱上方并与水平面相交，截交线为椭圆曲线，水平投影仍为椭圆曲线，侧面投影为圆弧。水平面和正垂面的交线为正垂线。

作图：

（1）作顶针上圆柱和圆锥的水平投影及侧面投影。

（2）作水平截平面的侧面投影。直线段 6″7″。

（3）作圆锥面的截交线——双曲线。先作特殊点Ⅰ、Ⅱ、Ⅲ的各面投影，再用辅助圆法作一般点Ⅳ、Ⅴ出点的各面投影，依次连接 3、5、1、4、2 即得截交线的水平投影，应反映实形。

（4）作小圆柱的截交线。小圆柱截交线为两条素线。过水平投影 2、3 作圆柱轴线的平行线，反映线段实长。

（5）作大圆柱的截交线。水平截平面截得的截交线为两条素线，作法同小圆柱的截交线；正垂面截得的截交线为椭圆曲线，先作特殊点Ⅵ、Ⅶ、Ⅺ的各面投影，再作一般点Ⅸ、Ⅹ的各面投影，依次连接 7、9、10、8、6 即得截交线的水平投影。

(6) 整理轮廓线。擦去水平投影和侧面投影中被截去部分的投影，补画水平投影中的两条虚线及两截平面间的交线 6、7，完成全图。

3.5　两曲面立体表面相交

两曲面立体表面相交称为相贯，其表面的交线称为相贯线，如图 3-31 所示。相贯线的性质如下：

(1) 共有性。相贯线是两立体表面的共有线，也是相交两立体表面的分界线。相贯线上的所有点都是两立体表面的共有点。

(2) 封闭性。由于立体均有一定范围，因此相贯线在一般情况下是封闭的空间曲线，或者由平面曲线、直线围成。

相贯线的形状取决于两回转体的形状、大小和它们轴线的相对位置。为了清楚地表达物体的形状，一般要正确地画出其交线的投影。作相贯线的投影实质上就是作两立体表面共有点的投影。画图时，首先要判断两相贯体的形状和投影特点，然后再分析相贯线的形状和投影，进而画出相贯线。本节主要讨论两回转体表面相交。

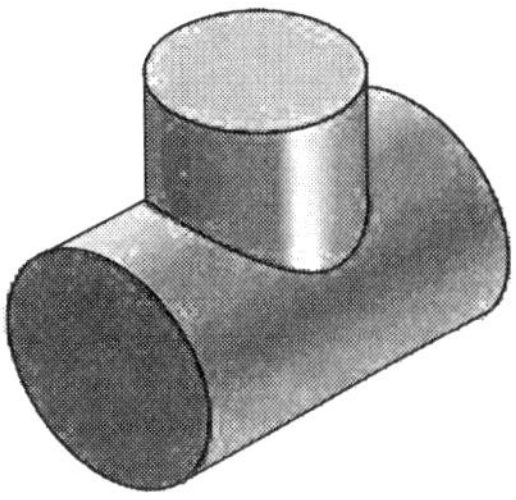

图 3-31　相贯线的性质

3.5.1　利用积聚性求相贯线

两回转体相交，如果其中有一个是轴线垂直于投影面的圆柱，由于圆柱在该投影面上的投影具有积聚性，因而相贯线的这一投影必然落在圆柱的积聚投影上，利用这个已知投影，就可在另一回转体上用立体表面上取点的方法作出相贯线的其他投影。

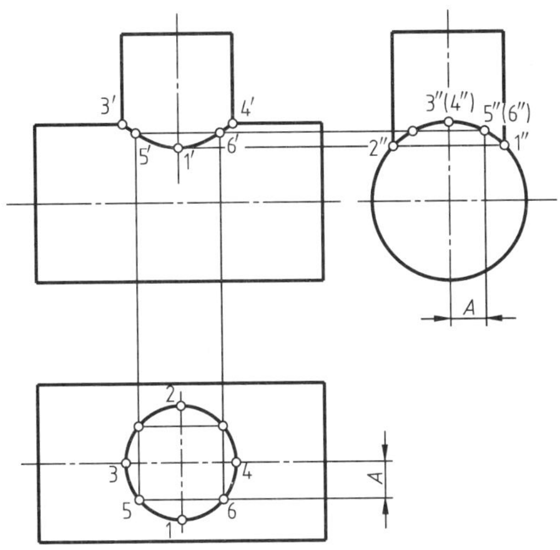

图 3-32　两圆柱正交的相贯线

例 3-15　如图 3-32 所示，两圆柱正交，求作相贯线的投影。

分析：从图中可看出，两圆柱的轴线垂直相交，相贯线为封闭的、前后左右对称的空间曲线。水平大圆柱侧面投影具有积聚性，直立小圆柱水平投影具有积聚性，所以相贯线的侧面投影积聚在大圆柱的一段圆弧上；相贯线的水平投影则积聚在小圆柱的积聚投影上。因此只需求出相贯线正面投影即可。

作图：

(1) 首先作出两圆柱的三面投影。

(2) 求特殊点。先在相贯线的已知投影（水平投影和侧面投影）上确定特殊点Ⅰ、Ⅱ、Ⅲ、Ⅳ（依次为相贯线上的最前、最后、最左、最右点）的投影，然后根据特殊点的特殊位置求出正面投影。

(3) 求适当的一般点。先在相贯线的已知投影中取点（如 5、6），再根据圆柱表面取点的方法求出正面投影（如 5′、6′）。

(4) 判断可见性。相贯线只有同时位于两个立体的可见表面时，其投影才是可见的，否则就都不可见。点 3′、4′ 是判别相贯线正面投影可见性的分界点，因此，相贯线上 3′、1′、4′ 可见，4′、2′、3′ 部分不可见，前后对称的交线可见部分和不可见部分重合。

(5) 光滑连接各点。在主视图上依次光滑连接各点，完成作图，如图 3-32 所示。

两圆柱无论内外相交，在物体上都是最常见的，如图 3-33 所示的三种形式，其作图方法是相同的。

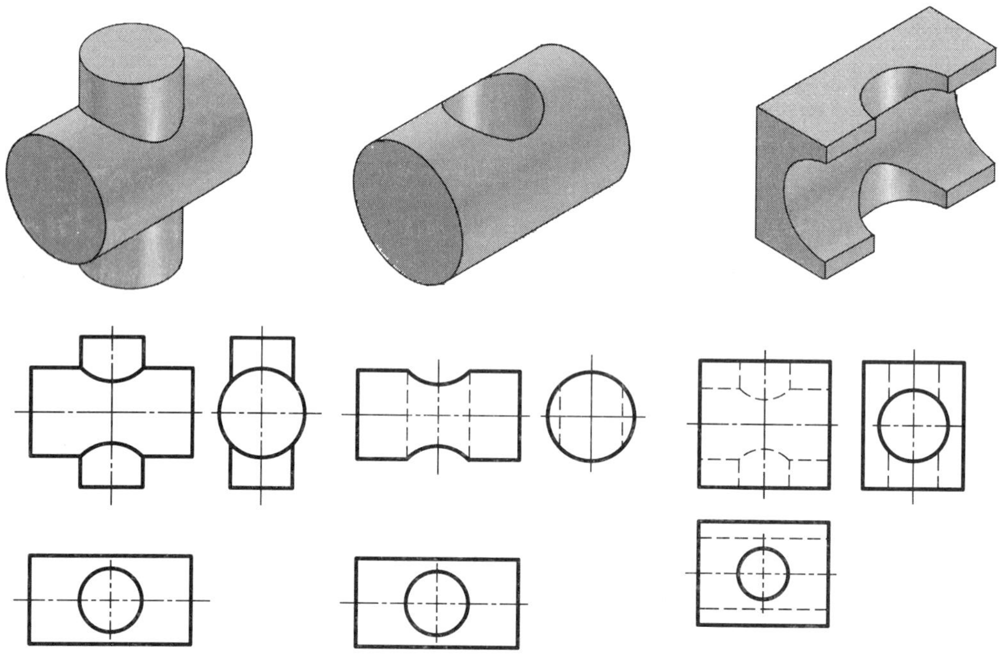

图 3-33 两圆柱内外相交的三种情况

两正交圆柱的相贯线，当其直径大小发生变化时，相贯线的形状、弯曲趋向将随着变化，如图 3-34 所示。

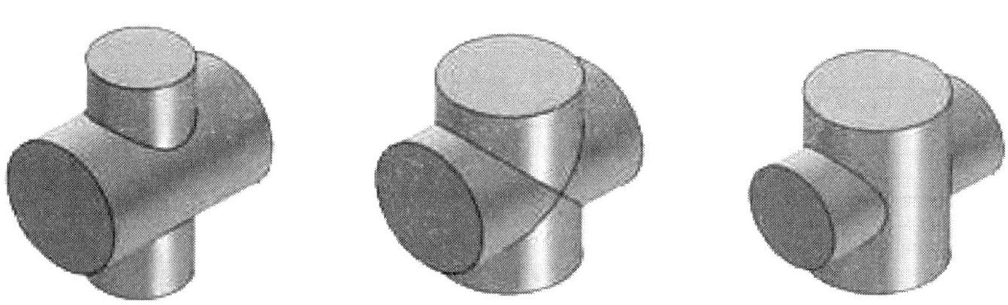

图 3-34 不同直径圆柱的相贯线

3.5.2 利用辅助平面法求相贯线

辅助平面法是求相贯线的基本方法，它是利用三面共点原理求出一系列共有点的。如图 3-35 所示，作一辅助平面，使其与两已知曲面立体相交；作出辅助平面与两已知曲面立体的交线。两交线的交点，即为两立体表面的共有点，也就是相贯线上的点。辅助平面的选择，以获得简单易画的交线为原则。通常多选用与投影面平行的平面作为辅助平面。

例 3-16 如图 3-36 所示，求作圆锥与圆柱相贯的相贯线。

分析：圆锥与圆柱的轴线垂直相交，圆柱完全贯入圆锥，因此，相贯线为前后对称的空间曲线。由于圆柱轴线垂直于侧面，相贯线的侧面投影与圆柱面的侧面投影重合为一圆，此题只需求出相贯线的正面投影和水平投影。

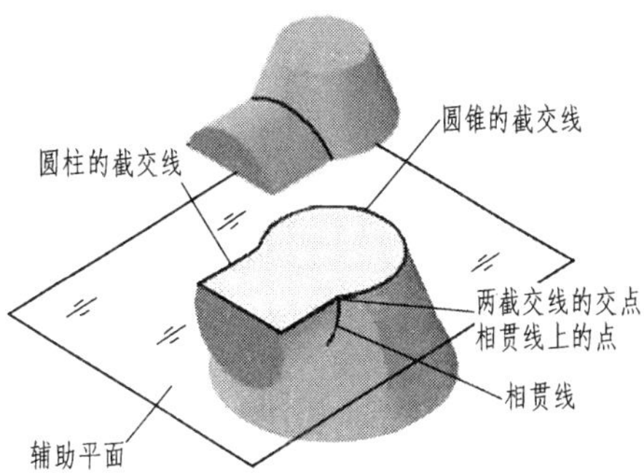

图 3-35　辅助平面法求相贯线

作图：

(1) 求特殊点。如图 3-36 (a) 所示，在主视图中，圆柱的最高、最低素线和圆锥最左素线的正面投影的交点 1′、2′，是相贯线上的最高点Ⅰ和最低点Ⅱ的投影，也是相贯线上的最左点和最右点的投影，利用这个特殊位置关系，可直接求出Ⅰ、Ⅱ两点的其他两面投影。

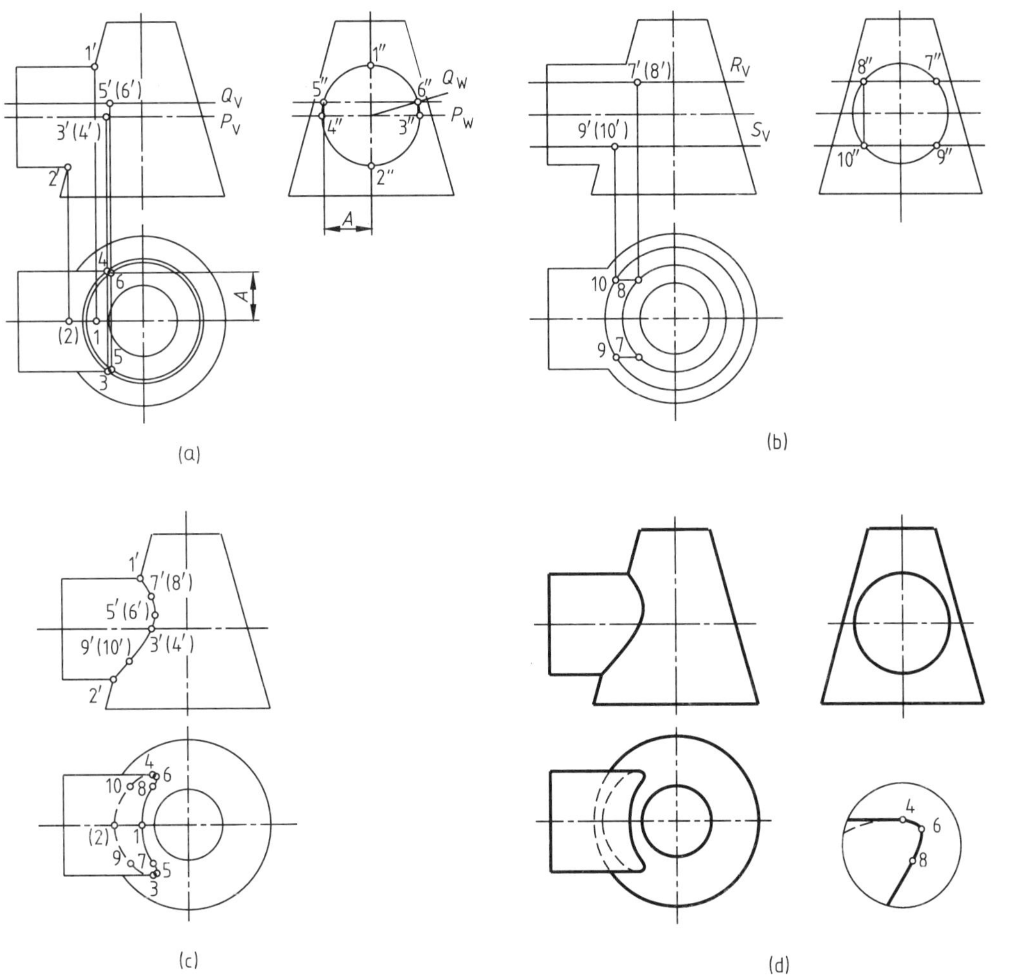

图 3-36　圆柱与圆锥台相贯

最前点Ⅲ、最后点Ⅵ的侧面投影 3″、4″，是圆柱前、后素线与圆锥的交点，其他投影可用辅助平面 P 求出：包含圆柱轴线作辅助平面 P，切圆锥得交线为圆，与圆柱最前、最后素线的交点即为 3、4，然后再作出 3′、4′。

最右点Ⅴ、Ⅵ，一定是距离圆锥台最前、最后素线最近的点。如图 3-36（a）所示，在左视图中通过圆心作圆锥轮廓线的垂线，与圆的交点即为 5″、6″，点Ⅴ、Ⅵ的其他投影可作辅助平面 Q 求出：方法同作辅助平面 P。

（2）求适当的一般点。如图 3-36（b）所示，用辅助水平面 R 求出Ⅶ、Ⅷ点的水平投影 7、8 和正面投影 7′、8′，再用辅助水平面 S 求出Ⅸ、Ⅹ点的水平投影 9、10 和正面投影 9′、10′。

（3）判断可见性，通过各点光滑连线。如图 3-36（c）所示，因相贯线前后对称，所以相贯线正面投影的前后两部分重合为一段曲线。水平投影的 3、4 点为相贯线上可见与不可见的分界点，故相贯线 3-5-7-1-8-6-4 可见，连成实线；相贯线 3-9-2-10-4 不可见，连成虚线。

（4）整理轮廓线。补画圆锥底圆被圆柱遮挡部分的虚线，完成全图，如图 3-36（d）所示。

例 3-17　求作图 3-37 所示轴承盖上的圆锥台与球的相贯线。

分析：圆锥台的轴线处于圆球的前后对称面上，相贯线为前后对称封闭的空间曲线。如图 3-37 所示，由于相贯的两立体三面投影都没有积聚性，相贯线的三面投影都是要求的对象，因此采用辅助平面法求相贯线。

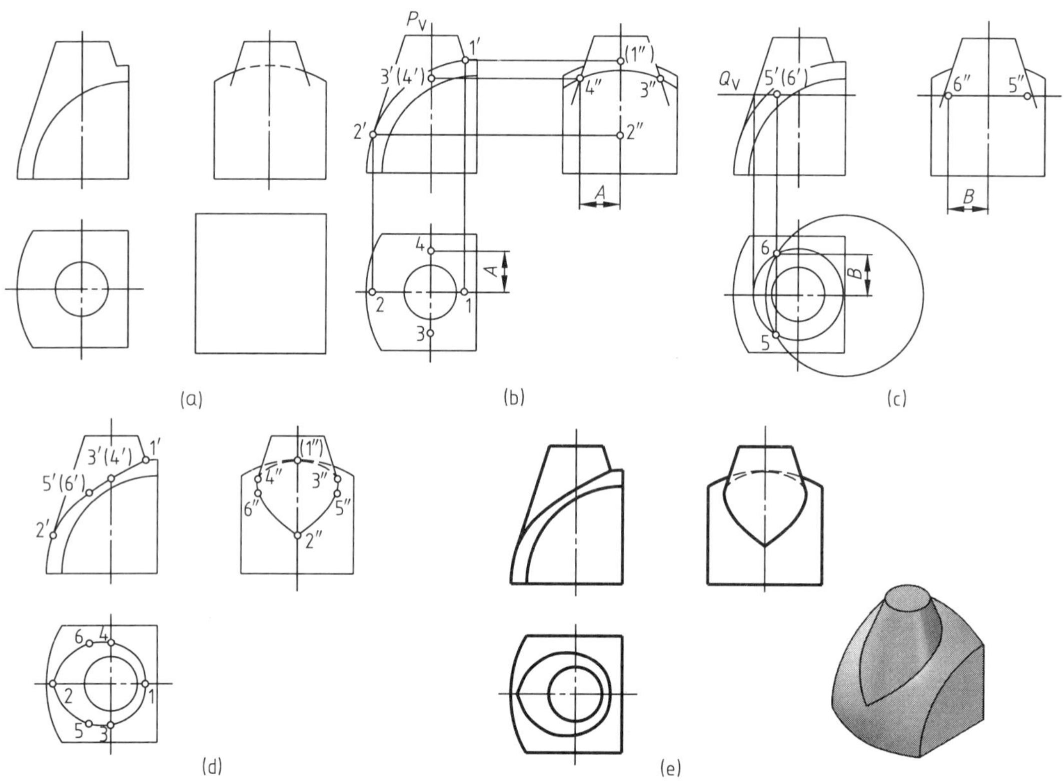

图 3-37　圆锥台与球相贯

作图：

（1）求特殊点。如图 3-37（b）所示，最高点Ⅰ和最低点Ⅱ在圆锥最左、最右素线与圆球的正面转向轮廓线的交点上，两点的三面投影可利用其特殊位置求出。Ⅰ、Ⅱ两点同时又是相贯线上最左、最右点。相贯线上最前、最后点Ⅲ、Ⅵ分别是圆锥台最前、最后素线上的点，可用辅助平面 P 求出：作辅助平面 P，切圆锥得交线为二直线（即最前、最后素线），截切圆球得交线为圆弧 R，两截交线的交点即为 $3''$、$4''$，然后再作出 $3'$、$4'$ 和 3、4。

（2）求适当的一般点。如图 3-37（c）所示，用水平辅助平面 Q 切圆锥得截交线水平投影为圆，切球得截交线水平投影为圆弧，两截交线的交点Ⅴ、Ⅵ即为所求。用其他水平辅助平面还可求出更多的一般点。

（3）判断可见性，通过各点光滑连线。如图 3-37（d）所示，相贯线正面投影前后重合为一段曲线。相贯线水平投影均为可见。相贯线的侧面投影 $3''$、$4''$ 为可见与不可见分界点，所以将 $3''$、$1''$、$4''$ 连成虚线，将 $3''$、$5''$、$2''$、$6''$、$4''$ 连成实线。

3.5.3　相贯线的特殊情况

两回转体相贯时，相贯线一般为空间曲线。在特殊情况下，可能是平面曲线或是直线。

（1）如图 3-38（a）、图 3-38（b）所示，当圆柱与圆柱、圆柱与圆锥轴线相交，并公切于一圆球时，其相贯线为椭圆，该椭圆的正面投影为直线段。

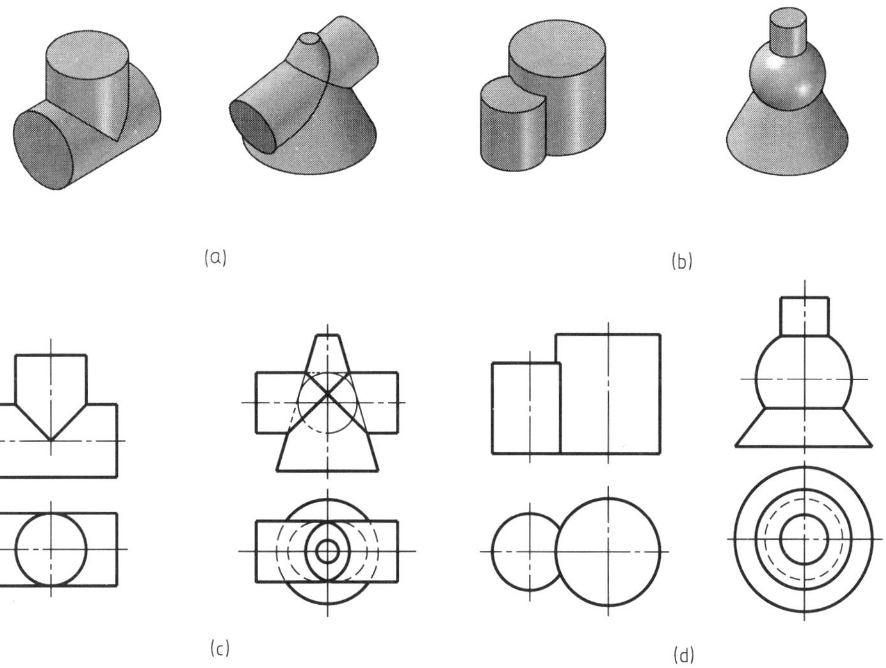

图 3-38　相贯线的特殊情况

（2）如图 3-38（c）所示，当两圆柱轴线平行时，两圆柱的相贯线为直线。

（3）如图 3-38（d）所示，两个同轴回转体的相贯线是垂直于轴线的圆，该圆的正面投影为一直线段，水平投影为圆的实形。

3.5.4　相贯线的简化画法

大多数情况下，对于一般的铸、锻、机械加工的零件，相贯线会在生产的过程中自然形成，与相贯线画法的准确程度无关。在不致引起误解时，相贯线的投影可以简化。

（1）用直线代替相贯线。如图 3-39（a）、图 3-39（b）所示，图中相贯线的投影应为曲线，可用直线代替。

（2）用圆弧代替相贯线。如图 3-39（c）所示，当两圆柱轴线垂直相交，可用圆弧来代替相贯线的投影，且以大圆柱的半径为圆弧的半径作图，其圆心在小圆柱的轴线上。

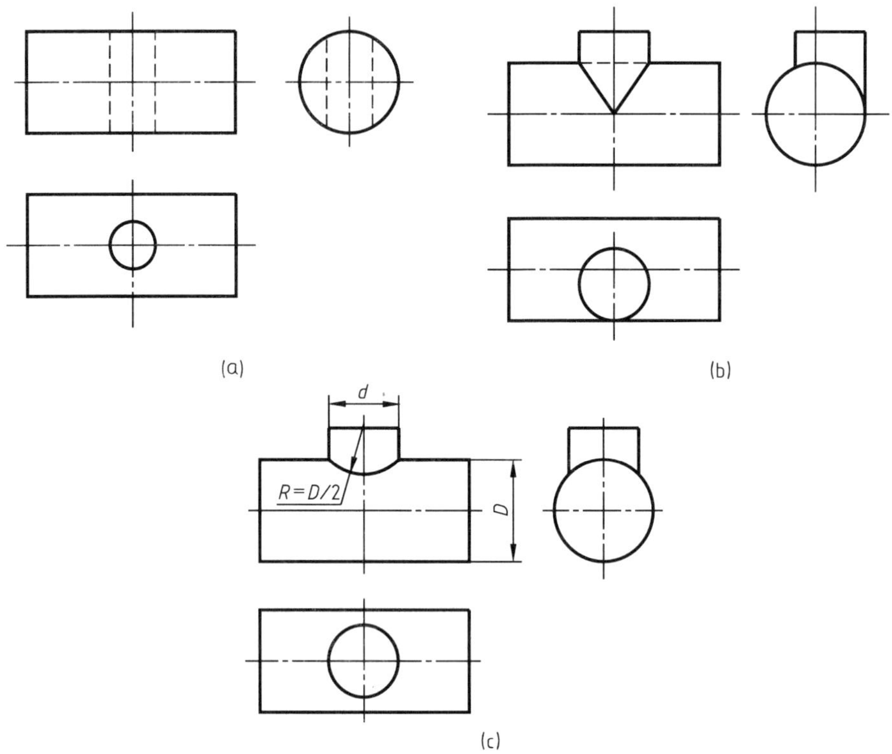

图 3-39 相贯线的简化画法

第 4 章　轴　测　图

轴测投影图（简称轴测图）通常称为立体图。它能同时反应物体长、宽、高三个方向的形状，用轴测图表达机件的结构、形状和工作原理比正投影图立体感强、直观性好，是生产中的一种辅助图样，常用来说明产品的结构和使用方法等。

4.1　轴测图的基本知识

4.1.1　轴测图的形成

轴测图是将物体连同其参考直角坐标系，沿不平行于任一坐标面的方向，用平行投影法将其投射在单一投影面上所得到的图形。

轴测图的形成一般有两种方式，一种是改变物体相对于投影面的位置，而投影方向仍垂直于投影面，所得轴测图称为正轴测图；另一种是改变投影方向使其倾斜于投影面，而不改变物体对投影面的相对位置，所得轴测图称为斜轴测图。

4.1.2　轴测图基本术语

1. 轴测图的轴测轴和轴间角

如图 4-1 所示，平面 P 称为轴测投影面，坐标轴 OX、OY、OZ 在轴测投影面上的投影 O_1X_1、O_1Y_1、O_1Z_1 称为轴测投影轴，简称轴测轴，简化标记为 OX、OY、OZ。两轴测轴之间的夹角$\angle XOY$、$\angle XOZ$、$\angle YOZ$，称为轴间角。

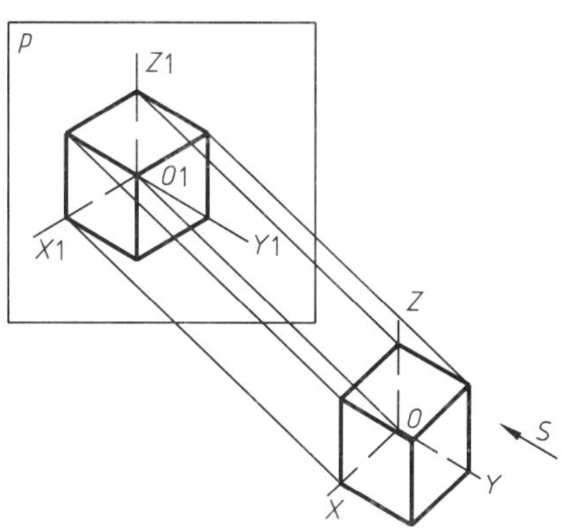

图 4-1　轴测图的概念

2. 轴测图的轴向伸缩系数

直角坐标轴上单位长度的轴测投影长度与对应直角坐标轴上单位长度的比值，称为轴向伸缩系数，X、Y、Z 方向的轴向伸缩系数分别用 p、q、r 表示。

4.1.3　轴测图的分类

形体的坐标轴相当于轴测投影面的位置不同，则轴向变形系数也不同，因此在两类轴测投影中，每一类又可分为三种：

（1）三个轴向变形系数相同，称为正（或斜）等测投影，即 $p=q=r$；

（2）有两个轴向变形系数相等，称为正（或斜）二测投影，即 $p=q\neq r$；

（3）三个轴向变形系数都不等，称为正（或斜）三测投影，即 $p\neq q\neq r$。

国家标准推荐了三种作图比较简便的轴测图，正等测、正二测、斜二测三种轴测图。工程上使用较多的是正等测和斜二测，本章介绍这两种轴测图的画法。

4.1.4 轴测投影的基本性质

由于轴测图采用的是平行投影法，所以轴测图仍保持平行投影的投影特性。即：

（1）机件上与坐标轴平行的直线，它在轴测图中也必定与相应的轴测轴平行；

（2）机件上相互平行的直线，它们在轴测图中也必定相互平行。

在画轴测图时，应熟练掌握和应用这两个特性。

4.2 正等测轴测图

4.2.1 轴间角和轴向伸缩系数

在正投影情况下，当 $p=q=r$ 时，三个坐标轴与轴测投影面的倾角都相等，所画的轴测图称为正等测轴测图，简称正等测图。

正等测图的轴测轴、轴间角、轴向变形系数，如图 4-2 所示。正等测图中的三根坐标轴 OX、OY、OZ 都与轴测投影面构成 35°16′的倾角，由几何关系可以证明，其轴间角均为 120°，三个轴向伸缩系数均为：$p=q=r=\cos 35°16'\approx 0.82$。

在实际画图时，为了作图方便，一般将 O_1Z_1 轴取为铅垂位置，各轴向伸缩系数采用简化系数 $p=q=r=1$。这样，沿各轴向的长度都均被放大 1/0.82≈1.22 倍，轴测图也就比实际物体大，但对形状没有影响。图 4-2（a）给出了轴测轴的画法和各轴向的简化轴向伸缩系数。图 4-2（c）和图 4-2（d）分别是伸缩系数为 0.82 和简化画法的轴测图。

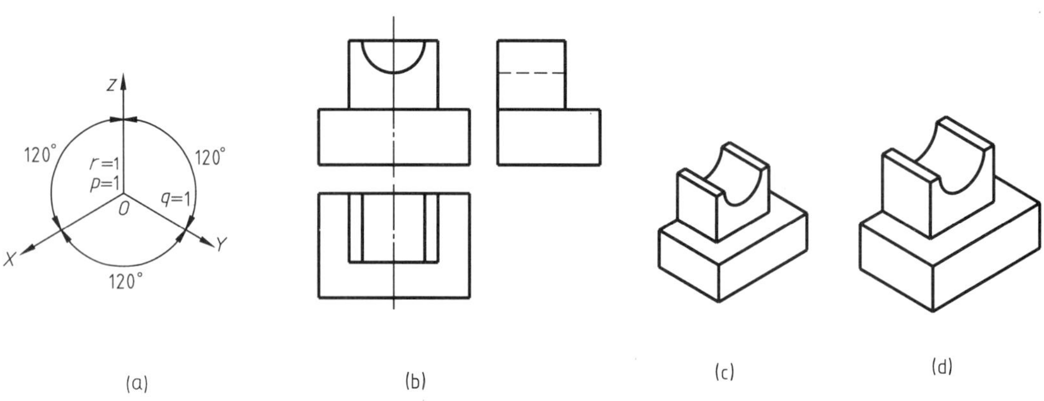

图 4-2 正等测图的轴间角和简化轴向伸缩系数

4.2.2 平面立体的正等测图

平面立体正等测图的画法有：坐标法、切割法和叠加法。

1. 坐标法

坐标法是根据立体棱线各交点的坐标，分别在轴测图中找出它们的位置，然后依次连接点投影，形成立体的轴测图。

使用坐标法时，先在视图上选定一个合适的直角坐标系 $OXYZ$ 作为度量基准，然后根据物体上每一点的坐标，定出它的轴测投影。

例 4-1 画出正六棱柱的正等测图。

分析：根据六棱柱的形状特点，宜采用坐标法作图。由六棱柱的三视图可知，六棱柱的顶面和底面均为平行水平面的正六边形，且前后、左右对称，棱线垂直于底面，因此取顶面的对称中心 O 作为原点，OZ 轴与棱线平行，OX、OY 轴分别与顶面对称轴线重合。

作图步骤：

(1) 将直角坐标系原点 O 放在顶面中心位置，并在轴测投影图上确定轴测轴和坐标原点。

(2) 按坐标值作出各顶点的轴测投影：A、D 两点在 OX 轴上，可按 d 尺寸以原点为对称，直接在 OX 轴上测量得到；同样的方法，BC、EF 两线的中点 1、2 在 OY 轴上直接量取，BC、EF 在轴测图上平行于 OX 轴，过 1、2 两点按图上实际距离沿 OX 轴对称度量得 B、C、E、F 四点，见图 4-3 (a)。

(3) 依次连接 A、B、C、D、E、F 各点，再自各点向下作 OZ 轴的平行线，在各线上截取高度 h 得底面六边形的各对应点，如图 4-3 (d) 所示。

(4) 依次连接各对应点，擦去多余作图线，检查加深，如图 4-3 (e) 所示。

在轴测图中，为了使画出的图形明显起见，通常不画出物体的不可见轮廓，上例中坐标系原点放在正六棱柱顶面有利于沿 Z 轴方向从上向下量取棱柱高度 h，避免画出多余作图线，简化作图。

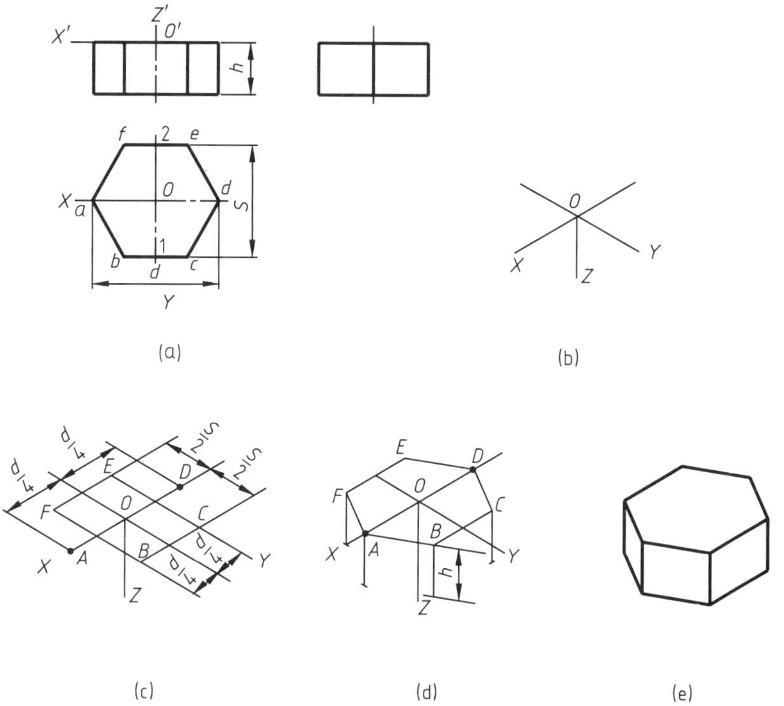

图 4-3 坐标法画正等测图

2. 切割法

有些形体可以看成由完整的基本体经切割后而形成的。画这类形体的轴测图时，可以先画出完整的基本几何体的轴测图，然后再切去多余的部分，进而完成形体的轴测图，这种方法称为切割法。

例 4-2 画出如图 4-4（a）所示三视图的正等测图。

作图步骤：

首先根据尺寸画出完整的长方体；再用切割法分别切去左下角的四棱柱、右上方的槽口；擦去作图线，描深可见部分即得垫块的正等测图。

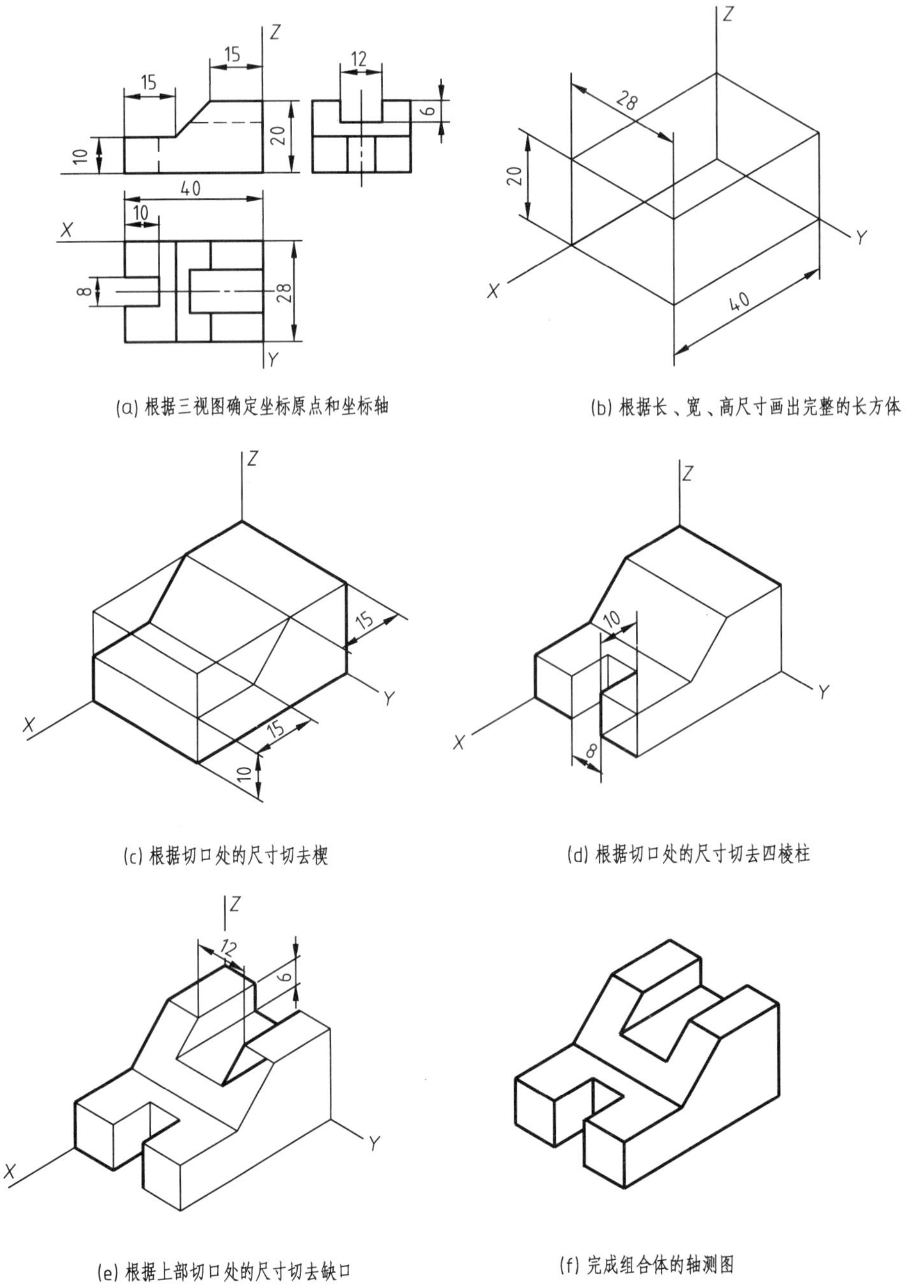

(a) 根据三视图确定坐标原点和坐标轴

(b) 根据长、宽、高尺寸画出完整的长方体

(c) 根据切口处的尺寸切去楔

(d) 根据切口处的尺寸切去四棱柱

(e) 根据上部切口处的尺寸切去缺口

(f) 完成组合体的轴测图

图 4-4 切割法画正等测图

3. 叠加法

有些形体可以看成若干基本几何体叠加而成，在画这类形体的轴测图时，可以按其相对

位置逐个画出各个基本几何体的轴测图，进而完成整体轴测图，这种方法称为叠加法。

例 4-3 画出如图 4-5（a）所示三视图的正等测图。

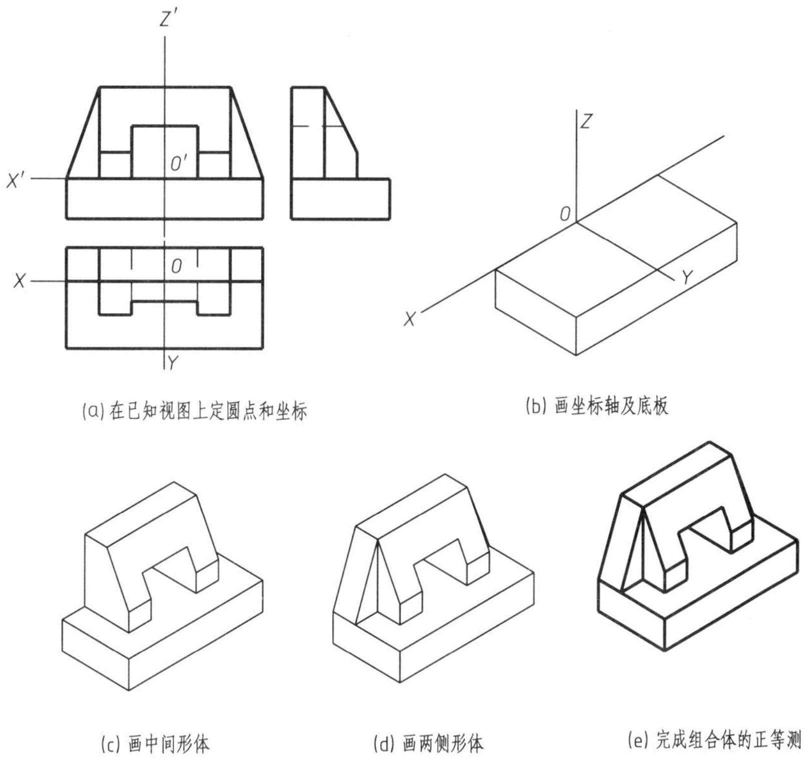

图 4-5 叠加法画正等测图

作图步骤：先用形体分析法将物体分解为底板、中间部分和两侧支撑板三个部分；再分别画出各部分的轴测投影图，擦去作图线，描深后即得物体的正等测图。

在绘制复杂机件的轴测图时，常常将切割法和叠加法综合起来使用，即根据物体形状特征，决定物体上某些部分是用叠加法画出，而另一部分需要用切割法画出。

4.2.3 回转体的正等测图

1. 平行于坐标面圆的正等测图画法

常见的回转体有圆柱、圆锥、圆球、圆台等。在画回转体的轴测图时，首先要解决圆的轴测图画法问题。三个坐标面或其平行面上的圆的正等测图是大小相等、形状相同的椭圆，只是长短轴方向不同。图 4-6（a）是按轴向简化系数作图，图 4-6（b）是按轴向伸缩系数 0.82 作图。

在实际作图时中，一般不要求准确地画出椭圆曲线，经常采用“菱形法”进行近似作图，将椭圆用四段圆弧连接而成。下面以水平面上圆的正等测图为例，说明“菱形法”近似作椭圆的方法。如图 4-7 所示。

作图步骤：

（1）通过圆心 O 作坐标轴 OX 和 OY，再作圆的外切正方形，切点为 a、b、c、d，见图 4-7（a）。

（2）作轴测轴 OX、OY，从点 O 沿轴向量得切点 A、B、C、D，过这四点作轴测轴的平行线，得到菱形，并作菱形的对角线见图 4-7（b），该对角线即为椭圆的长、短轴。

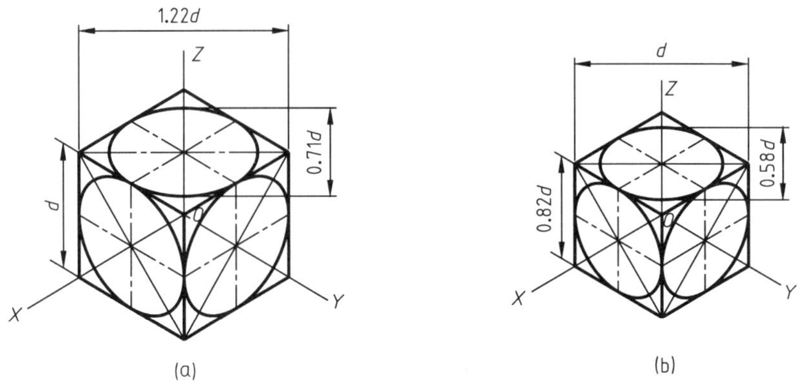

图 4-6　平行于坐标面圆的正等测图

(3) 在图 4-7 (b) 上，过 1、2 与 A、B、C、D 作连线，在菱形的对角线上得到四个交点 O_1、O_2、O_3、O_4，这四个点就是代替椭圆弧的四段圆弧的中心，见图 4-7 (c)。

(4) 分别以 O_1、O_3 为圆心，O_1A (O_1B)、O_3C (O_3D) 为半径画圆弧 AB、CD；再以 O_2、O_4 为圆心，O_4A (O_4D)、O_2B (O_2C) 为半径画圆弧 BC、AD，即得近似椭圆，见图 4-7 (c)。

(5) 加深四段圆弧，完成全图见图 4-7 (d)。

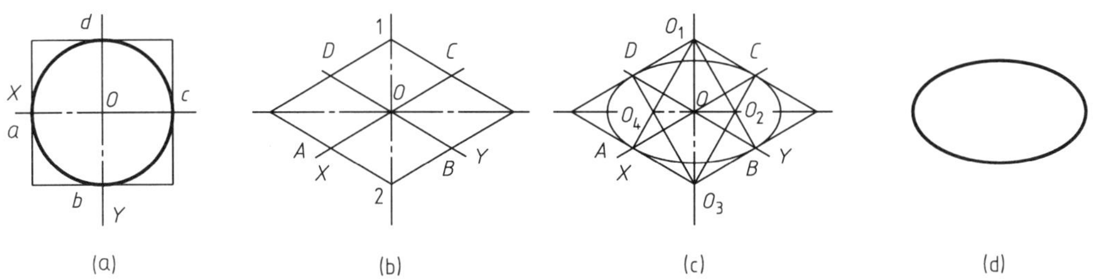

图 4-7　菱形法求近似椭圆

2. 回转体的正等测图画法

画回转体正等测图时，首先明确圆所在的平面与哪一个坐标面平行，然后按椭圆的画法完成全图。

例 4-4　画出如图 4-8 所示圆柱的正等测图。

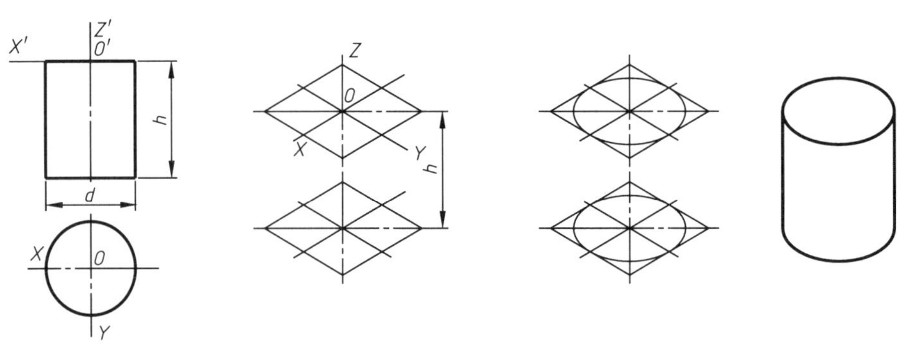

图 4-8　圆柱的正等测图

作图步骤如下：

先画出上、下两面的椭圆，再作其公切线，擦去多余作图线，描深后即成，如图 4-8 所示。

3. 圆角的正等测图画法

每个圆角都相当于整圆的 1/4，故画圆角的正等测图时，只要在作圆角的边上量取圆角的半径 R，自量得的点（作切点）作边线的垂线，然后以垂线的交点为圆心、垂线长为半径画弧，所得圆弧即为圆角的轴测图，如图 4-9 所示。

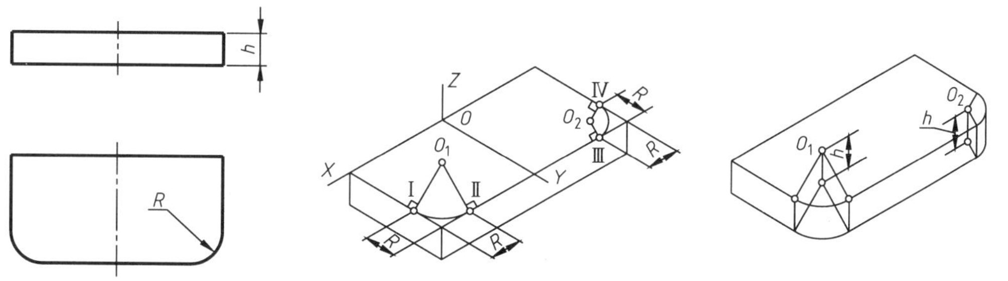

图 4-9　圆角的正等测图

4. 组合体正等测图的画法

组合体正等轴测图画法，通常根据组合体的结构形状而定，对于叠加式组合体，采用形体分解方式作图，对于切割式组合体，则先画整体形状，再用坐标法逐块切割作图，遇到复杂式组合体，则两者综合应用。

由图 4-10（a）可以看出，组合体是由底板、立板和肋板三部分组成的。立板上部是圆

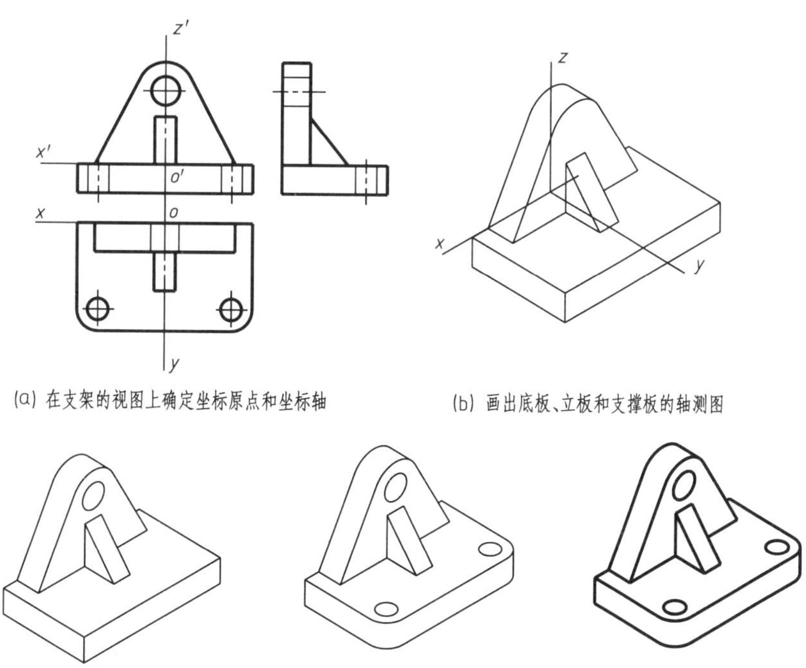

(a) 在支架的视图上确定坐标原点和坐标轴　(b) 画出底板、立板和支撑板的轴测图

(c) 画出立板上孔的轴测图　(d) 画出底板上孔和四分之一圆柱的轴测图　(e) 描深，完成全图

图 4-10　组合体的正等测图

柱面，两侧的斜面与圆柱面想起，中间有一圆柱通孔，底板是带有圆角和两个圆柱通孔的长方体；肋板的形状为三棱柱。整个形体左右对称，选坐标原点如图 4-10（a）所示。

作图步骤：

（1）画轴测图的坐标轴，分别画出底板、立板和三角形肋板的正等轴测图，如图 4-10（b）所示；

（2）画出立板半圆柱和圆柱孔、底板圆角和小圆柱孔的正等轴测图，如图 4-10（c）、（d）所示；

（3）擦去作图线，加深可见轮廓线，完成全图，如图 4-10（e）所示。

4.3　斜二测轴测图

4.3.1　轴间角和轴向伸缩系数

立方体上的两根坐标轴与轴测投影面平行，而投影方向与轴测投影面倾斜，这样所得的轴测图称为斜二等测投影图，简称斜二测图，如图 4-11。

1. 轴向伸缩系数

按国家标准《机械制图》规定，绘制斜二测图时，*OX* 和 *OZ* 轴与投影面平行，投影后其轴向变形系数不变。因此 *X* 轴和 *Z* 轴的轴向变形系数均为 1，即 $p=r=1$。*Y* 轴的变形系数 q 随投影方向 *S* 的不同而异，国家标准《机械制图》推荐为 $q=0.5$，如图 4-12 所示。

2. 轴间角

坐标轴 *OX* 和 *OZ* 的夹角投影后保持不变，$\angle XOZ=90°$，*OY* 轴的位置也随投影方向 *S* 的不同而异，推荐 $\angle XOY=\angle YOZ=135°$，即 *OY* 轴与水平线的夹角为 45°，如图 4-12 所示。

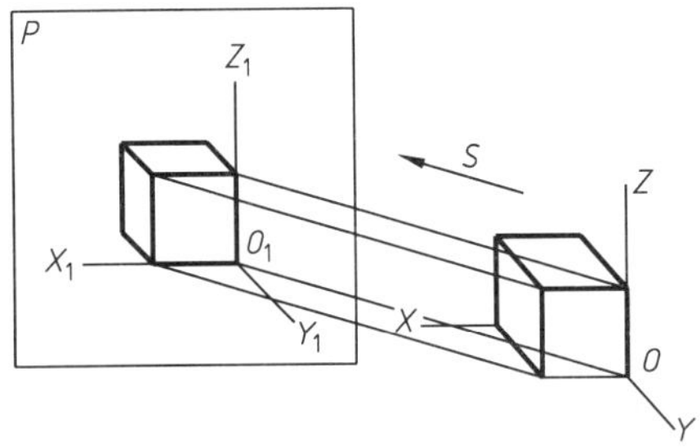

图 4-11　斜二测图的形成

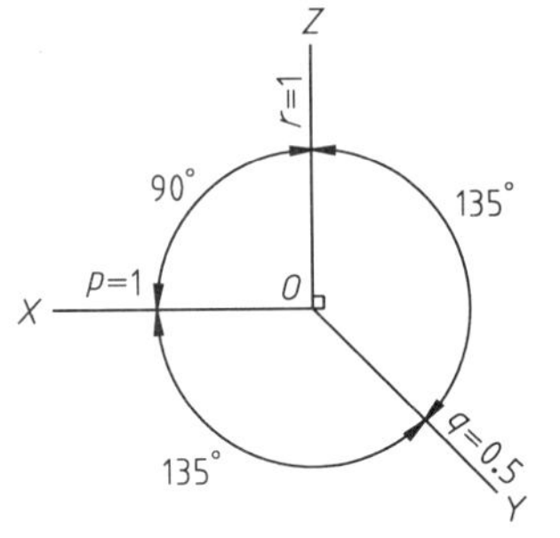

图 4-12　斜二测图的轴间角和轴向伸缩系数

4.3.2　斜二测图画法

平面立体的斜二测的作图方法和步骤与正等测基本相同，只是斜二测的轴向变形伸缩系数与正等测的轴向伸缩系数不同，由于 $p=r=1$，因此物体上平行于 *XOZ* 面的平面图形都能反映实形，平行与 *XOZ* 面上圆的斜二测投影还是圆，大小不变。由于斜二测图能如实表达物体的正面形状，因而它适合表达某一方向的复杂形状或只有一个方向有圆的物体。

例 4-5　画出如图 4-13（a）所示端盖的斜二测图。

端盖由带圆柱的三角形板和圆筒叠加组成，端盖上的圆都平行于正面，所以采用斜二测图。

作图步骤如图 4-13 所示。

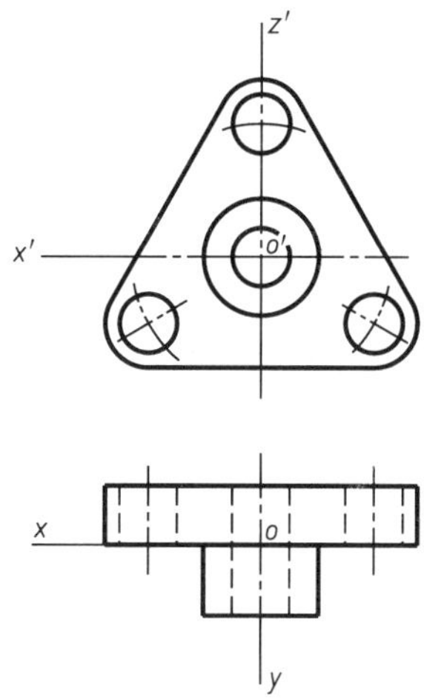

(a) 在端盖的视图上确定坐标原点和坐标轴

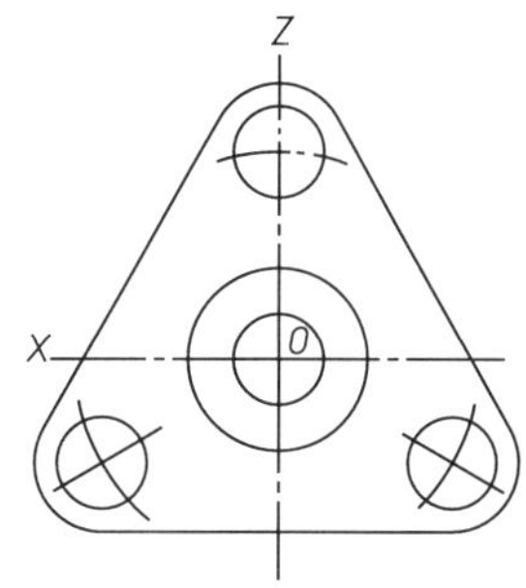

(b) 先画端盖XOZ坐标面的轴测图

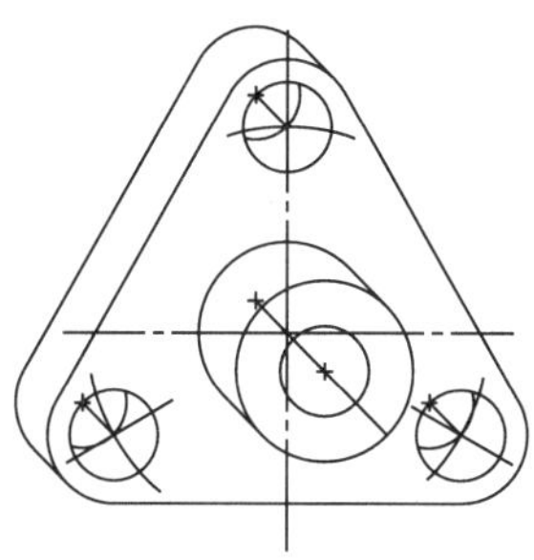

(c) 由XOZ坐标面向前、后分别作出圆筒前后端面和底板后端面的轴测图，且连接公切线

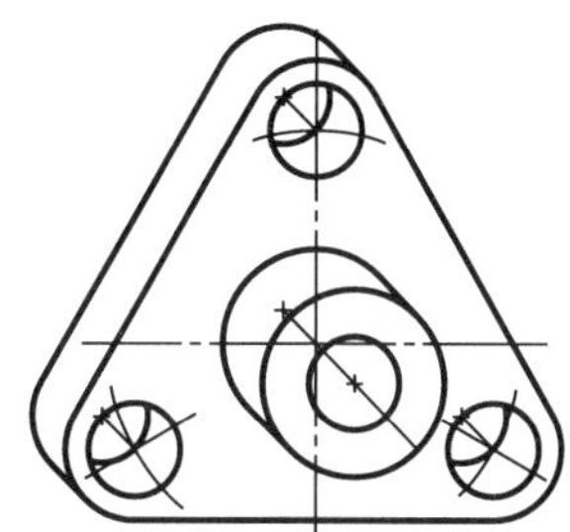

(d) 加深可见轮廓线，完成端盖的斜二测图

图 4-13　端盖的斜二测图的画法

4.4　轴测剖视图的画法

为了表达机件的内部结构，轴测图也常常采用剖视图画法（剖视图的表达方法参见第6章）。在剖切时，为了提高表达效果，无论机件是否对称，不适于采用一个截平面剖开整个机件［图 4-14（a)］，应该采用两个相互垂直的剖切平面将机件剖去 1/4［图 4-14（b)］，以保持外形的清晰。剖切平面的方向应当平行于坐标面。

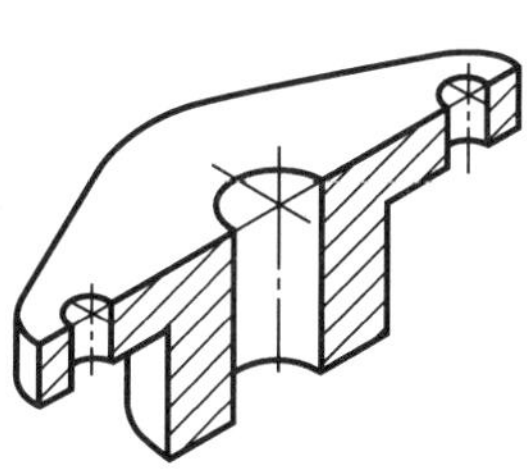

(a) 不好

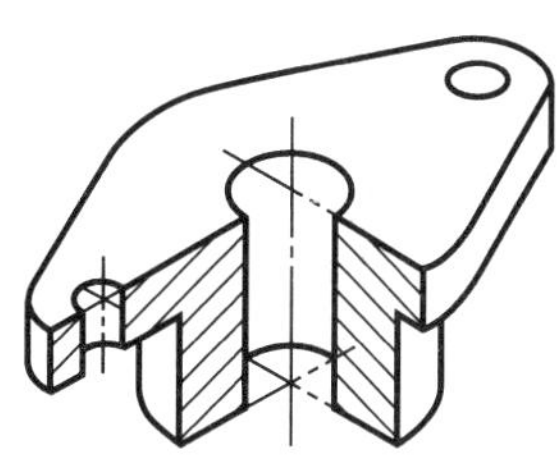

(b) 好

图 4-14　轴测剖视图的剖切方法

轴测剖视图中的剖面线方向按图 4-15 绘制。轴测剖视图的画法，根据形体的构型特点，

常采用以下两种方法：

(1) 先画出机件的整体轴测图，然后再进行剖切。

(2) 先画出剖切断面的形状，然后再画出剖切后所余部分，下面举例说明它们的画法。

正等轴测图剖面线画法：在坐标面内画正等测轴测剖面线时，可在该坐标面相关的两轴测轴上，任取相等的长度定点，然后连线，即为该坐标面轴测图的剖面线方向，如图 4-15 (a) 所示。

斜二轴测图剖面线画法：在坐标面内画斜二测的轴测剖面线时，可在 OY 轴上取 1/2 的单位长度，其他画法与正等测图上剖面线画法相同，如图 4-15 (b) 所示。

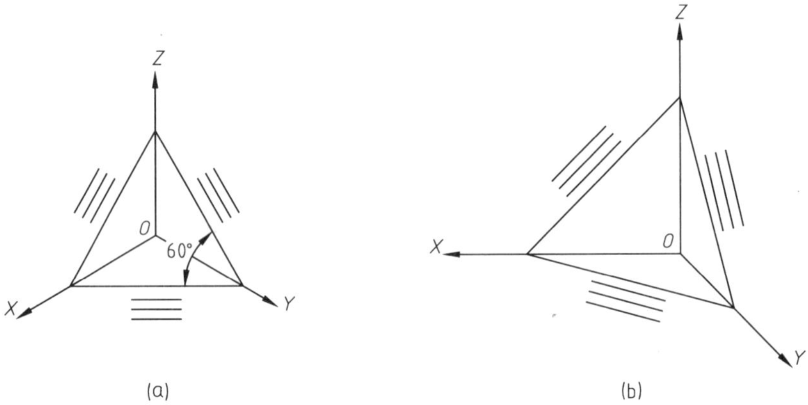

图 4-15 轴测剖视图中剖面线的方向

例 4-6 画壳体的正等轴测剖视图（图 4-16）。

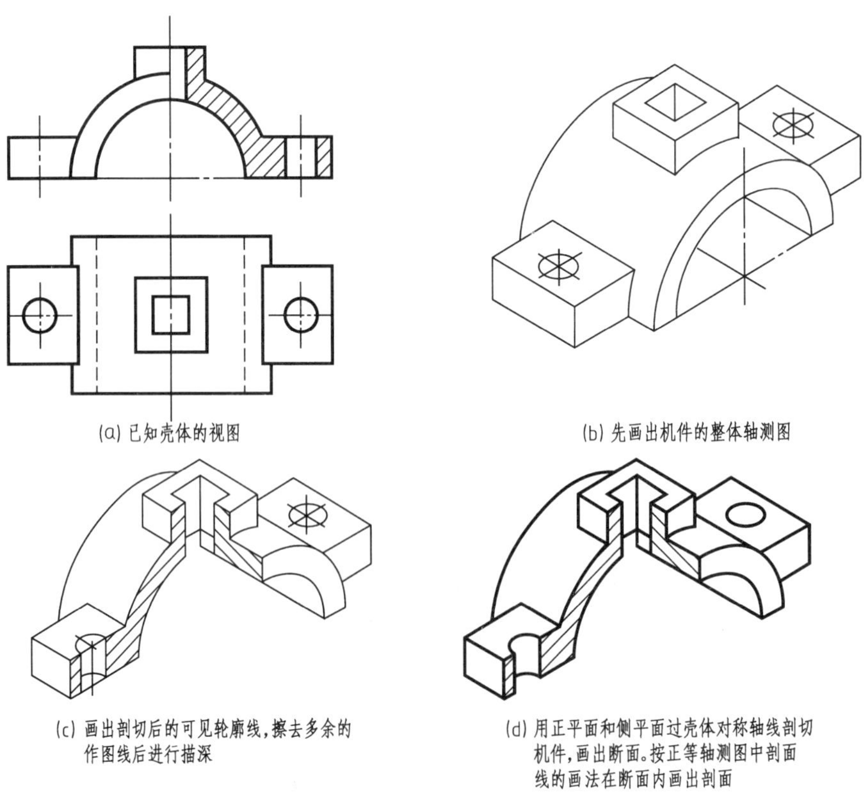

图 4-16 壳体的正等轴测剖视图的画法

例 4-7　画支座的正等轴测剖视图（图 4-17）。

该图用第二种绘图方法，其绘图步骤如图 4-17 所示。

当剖切平面通过肋板或薄壁等结构的纵向对称平面时，这些结构上都不画剖面线，而用粗实线将它与相邻接部分分开，如果图形结构表达不够清晰，可将肋板或薄壁部分用其他断面表示法表示被剖切部分。

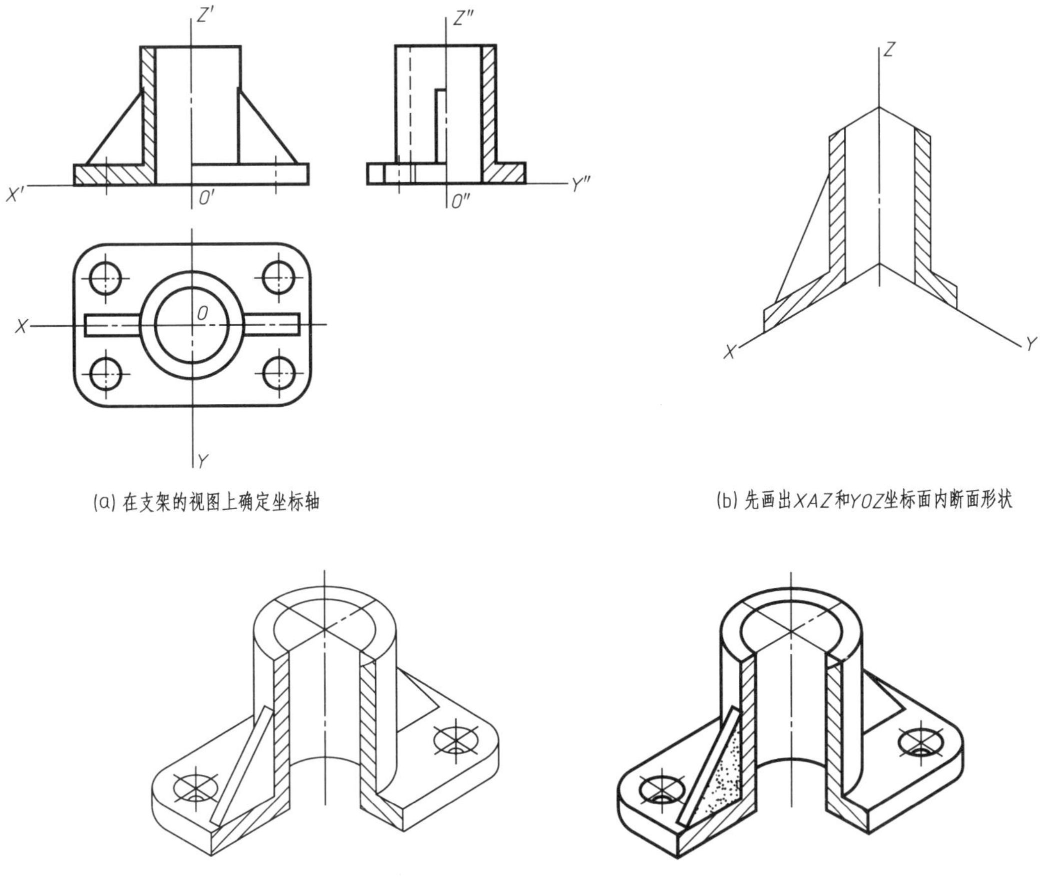

(a) 在支架的视图上确定坐标轴

(b) 先画出 XAZ 和 YOZ 坐标面内断面形状

(c) 画出断面后面零件可见部分的轮廓线

(d) 加深轮廓线，肋板打上小点，完成全图

图 4-17　支座正等轴测剖视图的画法

第5章 组 合 体

任何复杂的零件都可以抽象为三维几何体。如棱柱、棱锥、圆柱、圆锥、球、圆环等基本形体。由两个或两个以上的基本体所组成的形体，称为组合体。本章主要介绍组合体的画图、读图及尺寸标注的方法。

5.1 组合体的形体分析及其组合形式

1. 形体分析

组合体有简有繁，种类很多。但无论何种组合体，都可以看成是由若干个基本体按一定的组合形式组合而成。

假想将组合体分解为若干个基本形体，然后分析各基本形体的形状，并确定各组成部分间的组合方式和相对位置关系，从而产生对整个形体的形状的完整概念，这种分析方法称为形体分析法。

如图 5-1 所示的支座，可以想象分解为底板、立板和支撑板三个基本组成部分。底板的基本形体是四棱柱，前端左右两角倒圆，并在圆角同心处钻有两个通孔；立板上端半圆下面是四棱柱的基本形体，并在半圆同心的位置钻一通孔；支撑板是三棱柱。底板、立版和支撑板按其图示的相对位置及表面连接关系组合成支座。

图 5-1 支座的形体分析图

应当指出的是，运用形体分析法将组合体分解为若干个基本形体，只是一种便于画图和读图的分析过程，实际上组合体仍然是一个整体，画图时切勿将基本体间融合处的连接线画出。

2. 组合体的组合形式

组合体的组合形式可以分为三种：叠加型、切割型和综合型，如图 5-2 所示。

1）叠加型组合体

由两个或两个以上基本体叠加而形成的组合体，称为叠加型组合体，如图 5-2（a）所示。

叠加式组合体中各基本形体相邻接表面可能会产生的连接形式有四种情况：平齐、相

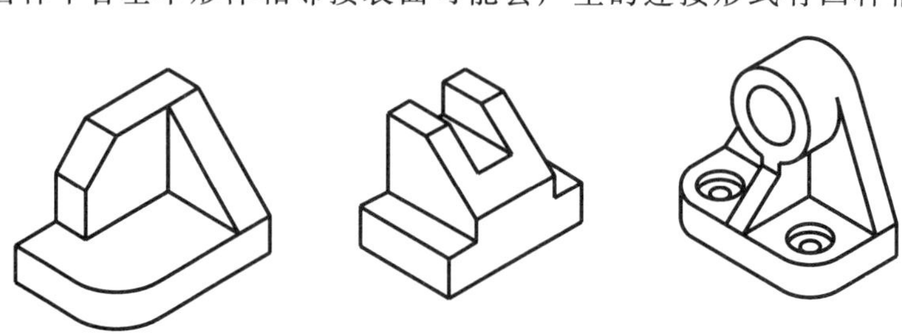

(a) (b) (c)

图 5-2 组合体的组合形式

错、相切、相交。

(1) 平齐。两个立体上的表面对齐相连成为一个平面时，在相连的部分不存在分界线，不应画线。

如图 5-3 所示组合体，底板和拱形立板前后端面平齐，表示两基本体之间无分界线，即同为一个表面，故在端面的连接处不应划分界线。

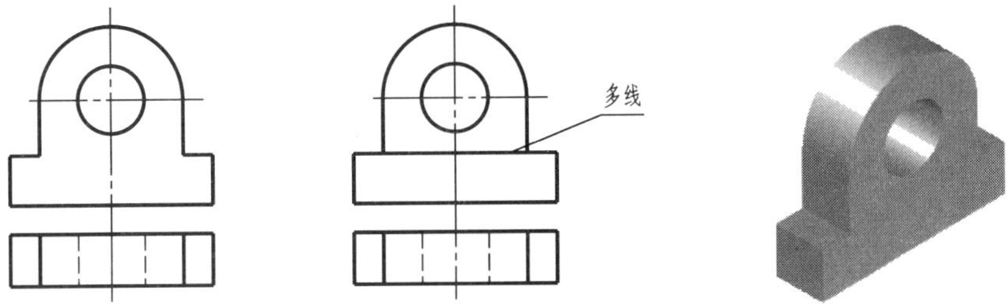

图 5-3 表面平齐

(2) 相错。当两立体表面叠加相错时，形成两个表面，应画出两表面分界线。

如图 5-4 所示组合体，上下两形体的前后相错，应在主视图上画出分界线。

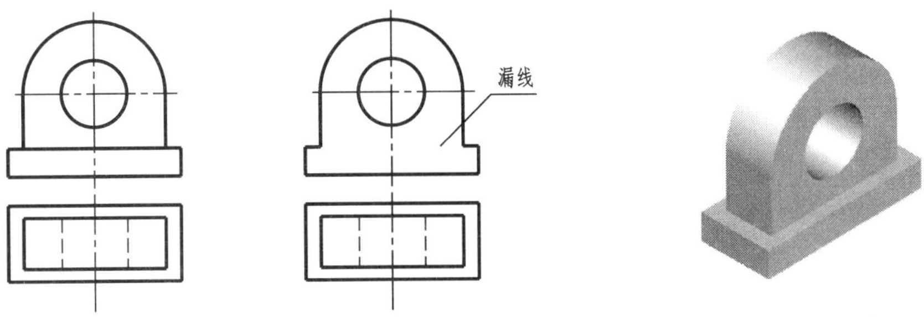

图 5-4 表面相错

(3) 相交。当两个基本立体的表面彼此相交时，其表面交线则是它们的分界线，在视图中必须正确画出交线的投影。

如图 5-5 所示组合体，底板和圆柱表面相交，在主视图上应画出交线的投影。

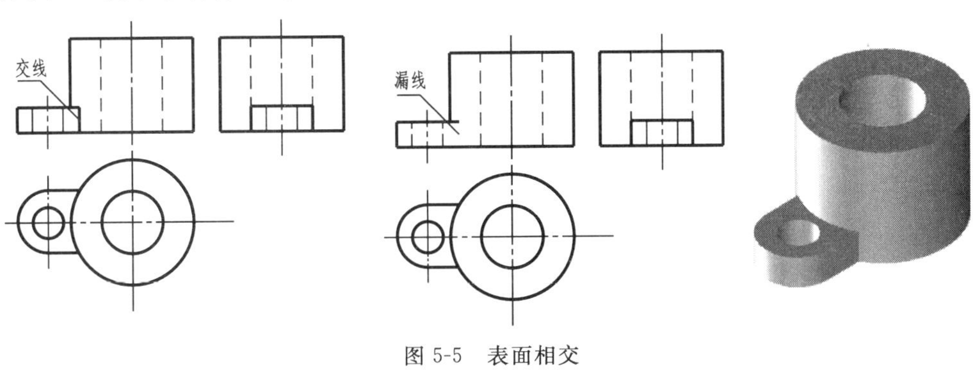

图 5-5 表面相交

(4) 相切。当两立体表面相切时，由于相切处两表面光滑过渡，不存在分界线，故在该处不画线。

如图 5-6 所示组合体，主、左视图的底板和圆柱表面相切处不画线，底板表面的投影应按“长对正、宽相等”的规律画到相切处的切点为止。

2) 切割型组合体

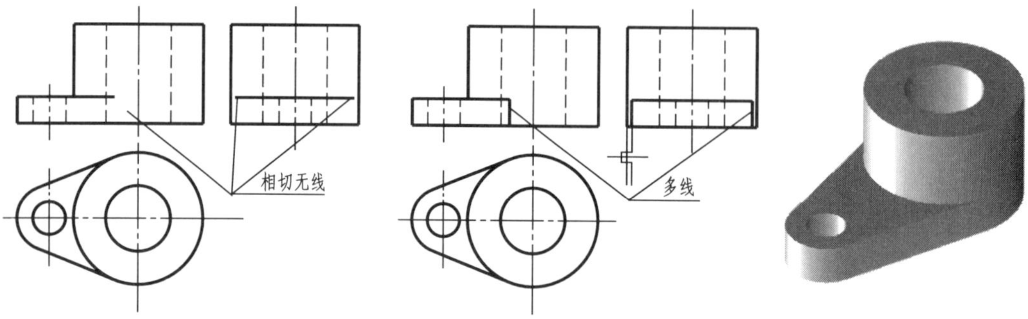

图 5-6 表面相切

在一个基本形体上进行一系列切割而形成的组合体，称为切割式组合体，如图 5-2 (b) 所示。

切割型组合体一般按照先整体后切割的原则来分析，即先想象出物体的原形，然后再将各个形体逐一切割下来，基本形体被平面或曲面切割或被穿孔后，会产生不同形状的截交线或相贯线，因此画切割式组合体三视图的关键就是正确地作出这些截交线或相贯线的投影。

3）综合型组合体

既有叠加形式又包含着切割形式的组合体，称为综合式组合体，如图 5-2 (c) 所示的轴承座。它由底板、支撑板、筋板、轴套和凸台五部分组成。基本体之间既有叠加、相切，又有切割，是综合型组合体。

综合型组合体的分析方法是：先考虑叠加、后分析切割。实际应用中，这种类型的组合体占大多数。

5.2 组合体三视图的绘制

1. 综合型组合体的三视图画法

以图 5-7 (a) 的轴承座为例，说明画组合体三视图的方法和步骤。

1）形体分析

轴承座可分解为长方形底板Ⅰ、支承板Ⅱ、肋板Ⅲ、圆筒Ⅳ四部分，如图 5-7 (b) 所示。底板上面为支撑板和筋板，支撑板的左、右两侧与圆筒外表面相切，筋板的左、右两侧面与圆筒的外表面相交。

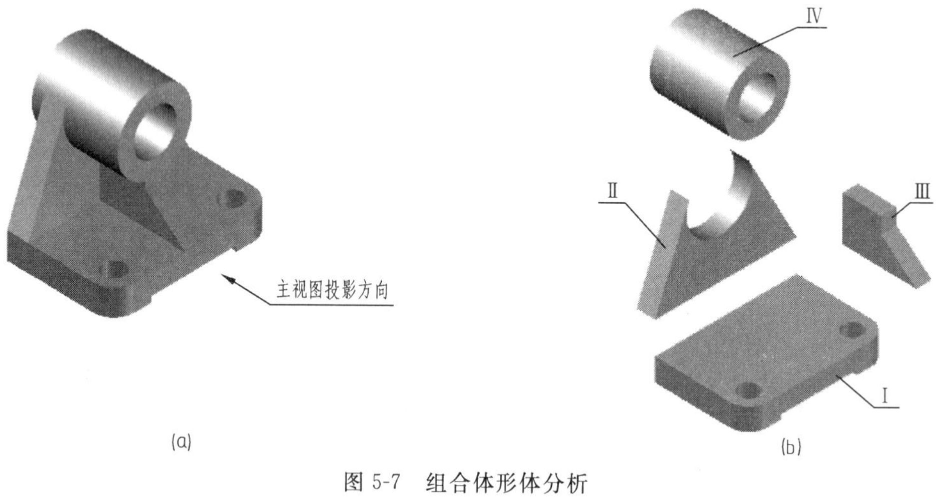

图 5-7 组合体形体分析

2）视图的选择

为了清晰地表达出组合体的结构形状，必须选择一组恰当的视图。其中最关键的问题是选好主视图，主视图的选择应注意以下几个问题：

(1) 以能反映组合体形状特征及组合体间的相对位置，作为主视图的投射方向；

(2) 使组合体符合组合体的自然安放位置；

(3) 尽量减少视图中的虚线，使图幅的布局均匀合理。

因此，对于本例的轴承座，按图 5-7（a）中箭头所示方向画主视图为最佳方案。

主视图选定后，根据组合体结构的复杂程度确定其他视图。确定视图数量的原则是在完整、清晰地表达出组合体各部分形状的前提下，力求制图简便，视图数量少。

图 5-7 所示轴承座的主视图确定后，还需要画出俯视图和左视图来表达底板的形状和底板上两个圆孔中心的位置、肋板的形状及与其他形体的连接关系。因此，该轴承座必须选用主、俯、左三个视图才能表达清楚。

3）选比例，定图幅

画图比例是根据所画组合体的大小和制图标准确定的，尽量选用 1∶1，必要时可采用其他适当的比例。比例一旦确定，根据三视图所占幅面的大小，选用适当的标准图幅。

轴承座的画图步骤如图 5-8 所示。

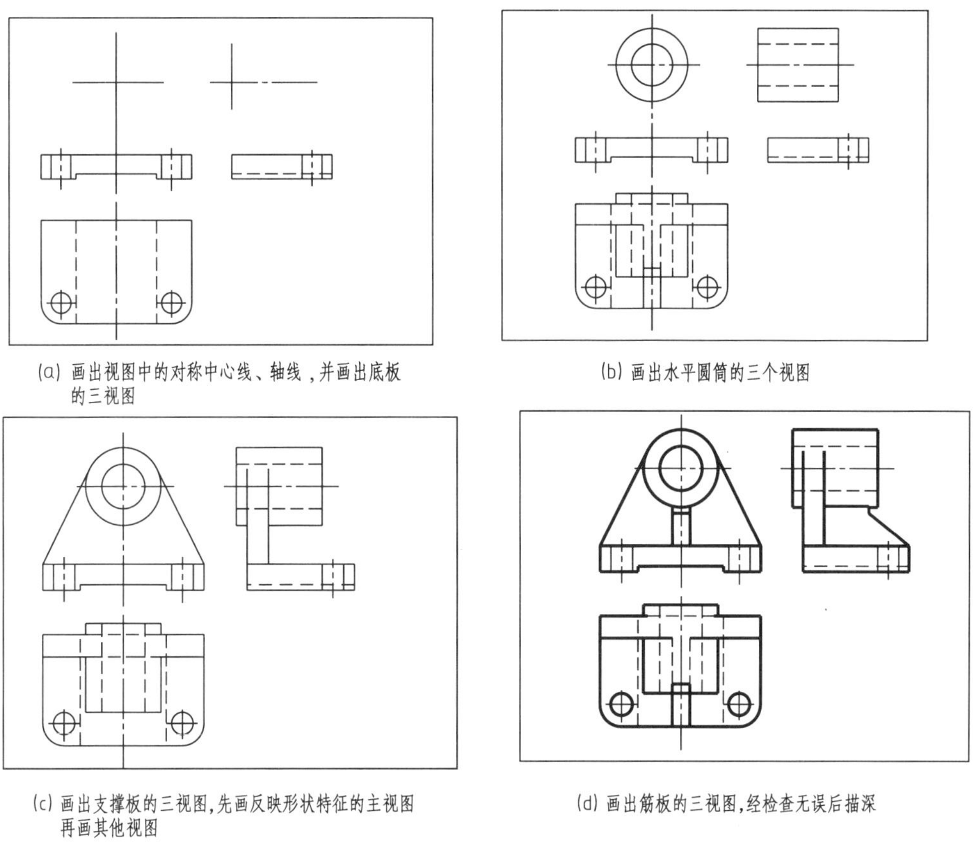

(a) 画出视图中的对称中心线、轴线，并画出底板的三视图

(b) 画出水平圆筒的三个视图

(c) 画出支撑板的三视图，先画反映形状特征的主视图再画其他视图

(d) 画出筋板的三视图，经检查无误后描深

图 5-8　画组合体三视图的步骤

通过上述作图过程，可归纳出画组合体三视图的方法和步骤：

(1) 选定比例后画出各视图的对称线、回转体的轴线、圆的中心线及主要形体的端面线，并把它们作为基准线来布置；

(2) 运用形体分析法，逐个画出各组成部分；

(3) 一般先画较大的部分，主要的组成部分（如轴承的长方形底板），再画其他部分；先画主要轮廓，再画细节；

(4) 画基本体时，先画反映实形或有特征的视图（椭圆、三角形、六角形），再按投影关系画出其他视图；

(5) 画图过程中，应按“长对正、高平齐、宽相等”的投影规律，几个视图对应着画，以保持正确的投影关系；

(6) 检查、描深、完成全图，为了便于修改草图中的错误，保证图面整洁，底稿画完后，按形体逐个仔细检查，纠正错误，无误后描深，完成全图。

2. 切割型组合体的三视图画法

切割型组合体的画图方法不同于复合型组合体。应从整体出发，把原形体看成是长方体或圆柱体等基本形体，然后一块一块地切去几部分，最后得到应有的形状。在画图时应注意对于被切去的形体应先画出切平面有积聚性的视图，然后再画其他视图。

在切割后的形体上，往往存在较多的斜面、凹面，画图时需要注意平面投影的类似性和重影问题。

图 5-9 (a) 是一机架的立体图，可看成是一 L 形棱柱经切割而成。首先在水平板的左、右两边各切去一个三角块Ⅰ，然后在中间挖去一个梯形槽Ⅱ，再在竖板上部中间挖去一个半圆槽Ⅲ，左右各挖去两个小圆柱孔Ⅳ，如图 5-9 (b) 所示。

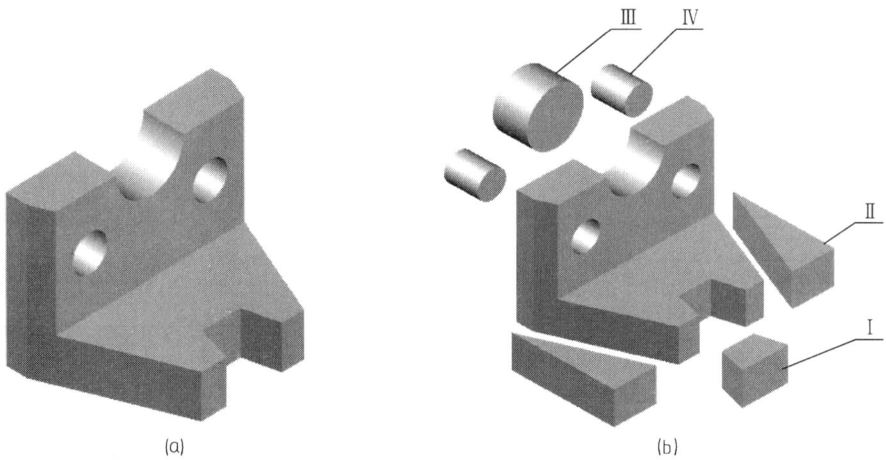

图 5-9 切割式组合体形成分析

切割式组合体画图步骤如图 5-10 所示。

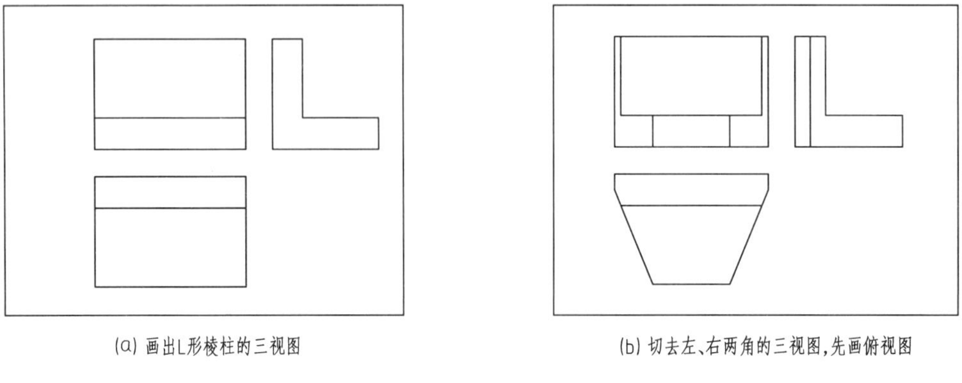

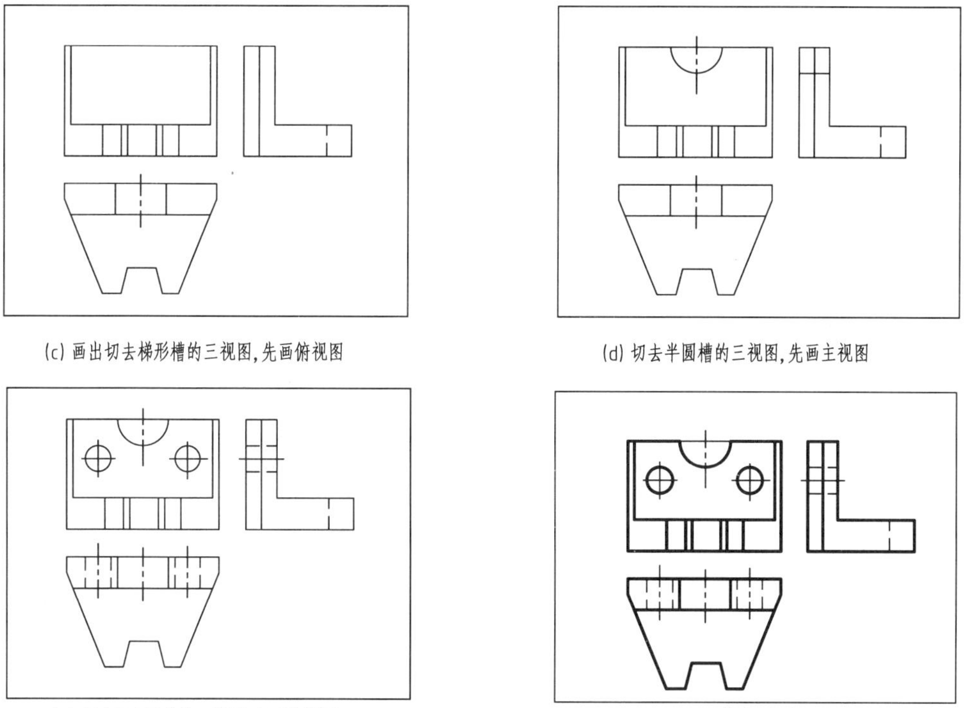

(c) 画出切去梯形槽的三视图，先画俯视图

(d) 切去半圆槽的三视图，先画主视图

(e) 切去两小圆柱的三视图，先画主视图

(f) 检查、加深

图 5-10 画组合体三视图的步骤

5.3 读组合体三视图的方法

画组合体三视图是由三维到二维的过程，而读图则是由二维到三维的过程。看图实质上是根据给定物体的三视图，通过对视图中图线、图线的交点、封闭线框等含义的充分理解，正确运用各种读图方法，想象出空间物体形状。

5.3.1 读图应注意的几个基本问题

1. 几个视图联系起来看

一般情况下，一个视图不能确定组合体的形状及其各形体间的相互位置，即使有两个视图，如果视图选择不当，也可能确定不了物体的形状。如图 5-11 所示的组合体，主、左视图相同，因俯视图不同，物体形状也不同。

2. 注意找特征视图

读图时要从形体特征明显的视图入手，再联系其他视图，才能快速、准确的识别形体。如图 5-12 所示的俯视图。

对于组合体来说，每个形体的构成的形状特征，不一定都集中在一个视图上，有可能是分散在几个视图上。如图 5-12 所示，形体由Ⅰ、Ⅱ、Ⅲ、Ⅳ组合而成，形体Ⅰ、Ⅱ的特征反映在主视图上，形体Ⅲ的特征反映在俯视图上，形体Ⅳ反映在左视图上。

3. 视图中图线的含义

视图中的粗实线（或虚线）包括直线或曲线，其含义可能是：

(1) 两表面交线（两平面、两曲面、平面与曲面）的投影。如图 5-13 所示，直线 a、b 是物体上对应的表面交线 A 和棱线 B 的投影。

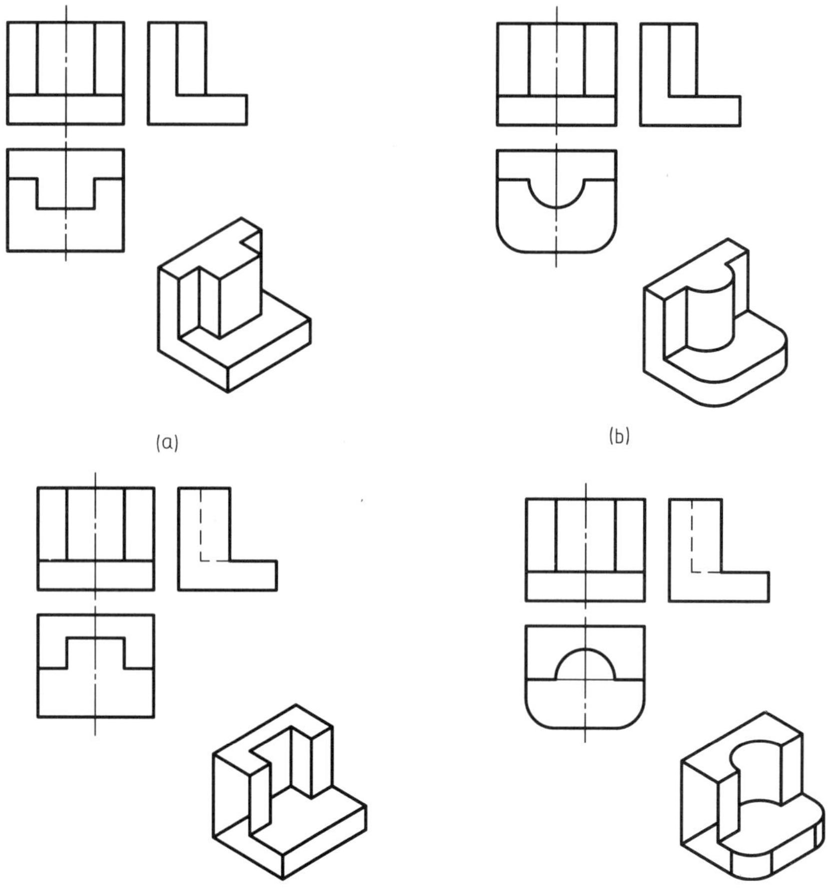

图 5-11 三个视图联系起来看图

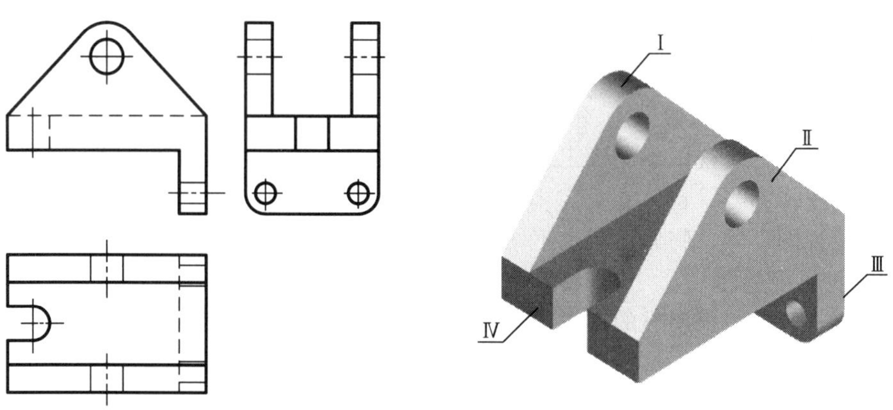

图 5-12 找特征视图

(2) 曲面转向轮廓线的投影。如图 5-13 (b) 所示，主视图上直线 f 是物体上圆柱的转向轮廓线最左素线 F 的投影。

(3) 具有积聚性面（平面或柱面）的投影。如图 5-13 所示，c 是物体上对应的正平面 C 的投影，e 是物体上圆柱面 E 的积聚投影。

4. 视图中线框的含义

(1) 视图中的每一封闭线框，其含义可能是：

① 单一面（平面或曲面）的投影。如图 5-13（a）中的 c、d 为四边形和凹形封闭线框，分别代表物体上 C、D 两平面的投影；而图 5-13（b）中的 e（粗实线组成的四边形线框）则代表着圆柱面 E 的投影。

② 曲面及其相切面（平面或曲面）的投影。

③ 通孔的投影。

(2) 视图中相邻的两个封闭线框，代表着位置不同的表面。如图 5-13（b）中的 e、g 代表着前后相错的两平面的投影。

(3) 在大的线框中包含的小线框，代表在大的表面上凸起或者凹进的小表面或穿孔。如图 5-13（b）所示，俯视图的四边形中包含着的圆形 e，表示在平面 G 上凸起的圆柱体。

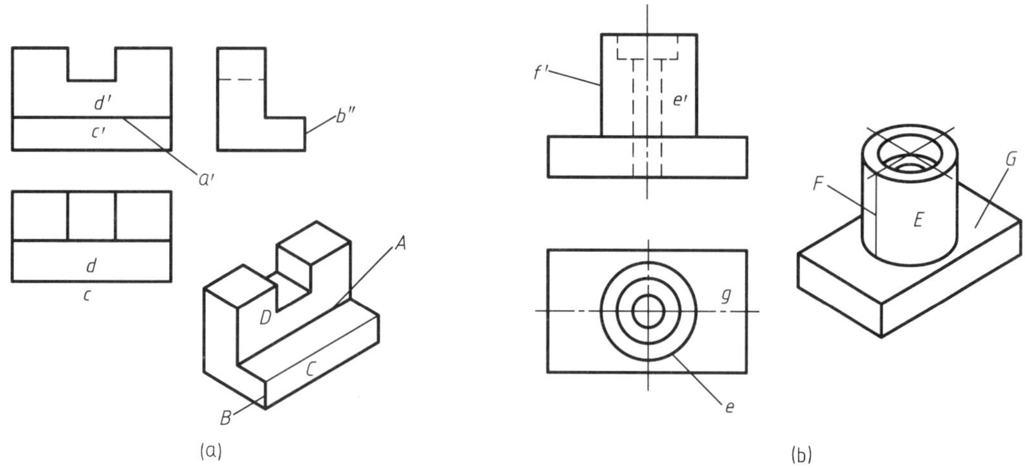

图 5-13　视图中图线、线框的含义

5.3.2　形体分析法

形体分析法是看图的基本方法，通常是先从特征比较集中的视图入手，分析该组合体由哪些基本形体组成以及它们之间的相互位置关系；然后按照“三等”规律，逐个找出每个形体在其他视图上的投影，从而想象出各个基本形体的形状和组合形式，最后按各基本形体之间的相对位置，综合想象出组合体的整体形状。

例 5-1　根据图 5-14（a）所示的组合体三视图想象出物体形状。

作图步骤如下。

(1) 抓特征、分线框、找投影

图 5-14（a）所示，该组合体三视图中，主视图反映位置特征，由图可以看出整个形体各部分之间的组合方式是以叠加为主，只有Ⅰ、Ⅱ两部分含有简单的切割。因此，先在主视图中按封闭线框将它划分为五个部分。然后，根据各视图间的投影关系，分别找出各部分在俯、左视图中相应的投影，如图 5-14（b）～(f) 所示。

(2) 依投影、想形状、定关系

根据读图的基本方法分析各组成部分的形状如下：

线框Ⅰ在三个视图中的投影基本上为矩形，因此，它的形状是一个四棱柱在前面开了槽的底板；如图 5-14（b）所示；

通过图 5-14（c）不难看出，线框Ⅱ是一个空心圆柱；

线框Ⅲ三个视图表明这是一个弯板，它的平板右端的前后两侧面与线框Ⅱ的外圆柱面相切，底部与圆柱底面平齐，竖板右端与底板Ⅰ的右端面平齐，如图 5-14（d）所示；

线框Ⅳ、Ⅴ分别为四棱柱和三棱柱的肋板，坐在底板上表面，靠在弯板左端面，四棱柱和底板的左端面平齐，见图 5-14（e）。

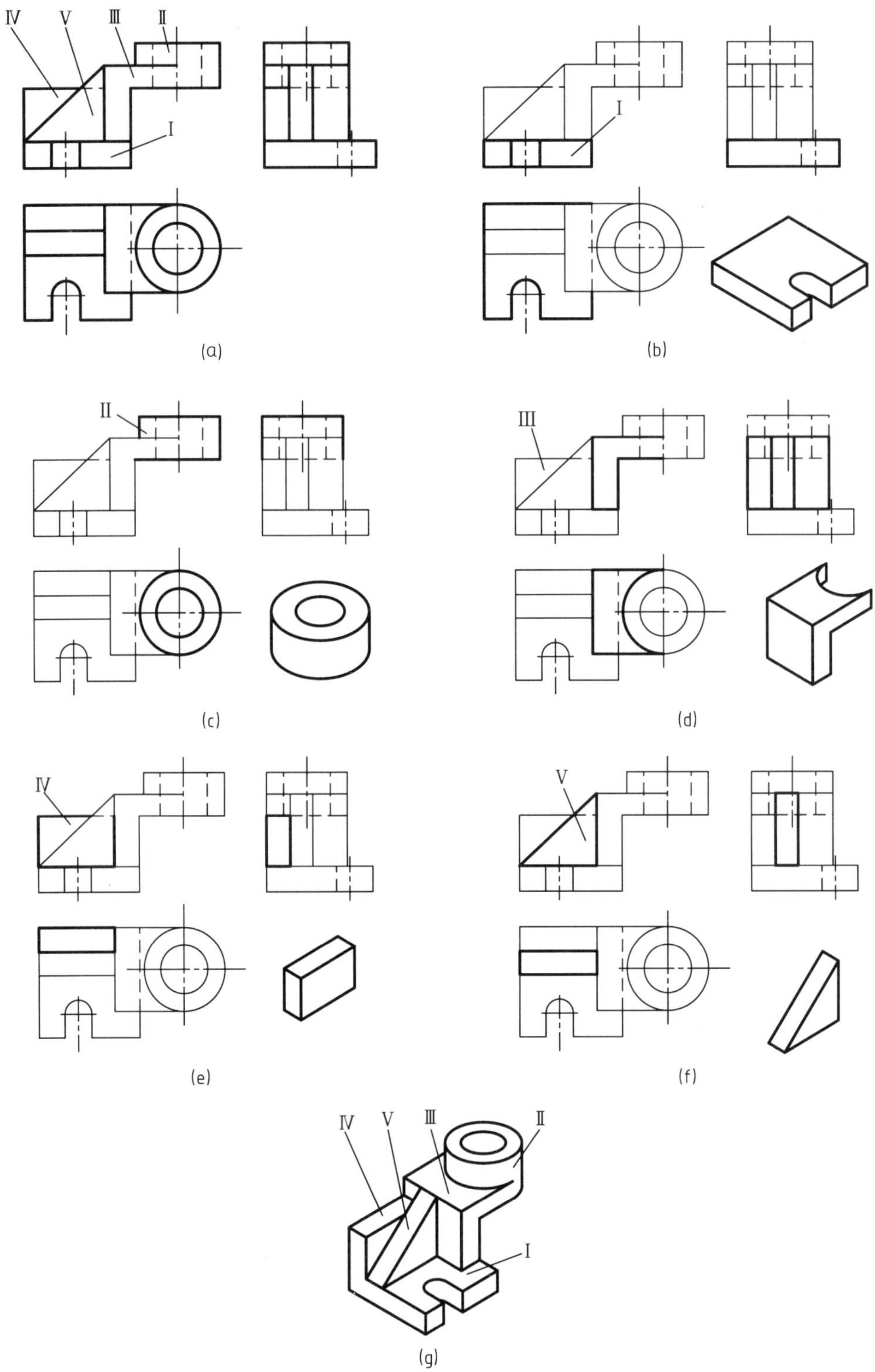

图 5-14　组合体形体分析

(3) 综合起来想整体

经过了以上分析，就可以综合起来想象出该组合体的整体形状，如图 5-14 (g) 所示。

5.3.3 线、面分析法

在一般情况下，叠加或以叠加为主的综合型组合体，主要采用形体分析法读图，但对于有些结构复杂的形体，特别是切割类型的组合体，完全用形体分析法还不够，还需要从“线和面”的角度出发，去分析组合体中线框和图线的含义，深入细致地想象出组合体的各个表面性质及相互位置关系，从而想象出组合体的整体形状。这种从“线和面”的角度出发分析组合体视图的读图方法，称为线面分析法。

下面以图 5-15 为例讲解线面分析法的应用。

先分析整体形状。由于物体的三视图的轮廓基本是长方体，所以它的基本形体是一个长方体。进一步分析细节，从主视图看，物体的左上方缺少一个角，右上方也切除一个长方体，形成一个缺口，俯视图左前方去掉一角。

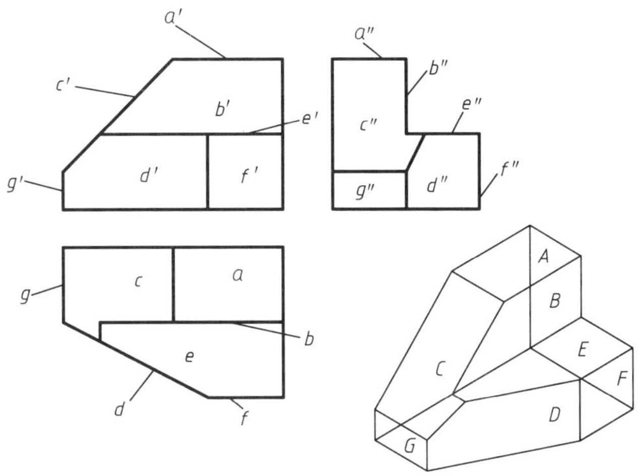

图 5-15　线面分析法读图

先看俯视图 a 线框，根据我们以前分析的线框的含义，它可能是对应空间的一个面（平面或曲面），在主、左两视图中找到对应投影，水平面上线框 a 对应的另外两个投影 $a'a''$分别为两条线，因此可以断定该线框是水平面 A 的投影。同样的方法根据平面的投影特性，可以读出 e、e'、e''线框是六边形水平面 E 的投影。再分析俯视图中的 c 是六边形线框，对应的主视图是一条斜线 c'，左视图对应的是和水平投影的相似形 c''，从而可以想象出该图形对应是正垂面 C，再来分析主视图上的五边形线框 ，按照投影关系可找到对应的左视图和俯视图是两条线，则可知平面 D 是铅垂面。最后分析出 B 和 F 是两个正平面。通过以上逐个面的分析，便可清楚地想象出该组合体的形状，如图 5-15 立体图所示。

应该注意的是通常情况下，常常是两种方法并用，以形体分析法为主，线面分析法为辅。

5.4 由两视图补画第三视图

已知两视图补画第三视图是提高看图能力、培养空间想象力的重要方法和手段。由两个视图补画第三视图的方法和步骤如下。

(1) 读视图，想物体形状；(2) 补画第三视图。

例 5-2 如图 5-16 所示，已知支座的主、俯视图，补画左视图。

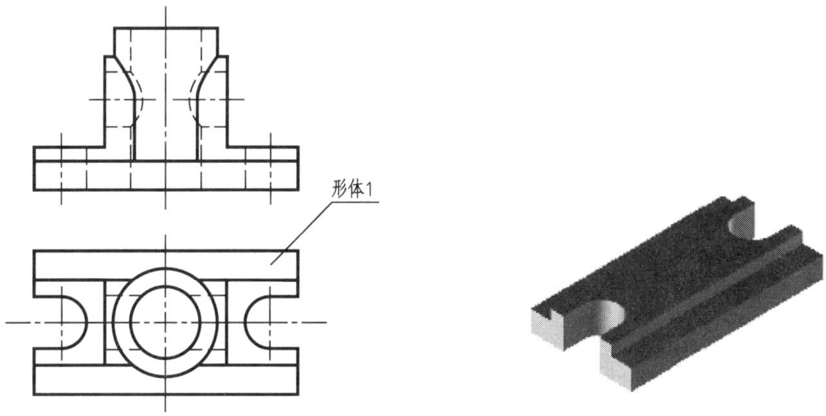

(a) 想出形体1的形状

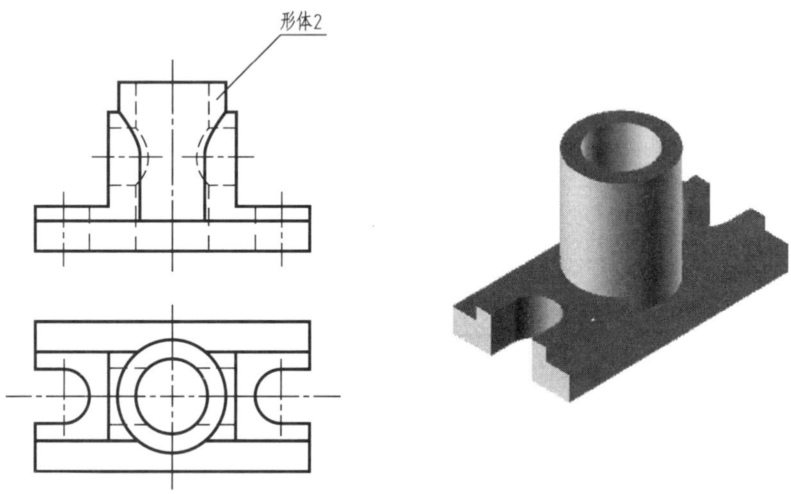

(b) 想出形体2的初步形状

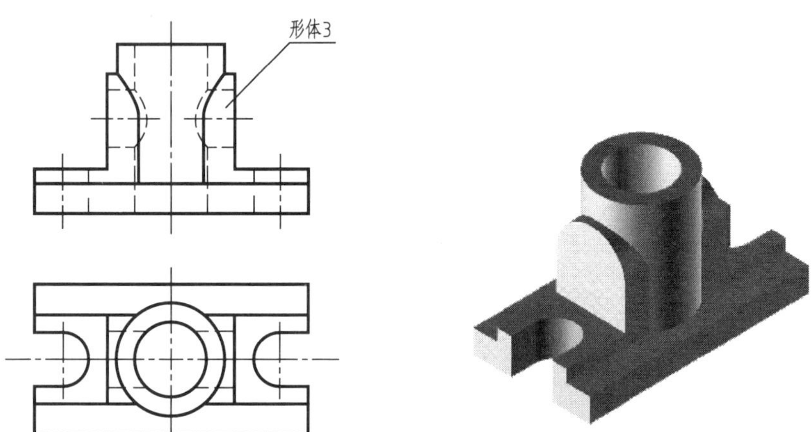

(c) 想出形体3的初步形状

(d) 想出整体形状

图 5-16　支座形状的分析过程

作图步骤如下。

(1) 形体分析

由所给视图可知，支座是由形体 1、2、3 叠加而成的组合体。形体 1 为底板，其特征投影是俯视图。形体 2 是一圆柱体，并且开有内孔。形体 3 是一对带有柱面的台板，其上和外圆柱同心的位置开有通孔，且与形体 2 内孔相通。形体 3 和 2 叠加，并共同叠加在 1 上。

(2) 补画左视图

① 补画形体 1 的左视图，如图 5-17 (a) 所示。

② 补画形体 2 的左视图，如图 5-17 (b) 所示。叠加在形体 1 的中间位置。

③ 再补画形体 3 外形的左视图，如图 5-17 (c) 主视图 (注意：也是叠加左右对称的位置)。

④ 完成形体 3 上开孔的作图。

⑤ 检查，加深，完成全图，如图 5-17 (d)。

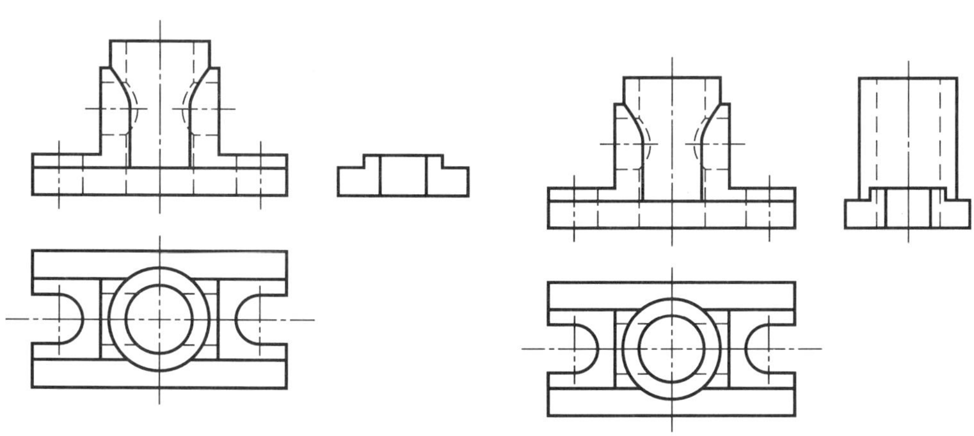

(a) 补画形体1的左视图　　(b) 补画形体2的左视图

图 5-17

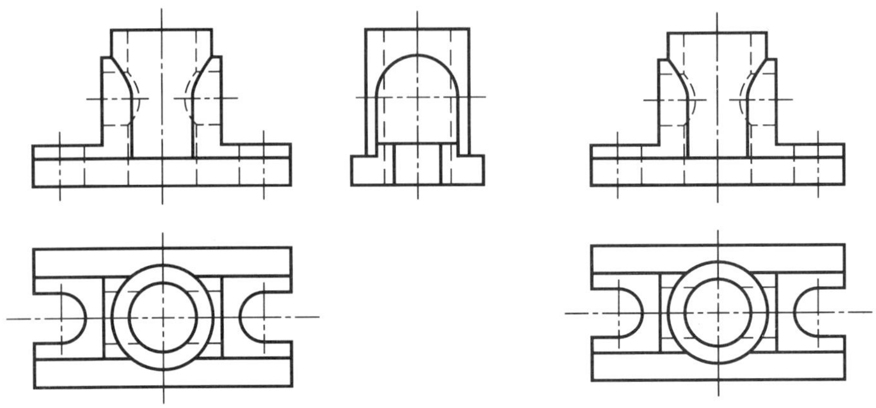

(c) 补画形体3的初步形状左视图　　(d) 最后完成整个形体的左视图

图 5-17　由已知两视图补画第三视图

5.5　组合体的构形训练

根据已知视图，构想出组合体的空间形状，再补画出缺失的其他视图，且表达形体的确定形状，这种由平面视图想象、构造组合体形状的方法是培养训练空间想象能力和看图能力的有效方法。

(1) 根据已知两视图，构想出组合体的空间形状，补画第三视图

这里给出的主、俯两视图，不能唯一确定组合体的形状（图 5-18），所以在补画第三视图时与前面讲过的例题有所不同，该视图不同会对应着不同的空间形体，也就是说可以想象、构思出两种以上的形状，补画出两种以上的第三视图。图 5-18 所示是四种不同的左视图及其表达的立体形状。

例 5-3　根据主、左视图补画出表示不同形体的第三视图。

解：根据已给的视图可构思出图 5-19 右侧的立体图所表示的空间形状，然后再补画出

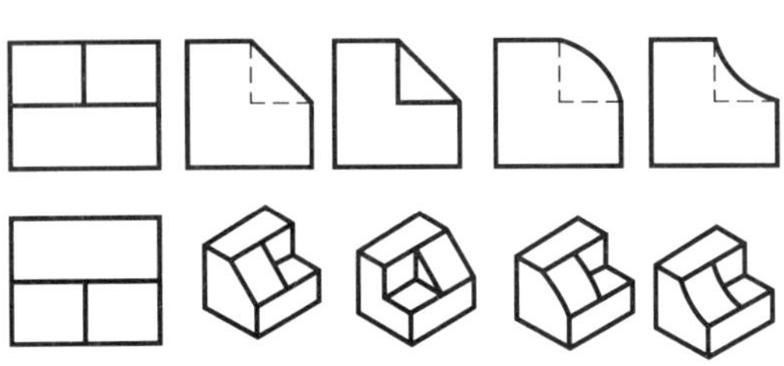

图 5-18　对应两视图的多种形体构图

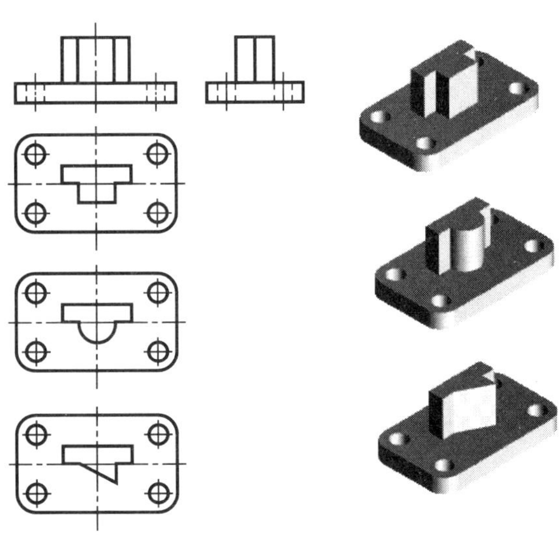

图 5-19　由主、左两视图构想并补画出第三视图

俯视图。除图中三种形状外，还有其他符合已知主、左视图投影关系的组合体，读者可以展开想象。

(2) 根据形体的一个视图补画其他视图以确定形体的空间形状

根据已给定的一个视图补画出能确定物体空间形状的其他一个或两个视图，同样是训练空间想象能力和培养读图能力的一种很有效的方法。图 5-20 所示为根据主视图补画其他两视图，确定立体形状的训练实例。

例 5-4 根据主视图构想出三个不同形状的组合体，并画出它们的左视图。主视图如图 5-21 (a) 所示。

解： 构想出的三个组合体的空间立体形状以及补画的左视图如图 5-21 (b)、(c)、(d) 所示。读者还可以补画出三个俯视图。

图 5-20 由已给的主视图构思并补画其他两视图

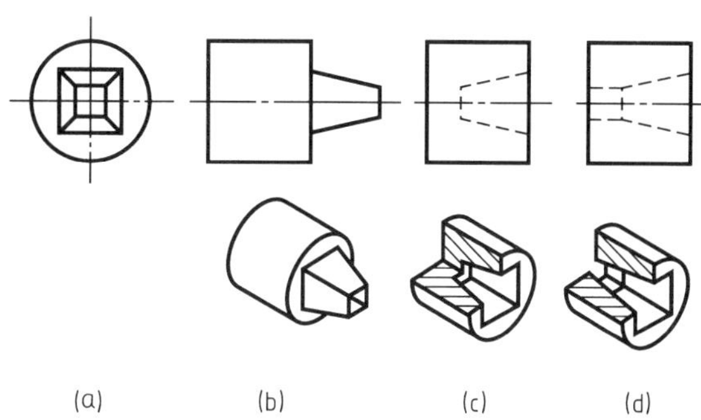

图 5-21 根据主视图构思形体并补画左视图

5.6 组合体的尺寸标注

组合体的形状通过三视图来表达，它的大小则根据视图中标注的尺寸来确定，因此，正确地标注尺寸是十分重要的。

视图中标注尺寸的基本要求：

(1) 正确——尺寸标注要符合国家标准中有关规定。

(2) 完整——尺寸必须注写齐全，既不遗漏，也不重复。

(3) 清晰——尺寸布置要恰当，尽量注写在明显的地方，以便于读图。

(4) 合理——所注尺寸应符合设计和制造工艺等要求，并使加工、测量、检验方便。

在第 1 章介绍尺寸注法标准及平面图形尺寸注法的基础上，本节主要介绍基本几何体和组合体的尺寸注法。

5.6.1 基本几何体的尺寸标注

(1) 平面立体的尺寸注法。基本形体一般只需注出长、宽、高三个方向的尺寸。标注平面立体时，如棱柱、棱锥的尺寸，应注出底面（或上、下底面）的形状和高度尺寸，如图 5-22 所示。

(2) 回转体的尺寸注法。如图 5-23 所示。

(3) 切割体和相贯体的尺寸注法。如图 5-24 所示，标注带有切口的基本体的尺寸时，除了要注出基本形体的尺寸外，还要将截平面的位置注出；标注相贯体的尺寸时，除了注出

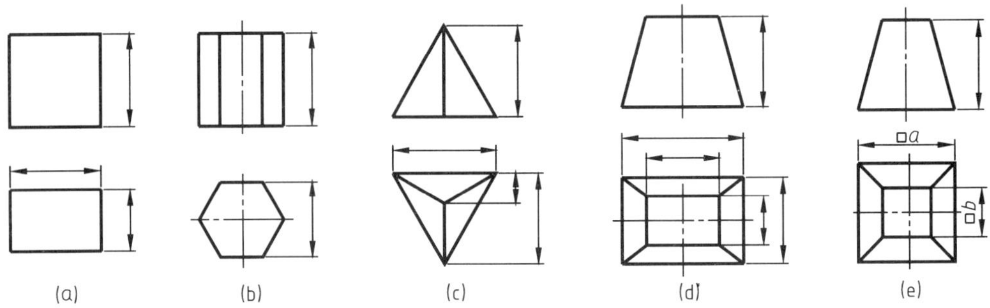

图 5-22 平面立体的尺寸标注

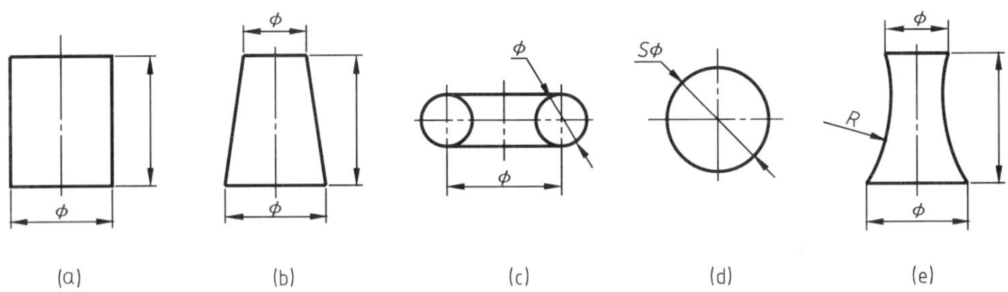

图 5-23 回转体的尺寸标注

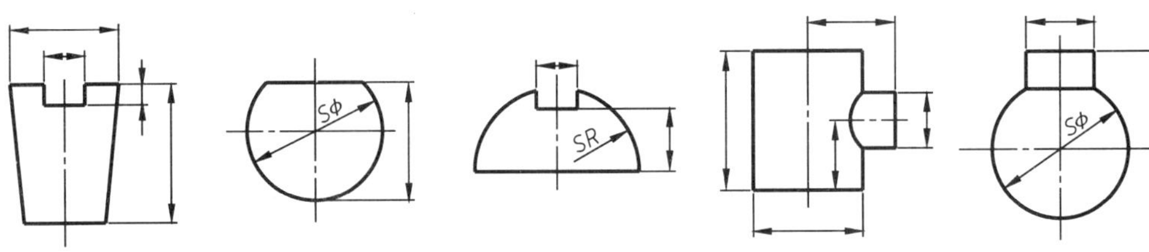

图 5-24 切割体和相贯体的尺寸标注

两个相贯体的定型尺寸外，还要注出确定两个相关体之间相对位置的尺寸。截交线和相贯线上不要标注尺寸。

5.6.2 组合体尺寸分析

1. 尺寸基准

标注尺寸的起点称为尺寸基准。组合体中的各基本形体在长、宽、高三个方向上需用尺寸（定位尺寸）确定其位置，并使所注的尺寸（定位）与尺寸基准有所联系，这就需要组合体在长、宽、高三个方向上都要有尺寸基准。尺寸基准通常选择组合体的主要的基本形体的底面、端面、对称平面、回转体的轴线等。

2. 组合体的尺寸分类

组合体的尺寸按其作用可分成三类：

(1) 定形尺寸。确定组合体各基本形体的大小的尺寸。如图 5-25 所示，将支架分解为四个基本形体，分别注出其定形尺寸中的 $\phi72$、$\phi40$、80；底板的定型尺寸 $\phi22$、$R22$、$R16$、20 等。

(2) 定位尺寸。确定组合体中各基本形体之间相对位置的尺寸。如图 5-25 中的空心圆柱与底板孔、肋和搭子孔的定位尺寸 80、20、34。

(3) 总体尺寸。确定组合体的总长、总宽、总高的尺寸。如图 5-25 中的总高为 80（空心圆柱的高）、总宽为 $\phi72$（空心圆柱的外径），总长由尺寸 $R22$、80、52 和 $R16$ 间接确定。

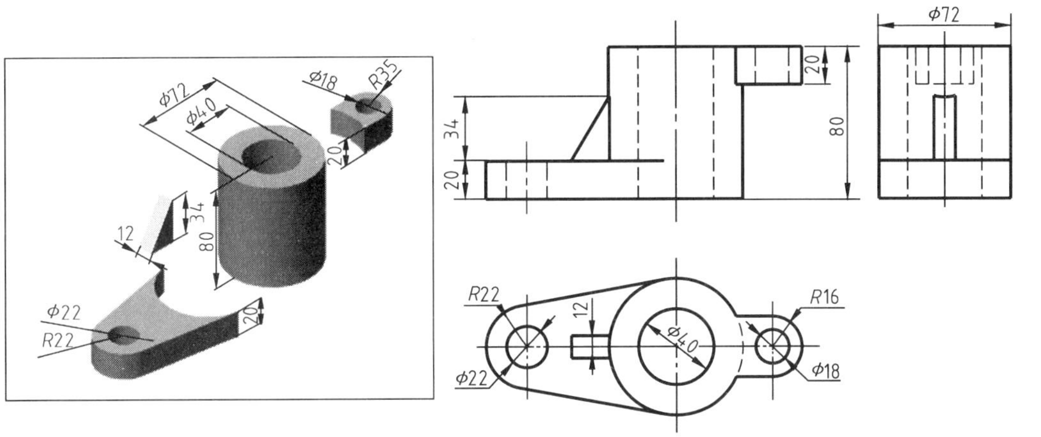

(a) (b)

图 5-25 尺寸分析

5.6.3 组合体尺寸标注的方法和步骤

下面以图 5-26 (a) 所示轴承座为例说明标注组合体尺寸的方法和步骤。

(1) 形体分析。轴承座的形体分析已在 5.2 节进行过 (参见图 5-7)，在此不再重复。

(2) 选择基准。标注尺寸时，应先选定尺寸基准。这里选定轴承座的右端面、前、后对称平面及底面作为长、宽、高三个方向的尺寸基准。

(3) 标注各基本形体的定型尺寸 [如图 5-26 (c)～(g) 所示]。

(4) 标注定位尺寸。底板上挖切形成四圆孔，和底板同高，故高方向不必标注定位尺寸，长和宽方向应分别注出定位尺寸 100、65 和 110。三角板肋板、半圆头竖板都处在此选定的基准上，不需要标注定位尺寸；圆筒上挖切去的 φ20 的圆柱，长度方向的定位尺寸为 67.5，宽度方向在对称面上，不必标注，圆筒高度方向需标出定位 135，长度方向定位是 7。

(5) 标注总体尺寸。尺寸 135 和 φ110 确定轴承架的总高，底板的长和宽决定它的总长和总宽故不必另行标注总体尺寸。应当指出，由于组合体的定型尺寸和定位尺寸已标注完整，如再加注总体尺寸会出现多余尺寸。为保持尺寸数量的恒定，在加注一个总体尺寸的同时，就应减少一个同方向的定型尺寸，以避免尺寸注成封闭式的。例如图 5-26 (h) 肋板的长度 168 与支撑板的厚度 32 之和与底板的长度 200 相同，此时应只注 200 和 32 即可。

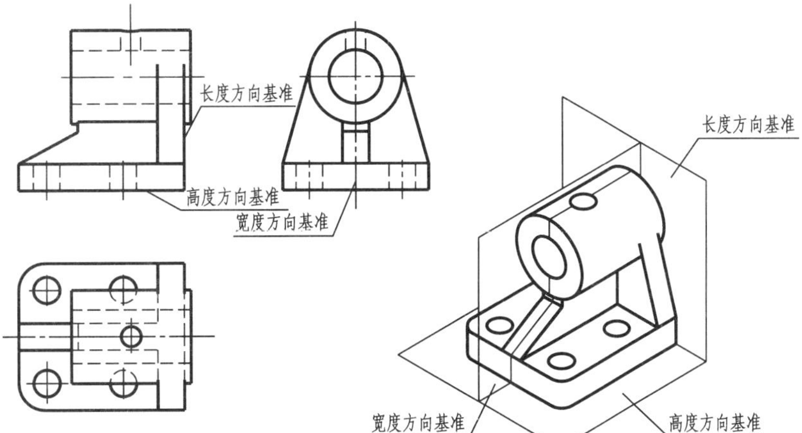

(a) (b)

图 5-26

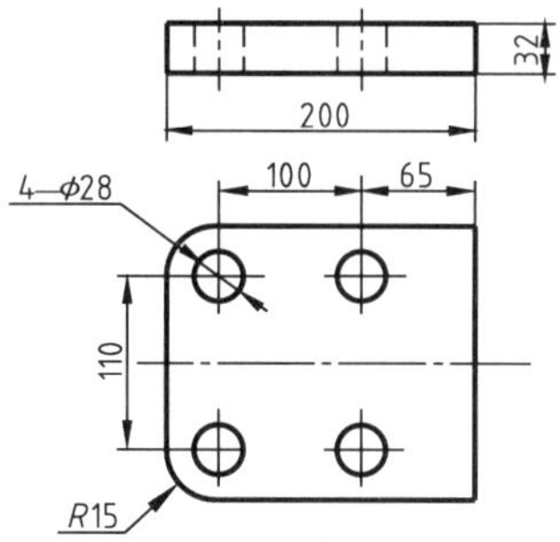
32
200
4—Φ28
100
65
110
R15
32

(c)

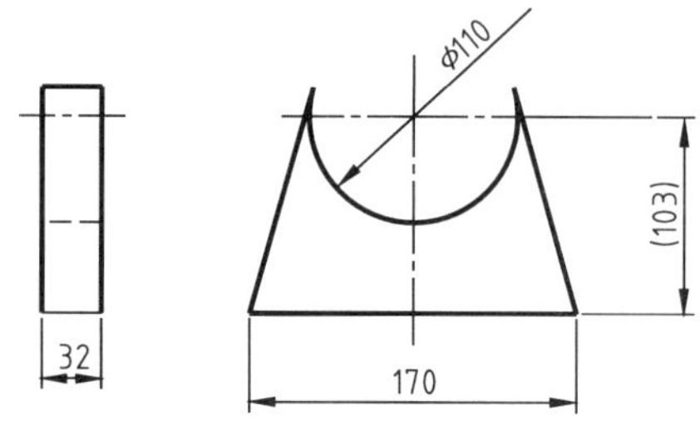
Φ110
(103)
170

(d)

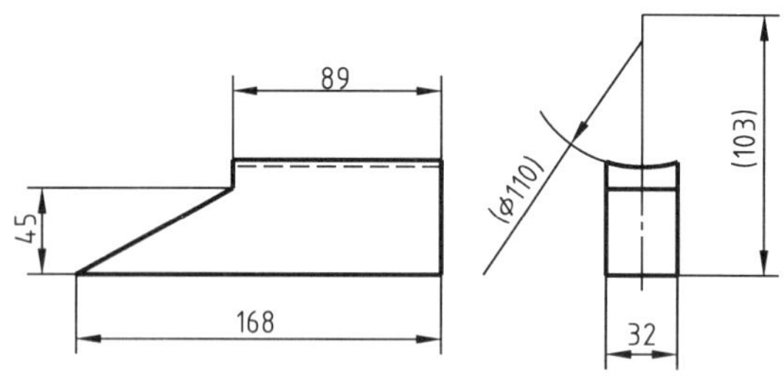
89
45
168
(Φ110)
(103)
32

(e)

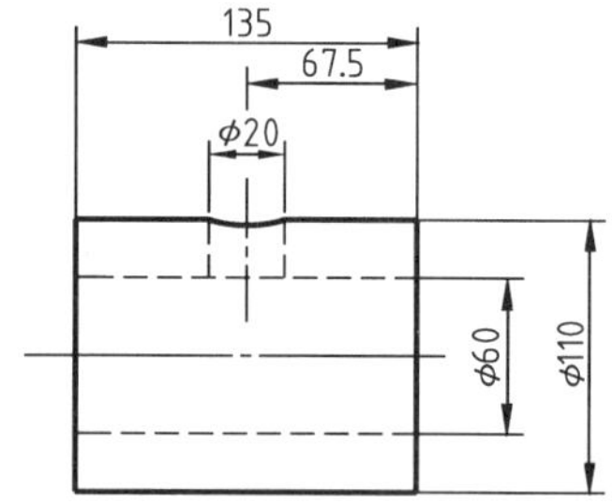
135
67.5
Φ20
Φ60
Φ110

(f)

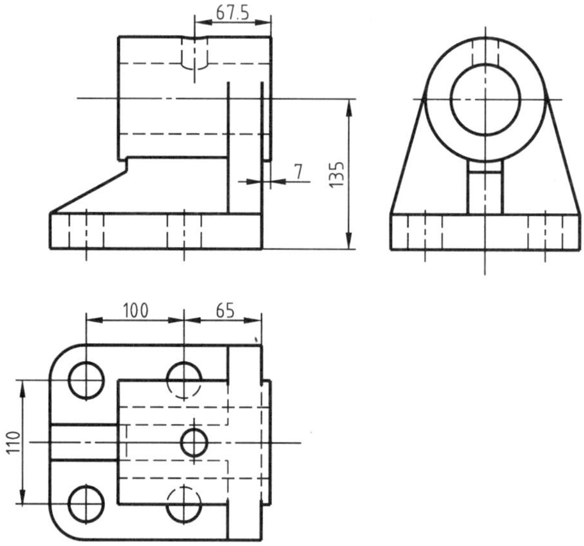
67.5
7
135
100
65
110

(g)

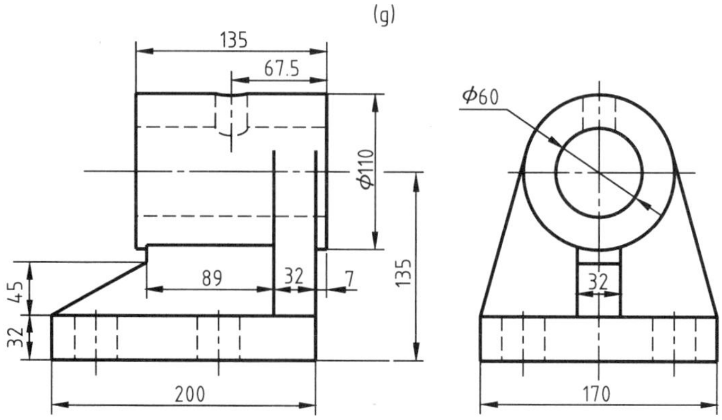
135
67.5
Φ110
Φ60
45
89
32
7
135
32
200
32
170

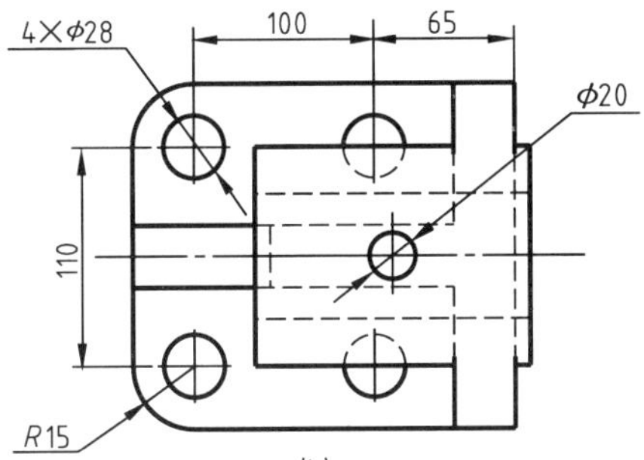

(h)

图 5-26 组合体尺寸注法

5.6.4 组合体尺寸中应注意的问题

(1) 组合体的尺寸应尽可能标注在形状特征最明显的视图上，半径尺寸应标注在反映圆弧的视图上，如图 5-27 (a) 中的半径 $R6$。要尽量避免从虚线引出尺寸如图 5-27 (a) 的尺寸 30。

(2) 同轴的圆柱、圆锥的径向尺寸，一般注在非圆的视图上，如图 5-27 (b) 中 $\phi 30$、$\phi 40$。

(3) 同一个基本形体的尺寸，应尽量集中标注，如图 5-27 (b) 中 $\phi 30$、$\phi 40$、$\phi 60$。

(4) 与两个视图有关的尺寸，尽可能标注在两个视图之间，如图 5-27 主、俯图间的 3、60、20 及主、左视图间的 5、17、30 等。

(5) 尺寸布置要齐整，避免过分分散和杂乱。在标明同一方向的尺寸时，应该小尺寸在内，大尺寸在外，以免尺寸线与尺寸界线相交，如图 5-27 所示。

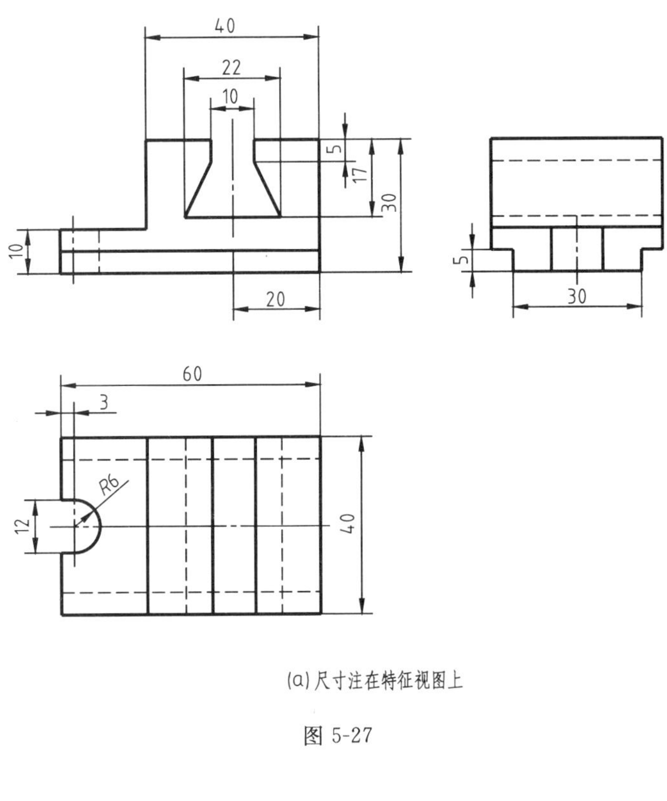

(a) 尺寸注在特征视图上

图 5-27

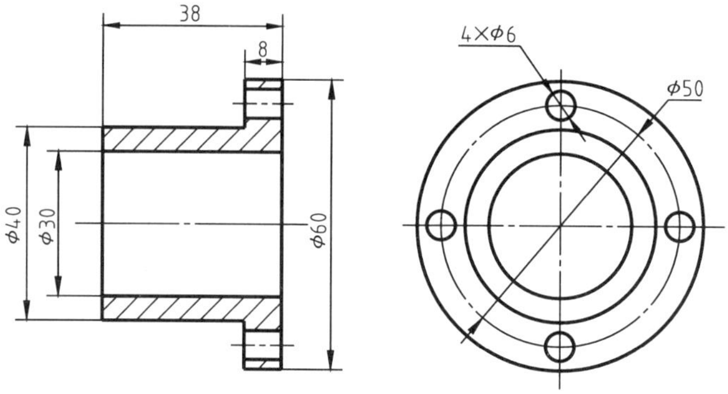

(b) 同轴圆柱直径尺寸注在非圆视图上

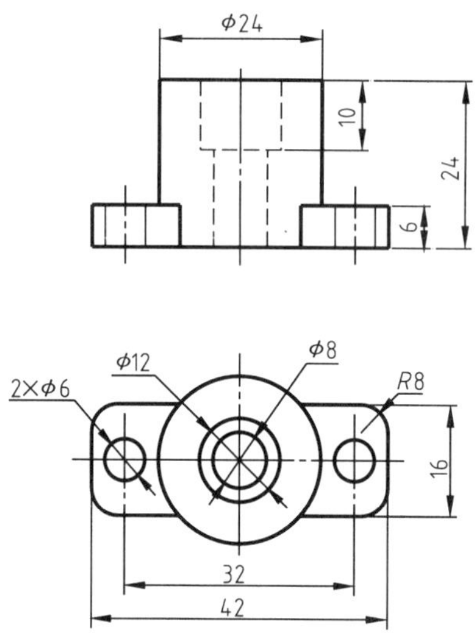

(c) 尺寸标注清晰

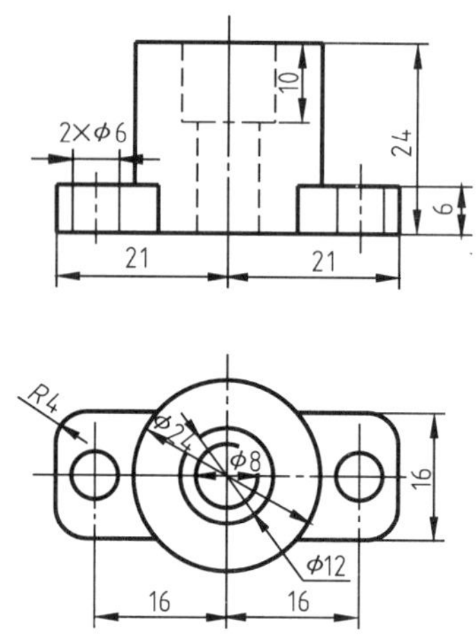

(d) 尺寸标注不清晰

图 5-27 尺寸标注中应注意的问题

第6章　机件常用的表达方法

在工程实际中，机件的结构形状是多种多样的，只采用三视图往往不能将机件的结构形状表达清楚。因此，国家标准《技术制图》和《机械制图》规定了机件的各种表达方法。如视图、剖视图、断面图、局部放大图和简化画法等。掌握这些图样画法是正确绘制和阅读机械图样的基本条件。

6.1　视　　图

根据国家标准有关规定，用正投影法所绘制出物体的图形称为视图。它主要用来表达机件的外部结构形状，一般只画出机件的可见部分，必要时才画出其不可见部分。

视图分为基本视图、向视图、局部视图和斜视图。

6.1.1　基本视图

机件向基本投影面投射所得的视图，称为基本视图。

基本投影面是在原有三个投影面的基础上，再增加三个投影面，构成了一个正六面体，将机件放在其中，从机件的上、下、前、后、左、右六个方向分别向基本投影面投射就得到六个基本视图，如图 6-1 所示。

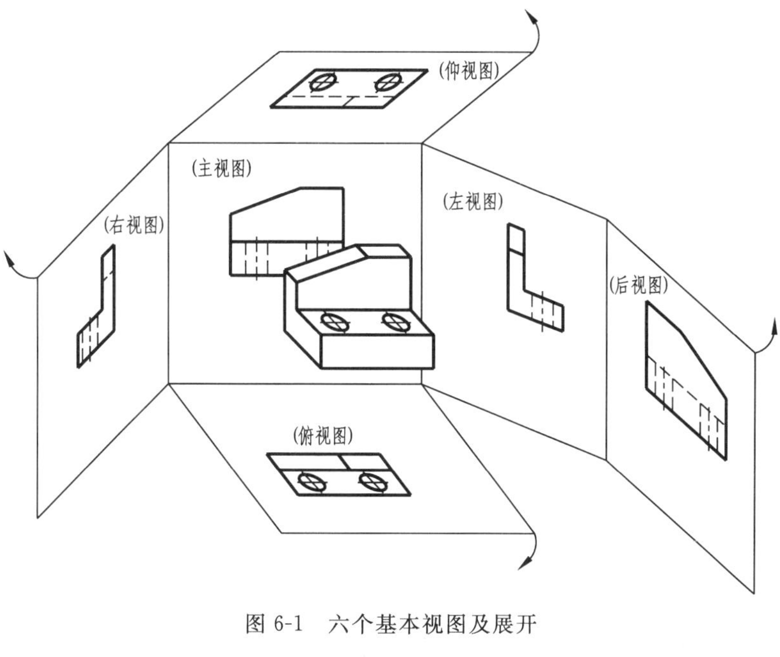

图 6-1　六个基本视图及展开

六个基本视图的名称和投射方向如下：

主视图——将机件由前向后投射得到的视图；

俯视图——将机件由上向下投射得到的视图；

左视图——将机件由左向右投射得到的视图；

右视图——将机件由右向左投射得到的视图；

仰视图——将机件由下向上投射得到的视图；

后视图——将机件由后向前投射得到的视图。

六个基本视图在展开时仍保持正面不动，其余投影面如图 6-1 按箭头所指方向展开到与正面处于同一投影面上。展开后的六个基本视图的位置如图 6-2 所示。

在同一张图纸内，按图 6-2 所示配置视图，一律不注视图名称，但仍要保持“长对正、高平齐、宽相等”的投影规律。

在实际绘图时，并不是所有机件都需要六个基本视图，应根据机件的结构特点和复杂程度选用必要的视图数量，一般优先选用主、俯、左三个视图。

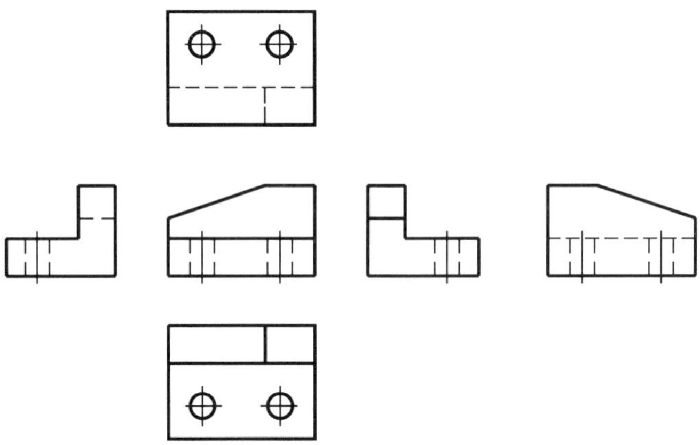

图 6-2 基本视图的配置

6.1.2 向视图

向视图是可以自由配置的视图。根据机件的需要，某个基本视图不能按规定的位置关系配置时，可用向视图表示。在向视图的上方用大写的拉丁字母标注出视图的名称“X”，在相应视图附近用箭头指明投射方向，并注上相同的字母，如图 6-3 所示。

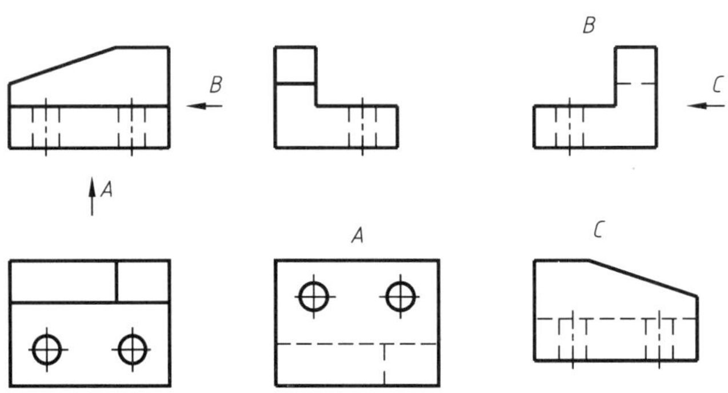

图 6-3 向视图

6.1.3 局部视图

将机件的某一部分结构向基本投影面投射所得到的视图，称为局部视图，如图 6-4 所示。

图 6-4 所示的机件，当采用了主视图、俯视图表达后，只有两侧凸台部分尚未表达清楚。因此，采用了 *A*、*B* 两个局部视图补充表达，既简化了作图，又使图形表达简单明了。

局部视图的断裂边界用波浪线或双折线表示，如图 6-4（a）中的 *A* 向局部视图。当所

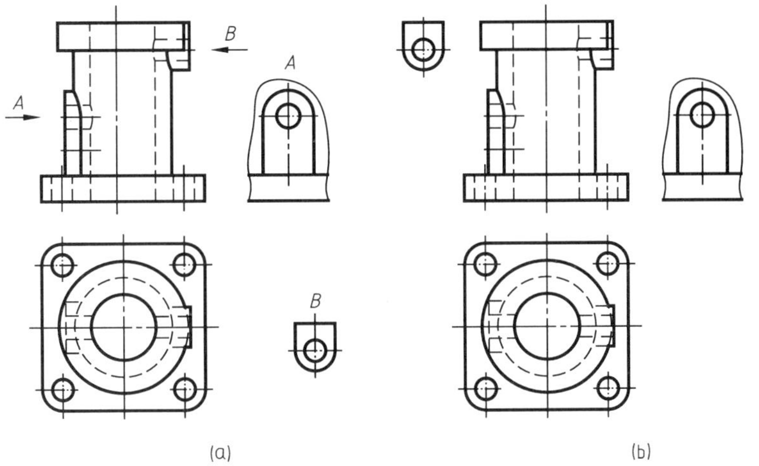

图 6-4　局部视图

表示的局部结构是完整的，且外形轮廓封闭时，波浪线可省略不画，如图 6-4（a）中的 B 向局部视图。

局部视图尽量配置在箭头所指的方向，并与视图保持投影关系，如图 6-4（b）中的两个局部视图。有时为了合理布置图面，也可将局部视图配置在其他适当的位置，如图 6-4（a）中的 B 向局部视图。

局部视图上方应用大写字母标出视图名称“X”，在相应视图附近用箭头指明投影方向，并注上相同的字母，如图 6-4（a）所示。当局部视图按投影关系配置，中间又无其他视图隔开时，允许省略标注，如图 6-4（b）所示。

6.1.4　斜视图

将机件的倾斜部分向不平行于基本投影面的平面投射所得到的视图，称为斜视图。斜视图用来表达机件上倾斜结构的真实形状，如图 6-5 所示。

画斜视图时应注意以下几点：

（1）斜视图通常按向视图的形式配置并标注，如图 6-5（a）所示。

（2）斜视图一般配置在箭头所指方向，且符合投影关系。必要时，允许将斜视图旋转配

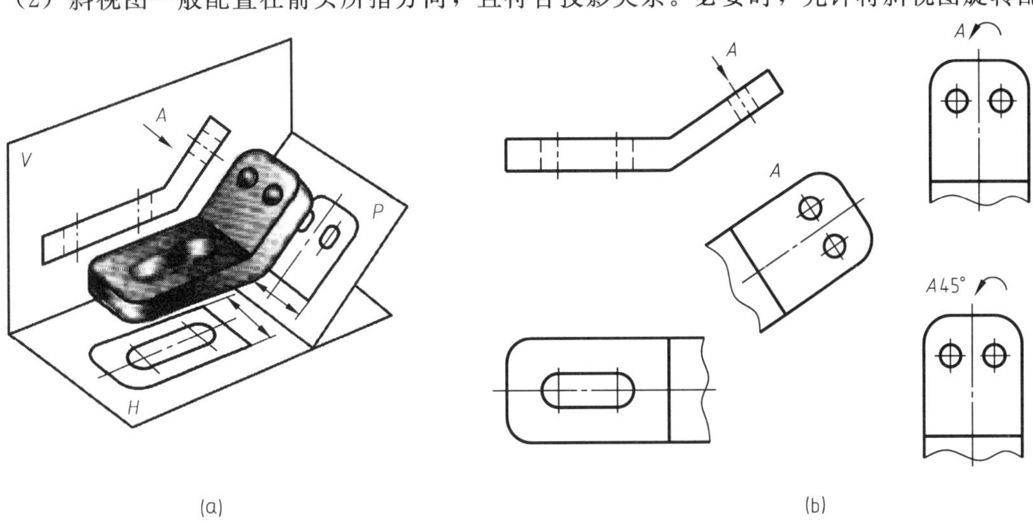

图 6-5　局部视图与斜视图

置，但必须加上旋转符号，表示视图名称的大写拉丁字母应靠近旋转符号的箭头端，且旋转符号的旋转方向应与图形的旋转方向一致，也允许将旋转角度注写在字母后面，如图6-5（b)所示。

（3）斜视图一般只表达机件倾斜部分的实形，其余部分可不必画出，用波浪线或双折线将其断开，如图6-5所示。

6.2 剖 视 图

如果机件的内部结构比较复杂，视图中就会出现较多的虚线，既不便于读图，也不便于标注尺寸。因此，国家标准《机械制图》规定采用剖视图来表达机件的内部结构。

6.2.1 剖视图的概念

假想用剖切平面剖开机件，将处在观察者和剖切平面之间的部分移去，余下部分向投影面投射所得的图形称为剖视图，简称剖视，如图6-6所示。

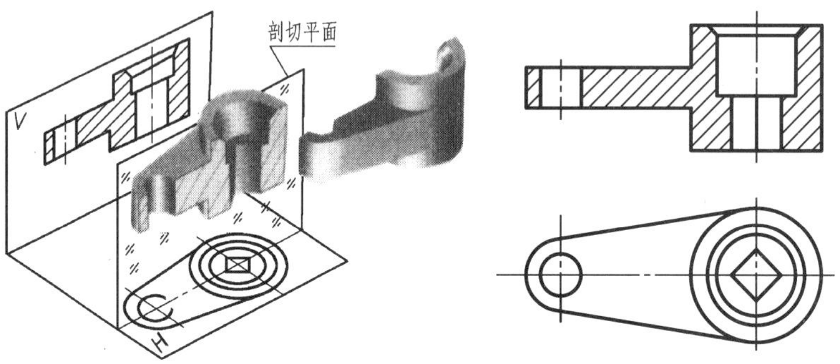

(a) (b)

图6-6 剖视图的概念

由图6-6可以看出，由于主视图采用了剖视图的画法，原来不可见的孔变成可见，图上原来的虚线变成了实线。这使图形更加清晰，便于看图。

6.2.2 剖视图的画法及标注

1. 确定剖切平面的位置

剖切平面的选择应尽可能表达机件内部结构的真实形状，一般应通过机件的对称面或回转轴线，并与基本投影面平行，如图6-6所示。

2. 画剖视图

剖切平面与机件内外表面相接触的部分称为断面。画剖视图时，应把断面及剖切面后方的所有可见部分用粗实线画出，并在断面图形内画出表示机件材料类别的剖面符号（也称剖面线）。国家标准《机械制图》中规定的剖面符号见表6-1。

表6-1 剖面符号

金属材料(已有规定剖面符号者除外)	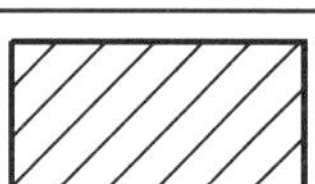	木材(纵断面)	
型砂、填砂、粉末冶金、砂轮、陶瓷刀片、硬质合金刀片等		钢筋混凝土	

续表

木质胶合板	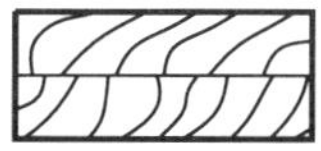	液体	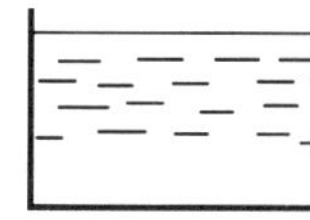
非金属材料(已有规定剖面符号者除外)	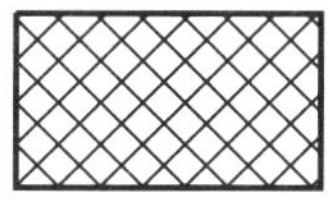	线圈绕组元件	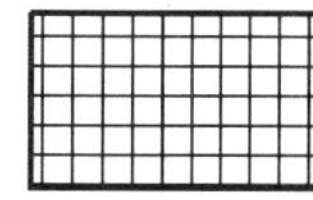
转子、电枢、变压器和电抗器等的叠钢片		玻璃及观察用的其他透明材料	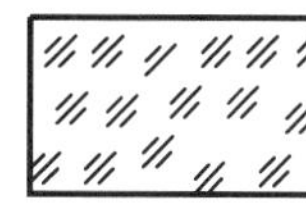
混凝土	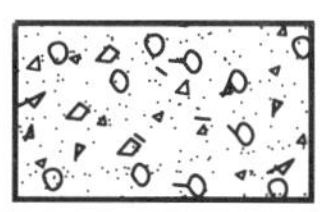	砖	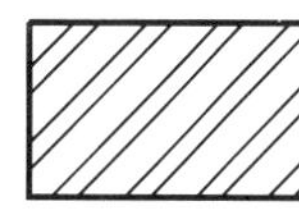

金属材料的剖面符号应画成与水平方向成45°且间距相等的细实线，通常称为剖面线。

当剖面线与图形的主要轮廓线趋于平行时，该图形的剖面线应画成与水平方向成30°或60°的平行线，其倾斜方向仍与原图形的剖面线一致。图6-7中的剖面线为和主要轮廓线有所区别，画成了30°方向的平行线，而倾斜方向和间隔仍应与俯视图的剖面线保持一致。同一张图上，同一机件在各个剖视图中剖面线的方向和间距应一致，如图6-10所示。

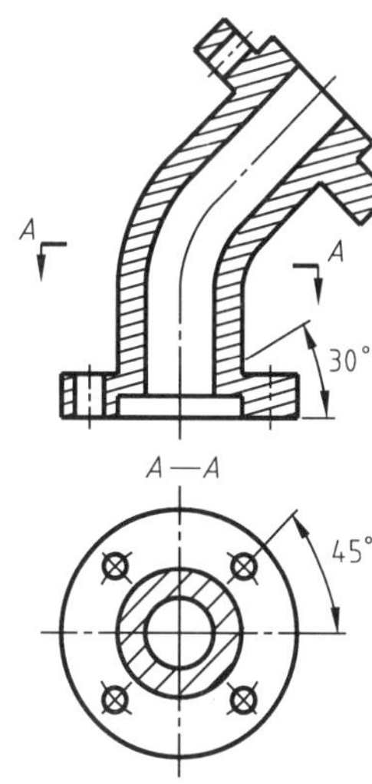

图6-7　剖面线的画法

3. 剖视图的标注

为了便于看图，画剖视图时，应将剖切位置、剖切后的投射方向和剖视图名称标注在相应的剖视图上。

1）剖切符号

剖切符号是表示剖切面起、讫和转折位置及投射方向的符号。即在剖切面起、讫和转折处画上粗短线，线宽 $1d \sim 1.5d$，长约5～10mm；在剖切符号外侧用箭头表示投射方向，并与剖切符号末端相垂直。

2）剖视图名称

在剖视图上方用大写拉丁字母标注剖视图的名称“*X*—*X*”，并在剖切符号附近注写相同的字母，字母一律水平书写。

当剖视图按投影关系配置，中间又没有其他图形隔开时，可以省略箭头，如图6-10所示。

当单一剖切平面通过机件的对称平面或基本对称的平面，且剖视图按投影关系配置，而中间又没有其他图形隔开时，可省略标注，如图6-6（b）、图6-8（c）所示。

4. 画剖视图的注意事项

（1）剖切平面一般应通过机件的对称面或通过内部回转结构的轴线，以便反映结构的实形，避免出现不完整要素或不反映实形的截断面。

(2) 剖切是假想的，实际上并没有把机件剖切开。因此，当机件的某一个视图画成剖视以后，其他视图仍按完整的机件画出，如图 6-6（b）、图 6-8（b）中的俯视图。

(3) 在剖视图中，剖切平面后面的可见轮廓线应全部画出，不能遗漏；不可见轮廓线一般情况下可省略，只有当机件的某些结构没有表达清楚时，为了不增加视图，应画出必要的虚线，如图 6-8（b）所示。

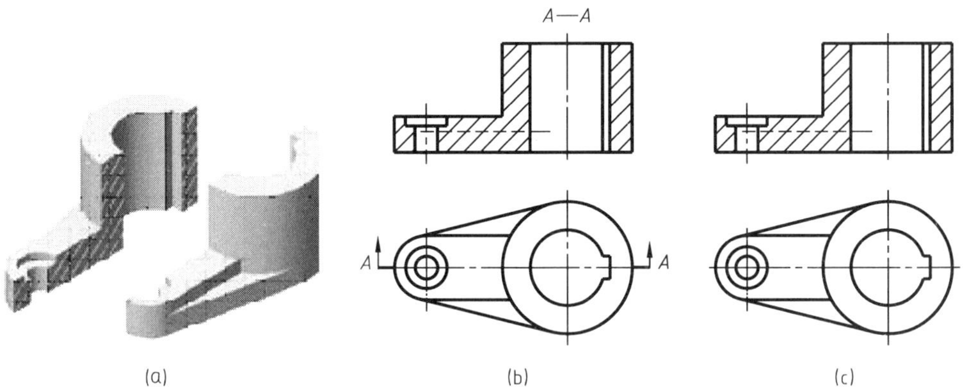

图 6-8　剖视图的画法

6.2.3　剖视图的种类

剖视图可分为全剖视图、半剖视图和局部剖视图。

1. 全剖视图

用剖切平面完全地剖开机件得到的剖视图称为全剖视图。

全剖视图主要用于表达外形简单、内部结构复杂的不对称机件，如图 6-9 的主视图。对于外形在其他视图中已表达清楚的机件，也常采用全剖视图，如图 6-6 所示。

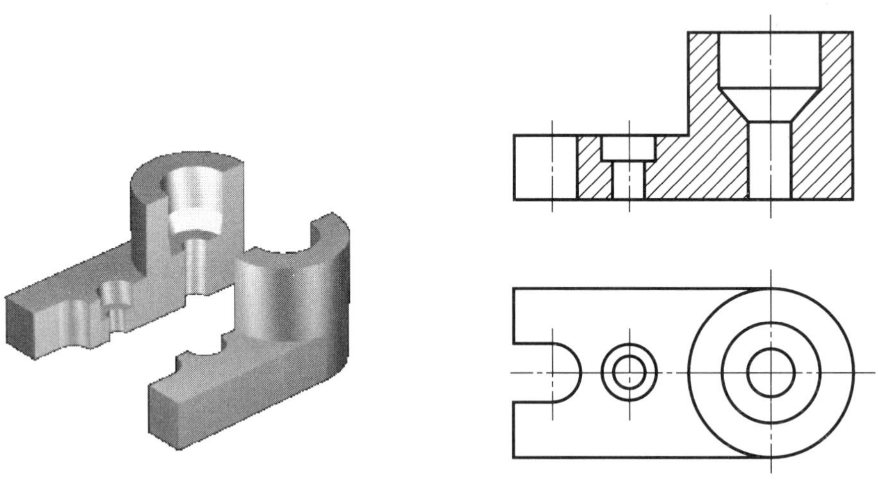

图 6-9　全剖视图

2. 半剖视图

当机件具有对称平面时，在垂直于对称平面的投影面上投射得到的图形，以对称中心线为界，一半画成剖视图，另一半画成视图，这种图形称为半剖视图，如图 6-10 所示。

半剖视图主要用于内、外形状都需要表示的对称机件。当机件的形状基本对称，且不对称部分已另有图形表达清楚时，也可以画成半剖视图，如图 6-11 所示。

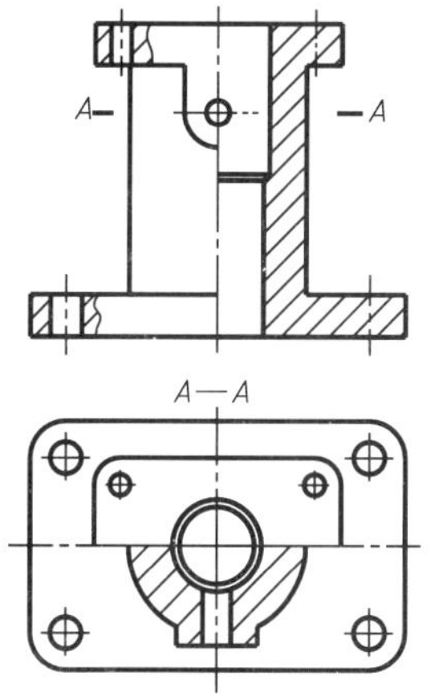

图 6-10　半剖视图（一）

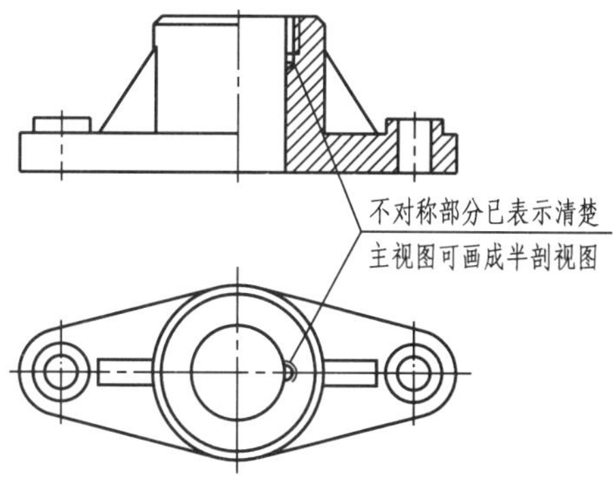

图 6-11　半剖视图（二）

画半剖视图时应注意如下问题。

(1) 视图与剖视图分界线是点画线，不要画成粗实线；

(2) 由于图形对称，零件的内部形状已在半个剖视图中表达清楚，所以在视图中的虚线可省略不画。

3. 局部剖视图

用剖切平面局部地剖开机件得到的剖视图，称为局部剖视图，如图 6-12 所示。

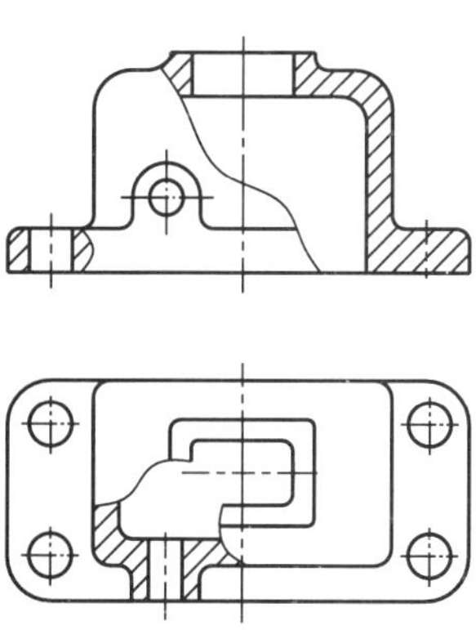

图 6-12　局部剖视图

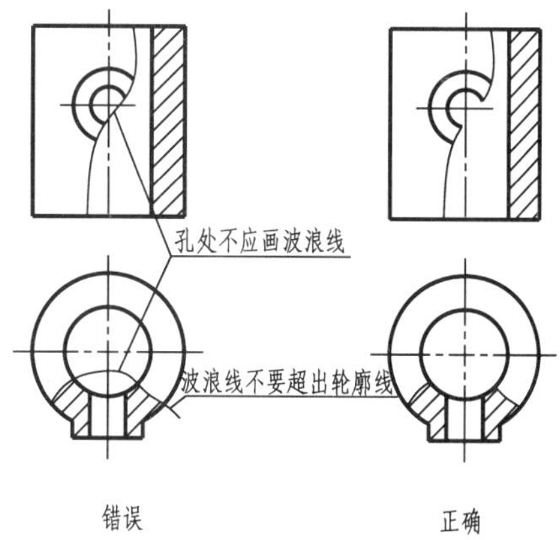

图 6-13　局部剖视图波浪线的画法（一）

对于实心零件上的孔、槽等结构常采用局部剖视，如图 6-14 所示。

局部剖视图用波浪线与视图分界。波浪线不要与图形中其他图线重合，以免引起误解；也不要超出视图的轮廓线；若遇到孔、槽等结构时，波浪线必须断开，如图 6-13、图 6-14 所示。

当被剖结构为回转体时，允许将该结构的中心线作为局部剖视图的分界线，如图 6-15 所示。

当单一剖切面的位置明显时，局部剖视图可省略标注。

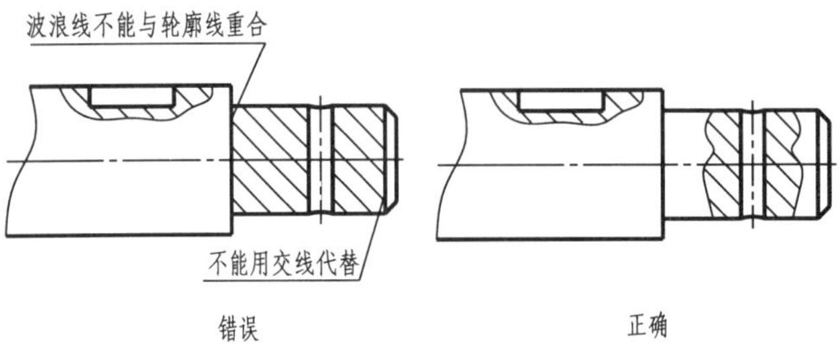

图 6-14 局部剖视图波浪线的画法（二）

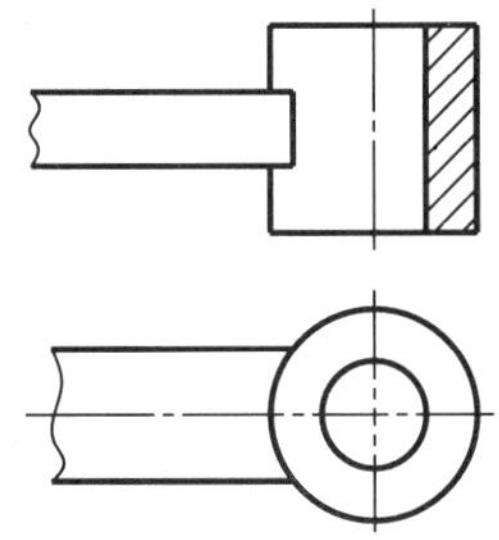

图 6-15 中心线作局剖视图的分界线

6.2.4 剖切方法

在作剖视时应当根据机件的结构特点，采用适当的剖切方法，国标规定常用以下几种。

1. 单一剖切面剖切

（1）用平行于基本投影面的剖切平面剖切机件。前面介绍的全剖视图、半剖视图和局部剖视图都是用平行于基本投影面的剖切平面剖切机件得到的剖视图，如图 6-8、图 6-9 所示。

（2）用不平行于基本投影面的剖切平面剖切。当机件上倾斜部分的内部结构需要表达时，选择一个不平行于任何基本投影面，但平行于倾斜结构，且垂直投影面的剖切平面剖开机件，将该倾斜结构向平行于该剖切平面的相应投影面投射，采用这种剖切方法得到的剖视图一般应按投影关系配置，在不会引起误解时，允许将剖视图放置在其他位置，或将图形旋转，如图 6-16 所示。

用不平行于基本投影面的剖切平面剖切机件得到的剖视图必须标注出剖切平面位置、投射方向和视图名称，并在剖视图上方注出相同的名称，如图 6-16 所示。

2. 几个平行的剖切平面剖切

当机件上有较多的内部结构需要表达，而它们层次不同地分布在机件的不同位置，用单一剖切平面剖切不能表达完全，这时可采用几个平行于基本投影面的剖切平面剖开机件，图 6-17 所示机件的主视图就是用了三个平行的剖切平面剖切得到的全剖视图。

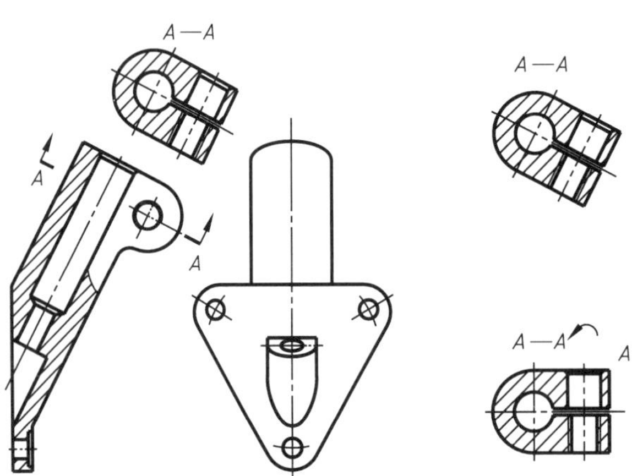

图 6-16 单一剖切平面剖切

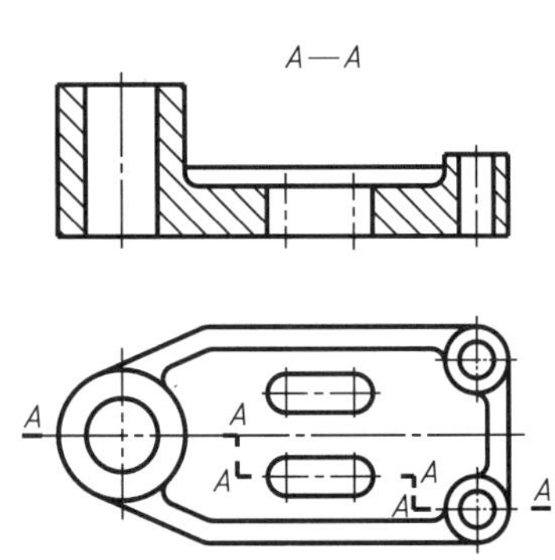

图 6-17 几个平行的剖切平面剖切（一）

用几个平行的剖切平面剖切画剖视图时，应注意以下几点：

（1）两个剖切平面转折处的转折平面不应画出，如图 6-18（a）所示；

(2) 剖切平面转折处不应与视图中的轮廓线重合，如图 6-18 (b) 所示；

(3) 采用几个平行的剖切平面剖切画剖视图时，当两个要素在图形上具有公共对称中心线或轴线时，可各画一半，此时应以对称中心线和轴线为界，如图 6-19 所示；

(4) 在剖视图内不应出现不完整的要素，如图 6-20 所示；

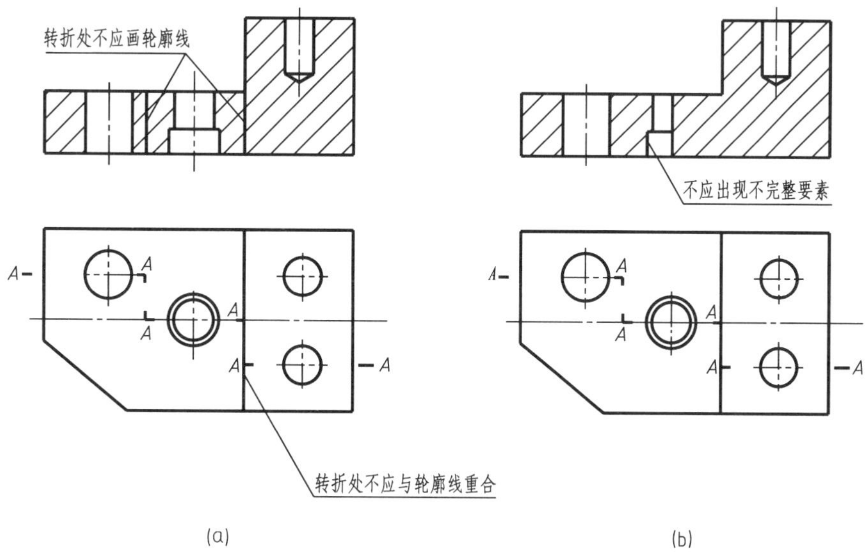

图 6-18 几个平行的剖切平面剖切的错误画法

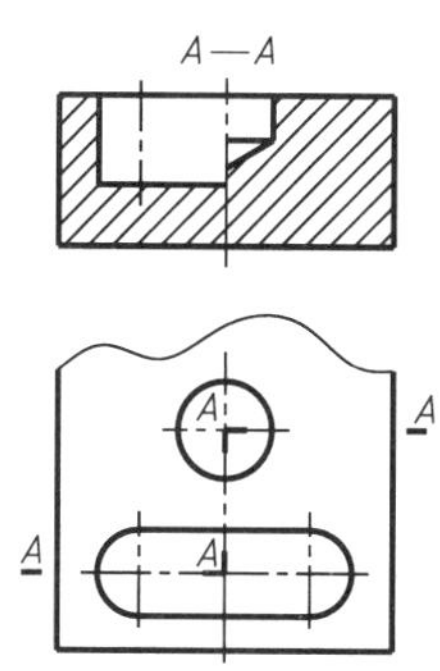

图 6-19 几个平行的剖切平面剖切（二）

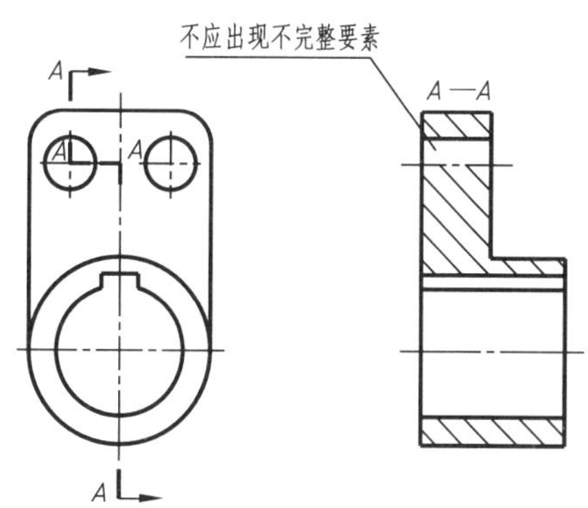

图 6-20 局部剖视图

(5) 用几个平行的剖切平面剖切画剖视图时必须标注。

剖切平面的起讫和转折处应画出剖切符号，并用与剖视图的名称“$X—X$”同样的字母标出。在起讫处、剖切符号外端用箭头（垂直于剖切符号）表示投射方向，剖切平面转折处的剖切符号不应与视图中的轮廓线重合或相交；当转折处的位置有限且不会引起误解时，允许省略字母；按投影关系配置，而中间又没有其他图形隔开时，可以省略箭头，如图 6-17、图 6-18 所示。

3. 几个相交的剖切平面剖切

当机件的内部结构形状用一个剖切平面剖切不能表达完全，且这个机件在整体上又具有公共回转轴时，可用两个相交的剖切平面（交线垂直于某一基本投影面）剖开机件，并将被倾斜平面剖切的结构及其有关部分旋转到与选定的基本投影面平行后再进行投射，这样得到的剖视图既反映实形又便于画图，如图 6-21 所示。在剖切平面后的其他结构一般仍按原来的位置投影，如图 6-21 中的小油孔的画法。当剖切后产生不完整要素时，该部分按不剖处理，如图 6-22 所示。

用几个相交的剖切平面获得的剖视图必须标注，如图 6-21、图 6-22 所示。但当转折处位置有限又不致引起误解时，允许省略字母。

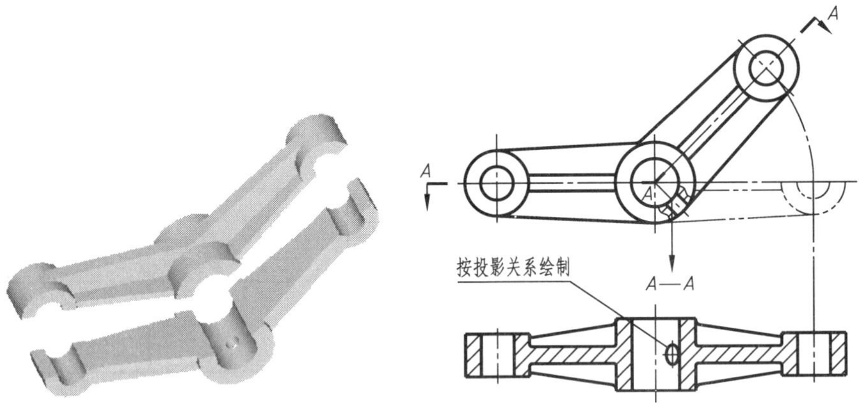

图 6-21　两个相交的剖切平面剖切（一）

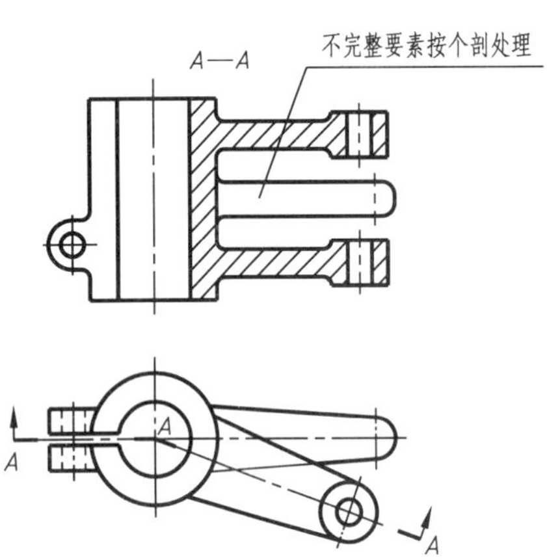

图 6-22　两个相交的剖切平面剖切（二）

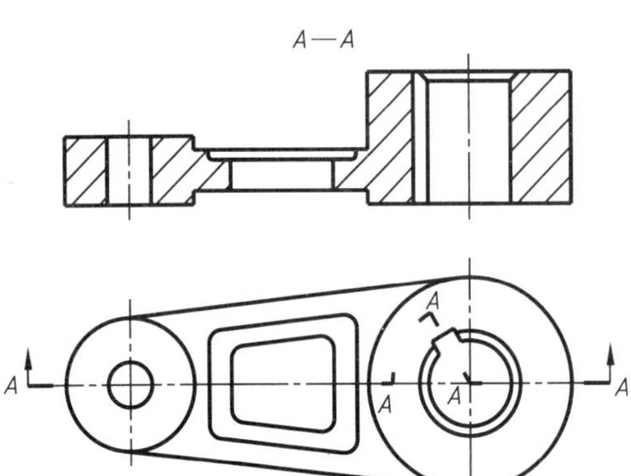

图 6-23　剖切方法的综合运用（一）

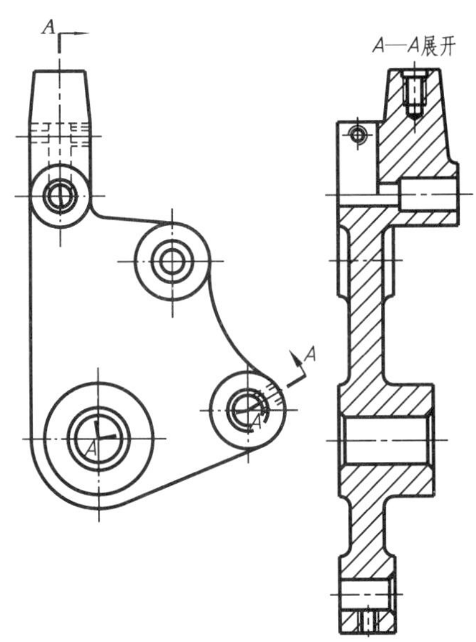

图 6-24　剖切方法的综合运用（二）

4. 用组合的剖切平面剖切

当机件的内部结构较为复杂时，可根据机件的结构特点，将以上剖切方法综合起来运用到机件的表达方案上，但必须完整标注，如图 6-23、图 6-24 所示。图 6-24 是把剖切的结构展开成同一平面后画出，但必须在相应的剖视图上标注“X—X 展开”的形式。

6.3 断　面　图

断面图主要是用来表达机件上某一结构的断面形状，如机件上的肋板、轮辐、键槽、杆件及型材的断面等结构。

6.3.1 断面图的概念

假想用剖切面将机件的某处切断，仅画出该剖切面与机件接触部分的图形，称为断面图，简称断面，如图 6-25 所示。

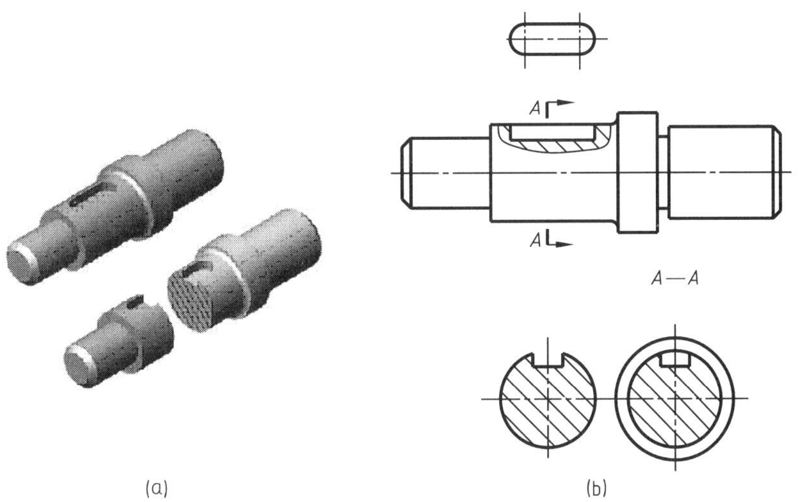

图 6-25　断面图与剖视图的区别

断面图与剖视图的主要区别在于：断面图仅画出机件被剖切断面的图形，而剖视图则要求画出剖切平面后面所有部分的投影，如图 6-25（b）所示。

6.3.2 断面图的种类

根据断面图配置的位置不同可分为移出断面图和重合断面图两种。

1. 移出断面图

画在视图之外的断面图，称为移出断面图。

1）移出断面图的画法与配置

（1）移出断面图的轮廓线用粗实线绘制，并在断面上画上剖面符号，如图 6-26 所示。

（2）移出断面图应尽量配置在剖切线的延长线上，如图 6-25（b）所示。当断面图形对称时，也可画在视图的中断处，如图 6-27 所示。必要时可将移出断面图配置在其他位置，在不致引起误解时，也允许将斜放的断面图旋转放正，如图 6-26 所示。

（3）为了能够表示断面的真实形状，剖切平面一般应垂直机件的轮廓线（直线）或通过圆弧轮廓线的中心，如图 6-26 所示。

（4）由两个或多个相交的剖切平面剖切得出的移出断面图，中间一般应断开，如图6-28 所示。

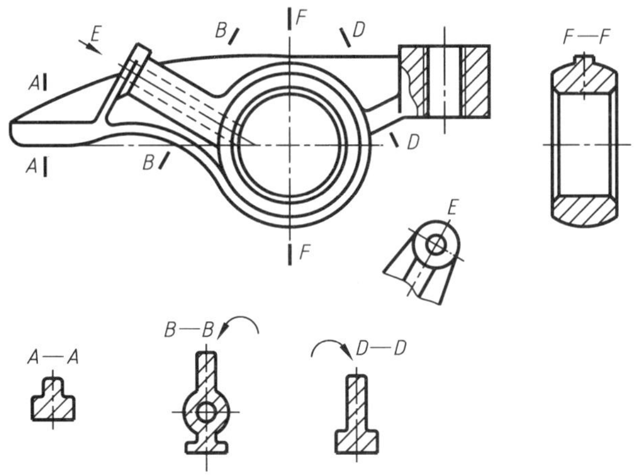

图 6-26　移出断面图（一）

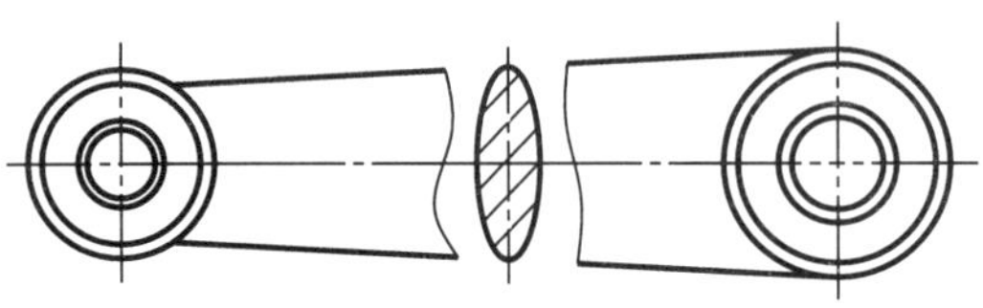

图 6-27　移出断面图（二）

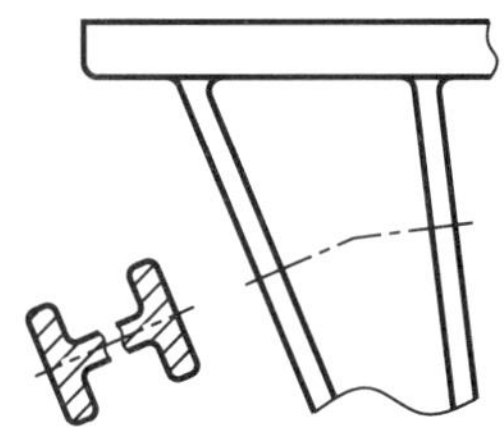

图 6-28　移出断面图（三）

（5）当剖切平面通过回转面形成的孔、凹坑的轴线时或当剖切平面通过非圆孔，会导致出现完全分离的两个断面时，则这些结构应按剖视图处理，如图 6-29 所示。“按剖视图处理”是指被剖切的结构，并不包括剖切平面后的结构。

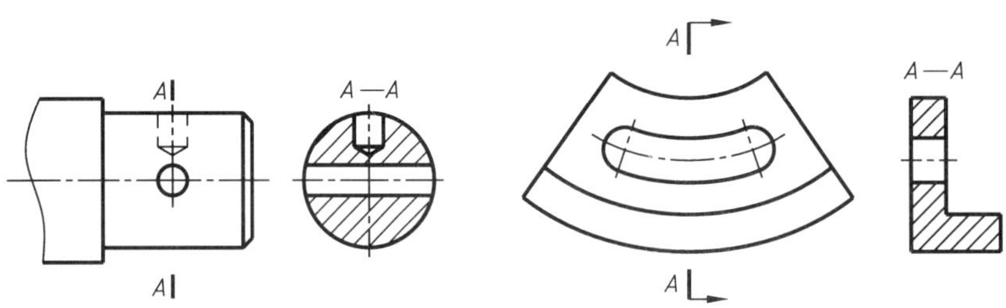

(a)　　(b)

图 6-29　按剖视绘制的断面图

2）移出断面的标注

（1）当移出断面图不配置在剖切线延长线上时，一般应用剖切符号表示剖切位置，用箭头表示投影方向，并注上字母；在断面图的上方应用同样字母标出相同的名称“X—X”，如图 6-29 中的“A—A”。

（2）配置在剖切线延长线上的不对称移出断面图，可省略字母，如图 6-25 所示。

（3）不配置在剖切线延长线上的对称移出断面图，以及按投影关系配置的不对称移出断面图，均可省略箭头，如图 6-29（a）所示。

（4）配置在剖切线延长线上的对称移出断面图及配置在视图中断处的移出断面图，均可省略标注，如图 6-27 所示。

2. 重合断面图

画在视图内的断面图，称为重合断面图，其轮廓线用细实线画出，如图 6-30 所示。

当视图中的轮廓线与重合断面图的图形重叠时，视图中的轮廓线仍需连续画出，不可间断，如图 6-31 所示。

重合断面图是直接画在视图内剖切位置处，对称的重合断面图可省略标注，如图 6-30 所示；不对称的重合断面图可省略字母，如图 6-31 所示。

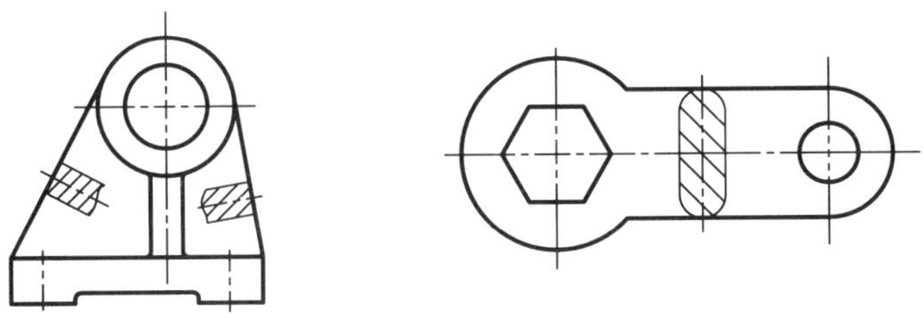

图 6-30　重合断面图（一）

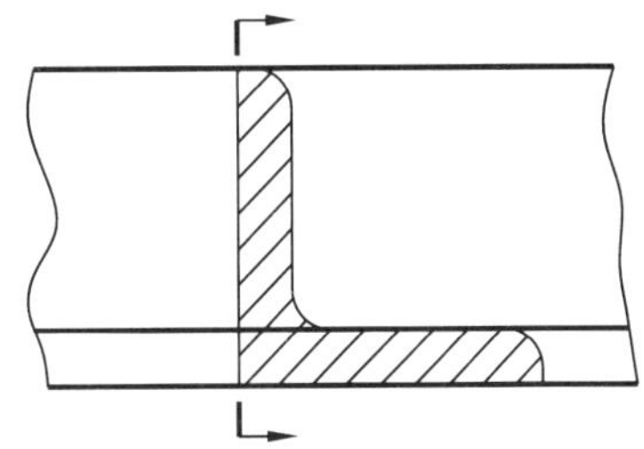

图 6-31　重合断面图（二）

6.4　局部放大图和简化画法

6.4.1　局部放大图

机件的某些细小结构，在视图上常由于图形过小而表达不清，并使标注尺寸产生困难。画图时可将机件的这部分结构用大于原图形的比例画出，这样得到的图形称为局部放大图，如图 6-32 所示。

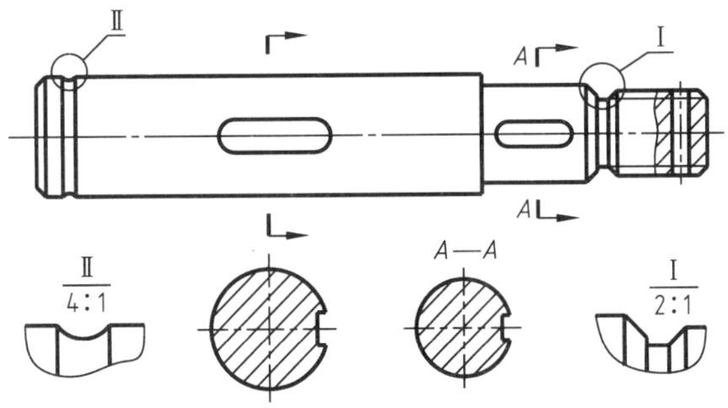

图 6-32　局部放大图（一）

局部放大图可画成视图、剖视图和断面图，它与被放大部分的原表达方式无关，如图 6-32 所示。局部放大图应尽量配置在被放大部位的附近，必要时可用几个图形表达同一个被放大部分的结构，如图 6-33 所示。

画局部放大图时，应用细实线圆圈出被放大的部位，当同一机件有多处需要放大时，必须用罗马数字依次标记，并在局部放大图上方标出相应的罗马数字和采用的比例，如图6-32 所示。

当机件上仅有一个需要放大部位时，在局部放大图的上方只需注明所采用的比例，如图 6-33 所示。

同一机件上不同部位局部放大图相同或对称时，只需画出一个放大图。局部放大图应和被放大部分的投影方向一致，若为剖视图和断面图时，其剖面线的方向和间隔应与原图相同，如图 6-34 所示。

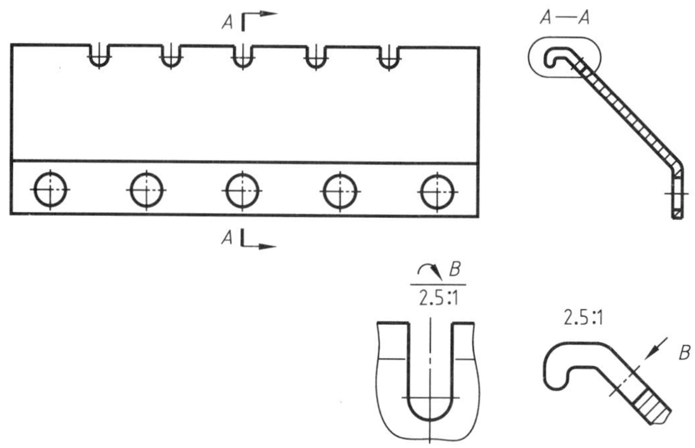

图 6-33　局部放大图（二）

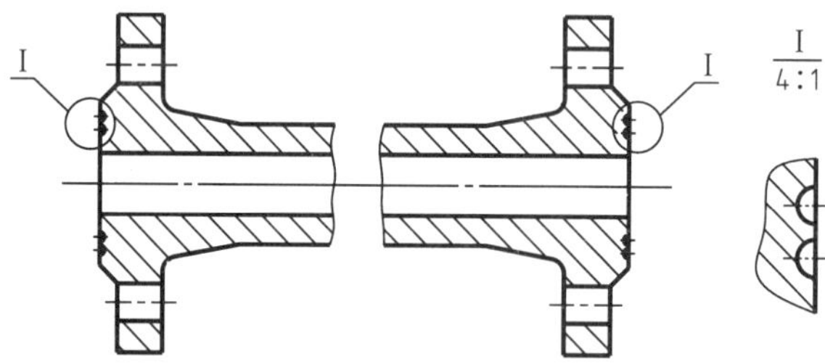

图 6-34　局部放大图（三）

6.4.2　简化画法

在不影响完整、清晰地表达机件的前提下，为了画图简便，国家标准《技术制图》和《机械制图》统一规定了一些简化表示法，下面介绍几种常用的简化画法。

1. 有关相同结构的简化画法

当机件具有若干形状相同且规律分布的孔、槽等结构时，可以仅画出一个或几个完整的结构，其余用点画线表示其中心位置，并将分布范围用细实线连接，如图 6-35 所示。

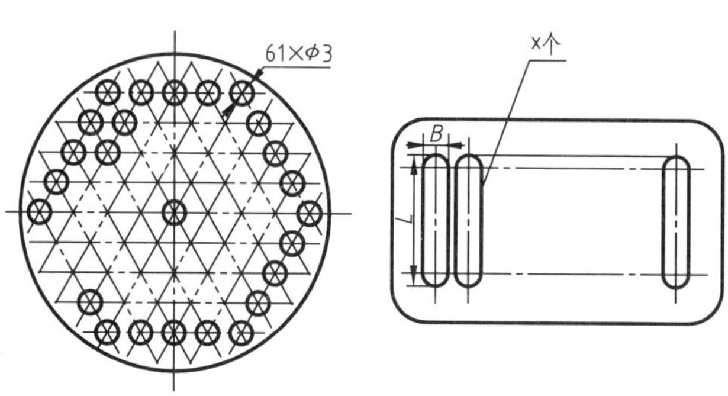

图 6-35　相同结构的简化画法

2. 有关剖视图、断面图中的肋、轮辐等结构的简化画法

对于机件的肋、轮辐等，如按纵向剖切，通常按不剖绘制（不画剖面符号），而用粗实线将其与邻接部分分开，如图 6-36 所示。

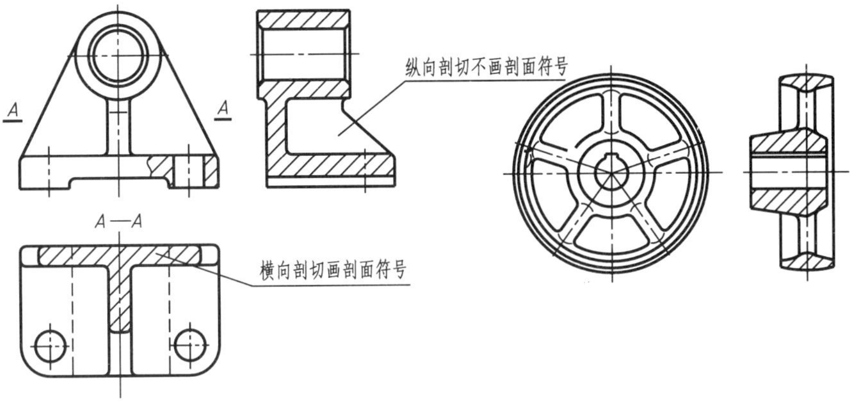

图 6-36　肋板、轮辐的剖视图规定画法

3. 当机件回转体上均匀分布的肋板、轮辐、孔等结构不处于剖切平面的画法

可将这些结构旋转到剖切平面上画出，如图 6-37 所示。

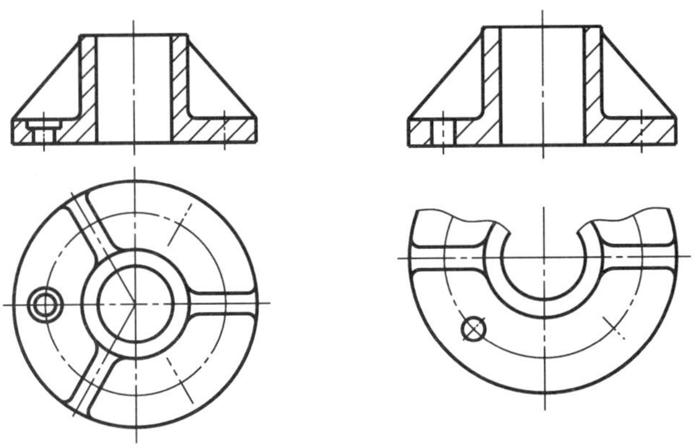

图 6-37　均匀分布的肋板与孔的剖视图画法

4. 小圆角、小倒角的简化画法

在不至于引起误解时，零件图中的小圆角、锐边的倒角或 45°小倒角允许省略不画，但必须注明尺寸或在技术要求中加以说明，如图 6-38 所示。

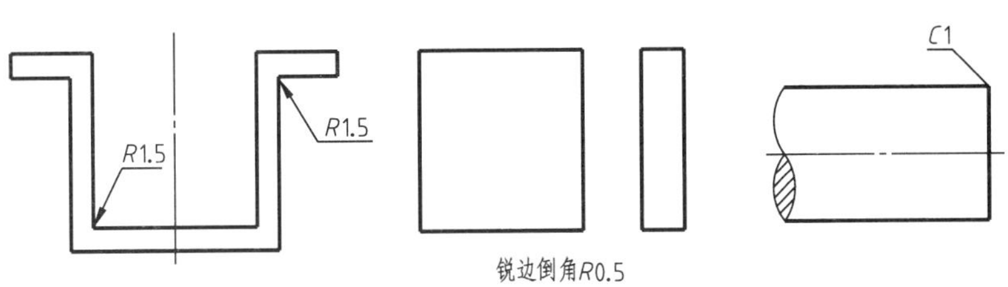

图 6-38　小圆角、小倒角简化画法

5. 与投影面倾斜角度小于或等于 30°的圆或圆弧的画法

其投影可用圆或圆弧代替，如图 6-39 所示。

6. 对称机件的画法

对于对称机件的视图可只画一半或 1/4，并在对称中心线的两端画出两条与其垂直的平行细实线，如图 6-40 所示。

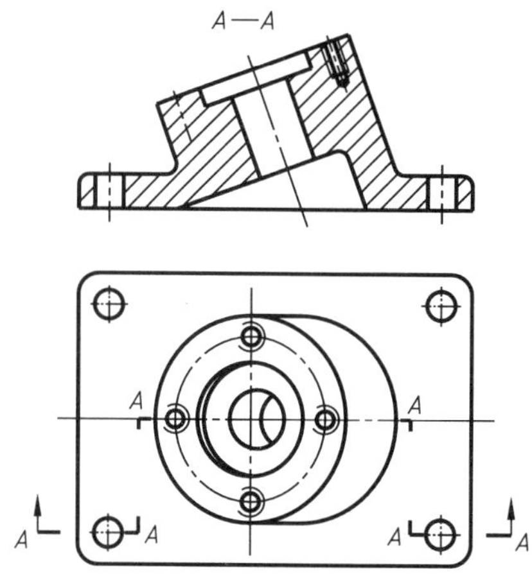

图 6-39 倾斜圆的简化画法

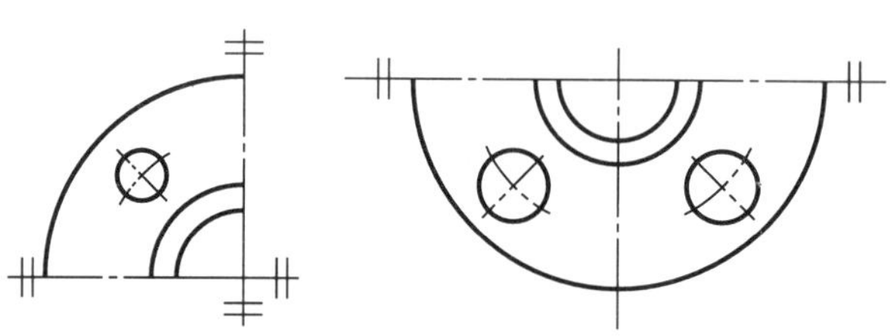

图 6-40 对称机件的简化画法

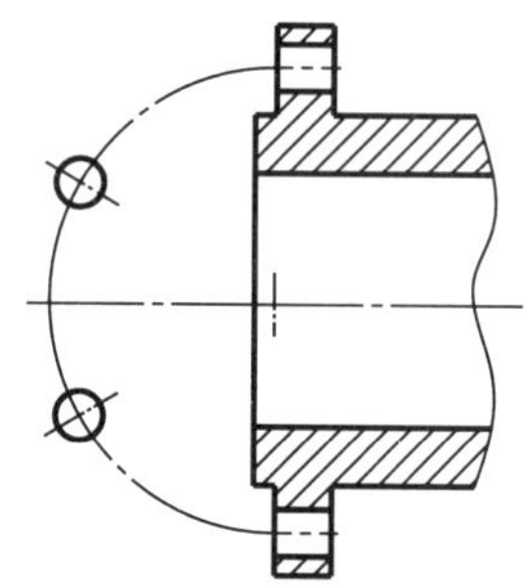

图 6-41 均匀分布的孔的简化画法

7. 圆柱形法兰和类似的机件上均匀分布的孔

可按图 6-41 所示方法表示。

8. 要表示位于剖切平面前的结构

这些结构用双点画线绘制，如图 6-42 所示。

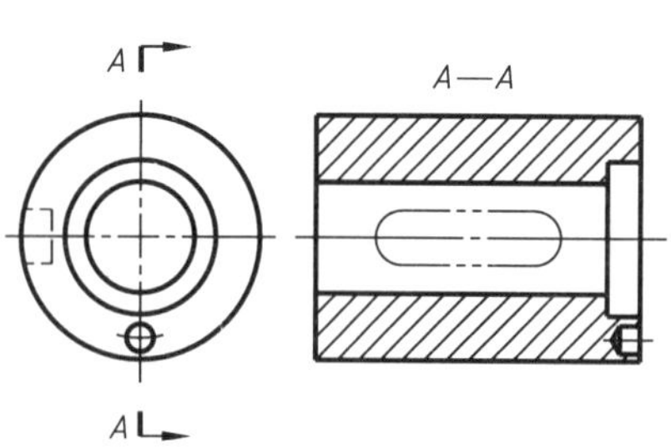

图 6-42 剖切平面前面结构的画法

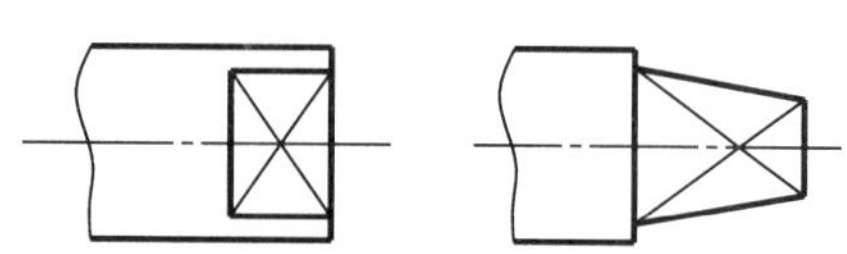

图 6-43 平面符号的画法

9. 当平面图形不能充分表达平面时的画法

可用平面符号（两条相交的细实线）表示，如图 6-43 所示。

10. 零件上对称的局部结构在不至于引起混淆的情况下的画法

允许将交线用轮廓线代替。如图 6-44 所示。

11. 较长机件的简化画法

当较长的机件，如轴、杆、型材、连杆等，沿长度方向的形状一致或按一定规律变化时，可断开后缩短画出，但要标注实际尺寸，如图 6-45 所示。

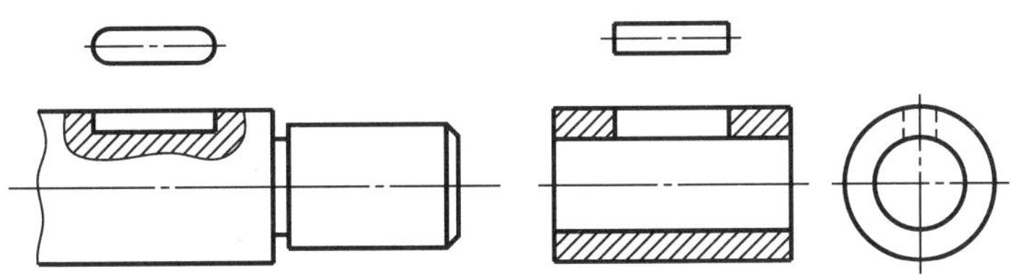

图 6-44　对称的局部结构的简化画法

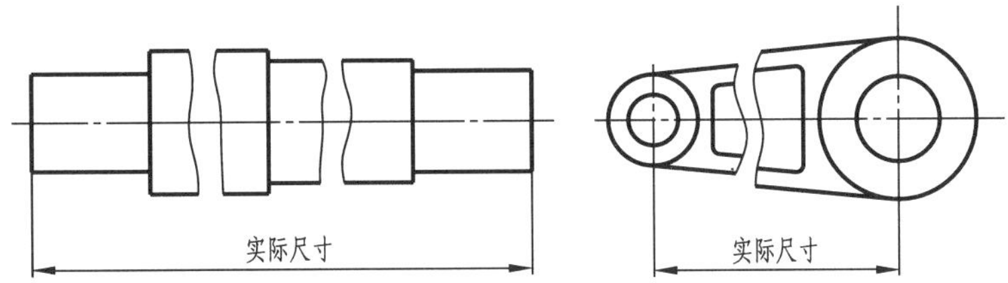

图 6-45　较长机件的断开画法

6.5　第三角画法简介

用正投影法绘制工程图样时，有第一角投影法和第三角投影法两种画法，国际标准 ISO 规定这两种画法具有同等效力。我国国标规定，优先采用第一角画法，而有些国家（如美国、日本等）则采用第三角投影法。为了便于国际间的技术交流，下面对第三角画法作简略的介绍。

6.5.1　第三角画法

在第 2 章中，我们介绍过两投影面体系将空间分成四个分角，各分角排列如图 6-46 所示。第三角画法是将物体置于第三分角内进行投射的方法，投影面处在观察者与物体之间，把投影面假设看成是透明的，仍然采用正投影法，这样得到的视图称为第三角投影，这种方法称为第三角画法，如图 6-47 所示。

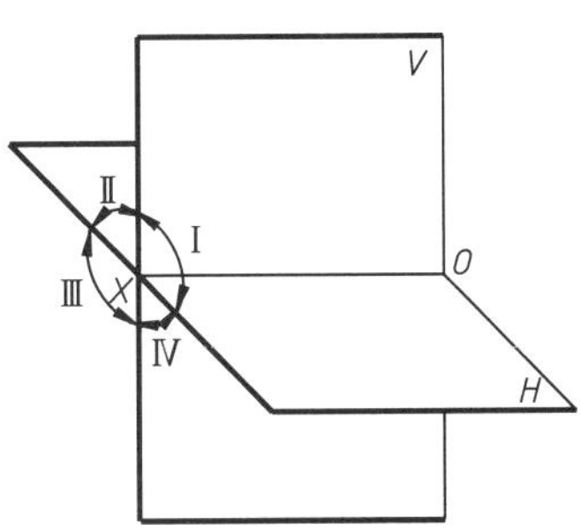

图 6-46　四个分角

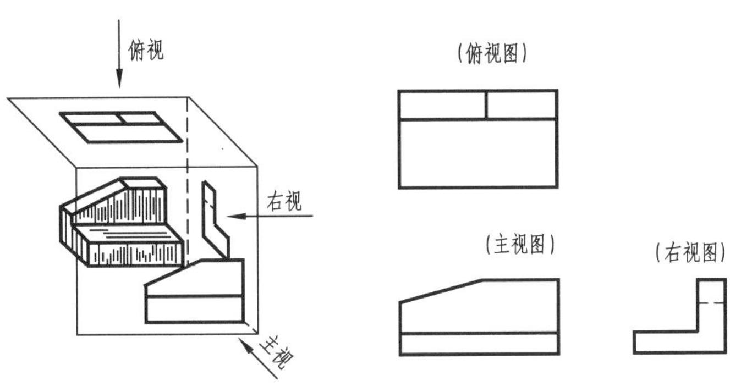

图 6-47　第三角画法的三视图

6.5.2　第三角画法的视图配置

第三角画法的投影面展开时，正面保持不动，其余各投影面的展开方法及视图的配置如图 6-48 和图 6-49 所示。

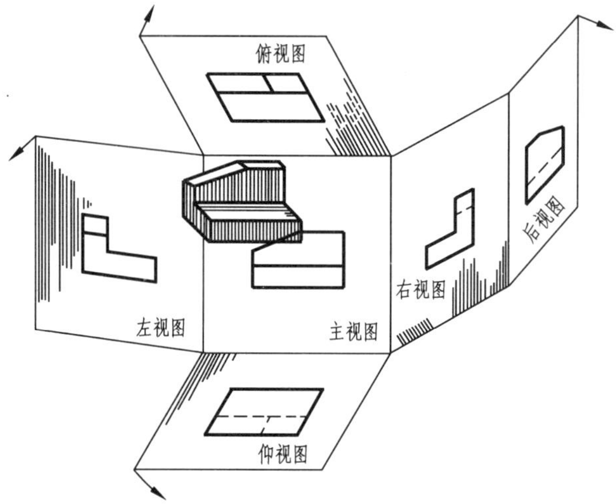

图 6-48 第三角画法投影面的展开

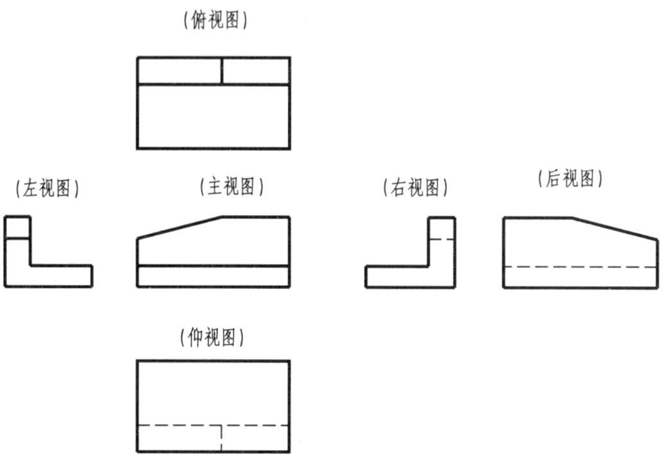

图 6-49 第三角画法基本视图的配置

在同一张图样中，如按图 6-49 配置视图时，一律不注视图名称。

在国际标准中为区别第一角画法和第三角画法，规定了两种画法的识别符号，如图6-50所示。在 GB/T 1 4692—1993 中规定，采用第三角画法时，必须在图样中画出第三角投影的识别符号。

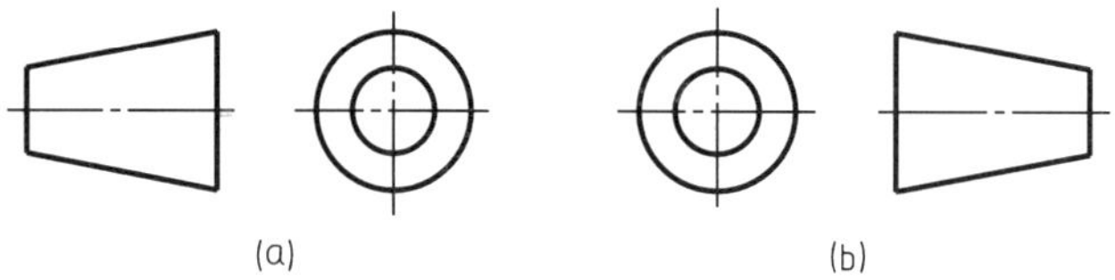

图 6-50 识别符号

第 7 章　标准件与常用件

在各种机器和设备上，经常用到螺栓、螺柱、螺钉、螺母、键、销、齿轮、弹簧、滚动轴承等各种不同的零件。这些零件的应用范围广，使用量很大，为了提高产品质量和降低成本，国家标准对这类零件的结构、尺寸和技术要求实行全部或部分标准化。实行全部标准化的零件，称为标准件；实行部分标准化的零件，称为常用件。在绘图时，对它们的结构和形状，可根据相应的国家标准所规定的画法、代号和标记，进行绘图和标注。如图 7-1 为一齿轮油泵的零件分解图，它是柴油机润滑系统的一个部件，在组成该部件的零件中，销、螺栓、螺母、垫圈、键、轴承等属于标准件，齿轮、弹簧属于常用件。

本章主要介绍标准件和常用件的基本知识、规定画法、代号、标注及查表方法。

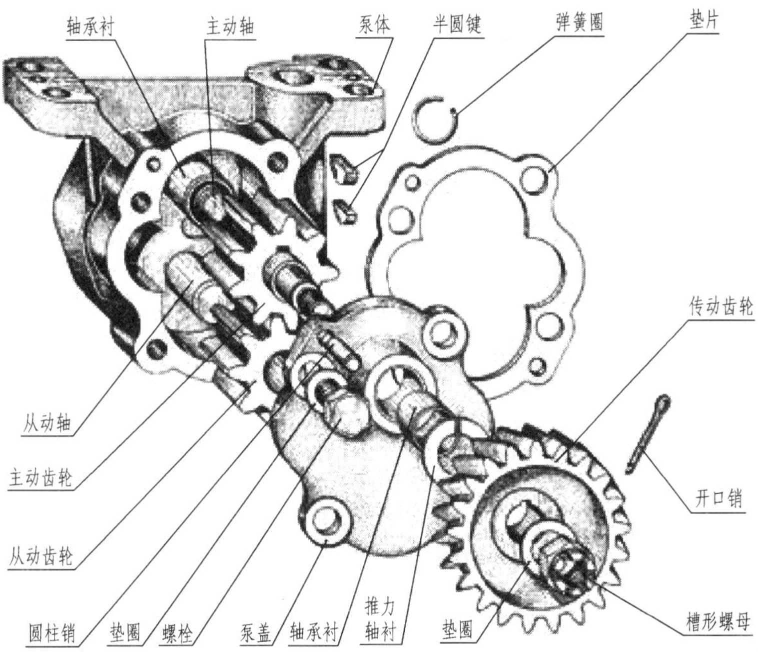

图 7-1　齿轮油泵

7.1　螺纹及螺纹紧固件

7.1.1　螺纹的形成和螺纹的要素

1. 螺纹的形成和加工方法

螺纹是指在圆柱（或圆锥）表面上，沿着螺旋线所形成的具有相同断面的连续凸起和凹陷的沟槽。在圆柱面上形成的螺纹为圆柱螺纹；在圆锥面上形成的螺纹为圆锥螺纹。在零件外表面加工的螺纹称外螺纹；在零件孔腔内加工的螺纹称内螺纹。

螺纹的加工方法很多，如图 7-2（a）、图 7-2（b）是在车床上加工内、外螺纹的情况，它是根据螺旋线原理加工而成。圆柱形工件作等速旋转运动，车刀与工件相接触作等速的轴向移动，刀尖相对工件即形成螺旋线运动。由于刀刃的形状不同，在工件表面被切去部分的断面形状也不同，所以可加工出各种不同的螺纹。图 7-2（c）、图 7-2（d）表示用板牙或丝锥加工直径较小的螺纹，俗称套扣或攻丝。

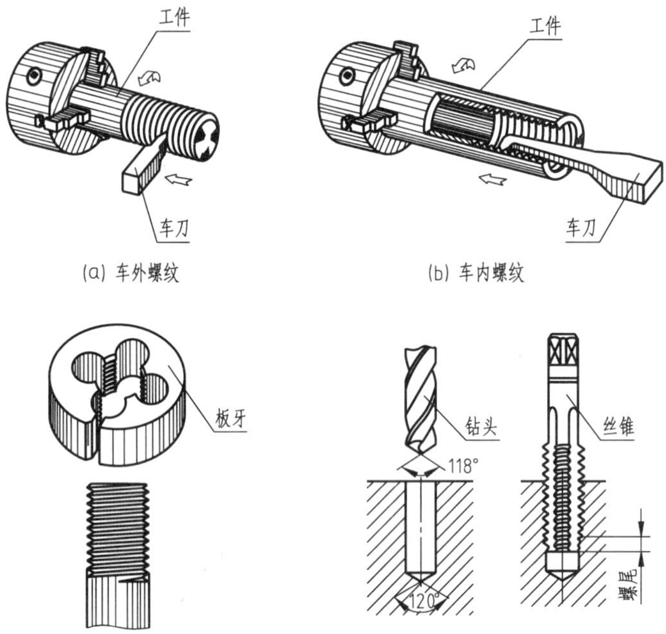

(a) 车外螺纹　(b) 车内螺纹

(c) 套外螺纹　(d) 攻内螺纹

图 7-2　螺纹加工方法

2. 螺纹要素

（1）牙型。牙型是指在通过螺纹轴线的断面上，螺纹的轮廓形状。其凸起部分称为螺纹的牙，凸起的顶端称为螺纹的牙顶，沟槽的底部称为螺纹的牙底。常见的螺纹牙型有三角形、梯形、锯齿形和矩形等，如图 7-3 所示。

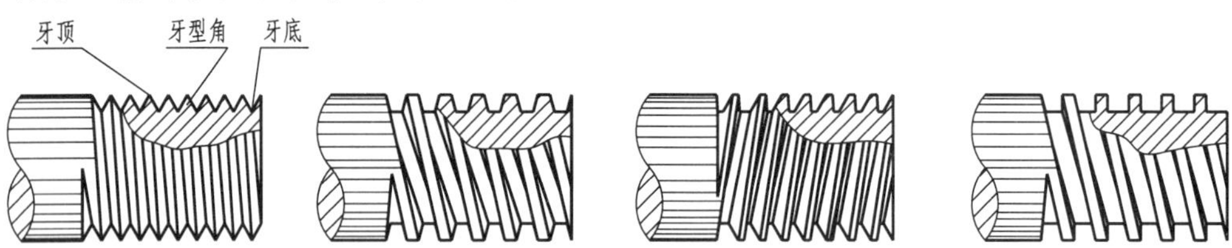

(a) 三角形　(b) 梯形　(c) 锯齿形　(d) 矩形

图 7-3　螺纹的牙型

（2）螺纹直径。与外螺纹牙顶或内螺纹牙底相重合的假想圆柱面的直径称为螺纹大径（d、D），与外螺纹牙底或内螺纹牙顶相重合的假想圆柱面的直径称为螺纹小径（d_1、D_1），通过牙型上沟槽和凸起宽度相等处的一个假想圆柱的直径称为螺纹中径（d_2、D_2）。螺纹大径又称为公称直径（管螺纹用尺寸代号表示），如图 7-4 所示。

（3）线数（n）。螺纹有单线与多线之分。沿一条螺旋线所形成的螺纹称单线螺纹；沿两条或多条以上在轴向等距分布的螺旋线所形成的螺纹称多线螺纹。

（4）螺距（P）和导程（S）。相邻两牙在中径线上对应两点间的轴向距离称为螺距；同一条螺旋线上的相邻两牙在中径线上对应两点间的轴向距离称导程，如图 7-5 所示。

$$\text{螺纹导程}(S)=\text{螺距}\times\text{线数}=P\cdot n$$

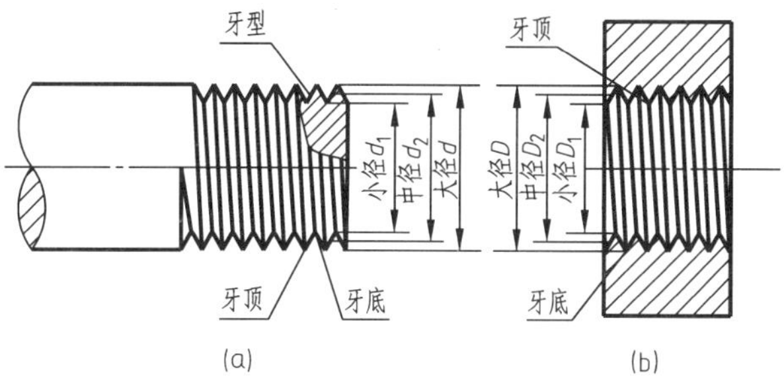

图 7-4　螺纹的直径

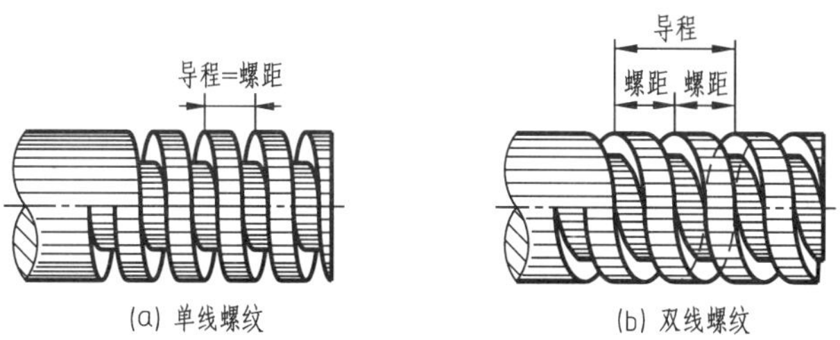

图 7-5　螺距和导程

(5) 旋向。内、外螺纹的旋合方向称旋向，分左旋和右旋两种。按顺时针方向旋转时旋入的螺纹称右旋螺纹，反之，按逆时针方向旋转时旋入的螺纹称左旋螺纹。判定螺纹旋向可将外螺纹轴线垂直放置，螺纹的可见部分是右高左低者称右旋螺纹，左高右低者称左旋螺纹，如图 7-6 所示。

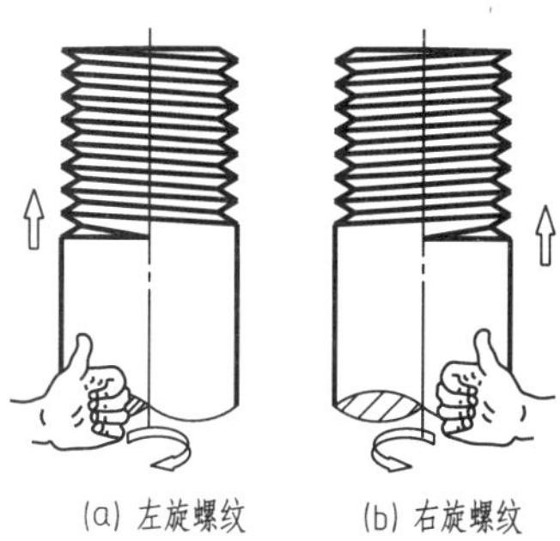

图 7-6　螺纹的旋向

内外螺纹是成对使用的，只有牙型、大径、螺距、线数和旋向等要素都相同时，内、外螺纹才能旋合在一起。

凡是牙型、大径和螺距符合标准的螺纹称标准螺纹；牙型符合标准，而大径或螺距不符合标准的螺纹称特殊螺纹；牙型不符合标准的螺纹称非标准螺纹。

7.1.2　螺纹的规定画法

1. 外螺纹的画法（图 7-7）

(1) 在平行螺杆轴线的投影面视图中，螺纹大径（牙顶）用粗实线表示；小径（牙底）用细实线表示（通常按大径投影的 0.85 倍绘制），并画入倒角内。

(2) 在垂直于螺纹轴线的投影面的视图中，螺纹大径用粗实线圆表示；小径用约 3/4 圈的细实线圆表示（空出约 1/4 的位置不作规定）。此时，螺杆或螺孔上倒角圆的投影省略不画。

(3) 螺纹终止线用粗实线表示。

(4) 在剖视图中，剖面线必须画到大径的粗实线处；螺纹终止线用粗实线画在大、小径之间。

2. 内螺纹的画法（图 7-8）

(1) 在平行螺纹孔的轴线的剖视图或断面图中，内螺纹小径用粗实线表示；大径用细实线表示，螺纹终止线用粗实线表示，剖面线必须画到小径的粗实线处。

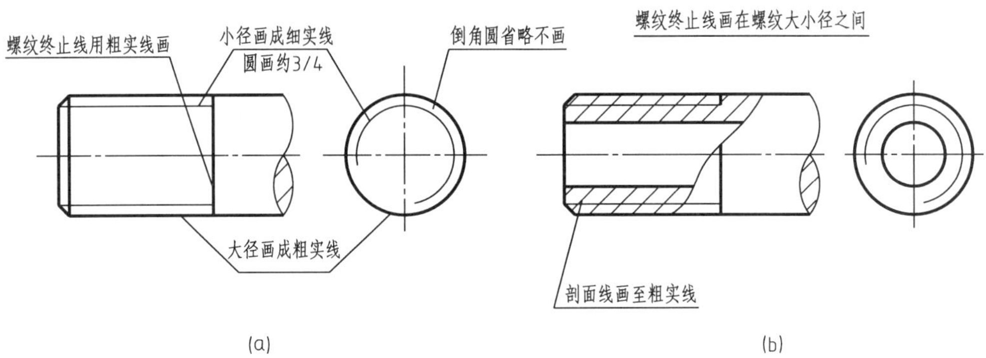

图 7-7 外螺纹的画法

(2) 在垂直于螺纹轴线的投影面的视图中，内螺纹小径用粗实线圆表示；大径用约 3/4 圈的细实线圆表示（空出约 1/4 的位置不作规定）。倒角圆的投影省略不画。

(3) 不可见内螺纹的所有图线（轴线除外）均用虚线绘制。

(4) 绘制不穿透螺纹孔时，一般应将钻孔深度与螺纹孔深度分别画出，底部的锥顶角画成 120°。钻孔深度应比螺孔深度大 (0.2～0.5)D。

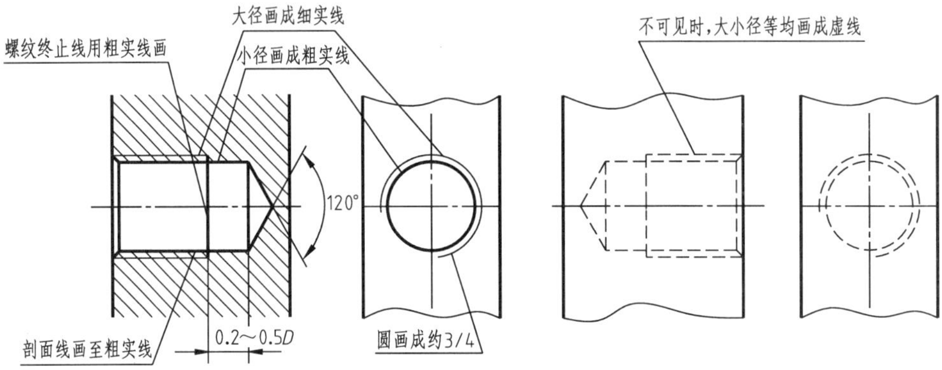

图 7-8 内螺纹的画法

3. 内、外螺纹连接的画法

(1) 当用剖视图表示内、外螺纹连接时，其旋合部分应按外螺纹绘制，其余部分仍按各自的画法表示。

(2) 画螺纹连接图时，内、外螺纹的大、小径应分别对齐，如图 7-9 所示。

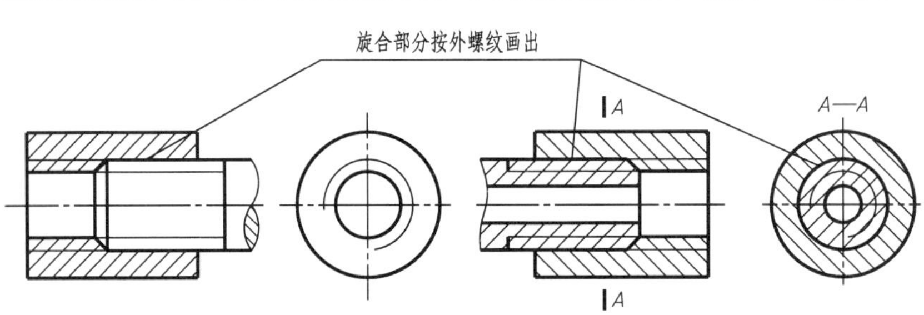

图 7-9 螺纹旋合的画法

4. 螺纹的其他结构的画法

(1) 螺纹末端。为了防止外螺纹起始圈损坏和便于装配，通常在螺杆螺纹的起始处做出一定形式的末端，如图 7-10 所示，螺纹的末端结构、尺寸已经标准化，可查阅有关标准手册。

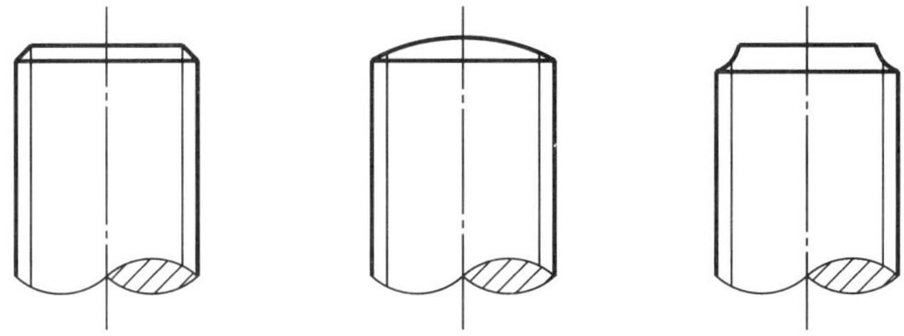

图 7-10　螺纹的末端

（2）螺纹的收尾和退刀槽。由于加工的原因，在螺纹末尾形成一段不完整螺纹牙型，称为螺尾，如图 7-11（a）、图 7-11（b）所示。为避免在螺纹有效长度内产生螺尾及方便进刀和退刀，加工时，在该位置预制出一个退刀槽，如图 7-11（c）、图 7-11（d）所示。

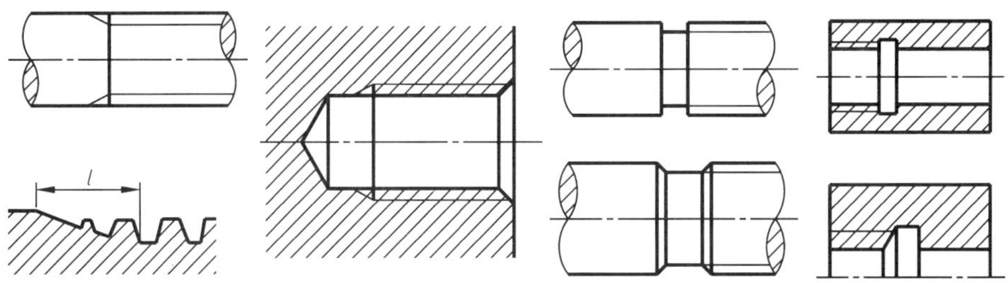

(a)　(b)　(c)　(d)

图 7-11　螺尾和退刀槽

7.1.3　螺纹标注方法

螺纹按用途分为连接螺纹和传动螺纹，普通螺纹和管螺纹为连接螺纹，梯形螺纹和锯齿形螺纹属于传动螺纹。标准螺纹的标记和标注方法见表 7-1。

表 7-1　标准螺纹的标记和标注

螺纹种类		螺纹代号				公差带代号		旋合长度代号	标注示例
		特征代号	公称直径	螺距（导程）	旋向	中径	顶径		
普通螺纹	粗牙普通螺纹	M	20	2.5	右	6g	6g	N	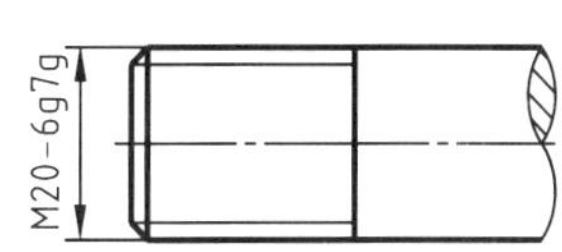
	细牙普通螺纹		20	2	左	6H	6H	S	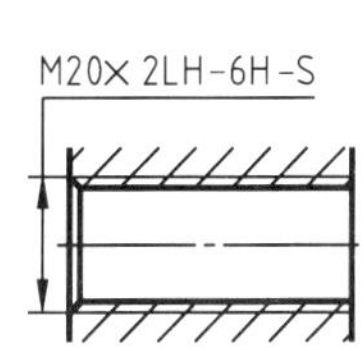
梯形螺纹		Tr	30	6	左	7e		L	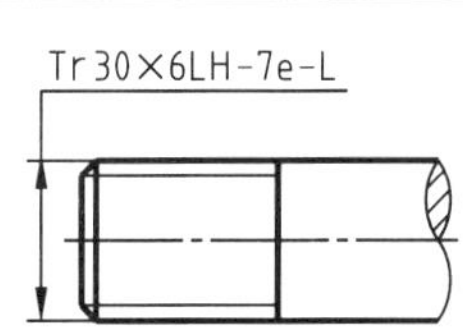

续表

螺纹种类		螺纹代号				公差带代号		旋合长度代号	标注示例
		特征代号	公称直径	螺距(导程)	旋向	中径	顶径		
梯形螺纹		Tr	30	6(12)	右	7H		N	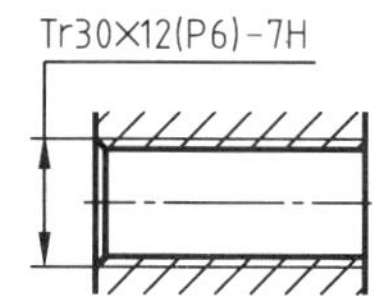
非螺纹密封的管螺纹		G	3/4	1.814	右	公差等级代号 A			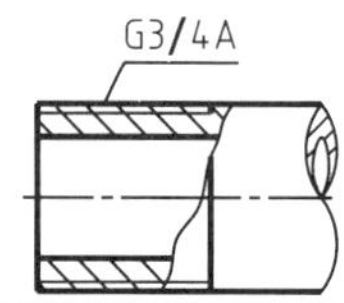
			1 1/2	2.309	左				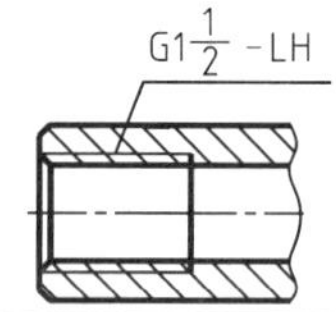
用螺纹密封管螺纹	圆锥外螺纹	$R_2(R_1)$	3/8		右				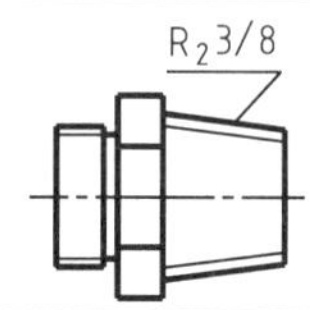
	圆柱内螺纹	Rp	1/2	1.814	左				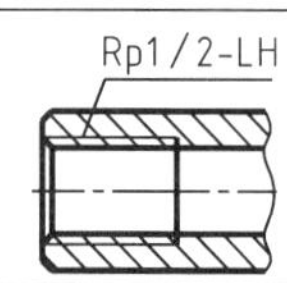
	圆锥内螺纹	Rc	1/2	1.814	右				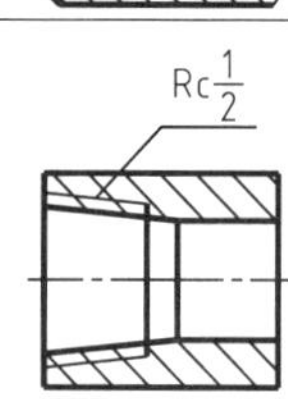

由于螺纹采用了规定画法，图上反映不出螺纹要素及加工精度等参数，因此需要在图样中螺纹大径的尺寸线或其引出线上标注出相应标准所规定的螺纹标记，各常用螺纹的标记和标注方法如下。

1. 普通螺纹

普通螺纹是最常用的螺纹，其牙型为三角形，牙型角为60°。根据螺距的大小，普通螺纹又有粗牙和细牙之分。

普通螺纹标记的格式可分为三部分，三者之间用短横“—”隔开：

螺纹代号—公差带代号—旋合长度代号

(1) 螺纹代号。普通螺纹的螺纹特征代号为“M”，公称直径为螺纹的大径。粗牙普通螺纹不标注螺距，细牙单线螺纹标注螺距，多线螺纹用“导程/线数”表示。右旋螺纹不注旋向，左旋螺纹应注出旋向“LH”或“左”字。

例如，公称直径为24mm、螺距为1.5mm的左旋细牙普通螺纹的螺纹代号应标记为：M24×1.5LH；同一公称直径的右旋粗牙普通螺纹应标记为：M24。

(2) 公差带代号。螺纹的公差带代号是用来说明螺纹加工精度的，它用数字表示公差等级（公差带大小），用拉丁字母表示基本偏差代号（公差带位置），小写字母代表外螺纹，大写字母代表内螺纹。普通螺纹的公差带代号由两部分组成，即中径和顶径（即外螺纹大径或内螺纹小径）的公差带代号。当中径和顶径的公差带代号相同时，则只标注一个。

例如：M10—6H　　　6H——中径和顶径公差带代号相同

M16×1.5—5g 6g　5g——中径公差带代号，6g——顶径公差带代号

在内、外螺纹连接图上标注时，其公差带代号应用斜线分开，如 6H/6g，6H/5g6g 等。

(3) 旋合长度代号。螺纹的旋合长度指两个相互旋合的内外螺纹沿轴线方向旋合部分的长度，是衡量螺纹质量的重要指标。普通螺纹的旋合长度分为短、中和长三种，其代号分别用 S、N 和 L 表示。其中，中等旋合长度应用较为广泛，在标记中代号 N 省略不注。标注时如遇特殊需要，也可注出旋合长度的具体数值。

2. 梯形螺纹

梯形螺纹标记的格式为：

[螺纹代号]—[公差带代号]—[旋合长度代号]

梯形螺纹与普通螺纹的标记格式类似，仅在第一项[螺纹代号]中稍有区别：

螺纹代号的项目及格式：[螺纹特征代号] [公称直径]×[螺距或导程]—[旋向]

(1) 梯形螺纹的螺纹特征代号为“Tr”。

(2) 由于标准规定的同一公称直径中对应有几个螺距供选用，所以必须标注螺距。

单线梯形螺纹的螺纹代号为：[螺纹特征代号] [公称直径]×[螺距]—[旋向]

多线梯形螺纹的螺纹代号为：[螺纹特征代号] [公称直径]×[导程]（P [螺距]）—[旋向]

例如，公称直径为 24mm、螺距为 3mm 的单线左旋梯形螺纹的螺纹代号应标记为：Tr24×3LH；而同一公称直径且相同螺距的双线右旋梯形螺纹的代号应标记为：Tr24×6(P3)。

3. 管螺纹

管螺纹用于管接头、旋塞、阀门等，管螺纹有用螺纹密封管螺纹和非螺纹密封管螺纹两种。管螺纹的牙型为等腰三角形，牙型角为 55°，其公称尺寸为管子的孔径，单位为英寸，标记格式为：

[螺纹特征代号] [尺寸代号]—[公差等级代号]—[旋向]

管螺纹的标记一律注在引线上，引线从大径处或由对称中心线处引出，见表 7-1。

(1) 非螺纹密封的管螺纹。非密封管螺纹的螺纹特征代号为“G”。外螺纹的公差等级规定了 A 级和 B 级两种，A 级为精密级，B 级为粗糙级；而内、外螺纹的顶径和内螺纹的中径只规定了一种公差等级，故对外螺纹分 A、B 两级进行标记，对内螺纹不标记公差等级代号。右旋螺纹不标注旋向，左旋螺纹标注“LH”。

例如，非密封螺纹管螺纹为外螺纹，其尺寸代号为 1/2，公差等级为 B 级，右旋，则该螺纹的标记为：G1/2B。

(2) 用螺纹密封的管螺纹。外螺纹为圆锥外螺纹，特征代号为“R_1”（与圆柱内螺纹相配合）、“R_2”（与圆锥内螺纹相配合）；内螺纹有圆锥内螺纹和圆柱内螺纹两种，它们的特征代号分别为“Rc”和“Rp”。用螺纹密封的管螺纹只有一种公差等级，故标记中不标注。右旋螺纹不标注旋向，左旋螺纹标注“LH”。

例如，用螺纹密封的管螺纹为圆锥内螺纹，其尺寸代号为 $1\frac{1}{2}$，左旋，则该螺纹的标记

为：Rc1 $\frac{1}{2}$—LH。

（3）非标准螺纹和特殊螺纹。在图样中，非标准螺纹一般应表示出牙型，并注出所需要的尺寸及有关要求，如图 7-12 所示。特殊螺纹的标注，应在代号之前加一“特”字，如：特 M36×0.75—7H。

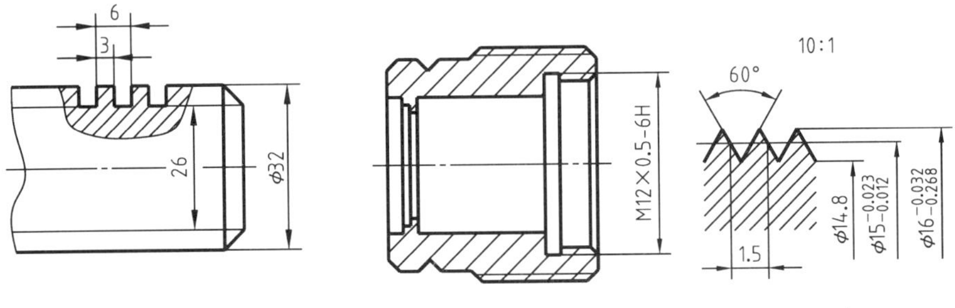

(a)　　(b)

图 7-12　非标准螺纹的标注方法

7.1.4　螺纹紧固件

通过螺纹起连接和紧固作用的零件称螺纹紧固件。常用的螺纹紧固件有螺栓、双头螺柱、螺钉、螺母和垫圈等，如图 7-13 所示。这些零件都是标准件，一般由标准件厂大量生产，使用单位可根据需要按有关标准选用。

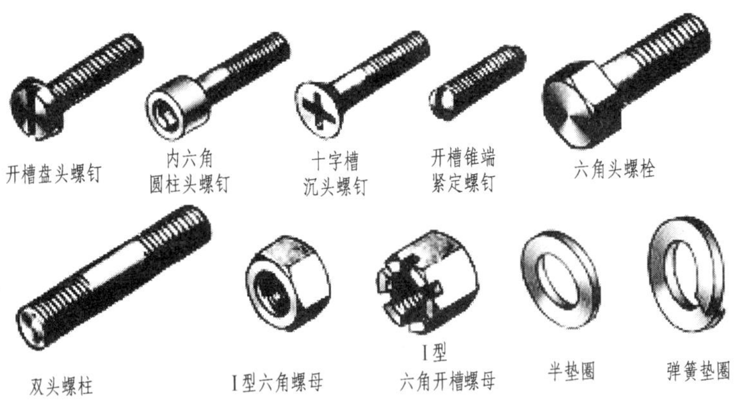

图 7-13　常用的螺纹紧固件

1. 螺纹紧固件的标记方法（GB/T 1237—2000《**紧固件的标记方法**》）

国家标准对螺纹紧固件的结构、形式、尺寸等都作了规定，在设计机器时，对于标准件，不必画出它们的零件图，只需按规定画法在装配图中画出，注明它们的标记即可。

螺纹紧固件的完整标记由名称、标准编号、螺纹规格或公称长度（必要时）、性能等级或材料等级、热处理、表面处理组成。在一般情况下，紧固件采用简化标记，主要标记前四项，常用螺纹紧固件的标记示例见表 7-2。

表 7-2　常用螺纹紧固件的标记示例

种类	结构与规格尺寸	简化标记示例	说明
六角头螺栓	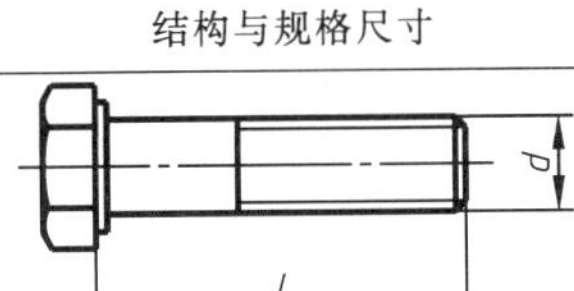	螺栓 GB/T 5782 M 6×30	螺纹规格为 M6，$l=30$mm，性能等级为 8.8 级，表面氧化的 A 级六角头螺栓

续表

种类	结构与规格尺寸	简化标记示例	说明
双头螺柱	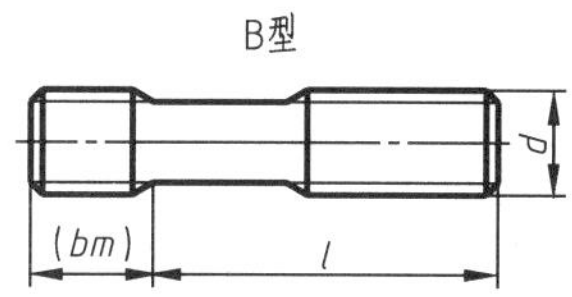	螺柱 GB/T 189 M8×30	两端螺纹规格均为 M8，l=30mm，性能等级为 4.8 级，不经表面处理的 B 型双头螺柱
开槽圆柱头螺钉	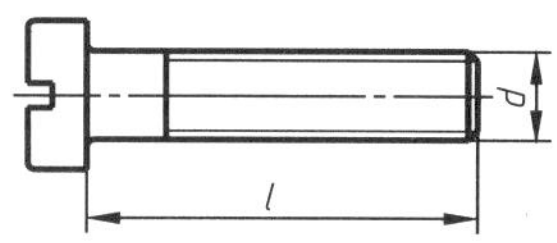	螺钉 GB/T 65 M5×45	螺纹规格为 M5，l=45mm，性能等级为 4.8 级，不经表面处理的开槽圆柱头螺钉
开槽盘头螺钉	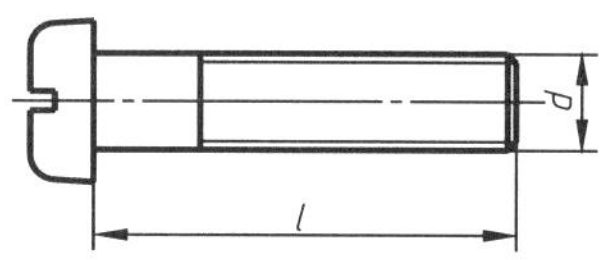	螺钉 GB/T 67 M5×45	螺纹规格为 M5，l=45mm，性能等级为 4.8 级，不经表面处理的开槽盘头螺钉
开槽沉头螺钉	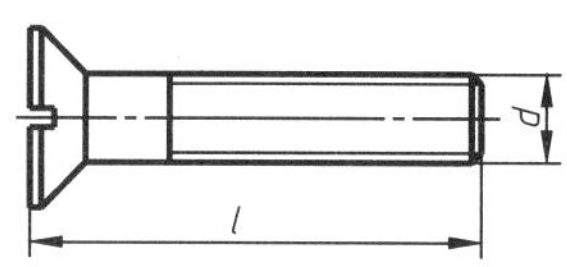	螺钉 GB/T 68 M5×45	螺纹规格为 M5，l=45mm，性能等级为 4.8 级，不经表面处理的开槽沉头螺钉
开槽锥端紧定螺钉	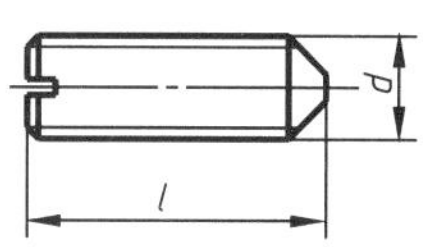	螺钉 GB/T 71 M5×20	螺纹规格为 M5，l=20mm，性能等级为 14H 级，表面氧化的开槽锥端紧定螺钉
Ⅰ型六角螺母	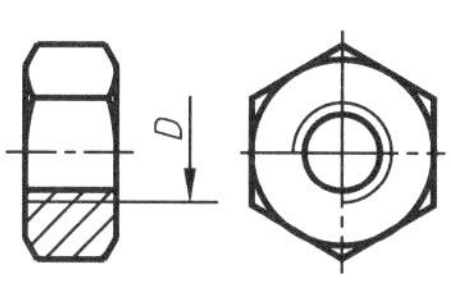	螺母 GB/T 6170 M8	螺纹规格为 M8，性能等级为 8 级，不经表面处理的Ⅰ型六角螺母
平垫圈	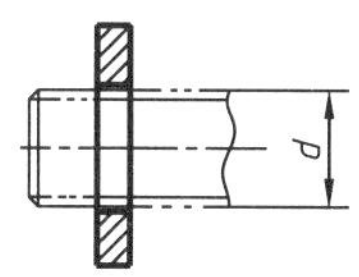	垫圈 GB/T 97.1 8	标准系列，规格 8mm，性能等级为 140HV，不经表面处理的 A 级平垫圈
标准型弹簧垫圈	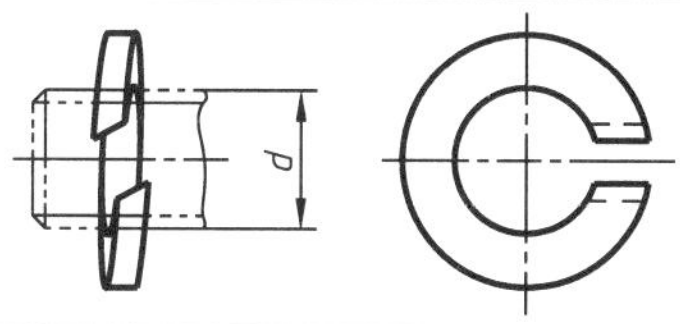	垫圈 GB/T 93 8	规格 8mm，材料为 65Mn，表面氧化的标准型弹簧垫圈

2. 螺纹紧固件的画法

(1) 按国家标准中规定的数据画图。根据螺纹紧固件标记中的公称直径 d（或 D），查阅有关标准（见附表 2-1～附表 2-8），得出各部分尺寸后按图例进行绘图。

(2) 采用比例画法。螺纹紧固件的螺纹公称直径一旦选定，其他各部分尺寸都取与大径 d（或 D）成一定比例的数值来画图的方法，称为比例画法。采用比例画法时，可以提高绘图速度，其中，螺纹紧固件的螺纹有效长度 l 需根据被连接件的厚度计算后取标准值。

各种常用螺纹连接件的比例画法，如表 7-3 所示。

表 7-3 各种螺纹连接件的比例画法

名 称	比 例 画 法	名 称	比 例 画 法
螺栓	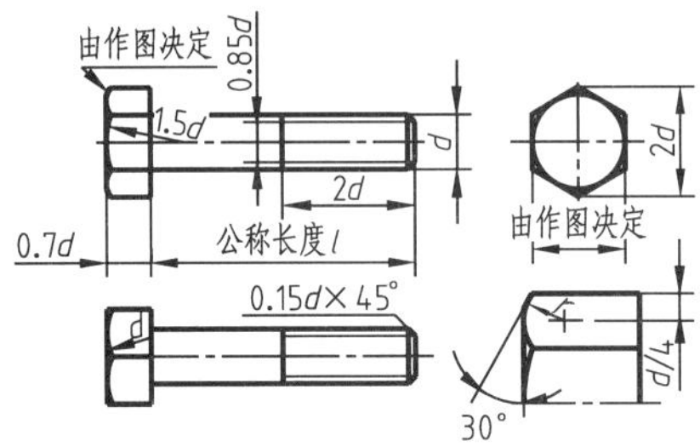	螺母	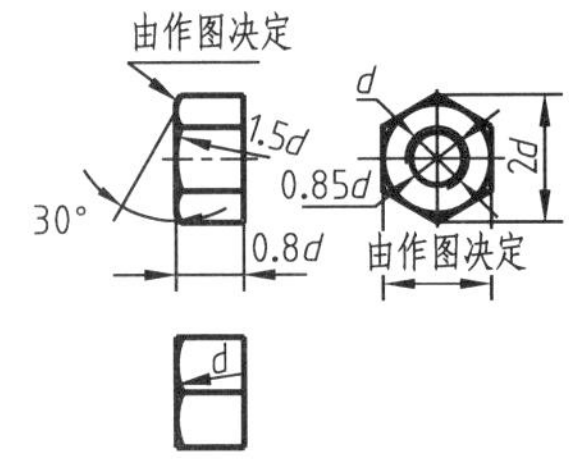
双头螺柱	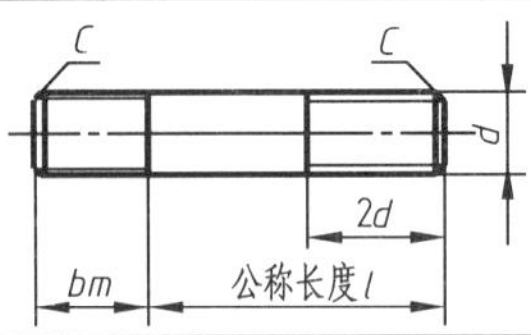	内六角圆柱头螺钉	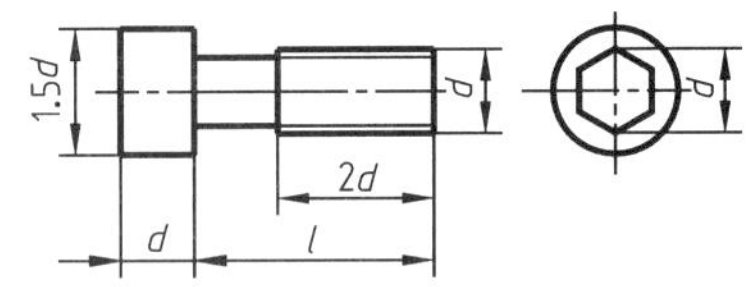
开槽圆柱头螺钉	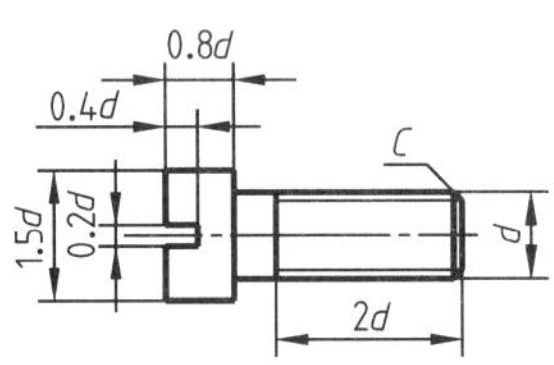	沉头螺钉	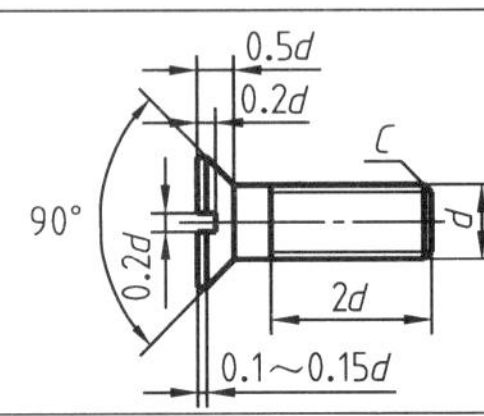
平垫圈	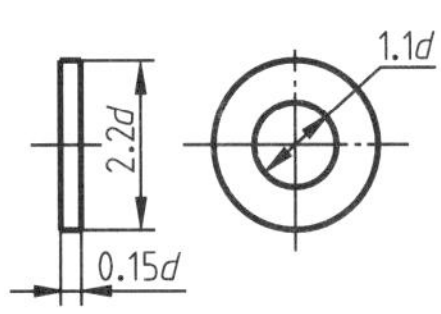	弹簧垫圈	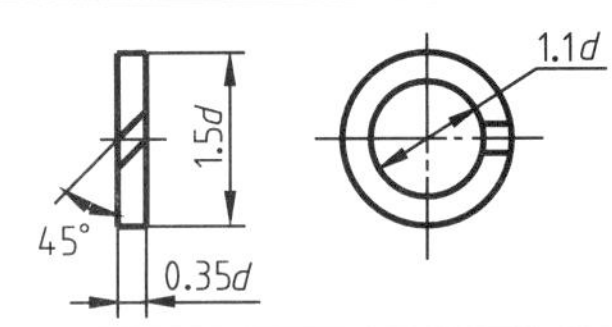
钻孔	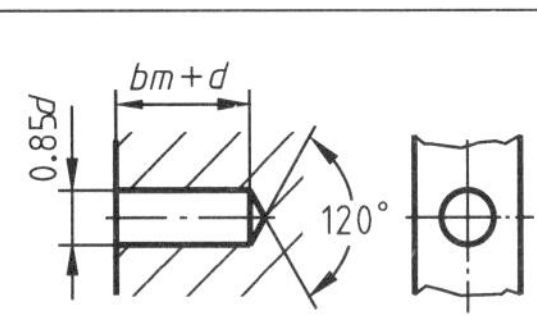	螺孔和光孔尺寸	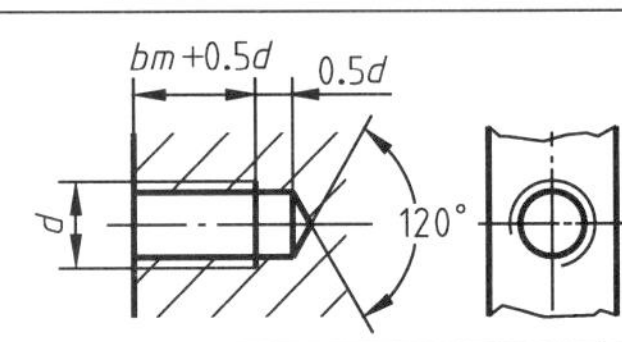

3. **螺纹紧固件的连接画法**

螺纹紧固件连接的基本形式有三种：螺栓连接、螺柱连接、螺钉连接，如图 7-14 所示。

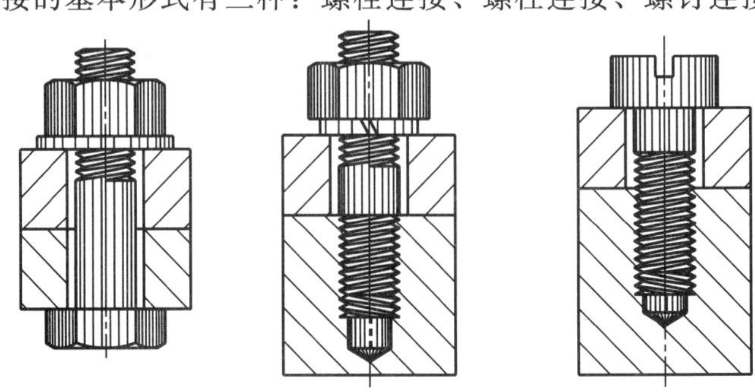

(a) 螺栓连接　(b) 螺柱连接　(c) 螺钉连接

图 7-14 螺纹紧固件连接

1）螺纹紧固件连接的规定画法

画螺纹紧固件的装配画法时，应遵守以下规定。

（1）两零件的接触面只画一条粗实线；不接触的表面，不论间隙多小，都必须画成两条线。

（2）在剖视图中，相邻两个零件的剖面线方向应相反或间隔不同，但同一零件在各剖视图中，剖面线的方向和间隔应相同。

（3）当剖切平面通过螺杆的轴线时，对于螺栓、螺柱、螺钉、螺母及垫圈等均按不剖绘制，螺纹紧固件的工艺结构，如倒角、退刀槽、缩径、凸肩等均可省略不画。

2）螺栓连接的画法

螺栓连接适用于连接不太厚并能钻成通孔的零件，连接件有螺栓、螺母和垫圈，如图 7-15（a）所示。

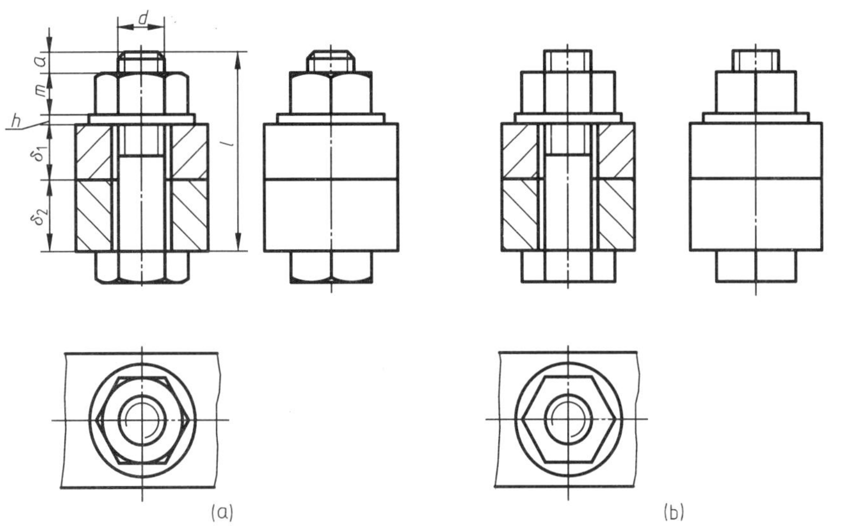

图 7-15　螺栓连接

作图时为保证一组中多个螺栓装配方便，被连接件上孔径比螺纹大径略大，画图时取 $1.1d$。由图 7-15 可知，采用比例画法时，螺栓有效长度 l 为：

$$l \approx \delta_1 + \delta_2 + h + m + a$$

其中，δ_1、δ_2 为被连接零件厚度；h 为垫圈厚度；m 为螺母厚度；$a=(0.3\sim0.4)d$ 为螺栓旋出长度。

螺栓连接还可以采用简化画法，螺栓倒角、六角头部曲线等均可省略不画，如图 7-15（b）所示。

3）双头螺柱连接的画法

双头螺柱连接适用于被连接零件之一较厚或不允许钻成通孔且经常拆卸的情况，连接件有双头螺柱、螺母和垫圈。在较薄的零件上加工成通孔，孔径取 $1.1d$，而在较厚的零件上制出不穿通的内螺纹，钻头头部形成的锥顶角为 120°。双头螺柱两端都加工有螺纹，连接时，一端旋入较厚零件中的螺孔中称旋入端，另一端穿过较薄零件的通孔，套上垫圈，再用螺母拧紧，称紧固端，如图 7-16 所示。在拆卸时只需拧出螺母、取下垫圈，而不必拧出螺柱，因此采用这种连接不会损坏被连接件上的螺纹孔。

螺孔深度一般取 $b_m+0.5d$，钻孔深度一般取 b_m+d，如图 7-17（a）所示。

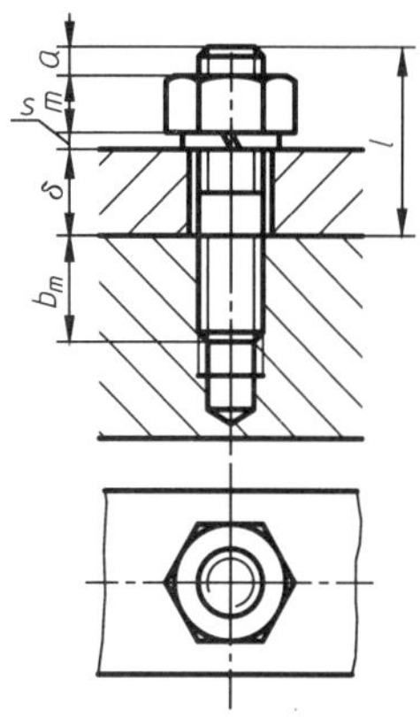

图 7-16 双头螺柱连接

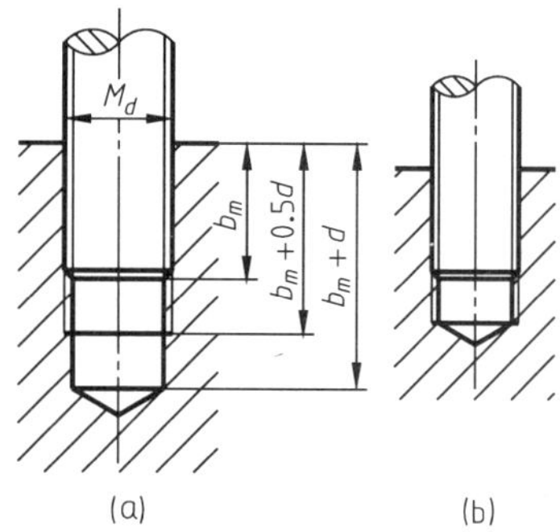

图 7-17 钻孔和螺孔的深度

画螺柱连接时应注意：

（1）螺柱旋入端的螺纹终止线与两个被连接件的接触面必须画成一条线。

（2）双头螺柱的旋入端长度 b_m 与被连接零件的材料有关，按表 7-4 选取。

表 7-4 旋入端长度

被旋入零件的材料	旋入端长度 b_m	国标代号
钢、青铜	$b_m=d$	GB/T 897—1998
铸铁	$b_m=1.25d$ 或 $1.5d$	GB/T 898—1998 GB/T 899—1998
铝、较软材料	$b_m=2d$	GB/T 900—1998

（3）双头螺柱的有效长度应按下式估算：

$$L\approx\delta+S+m+(0.3\sim0.4)d$$

其中，δ 为零件厚度；S 为垫圈厚度；m 为螺母厚度；$a=(0.3\sim0.4)d$ 为螺柱旋出长度。

（4）不穿通螺纹孔的钻孔深度也可不表示，仅按有效螺纹部分的深度画出，见图7-17（b）。

4）螺钉连接的画法

螺钉连接按用途分为连接螺钉和紧定螺钉。

螺钉连接用于不经常拆卸，且被连接件之一较厚的场合。将螺钉穿过较薄零件的通孔后，直接旋入较厚零件的螺孔内，靠螺钉头部压紧被连接件，实现两者的连接，其画法如图 7-17 所示。

对于带槽螺钉的槽部，在投影为圆的视图中画成与中心线成 45°，见图 7-18；当槽宽小于 2mm 时，可涂黑表示。

应注意：为了使螺钉的头部压紧被连接零件，螺钉的螺纹终止线应超出螺孔的端面。

紧定螺钉对机件主要起定位和固定作用。采用紧定螺钉连接时，其画法如图 7-19所示。

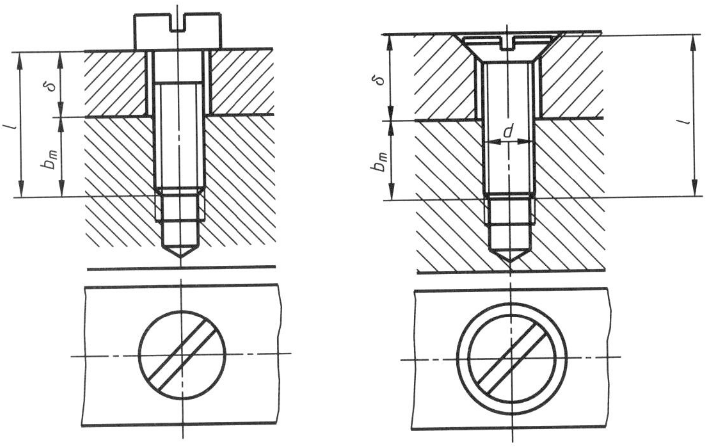

(a)　(b)

图 7-18　螺钉连接画法

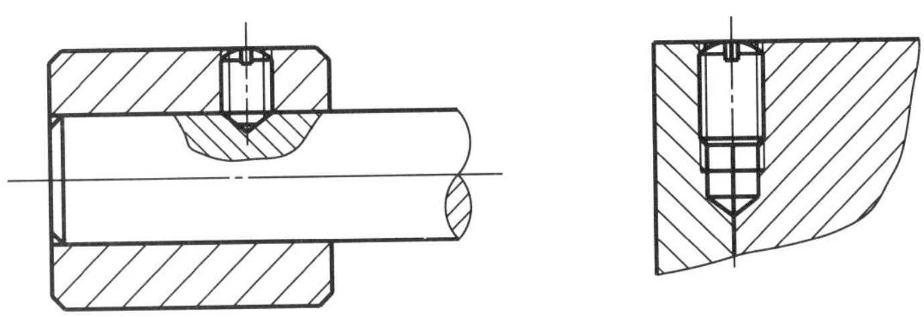

(a)　(b)

图 7-19　紧定螺钉连接

7.2 键 和 销

7.2.1 键

键是标准件。在机器和设备中，通常用键来联接轴和轴上的零件（如齿轮，带轮等），使它们能一起转动并传递转矩。这种联结称为键连接。

1. 常用键及其标记

键连接有多种形式，常用键有普通平键、半圆键、钩头楔键等，其形状如图 7-20 所示，其中普通平键最为常见。

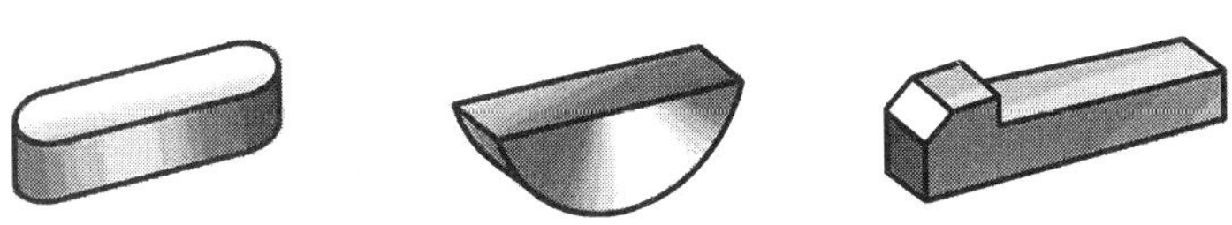

(a) 普通平键　(b) 半圆键　(c) 钩头楔键

图 7-20　键

表 7-5 列出了这几种键的标准编号、画法及其标记示例。

2. 键连接的画法

设计时，首先应确定轴的直径、键的型式、键的长度，然后根据轴的直径 d 查阅标准

表 7-5 常用键的图例和标记

名称及标准编号	图 例	标记示例	说 明
普通平键 GB/T 1096-2003	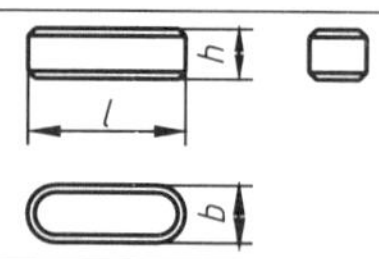	GB/T 1096—2003 键 18×100	圆头普通平键 键宽 $b=18$,$h=11$,键长 $L=100$
半圆键 GB/T 1099.1-2003	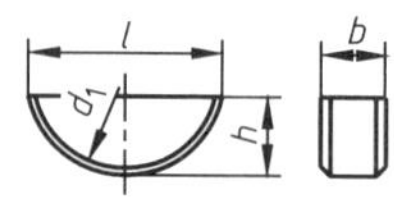	GB/T 1099.1—2003 键 6×25	半圆键 键宽 $b=6$,直径 $d=25$
钩头楔键 GB/T 1565-2003	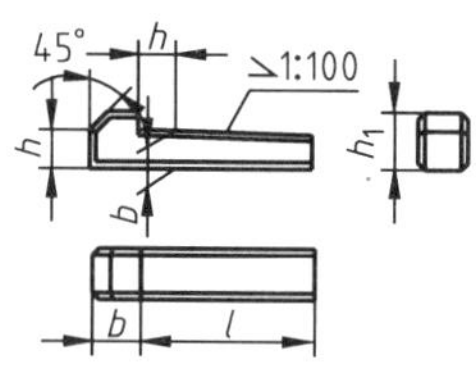	GB/T 1565—2003 键 18×100	钩头楔键 键宽 $b=18$,$h=8$,键长 $L=100$

选择键，确定键槽尺寸。图 7-21 和图 7-22 为普通平键和半圆键连接画法，根据国家标准规定，轴和键在主视图上均按不剖绘制，为了表示键在轴上的连接情况，轴采用了局部剖视，普通平键和半圆键的两侧面为工作面，键与键槽两侧面相接触，应画一条线，而键与轮毂槽的键槽顶面间应留有空隙，故画成两条线。

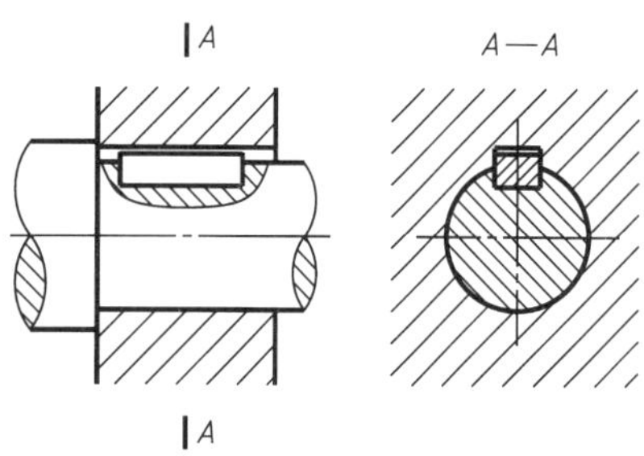

图 7-21 普通平键连接的画法

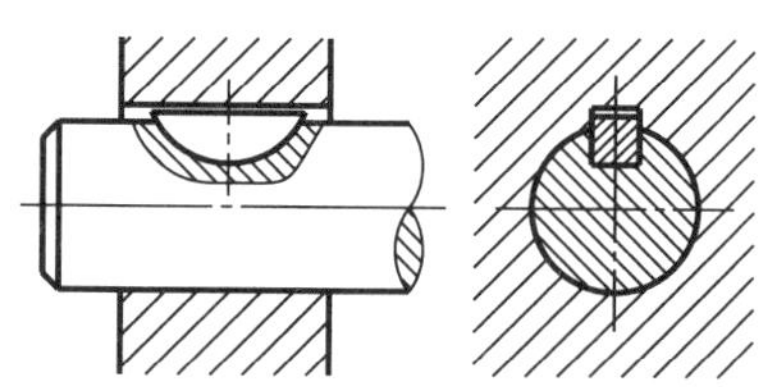

图 7-22 半圆键连接的画法

3. 键槽的画法及尺寸标注

键的参数一旦确定，轴和轮毂上键槽的尺寸应查阅有关标准确定，键槽的画法和尺寸标注如图 7-23 所示。

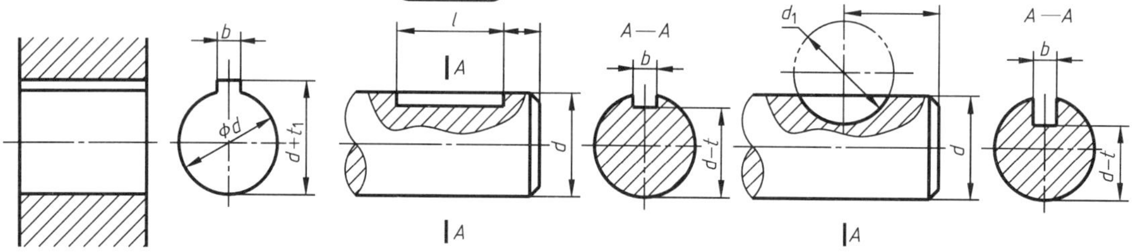

(a) (b)

图 7-23 键槽的画法和尺寸标注

7.2.2　销

销也是标准件。常用的销有圆柱销、圆锥销、开口销等，其形状如图 7-24 所示。圆柱销、圆锥销通常用于零件间的连接或定位；开口销常用在螺纹连接的锁紧装置中，以防止螺母的松脱。

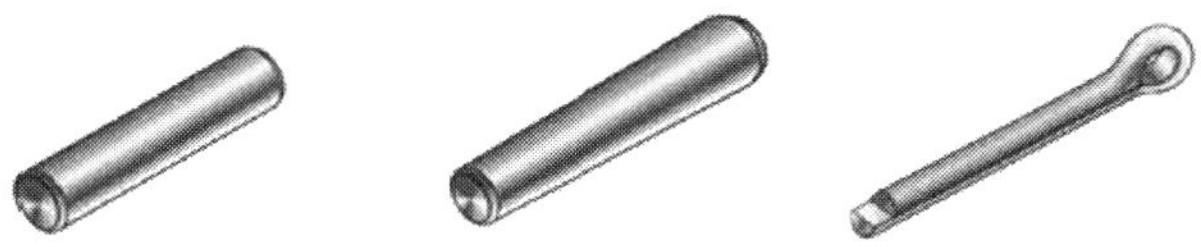

图 7-24　销

表 7-6 列出了常用的几种销的标准代号、形式和标记示例。

表 7-6　销的画法和标记示例

名称	圆柱销	圆锥销	开口销
结构及规格尺寸	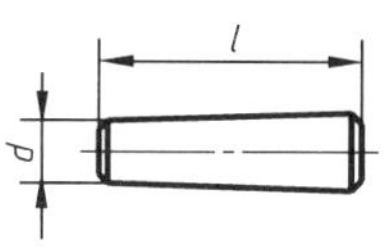	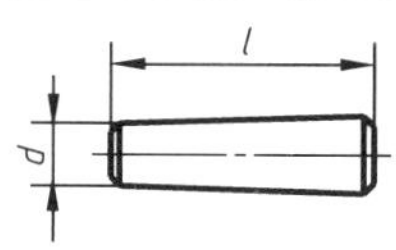	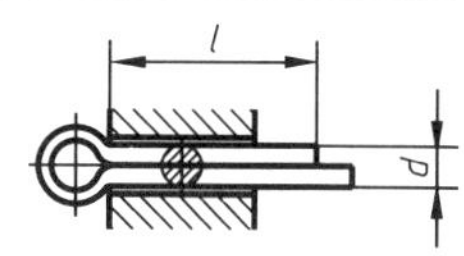
简化标记示例	销 GB/T 119.2　5×20	销 GB/T 117　6×24	销 GB/T 91　5×30
说明	公称直径 $d=5$mm，长度 $l=20$mm，公差为 m6，材料为钢，普通淬火（A 型），表面氧化的圆柱销	公称直径 $d=6$mm，长度 $l=24$mm，材料为 35 钢，热处理硬度 28～38HRC，表面氧化处理的 A 型圆锥销	公称直径 $d=5$mm，长度 $l=30$mm，材料为 Q215 或 Q235，不经表面表面处理的开口销

图 7-25 为常用三种销的连接画法，当剖切平面通过销的轴线时，销作不剖处理。

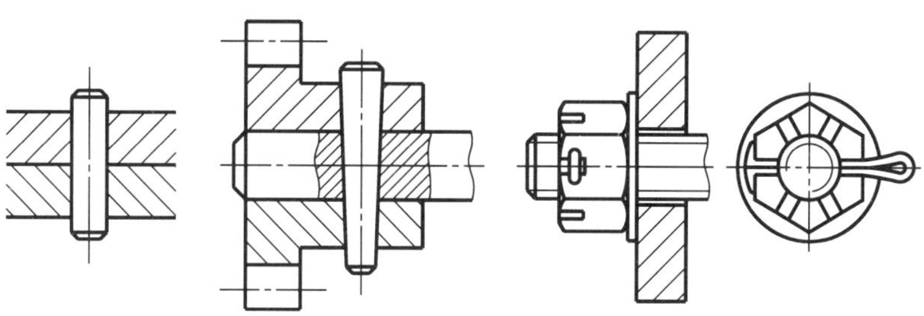

(a) 圆柱销　(b) 圆锥销　(c) 开口销

图 7-25　销连接的画法

7.3　滚动轴承

滚动轴承是用作支承旋转轴和承受轴上载荷的标准件。它具有结构紧凑、摩擦阻力小等优点，因此得到广泛应用。在工程设计中无需单独画出滚动轴承的图样，而是根据国家标准中规定的代号进行选用。

7.3.1　滚动轴承的结构和分类

滚动轴承由内圈、外圈、滚动体和保持架等部分组成。常用的滚动轴承按受力方向可分为以下三种类型：

向心轴承—— 主要承受径向载荷，如图 7-26（a）所示深沟球轴承；

向心推力轴承——同时承受径向和轴向载荷，如图 7-26（b）所示圆锥滚子轴承；

推力轴承——只承受轴向载荷，如图 7-26（c）所示推力球轴承。

7.3.2 滚动轴承的代号

滚动轴承的代号是由基本代号、前置代号和后置代号三部分组成，各部分的排列如下：

前置代号　基本代号　后置代号

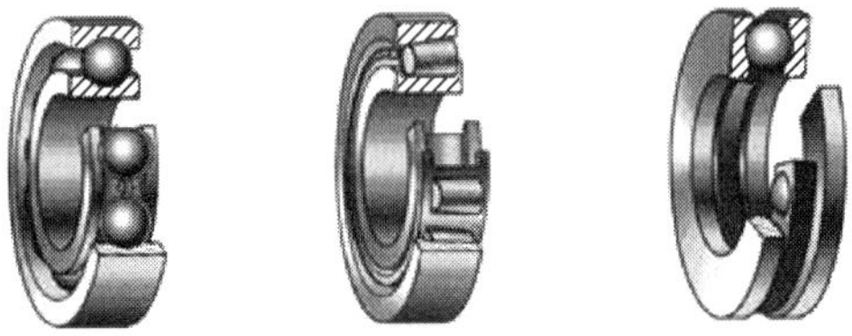

(a)　(b)　(c)

图 7-26 滚动轴承

滚动轴承的基本代号表示轴承的基本类型、结构和尺寸，是滚动轴承代号的基础，使用时必须标注，它由轴承类型代号、尺寸系列代号、内径代号三部分构成。类型代号由数字或字母表示；尺寸系列代号由轴承宽（高）度系列代号和直径系列代号组合而成，用两位数字表示；其中左边一位数字为宽（高）度系列代号，右边一位数字为直径系列代号，内径代号用数字表示。

前置代号和后置代号是轴承在结构形式、尺寸、公差和技术要求等有改变时，在其基本代号前后添加的补充代号。

（1）类型代号用数字或字母表示，如表 7-7 所示。

表 7-7 轴承类型代号

代号	轴承类型	代号	轴承类型
0	双列角接触球轴承	6	深沟球轴承
1	调心球轴承	7	角接触球轴承
2	调心滚子轴承和推力调心滚子轴承	8	推力轴承
3	圆锥滚子轴承	N	圆柱滚子轴承
4	双列深沟球轴承	U	外球面球轴承
5	推力球轴承	QJ	四点接触球轴承

注：在表中代号后或前加字母或数字表示该轴承中的不同结构。

（2）尺寸系列代号由滚动轴承的宽（高）度系列代号组合而成。向心轴承、推力轴承尺寸系列代号，如表 7-8 所示。

表 7-8 滚动轴承尺寸系列代号

直径系列代号	向心轴承									推力轴承		
	宽度系列代号									宽度系列代号		
	8	0	1	2	3	4	5	6	7	9	1	2
	尺寸系列代号											
7	—	—	17	—	37	—	—	—	—	—	—	—
8	—	08	18	28	38	48	58	68	—	—	—	—
9	—	09	19	29	39	49	59	69	—	—	—	—
0	—	00	10	20	30	40	50	60	70	90	10	—
1	—	01	11	21	31	41	51	61	71	91	11	—
2	82	02	12	22	32	42	52	62	72	92	12	22
3	83	03	13	23	33	43	53	63	73	93	13	23
4	—	04	—	24	—	—	—	—	74	94	14	24
5	—	—	—	—	—	—	—	—	—	95	—	—

尺寸系列代号有时可以省略：除圆锥滚子轴承外，其余各类轴承宽度系列代号“0”均省略；深沟球轴承和角接触球轴承的 10 尺寸系列代号中的“1”可以省略；双列深沟球轴承的宽度系列代号“2”可以省略。

（3）内径代号表示轴承的公称内径，如表 7-9 所示。

表 7-9　滚动轴承内径代号

轴承公称内径 d/mm		内径代号
0.6～10（非整数）		用公称内径毫米数直接表示，在其与尺寸系列代号之间用“/”分开
1～9（整数）		用公称内径毫米数直接表示，对深沟球轴承及角接触轴承 7、8、9 直径系列，内径与尺寸系列代号之间用“/”分开
10～17	10	00
	12	01
	15	02
	17	03
20～480（22、28、32 除外）		公称内径除以 5 的商数，商数为个位数，需要在商数左边加“0”，如 08
≥500 以及 22、28、32		用尺寸内径毫米数直接表示，但在与尺寸系列代号之间用“/”分开

（4）基本代号示例

① 轴承 6　2　04

04——内径代号（$d = 4 \times 5\text{mm} = 20\text{mm}$）

2——尺寸系列代号（02）

6——类型代号（深沟球轴承）

② 轴承 N　22　10

10——内径代号（$d = 10 \times 5\text{mm} = 50\text{mm}$）

22——尺寸系列代号（22）

N——类型代号（圆柱滚子轴承）

7.3.3　滚动轴承的画法

滚动轴承是标准组件，一般不单独绘出零件图，国标规定在装配图中采用简化画法和规定画法来表示，其中简化画法又分为通用画法和特征画法两种。在装配图中，若不必确切地表示滚动轴承的外形轮廓、载荷特征和结构特征，可采用通用画法来表示。即在轴的两侧用粗实线矩形线框及位于线框中央正立的十字形符号表示，十字形符号不应与线框接触。在装配图中，若要较形象地表示滚动轴承的结构特征，可采用特征画法来表示，通用画法和特征画法如表 7-10 所示。

表 7-10　常用滚动轴承的画法

种类	深沟球轴承	圆锥滚子轴承	推力球轴承
已知条件	D、d、B	D、d、B、T、C	D、d、T
特征画法	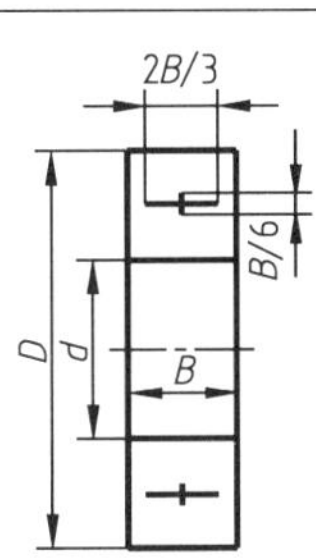	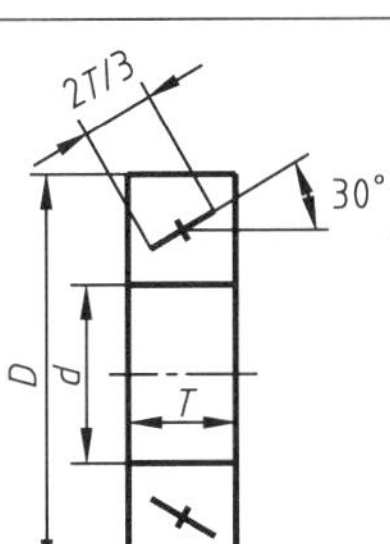	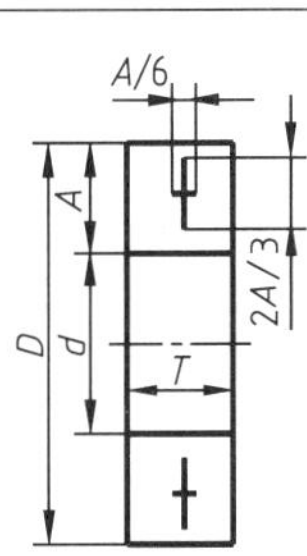

续表

种类	深沟球轴承	圆锥滚子轴承	推力球轴承
一侧为规定画法，一侧为通用画法	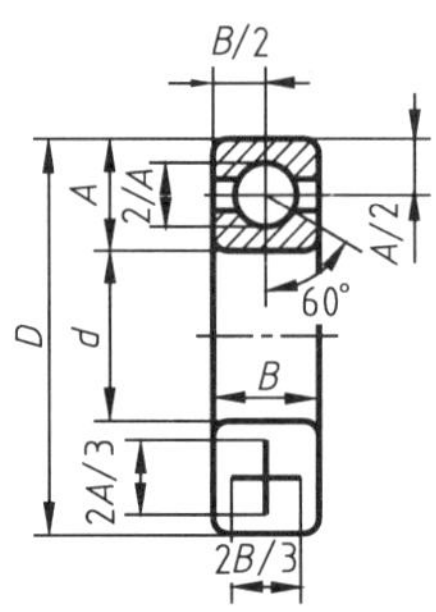	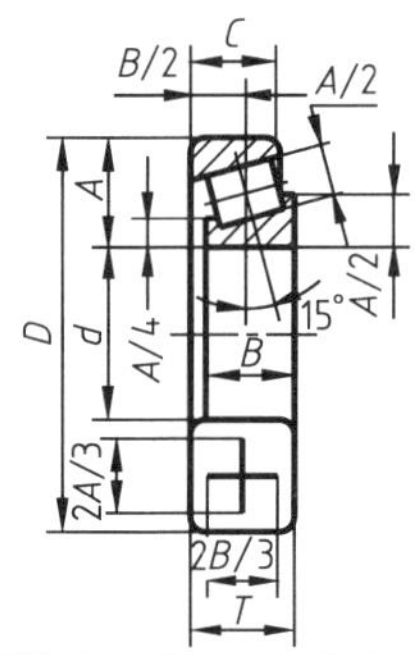	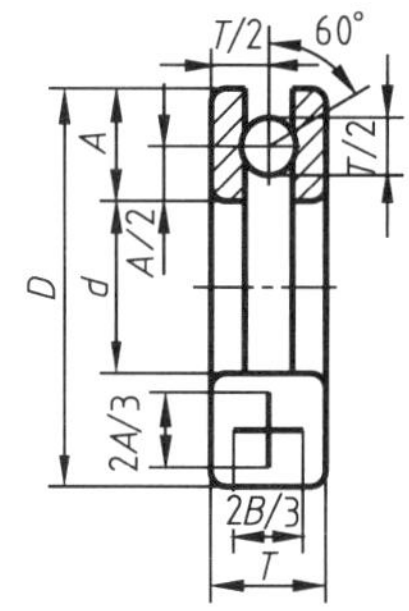

在装配图中，若要较详细地表达滚动轴承的主要结构形状，可采用规定画法来表示。此时，轴承的保持架及倒角省略不画，滚动体不画剖面线，各套圈的剖面线方向可画成一致，间隔相同。一般只在轴的一侧用规定画法表达，在轴的另一侧仍然按通用画法表示，如图 7-27 所示。

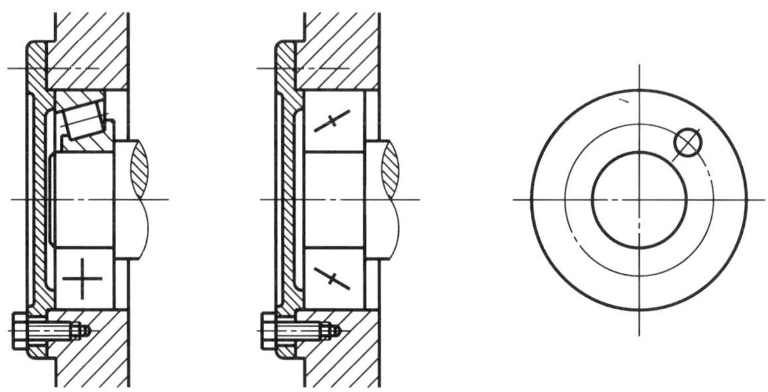

图 7-27　滚动轴承在装配图中的画法

7.4　齿　　轮

齿轮是广泛应用于机器和部件中的传动零件。它通过轮齿间的啮合，将一根轴的动力及旋转运动传递给另一轴，也可用来改变转速和旋转方向。齿轮的种类很多，根据其传动情况可以分为三类：

(1) 圆柱齿轮——用于两平行轴间的传动，如图 7-28 (a)；

(2) 圆锥齿轮——用于两相交轴间的传动，如图 7-28 (b)；

(3) 蜗轮蜗杆——用于两交错轴间的传动，如图 7-28 (c)。

齿轮上的齿称为轮齿，轮齿是齿轮的主要结构，在齿轮的参数中，只有模数和压力角已标准化。齿轮的模数和压力角符合标准的称为标准齿轮。本节主要介绍标准齿轮的基本参数及其规定画法。

7.4.1　圆柱齿轮

常见的圆柱齿轮按其齿的方向可分为直齿轮、斜齿轮和人字齿轮。

7.4.1.1　直齿圆柱齿轮各部分的名称和代号

圆柱齿轮各部分的名称和代号，如图 7-29 所示。

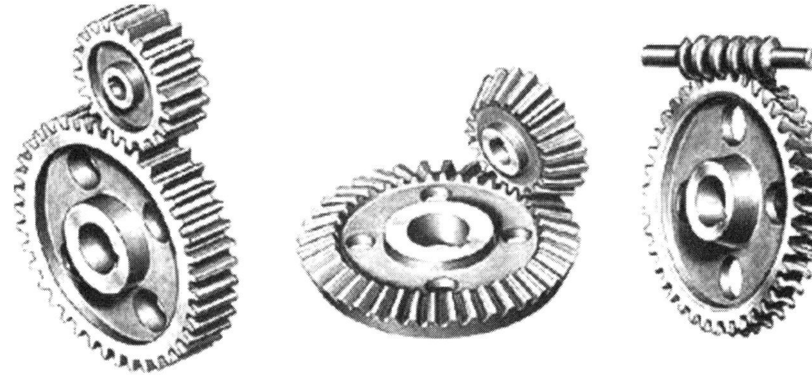

(a) 圆柱齿轮　(b) 圆锥齿轮　(c) 蜗轮蜗杆

图 7-28　齿轮传动

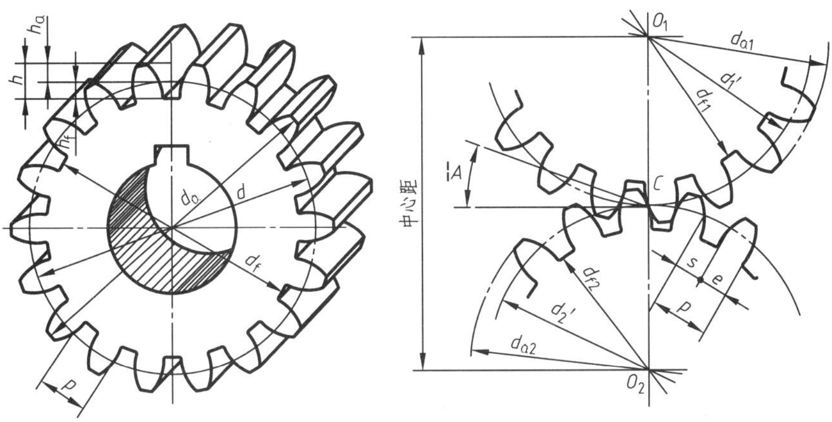

图 7-29　齿轮的各部名称和代号

(1) 齿顶圆。通过齿轮顶部的圆，直径用 d_a 表示。

(2) 齿根圆。通过齿轮根部的，直径用 d_f 表示。

(3) 节圆、分度圆。如图 7-29 所示，当两齿轮啮合时，齿轮齿廓线的啮合点（接触点）C 称节点，过圆心 O_1、O_2 相切于节点 C 的两个圆称为节圆，直径用 d' 表示。设计、加工齿轮时，为了便于计算和分齿而设定的基准圆称分度圆，直径用 d 表示。标准齿轮分度圆上的齿厚 s（某圆上的弧长）与槽宽 e（某圆上空槽的弧长）相等。一对标准齿轮啮合时，节圆与分度圆重合（即 $d=d'$）。

(4) 齿顶高。齿顶圆与分度圆之间的径向距离，用 h_a 表示。

(5) 齿根高。齿根圆与分度圆之间的径向距离，用 h_f 表示。

(6) 齿高。齿顶圆与齿根圆之间的径向距离，用 h 表示。

(7) 齿距。分度圆上相邻两齿对应点的弧长，用 p 表示。$p=s+e$

(8) 压力角。两个啮合的轮齿齿廓在接触点 C 处的受力方向与运动方向的夹角，用 α 表示。我国标准齿轮的压力角 $\alpha=20°$（压力角通常指分度圆压力角）。

(9) 中心距。两圆柱齿轮轴线之间的距离，用 a 表示。

7.4.1.2　直齿圆柱齿轮的基本参数与齿轮各部分的尺寸关系

1. 模数

设齿轮的齿数为 z，由于分度圆的周长 $=\pi d=zp$，即：

$$d=\frac{p}{\pi}z$$

其中 π 为无理数，在设计和制造过程中，为了便于计算和测量，令比值 $p/\pi=m$，则：

$$d=mz$$

式中，m 称为齿轮的模数。

模数 m 是设计、制造齿轮的重要参数。一对相啮合齿轮的模数和压力角必须分别相等。模数大，齿距 p 也增大，齿厚 s 也随之增大，因而齿轮的承载能力也增大。不同模数的齿轮，要用不同模数的刀具来加工制造。为了设计和制造方便，减少齿轮成型刀具的规格，模数已经标准化，我国规定的标准模数见表 7-11。

表 7-11 标准模数（摘自 GB/T 1357—1987）

圆柱齿轮	第一系列	1，1.25，1.5，2，2.5，3，4，5，6，8，10，12，16，20，25，32，40
	第二系列	1.75，2.25，2.75，(3.25)，3.5，(3.75)，4.5，5.5，(6.5)，7，9，(12)，14，18，22

注：选用圆柱齿轮模数时，应优先选用第一系列，其次选第二系列，括号内的模数尽可能不用。

2. 模数与轮齿各部分的尺寸关系

标准直齿圆柱齿轮的轮齿各部分尺寸，可根据模数和齿数来确定，其计算公式见表 7-12。

表 7-12 标准直齿圆柱齿轮轮齿的各部分尺寸关系

名称及代号	计算公式	名称及代号	计算公式
模数 m	$m=d/\pi$ 并按表 7-11 取标准值	分度圆直径 d	$d=mz$
齿顶高 h_a	$h_a=m$	齿顶圆直径 d_a	$d_2=d+2h_a=m(z+2)$
齿根高 h_f	$h_f=1.25m$	齿根圆直径 d_f	$d_f=d-2h_f=m(z-2.5)$
齿高 h	$h=h_a+h_f=2.25m$	中心距 a	$a=(d_1+d_2)/2=m(z_1+z_2)/2$

7.4.1.3 圆柱齿轮的规定画法

1. 单个齿轮的规定画法

(1) 齿顶圆和齿顶线用粗实线绘制，分度圆和分度线用细点画线绘制，如图 7-30 (a) 所示。齿根圆和齿根线用细实线绘制，也可省略不画，如图 7-30 (a) 所示，齿根线在剖开时用粗实线绘制，如图 7-30 (b) 所示。

(2) 在剖视图中，当剖切平面通过齿轮的轴线时，轮齿一律按不剖处理，齿根线画成粗实线，如图 7-30 (b) 所示。

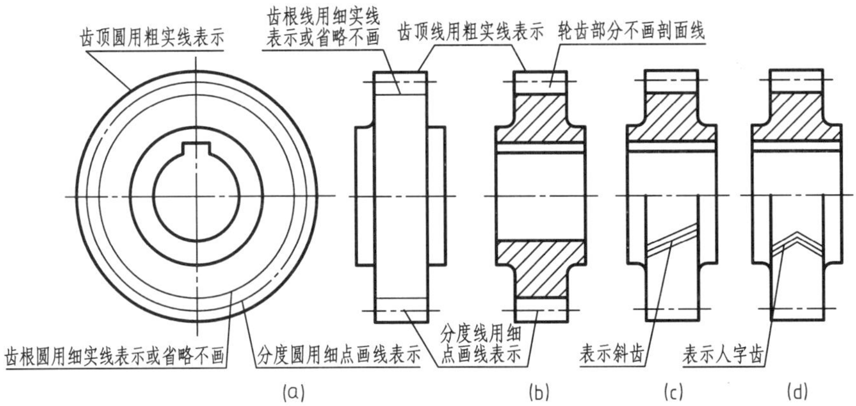

图 7-30 单个齿轮的规定画法

（3）对斜齿和人字齿的齿轮，需要表示齿线特征时，可用三条与齿线方向一致的相互平行的细实线表示，如图 7-30（c）、图 7-30（d）所示。

2. 圆柱齿轮的啮合画法

（1）在垂直于圆柱齿轮轴线的投影的视图中，两节圆应相切，啮合区的齿顶圆均用粗实线绘制，见图 7-31（a），也可省略不画，如图 7-31（b）所示。

（2）在剖视图中，当剖切平面通过两啮合齿轮的轴线时，在啮合区内，将一个齿轮的轮齿用粗实线绘制，另一个齿轮的轮齿被遮挡的部分用虚线绘制，如图 7-31（a）所示，虚线也可省略不画。

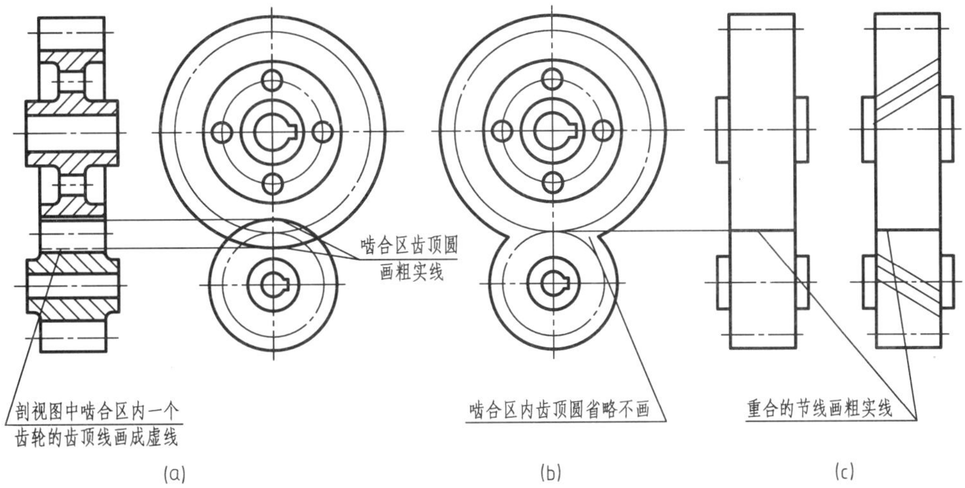

图 7-31　圆柱齿轮啮合的规定画法

（3）在平行于圆柱齿轮轴线的投影面的外形视图中，啮合区内的齿顶线不需要画出，节线用粗实线绘制，其他处的节线用点画线绘制，如图 7-31（c）所示。

（4）齿顶与齿根之间有 0.25m 的间隙，在剖视图中，应按图 7-32 所示的形式画出。

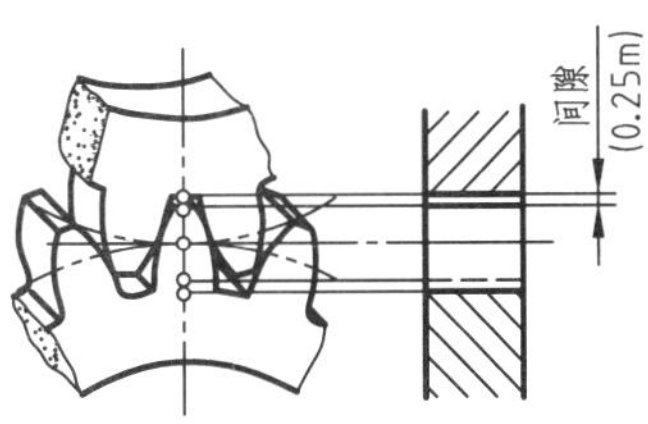

图 7-32　啮合区的画法

图 7-33 是齿轮零件图，与其他零件图不同的是，除了要表示出齿轮的形状、尺寸和技术要求外，还要注明加工齿轮所需的基本参数。

7.4.2　锥齿轮

7.4.2.1　直齿锥齿轮的结构要素和尺寸关系

1. 结构要素

由于锥齿轮的轮齿分布在圆锥面上，因此，其轮齿一端大另一端小，其齿厚和齿槽宽等也随之由大到小逐渐变化，其各处的齿顶圆、齿根圆和分度圆也不相等，而是分别处于共顶的齿顶圆锥面、齿根圆锥面和分度圆锥面上。轮齿的大、小两端处于与分度圆锥素线垂直的两个锥面上，分别称为背锥面和前锥面，如图 7-34 所示。

2. 尺寸关系

模数 m、齿数 z、压力角 α 和分锥角 δ 是直齿锥齿轮的基本参数，是决定其他尺寸的依据。只有锥齿轮的模数和压力角分别相等，且两齿轮分锥角之和等于两轴线间夹角的一对直齿圆锥齿轮才能正确啮合。为了便于设计和制造，规定以大端端面模数为标准模数来计算大

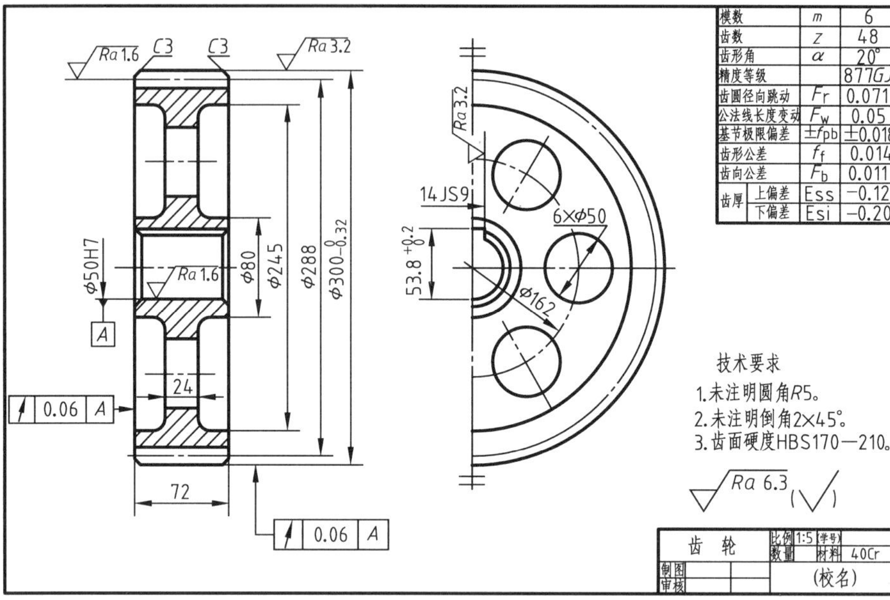

图 7-33 齿轮零件图

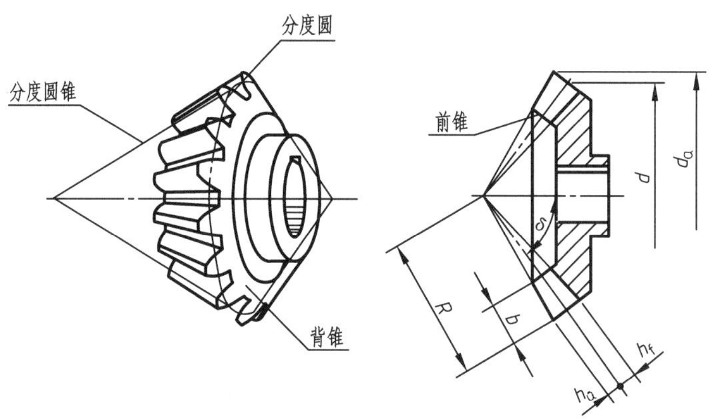

图 7-34 圆锥齿轮各部分名称及代号

端轮齿各部分的尺寸。直齿锥齿轮的尺寸关系见表 7-13。

表 7-13 直齿圆锥齿轮的计算公式

名 称	代 号	计算公式
齿顶高	h_a	$h_a=m$
齿根高	h_f	$h_f=1.2m$
齿高	h	$h=h_a+h_f=2.2m$
分度圆直径	d	$d=mz$
齿顶圆直径	d_a	$d_a=m(z+2\cos\delta)$
齿根圆直径	d_f	$d_f=m(z-2.4\cos\delta)$
外锥距	R	$R=mz/(2\sin\delta)$
分度圆锥角	δ_1	$\tan\delta_1=z_1/z_2$
	δ_2	$\tan\delta_2=z_2/z_1$
齿高	b	$b\leqslant R/3$

7.4.2.2　直齿锥齿轮的规定画法

锥齿轮和圆柱齿轮的画法基本相同。

1. 单个齿轮的画法

单个锥齿轮的规定画法如图 7-35 所示。齿顶线、剖视图中的齿根线和大、小端的齿顶圆用粗实线绘制，分度线和大端的分度圆用点画线绘制，齿根圆及小端分度圆均不必画出。

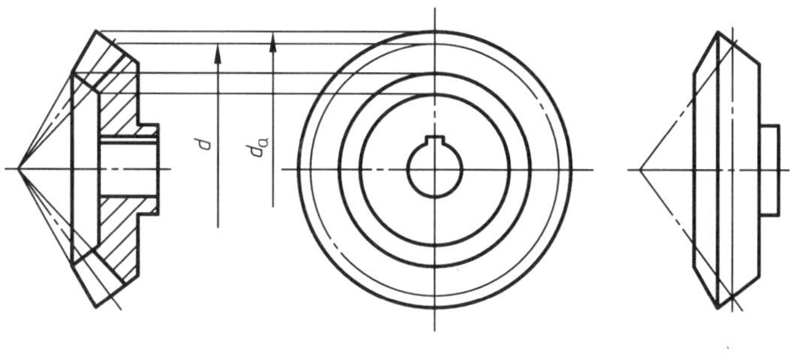

(a)　(b)

图 7-35　锥齿轮画法

2. 齿轮啮合的画法

图 7-36 为一对直齿锥齿轮啮合的画法，两齿轮轴线相交成 90°，两分度圆锥面共顶点。

锥齿轮的主视图常画成剖视图，当剖切平面通过两啮合齿轮的轴线时，在啮合区内，将一个齿轮的轮齿用粗实线绘制，另一个齿轮轮齿被遮挡的部分用虚线绘制，如图 7-36（a）中的主视图所示，也可以省略不画，如图 7-36（b）所示。图 7-36（c）为不剖的主视图，啮合区内的节线用粗实线绘制。左视图常用不剖的外形视图表示，如图 7-36（a）中的左视图所示。

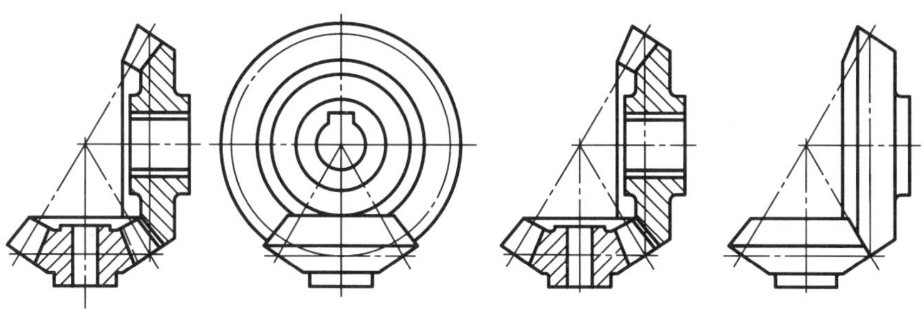

(a)　(b)　(c)

图 7-36　直齿锥齿轮啮合的画法

7.4.3　蜗轮蜗杆

蜗轮蜗杆通常用于垂直交叉的两轴之间的传动，蜗杆是主动件，蜗轮是从动件。它们的齿向是螺旋形的，为了增加接触面积，蜗轮的轮齿顶面常制成圆弧形。蜗杆的齿数称为头数，相当于螺杆上螺纹的线数，有单头和多头之分。在传动时，蜗杆旋转一圈，蜗轮只转一个齿或两个齿。蜗轮蜗杆传动，其传动比较大，且传动平稳，但效率较低。

相互啮合的蜗轮蜗杆，其模数必须相同，蜗杆的导程角与蜗轮的螺旋角大小相等，方向相同。

如图 7-37 所示，蜗杆实质上是一个圆柱斜齿轮，只是齿数很少，其齿数相当于螺纹的线数，一般制成单线或双线。

如图 7-38 所示，蜗轮实质上也是一个圆柱斜齿轮，所不同的是为了增加它与蜗杆的接触面积，将蜗轮外表面做成环面形状。

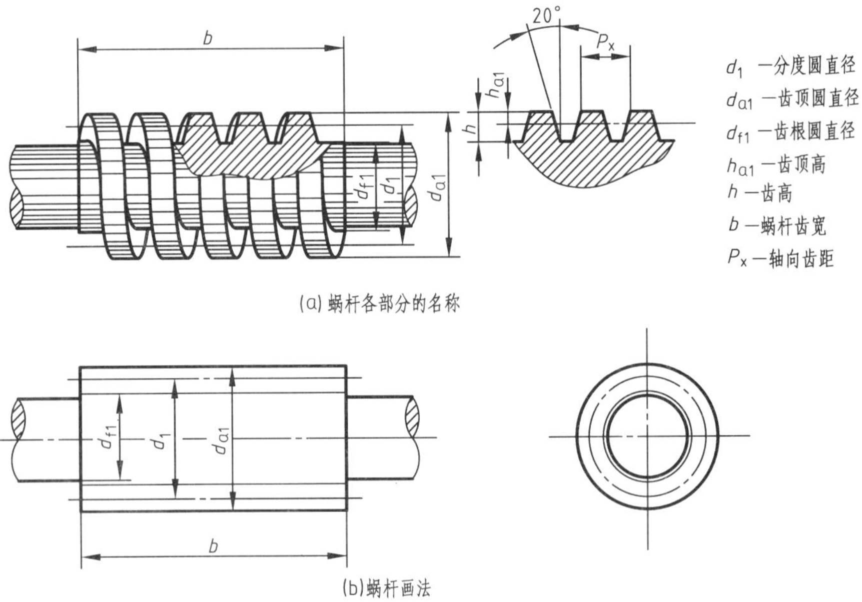

图 7-37　蜗杆各部分的名称和画法

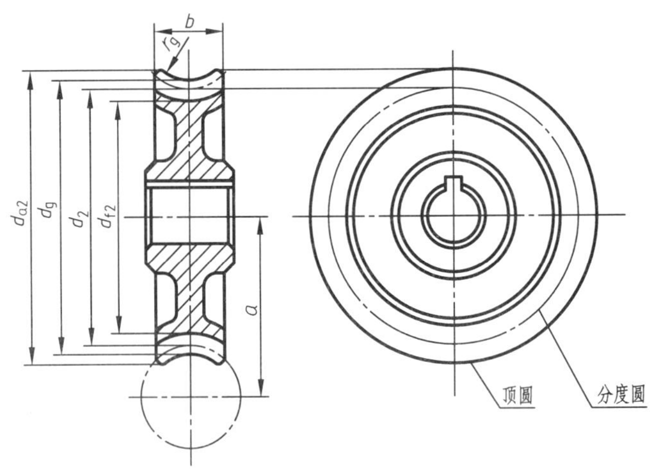

d_2—分度圆直径；d_g—喉圆直径；d_{f2}—齿根圆直径；d_{a2}—外圆直径；b—蜗轮宽度；r_g—咽喉母圆半径；a—中心距

图 7-38　蜗轮各部分名称和画法

1. 蜗杆、蜗轮各部分名称及画法

如图 7-37 (b) 所示，蜗杆齿形部分的尺寸以轴向剖面上的尺寸为准。主视图一般不作剖视，分度圆、分度线用点画线绘制；齿顶圆、齿顶线用粗实线绘制；齿根圆、齿根线用细实线绘制。在零件图中，左视图同心圆一般省略不画。

如图 7-38 所示，蜗轮的齿形部分尺寸是以垂直蜗轮轴线的中间平面为准。主视图一般画成全剖，其轮齿为圆弧形，分度圆用点画线绘制；喉圆和齿根圆用粗实线绘制。在零件图中，左视图同心圆一般省略不画。

蜗杆和蜗轮的零件图见图 7-39、图 7-40。

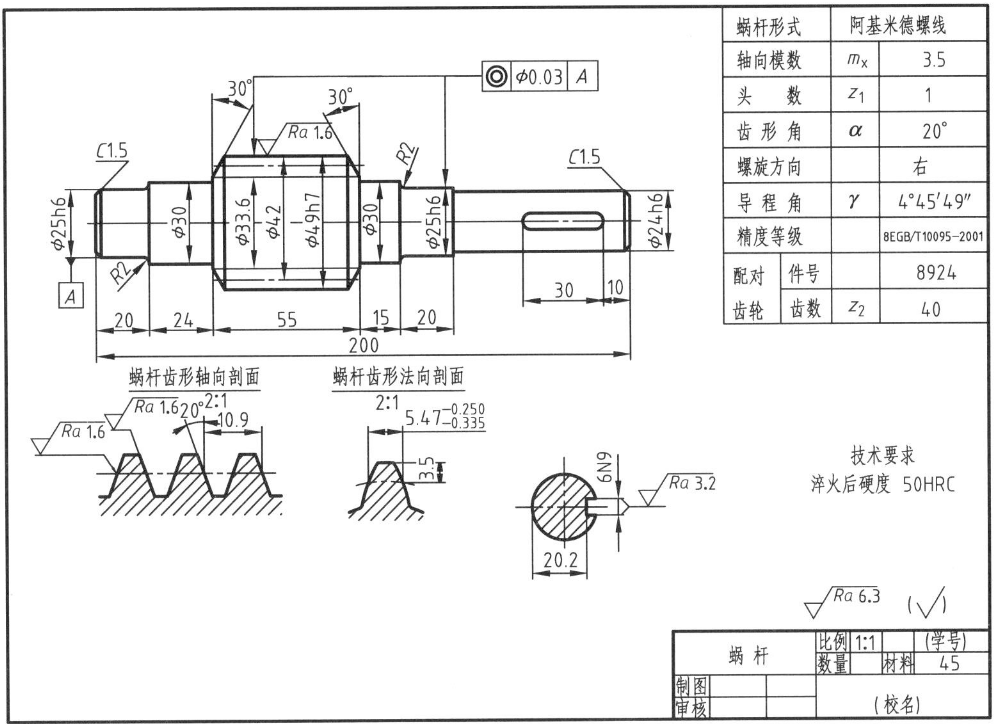

图 7-39　蜗杆零件图

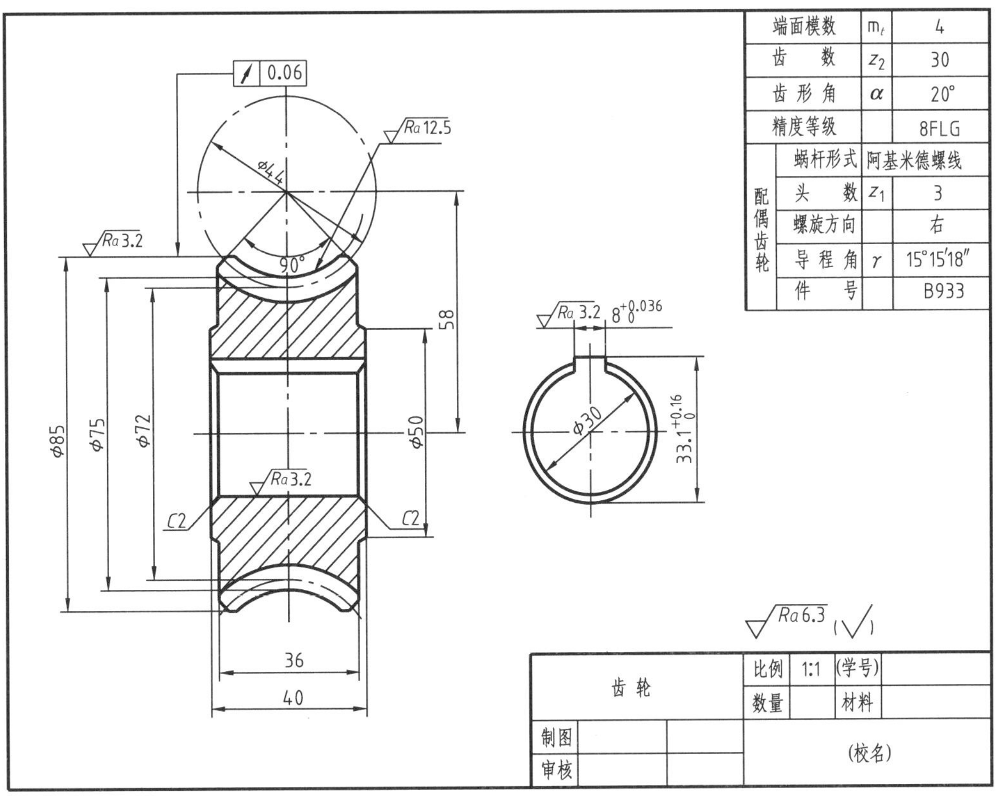

图 7-40　蜗轮零件图

2. 蜗杆、蜗轮的啮合画法

如图 7-41 所示为蜗杆、蜗轮的啮合画法。在蜗杆投影为圆的视图中，无论外形图还是剖视图，蜗杆与蜗轮的啮合部分只画蜗杆不画蜗轮。在蜗轮投影为圆的视图中，蜗杆的节线与蜗轮的节线应相切，其啮合区如果剖开时，一般采用局部剖视图。

蜗杆、蜗轮的零件图的右上角必须要有一个表示主要参数和精度等级的参数表，用于蜗杆、蜗轮的制造和检验。

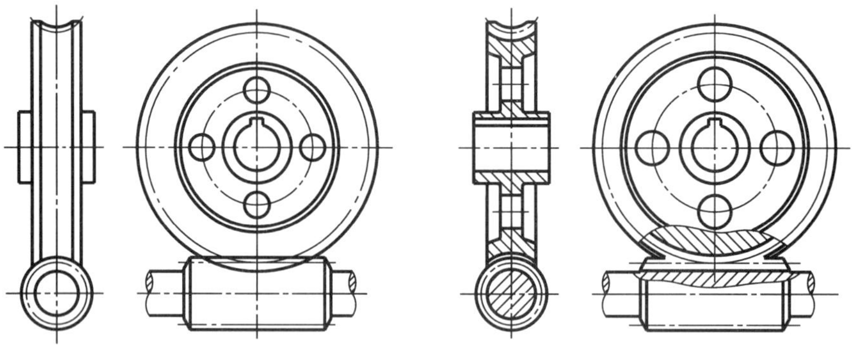

(a) 外形画法　　(b) 剖视画法

图 7-41　蜗杆、蜗轮的啮合画法

7.5 弹　　簧

弹簧是一种常用件，它通常用来减震、夹紧、测力和贮存能量。弹簧的种类多，常用的有螺旋弹簧和涡卷弹簧等。根据受力情况不同，螺旋弹簧又可分为压缩弹簧、拉伸弹簧和扭转弹簧等，常用的各种弹簧如图 7-42 所示。弹簧的用途很广，本节只介绍圆柱螺旋压缩弹簧。

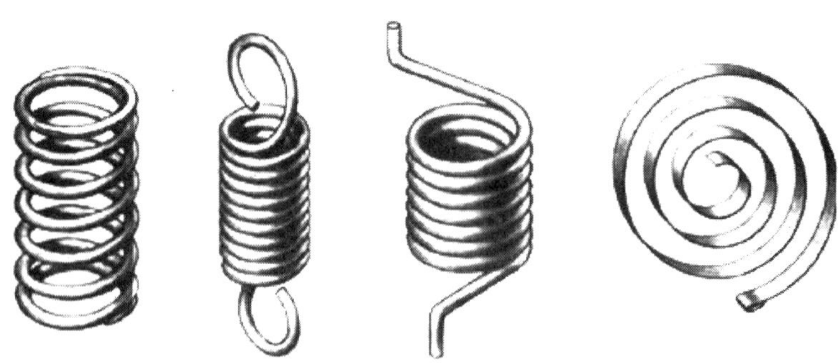

(a)　(b)　(c)　(d)

图 7-42　常用的各种弹簧

7.5.1 圆柱螺旋压缩弹簧的参数及尺寸关系

圆柱螺旋压缩弹簧的参数及尺寸关系见图 7-43。

(1) 材料直径 d。制造弹簧的钢丝直径。

(2) 弹簧直径。分为弹簧外径、内径和中径。

弹簧外径 D——即弹簧的最大直径。

弹簧内径 D_1——即弹簧的最小直径，$D_1=D-2d$。

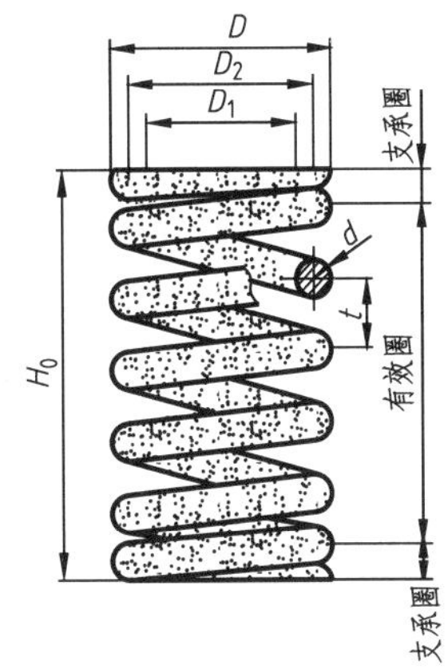

图 7-43　弹簧的参数

弹簧中径 D_2——即弹簧外径和内径的平均值，$D_2=(D+D_1)/2=D-d=D_1+d$。

(3) 圈数。包括支承圈数、有效圈数和总圈数。

支承圈数 n_2——为使弹簧工作时受力均匀，弹簧两端并紧磨平而起支承作用的部分称为支承圈，两端支承部分加在一起的圈数称为支承圈数（n_2）。当材料直径 $d\leqslant 8$mm 时，支承圈数 $n_2=2$；当 $d>8$mm 时，$n_2=1.5$，两端各磨平 3/4 圈。

有效圈数 n——支承圈以外的圈数为有效圈数。

总圈数 n_1——有效圈数和支承圈数之和为总圈数，$n_1=n+n_2$。

(4) 节距 t。除支承圈外的相邻两圈对应点间的轴向距离。

(5) 自由高度 H_0。弹簧在未受负荷时的轴向尺寸。

(6) 展开长度 L。弹簧展开后的钢丝长度。有关标准中的弹簧展开长度 L 均指名义尺寸，其计算方法为：当 $d\leqslant 8$mm 时，$L=\pi D_2(n+2)$；当 $d>8$mm 时，$L=\pi D_2(n+1.5)$。

(7) 旋向。弹簧的旋向与螺纹的旋向一样，也有右旋和左旋之分。

7.5.2　弹簧的规定画法

在平行于弹簧轴线的投影面的视图中，各圈的轮廓线画成直线。

螺旋弹簧均可画成右旋，左旋弹簧可画成左旋或右旋，但一律要注出旋向“左”字。

压缩弹簧在两端并紧磨平时，不论支承圈数多少或末端并紧情况如何，均按支承圈数 2.5 圈的形式画出。

有效圈数在 4 圈以上的螺旋弹簧，中间部分可以省略。中间部分省略后，允许适当缩短图形长度。

图 7-44 所示为圆柱螺旋压缩弹簧的画图步骤。

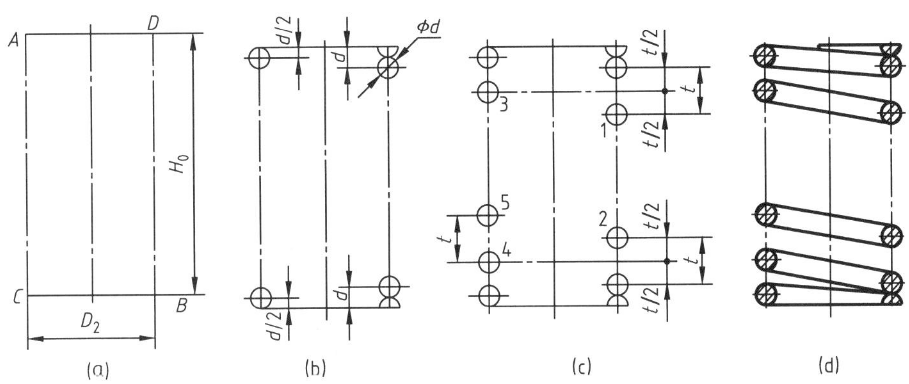

图 7-44　圆柱螺旋压缩弹簧的画法

圆柱螺旋压缩弹簧的零件工作图参照图 7-45 所示的图样格式。

7.5.3　弹簧在装配图中的画法

在装配图中，弹簧的画法要注意以下几点：

(1) 螺旋弹簧被剖切时，允许只画簧丝剖面。当簧丝直径小于或等于 2mm 时，其剖面

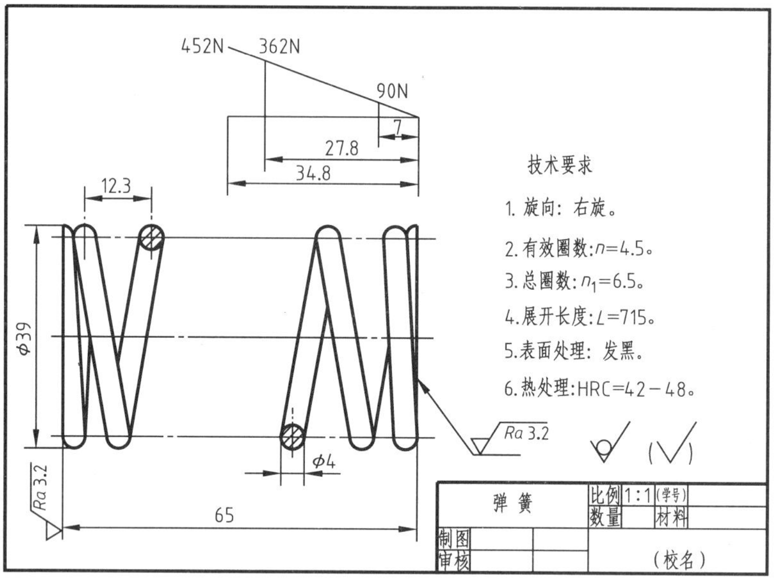

图 7-45 圆柱螺旋压缩弹簧图样格式

可涂黑表示，如图 7-46（b）所示。

（2）当簧丝直径小于或等于 2mm 时，允许采用示意画法，如图 7-46（c）所示。

（3）弹簧被挡住的结构一般不画，其可见部分应从弹簧的外径或中径画起，如图 7-46（a）所示。

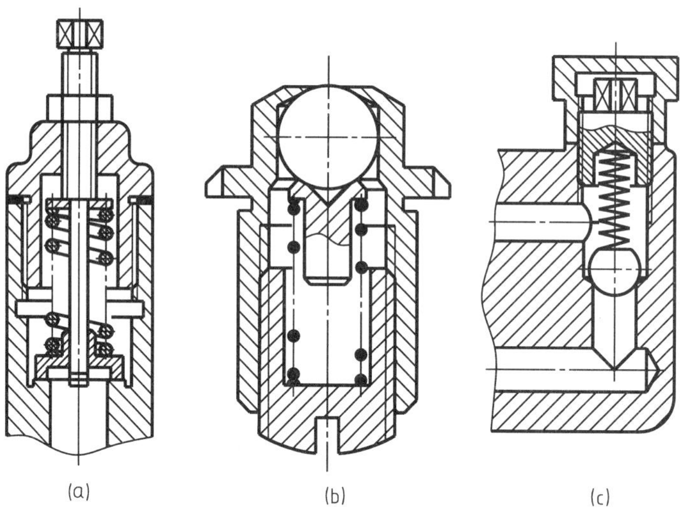

图 7-46 装配图中弹簧画法

第8章　零　件　图

制造机器或部件时，必须先加工出零件，然后再将零件按一定的装配关系装配成部件或机器，因此，零件是组成机器或部件的最基本的构件。在零件的生产过程中，必须以技术部门提供的零件图为依据，它是用来指导零件的加工、制造和检验的重要的技术文件。表达单个零件的结构形状、大小及技术要求的图样称为零件图。正确地掌握绘制和阅读零件图的方法，是工程技术人员必备的基本功。

8.1　零件图概述

8.1.1　零件图的内容

设计者要通过零件图反映其设计意图，表达出机器或部件对零件的要求，为了保证设计要求，制造出合格的零件，零件图中必须包括制造和检验该零件时所需的全部资料。如图8-1所示，一张完整的零件图包括以下四个方面的内容：

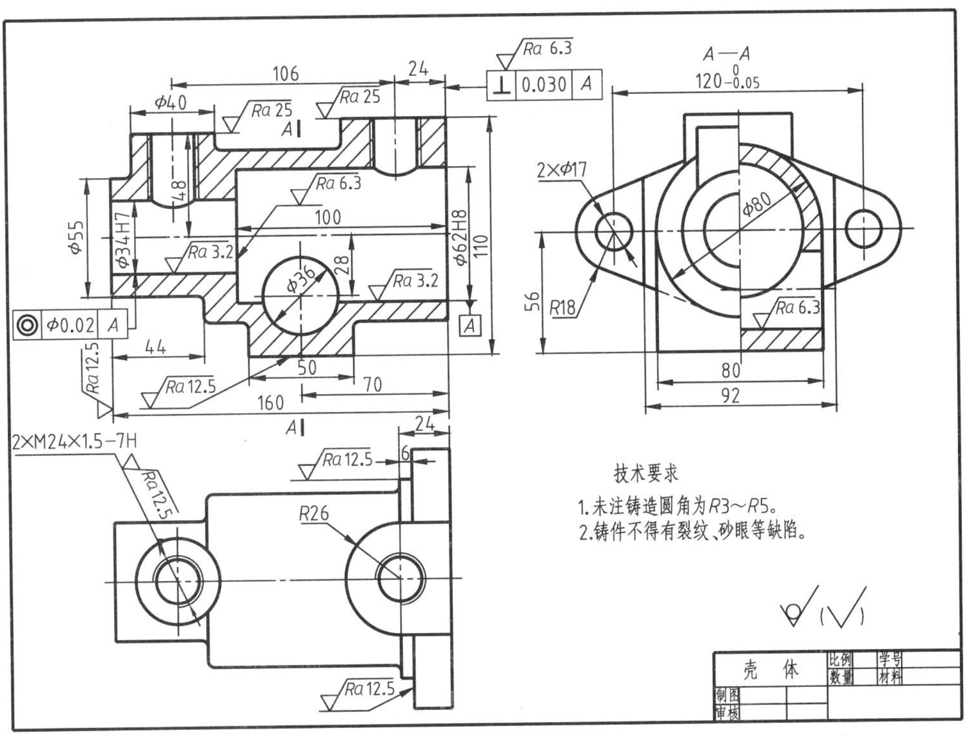

图8-1　壳体零件图

(1) 一组视图。根据有关标准规定，运用视图、剖视图、断面图及其他表达方法，完整、清晰地表达零件的结构形状。

(2) 完整的尺寸。正确、完整、清晰、合理地标注出制造和检验零件时所需的全部尺寸。

(3) 技术要求。用规定的符号、数字或文字说明零件在制造、检验时技术上应达到的质量要求。如表面粗糙度、极限与配合、形状和位置公差、热处理、表面处理等要求。

(4) 标题栏。说明零件的名称、材料、数量、比例、图号等内容。

8.1.2 零件的分类

任何机器或部件都是由若干零件组成的，而每个零件在其中都担负着各自不同的功能。根据零件在机器或部件上的作用，一般可将零件分成三种类型：

(1) 标准件。如紧固件（螺栓、螺母、垫圈、螺钉等）、键、销、滚动轴承等。设计时不必画出它们的零件图，只是根据需要，按规格到市场上选购或到标准件厂家订购。

(2) 常用件。如齿轮、蜗轮、蜗杆、弹簧等。这些零件虽然部分结构已实行标准化，在设计时仍须按规定画出零件图。

(3) 一般零件。按功能和结构等特点可将一般零件大致分为轴套类、轮盘类、叉架类和箱体类四种。

8.2 零件表达方案的选择

根据零件的结构特点，利用各种表达方法，经过认真分析、对比，选择恰当的表达方法，即便于绘图和读图，又符合生产要求，在充分表达零件结构形状的前提下尽量减少视图的数量，力求制图简便。

8.2.1 主视图的选择

主视图是零件图中最重要的视图，是一组视图的核心，读图和绘图一般先从主视图着手，主视图选得是否正确、合理，将直接关系到其他视图的数量及配置，也会影响读图和绘图的方便性。

选择主视图一般应遵循以下原则。

1. 投射方向的选择

主视图是反映零件的结构形状信息量最多的视图，应选择最明显、最充分地反映零件主要部分的形状及各组成部分相互位置的方向作为主视图的投射方向，即体现零件的形状特征原则。

2. 零件位置的选择

(1) 加工位置原则。使主视图的摆放位置与零件在机械加工时的装夹位置保持一致，加工时方便看图操作。

(2) 工作位置原则。将主视图按照零件在机器（或部件）中的工作位置放置，便于看图和指导安装。

零件的形状结构千差万别，在选择主视图方案时，上述原则最好同时兼顾，如不能同时满足时，首先按形状特征原则确定投射方向，其次根据加工位置原则或工作位置原则确定图形摆放位置。此外，还应适当考虑零件形态的平稳性和图幅布局的合理性。

8.2.2 其他视图的选择

主视图确定后，还应该选择适当的其他视图对主视图没有表达清楚的部分加以补充。选择其他视图时应从以下几个方面考虑：

(1) 根据零件的复杂程度和结构特征，其他视图应对主视图中没有表达清楚的结构形状特征和相对位置进行补充表达；

(2) 选择其他视图时，应优先考虑选用基本视图，并尽量在基本视图中选择剖视；

（3）对尚未表达清楚的局部形状和细小结构，可补充必要的局部视图和局部放大图，尽量按投影关系放置在有关视图的附近；

（4）选择视图除考虑完整、清晰外，视图数量选择要恰当，以免主次不分，但有时为了保证尺寸标注能够正确、完整、清晰，也可适当增加某个图形。

8.2.3　典型零件的视图

1. 轴套类零件

（1）结构分析。轴套类零件在机器上应用很广，它们的结构特点一般是由不同直径的回转体同轴叠加而成，且轴向尺寸大于径向尺寸。轴类零件一般起支承转动零件、传递动力的作用；而套类零件则是装在轴上起轴向定位等作用。因此，常带有键槽、轴肩、螺纹及退刀槽或砂轮越程槽等结构。

（2）主视图的选择。轴套类零件主要在车床或磨床上加工，因而主视图投射方向应选择非圆视图的方向，按加工位置摆放，见图 8-2，即轴线水平放置。图 8-3 为一根轴的零件图，各段圆柱的相互位置在轴线水平摆放的主视图上表达得非常清楚，配合着直径尺寸的标注，进一步表明它是回转体的非圆视图；两处局部剖视表达了键槽的形状和位置，并且也能反映出销孔、退刀槽及倒角等结构。

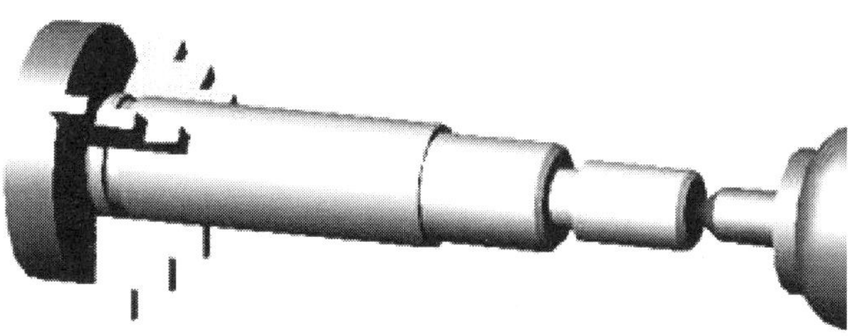

图 8-2　轴在车床上的加工位置

（3）其他视图的选择。轴上的键槽、销孔等结构采用移出断面图表达，局部放大图则用来表达主视图上没有表达清楚的细小结构，如图 8-3 所示。

2. 轮、盘类零件

（1）结构分析。轮、盘类零件在装配体中主要起支承、连接、轴向定位和密封等作用，一般包括各种齿轮、端盖、皮带轮、手轮、法兰盘、阀盖等。它们的主要部分大多是由共轴线的回转体组成，且轴向尺寸较小，而径向尺寸较大。这类零件上常有键槽、凸台、退刀槽、均匀分布的光孔、肋、轮辐等结构。

（2）主视图的选择。轮盘类零件的主要加工面通常是在车床上加工的。选择轮、盘类零件的主视图时，与轴套类零件相同，将轴线水平摆放，并取适当剖视，以表达其内部结构。

（3）其他视图的选择。轮、盘类零件上常设有沿圆周分布的孔、槽和轮辐等结构，应选择适当的剖视图或断面图来表达；除此之外，还需选择左视图或右视图，以表达这些结构的形状和分布情况。

法兰盘的结构见图 8-4。主视图选择非圆视图方向，轴线水平摆放，全剖视的主视图清楚地表达了孔、槽的结构，左视图则用来表达法兰的形状（下部被切去一部分）和安装孔的分布情况，注油孔及槽则由 B 向局部视图来表达，如图 8-5 所示。

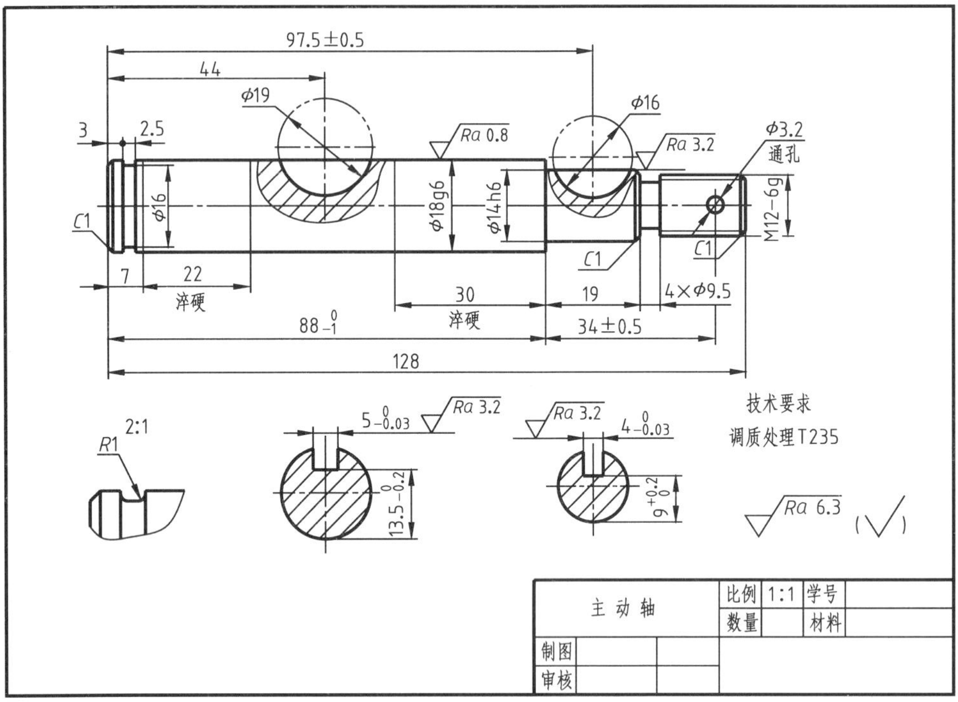

图 8-3 主动轴的零件图

3. 叉架类零件

(1) 结构分析。叉架类零件包括杠杆、连杆、拨叉、支架等，一般在机器中起操纵、调速和支承等作用。零件的结构较复杂，大致可分为工作、安装固定和连接三个部分。为满足零件的各种功能，常设有肋、板、杆、筒、座、凸台、凹坑等结构。

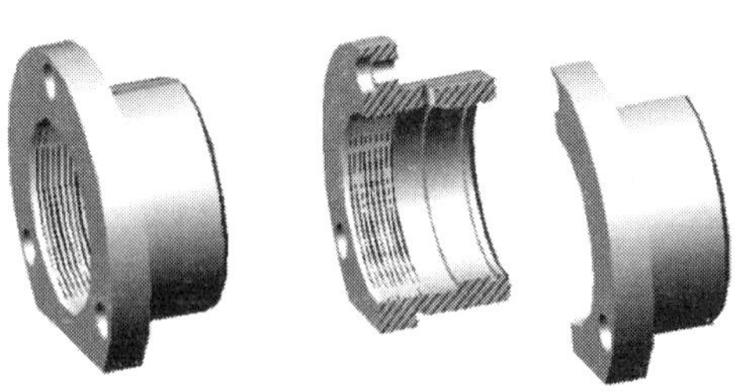

图 8-4 法兰盘的结构图

(2) 主视图的选择。叉架类零件的毛坯一般为铸件或锻件，机械加工时的装夹位置随工序的不同而改变，选择主视图时一般不应考虑加工位置，而是选择最能反映其形状特征的视图作为主视图的投射方向，按工作位置摆放。

(3) 其他视图的选择。叉架类零件常常需要两个或两个以上的视图，并配有局部视图和断面图等，以表达某些局部结构及肋、板的断面形状。

托脚的结构见图 8-6。在托脚的零件图（图 8-7）中，主视图反映了托脚的空心圆柱、安装板和肋板三个组成部分的相互位置关系，两处局部剖视表达其内部结构，俯视图表达了空心圆柱的形状、安装板的宽度及右侧凸台的位置，凸台的形状和肋板的断面结构分别由 B 向局部视图和移出断面图来表达。

4. 箱体类零件

(1) 结构分析。箱体类零件包括泵体、阀体、减速箱箱体、液压缸体以及其他各种用途的箱体、机壳等。箱体类零件主要用来支承、包容和保护运动零件或其他零件，一般由支承、安装固定和连接包容三个部分组成，其内部有空腔、轴承孔、凸台等结构。

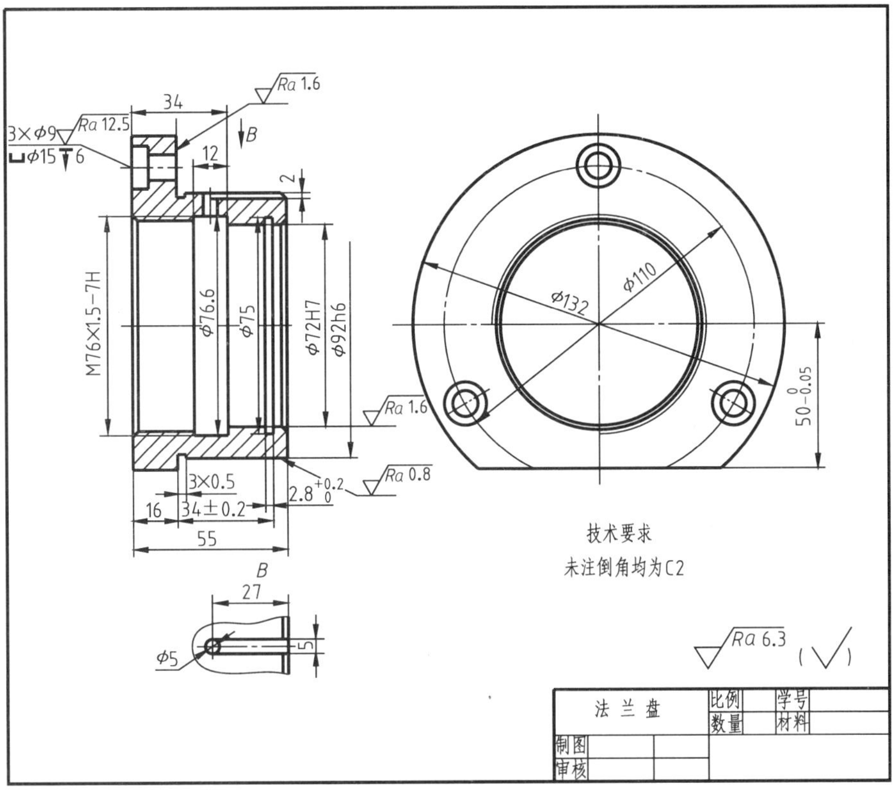

图 8-5　法兰盘的零件图

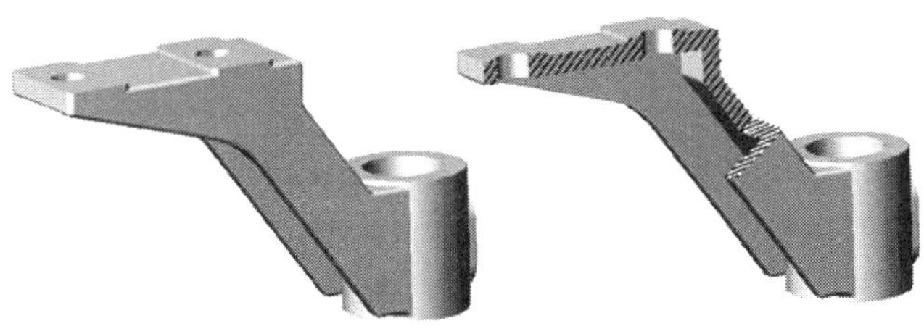

图 8-6　托脚立体图

（2）主视图的选择。箱体类零件多为铸件，内外结构比较复杂，加工工序亦较多。主视图的选择与叉架类零件相同，一般按工作位置摆放，并以反映其形状特征最明显的方向作为主视图的投射方向。

（3）其他视图的选择。完整表达箱体零件，一般需要三个或三个以上的基本视图，根据零件的结构特点，选用基本视图、剖视图、断面图、局部视图等多种表达形式。

蜗轮蜗杆减速器箱体的结构如图 8-8 所示，箱体主要由容纳蜗轮的圆柱形腔体和安装蜗杆的方形腔体组成。主视图的投射方向选择安装蜗杆的支承孔的公共轴线方向，全剖视的主视图反映了零件两部分的内腔及内腔中用来支承蜗杆的凸台形状，外表面凸台则由 A 向局部视图表达；俯视图处理成局部剖视图，既表达了两个支承孔的结构和圆柱形腔体的形状，又反映了箱体上部凸台的形状和螺纹孔的分布情况；左视图用来表明左侧方形腔体形状，也表达了安装箱盖的螺纹孔以及箱体下方径向分布的四组孔的情况，箱体零件图见图 8-9。

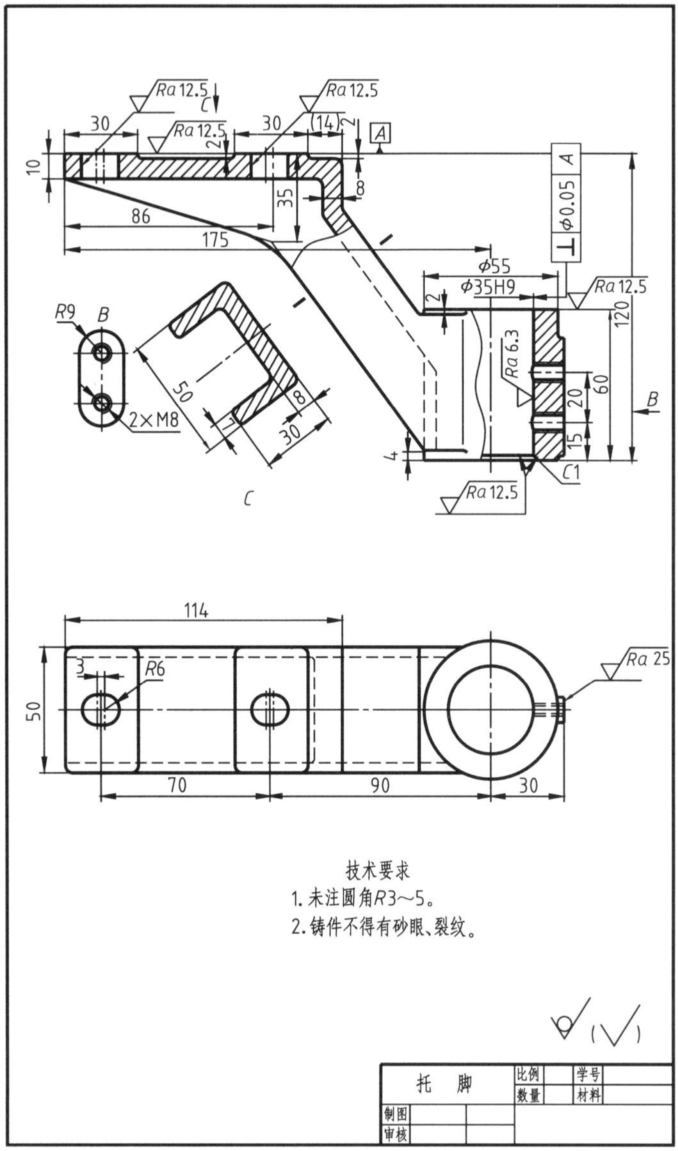

图 8-7 托脚零件图

图 8-8 箱体立体图

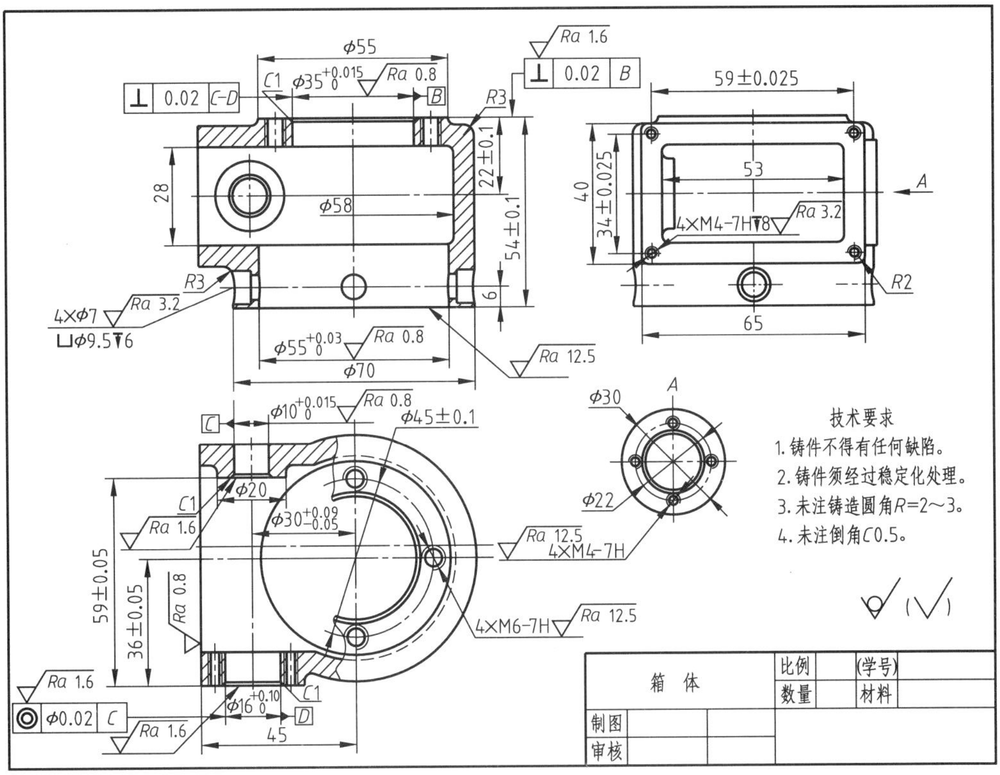

图 8-9　箱体零件图

8.3　零件图的尺寸标注

零件图中的视图用来表达零件的结构形状，而零件各部分结构的大小则要由标注的尺寸用来确定，它是零件加工和检验的重要依据，因此，对零件图上标注尺寸的要求是：正确、完整、清晰、合理。前三点在第 4 章已作过介绍，本节着重讲述怎样合理地标注零件的尺寸，即符合生产要求。但合理地标注尺寸，需要有较多的生产实际经验和有关的专业知识，这里仅介绍一些合理标注尺寸的基本知识。

8.3.1　正确地选择尺寸基准

要使尺寸标注合理，很重要的一个问题是如何选择尺寸基准。

尺寸基准可以选择平面（如零件的安装底面、端面、对称面和结合面）、直线（如零件的轴线和中心线等）和点（如圆心、坐标原点等）。

根据作用不同，尺寸基准可分为：

(1) 设计基准。根据设计要求，保证功能、确定零件结构形状和相对位置的基准称为设计基准。

(2) 工艺基准。零件在加工和测量时使用的基准称为工艺基准。

为了减少误差，保证设计要求，应尽可能使设计基准和工艺基准重合。

每个零件都要标注长、宽、高三个方向的尺寸，因此每个方向都应该有一个主要基准。但根据设计、加工和测量上的要求，还可附加一个或几个基准。我们把决定零件主要尺寸的基准称为主要基准；而把附加的基准称为辅助基准。在一般情况下，主要基准为设计基准，辅助基准为工艺基准，主要基准和辅助基准之间必须有尺寸相联系。

如图 8-10 所示，轴类零件的尺寸分径向尺寸和轴向尺寸，因此尺寸基准也分为径向基准和轴向基准。

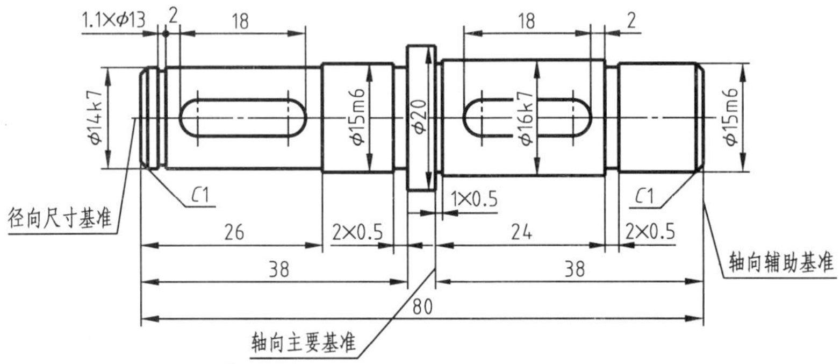

图 8-10 轴的尺寸基准选择

径向尺寸基准的确定 如图 8-10 所示的凸轮轴，中间 $\phi15m6$ 和右端 $\phi15m6$ 分别安装滚动轴承，$\phi16k7$ 处装配凸轮，这些尺寸是轴的主要径向尺寸，为了使轴转动平稳、齿轮啮合正确，希望各段回转轴在同一轴线上，因此设计基准就是轴线。由于加工时两端用顶尖支承，因此轴线亦是工艺基准，即工艺基准与设计基准重合，这样加工后所得的尺寸容易满足设计要求。

轴向尺寸基准的确定 凸轮是所有安装关系中最重要的一环，凸轮的轴向位置靠尺寸为 $\phi20$ 的右端轴肩来保证，所以设计基准在轴肩的右端面，由这一轴肩开始，标出与凸轮配合的轴径长度 24；为方便轴向尺寸测量，选择轴的右端面为工艺基准，确定全轴长度 80；因此，$\phi20$ 的右端面为主要基准面，轴右端面为辅助基准面。主要基准和辅助基准之间以 38 为联系尺寸。

8.3.2 合理标注尺寸

1. 重要尺寸要直接注出

零件上的配合尺寸、安装尺寸、特性尺寸等，即影响零件在机器中的工作性能和装配精度等要求的尺寸，都是设计上必须保证的重要尺寸。重要尺寸必须直接注出，以保证设计要求。

图 8-11 中的 l_2 为轴承座的中心高，是一个重要尺寸，必须直接从安装底面注出，如图 8-11（a）所示；若注成图 8-11（b）的形式，l_2 尺寸由 l_1 和 l_3 间接得到，由于加工误差的

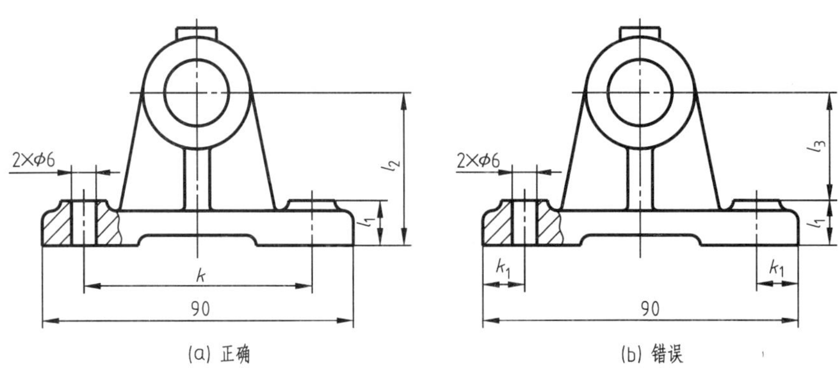

图 8-11 重要尺寸直接标注

影响，l_2 尺寸很难保证。同理，安装时，为保证轴承上两个 $\phi6$ 孔与机座上的孔正确装配，两个 $\phi6$ 孔的定位尺寸应该如图 8-11（a）直接注出中心距 k，而不应由两个 k_1 来确定，见图 8-11（b）。

2. 符合加工顺序

按加工顺序标注尺寸，便于看图、测量，且容易保证加工精度。

图 8-12（a）表示了一个零件在加工过程中的尺寸标注情况，按着这个加工顺序标注的尺寸如图 8-12（b）所示。而图 8-12（c）的尺寸注法不符合加工顺序，是不合理的。

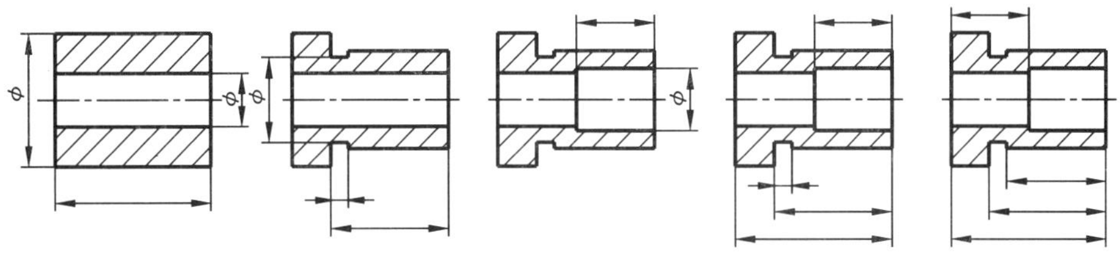

(a) 零件的加工顺序　(b) 合理　(c) 不合理

图 8-12　符合加工顺序

3. 便于测量

如图 8-13 所示，在加工阶梯孔时，一般先加工小孔，然后依次加工出大孔。因此，在标注轴向尺寸时，应从两个端面注出大孔的深度，以便于测量。

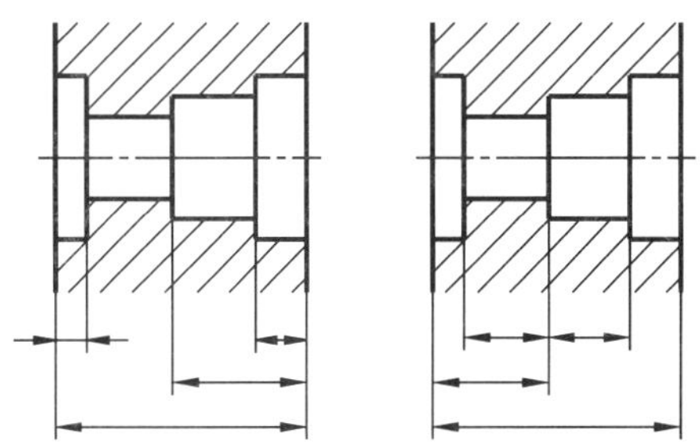
(a) 合理　(b) 不合理

图 8-13　便于测量

4. 加工面和非加工面

对于铸造或锻造零件，同一方向上的加工面和非加工面应各选择一个基准分别标注，并且两个基准之间只允许有一个联系尺寸。如图 8-14（a）所示，零件的非加工面的一组尺寸是 M_1、M_2、M_3、M_4，加工面由另一组尺寸 L_1、L_2 确定。加工基准面与非加工基准面之间只用一个尺寸 A 相联系。按图 8-14（b）标注的一组尺寸是不合理的。

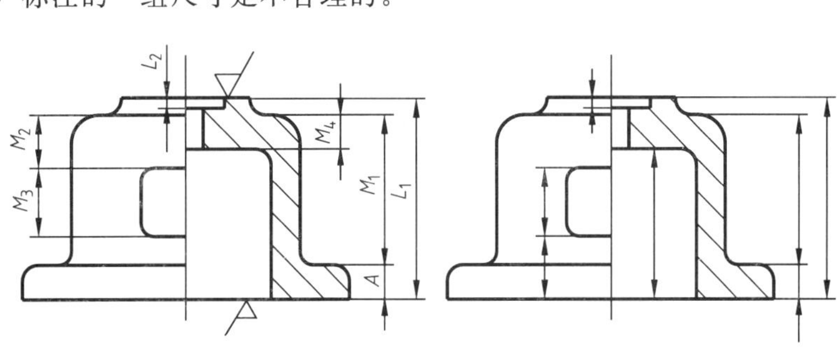

(a)　(b)

图 8-14　加工面和非加工面

5. 应避免注成封闭尺寸链

零件在同一方向按一定顺序依次连接起来排成的尺寸标注形式称为尺寸链。组成尺寸链的每个尺寸称为环。在一个尺寸链中，若将每个环全部注出，首尾相接，就形成了封闭尺寸链，如图 8-15（a）。为了保证重要尺寸的精度要求，通常在链中挑出尺寸精度要求最低的一环空出不注（称为开口环），如图 8-15（b）所示；特殊需要必须注出时，可将此尺寸数值用括号括起来，称为“参考尺寸”，见图 8-15（c）中 L_1 的标注形式。另外小尺寸不能作开口环。

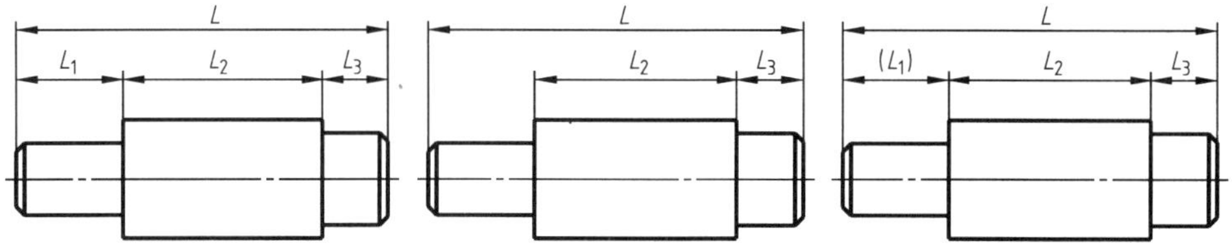

(a) 封闭尺寸链　(b) 设有开口环的尺寸注法　(c) 参考尺寸的注法

图 8-15　应避免注成封闭尺寸链

6. 常用孔及常见结构要素的尺寸注法

零件上常见的各种孔的尺寸，可采用表 8-1 的方法标注。

表 8-1　常见孔的尺寸注法

类型	标注方法	简化注法		说明
螺纹孔	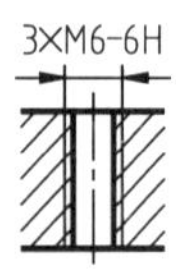	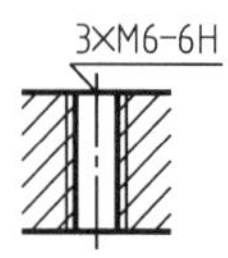	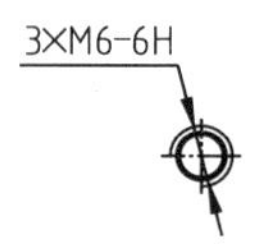	3×M6-6H 表示螺纹大径为 6mm，均匀分布的 3 个螺纹孔
	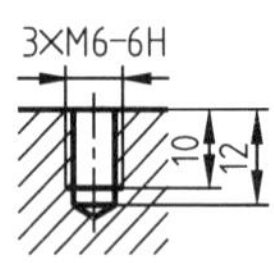	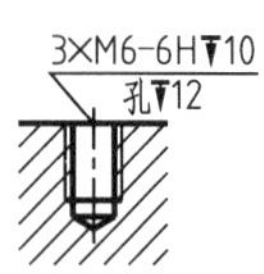	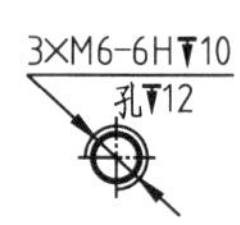	“↧”为深度符号，本表各行均同
	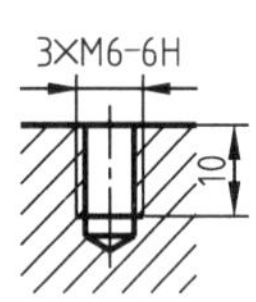	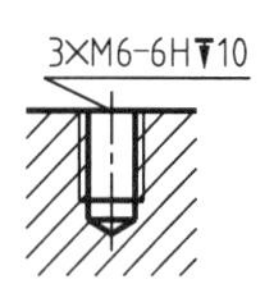		如对钻孔深度无一定要求，可不必标注，一般加工到螺孔稍深即可
光孔	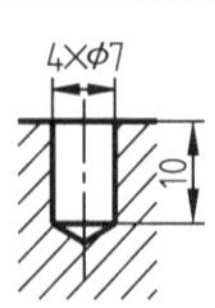	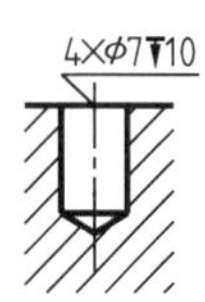	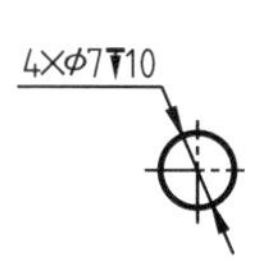	“4”指同样直径的孔数
沉孔	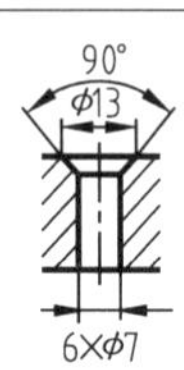	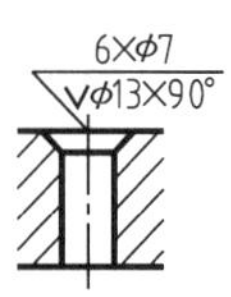	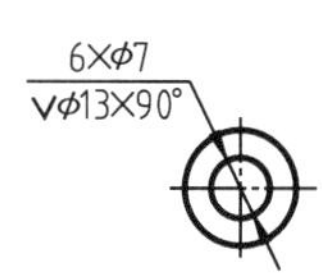	“∨”为埋头孔符号
	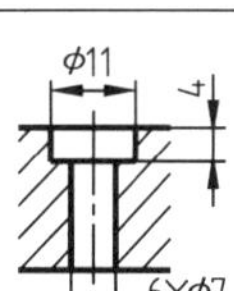	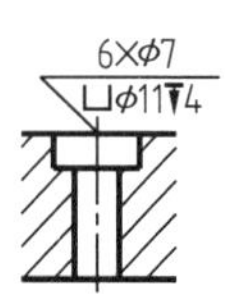	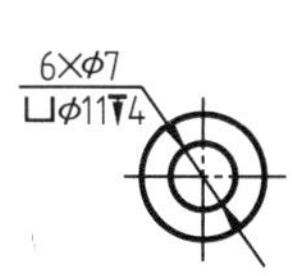	“⊔”为沉孔或锪平孔符号

续表

类型	标注方法	简化注法		说明
沉孔	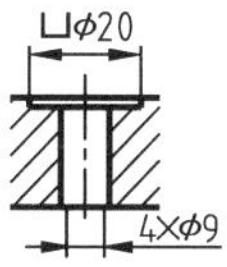	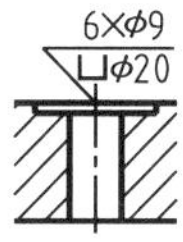	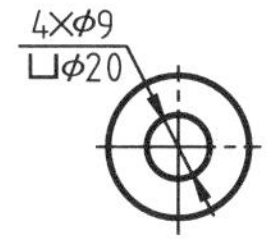	锪平孔 ϕ20 的深度不需标注，只是将大孔底圆加工到不出现毛坯面为止
圆锥销孔	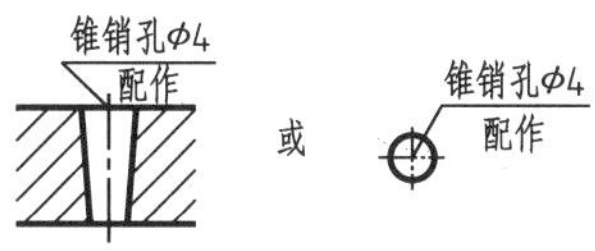			圆锥销孔直径是指配用的圆锥销的公称直径

零件上常见结构要素的尺寸，可以采用表 8-2 的方法标注，其常用符号的比例画法见表 8-3。

表 8-2 常见结构要素的尺寸注法

零件结构类型	简化注法	说明
倒角	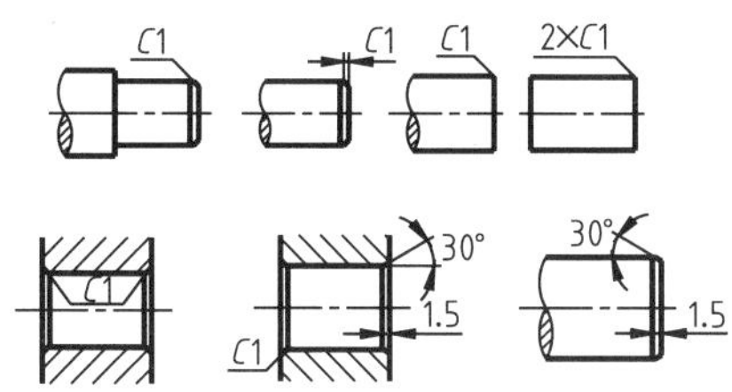	倒角 1×45°时，可注成 C1；倒角不是 45°时，要分开标注
退刀槽及越程槽	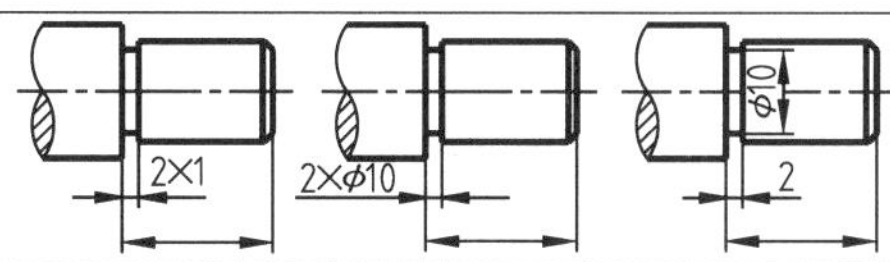	标注形式可按"槽宽×直径"或"槽宽×槽深"，也可以将槽宽和直径分别标注
板厚	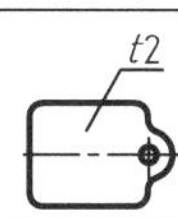	板状零件的厚度，可在尺寸数字前面加注符号"*t*"
均布的成组要素及同轴圆、同轴台阶孔	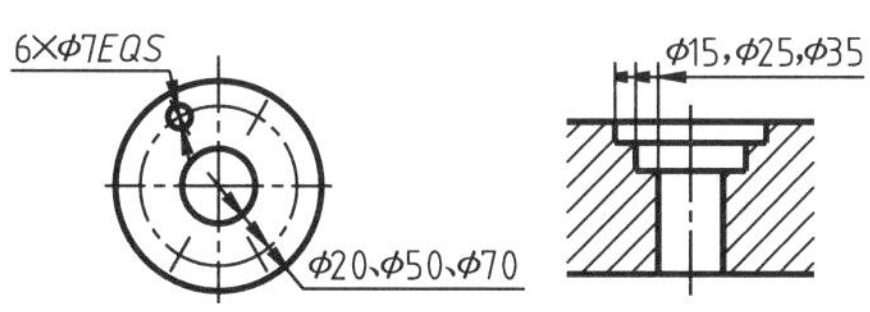	在同一图形中，对于尺寸相同的成组孔、槽等要素，除需注出尺寸和数量，还应在其后注出"均布"的缩写词"*EQS*" 一组同心圆或尺寸较多是台阶孔的尺寸，可采用共同的尺寸线，按顺序依次标注出不同的直径
同心或不同心圆弧	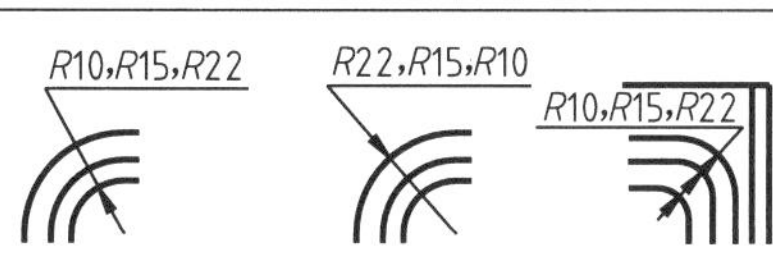 (a) 同心 (b) 不同心	一组同心圆弧或圆心位于一条直线上的多个不同心圆弧的半径尺寸，可采用共同的尺寸线，依次注出

表 8-3 尺寸注法中常用符号的比例画法

含义	正方形	深度	沉孔或锪平	埋头孔	弧长
符号	□	↧	⌴	⌵	⌒
比例画法	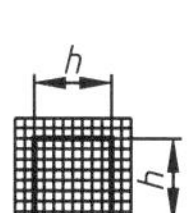	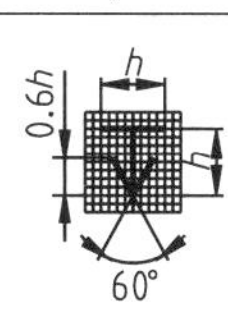	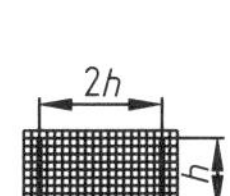	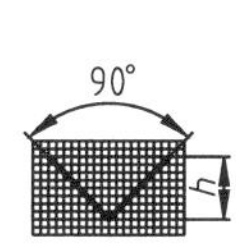	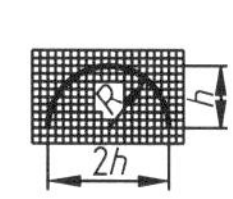

8.4 零件图的技术要求

零件图上除了视图和尺寸外，还需用文字或符号注明对零件在加工工艺、验收检验和材料质量等方面提出要求。

零件图上所要注写的技术要求包括；零件表面粗糙度、材料表面处理和热处理、尺寸公差、形位公差，以及零件在加工、检验和试验时的要求等内容。

8.4.1 表面粗糙度

1. 表面粗糙度的概念

零件在加工过程中，由于机床、刀具的震动、材料被切削时产生塑性变形及刀痕等因素的影响，零件的表面不可能是一个理想的光滑表面。这种加工表面上所具有的较小间距和峰谷所组成的微观几何形状特性称为表面粗糙度，如图 8-16（a）所示。

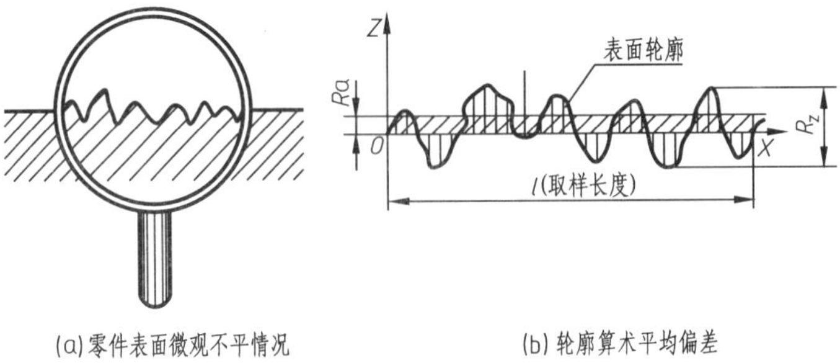

图 8-16 表面粗糙度的概念

表面粗糙度对零件的配合性质、耐磨性、工作精度和抗腐蚀性都有密切的关系，它直接影响到机器的可靠性和使用寿命。将这种微观几何形状特性所体现的高低不平程度用数值表现在图样中，作为加工和检验零件表面状况的一个依据。

2. 表面粗糙度的高度参数

国家标准（GB/T 3505—2000）中规定了评定表面粗糙度的各种参数，其中高度参数有三项，即轮廓算数平均偏差 Ra；微观不平度十点高度 Rz；轮廓最大高度 Ry。在此三项高度参数中，参数 Ra 能充分反映表面微观几何形状高度方面的特征，并且所用仪器（轮廓仪）的测量方法比较简单，因此，在生产中常采用 Ra 作为评定零件表面质量的主要参数，如图 8-16（b）所示，即：

$$Ra = \frac{1}{l}\int_0^l |y(x)|\,dx$$

或近似为：
$$Ra = \frac{1}{n}\sum_{i=1}^{n} |y_i|$$

式中 y——轮廓线上的点到基准线（中线）之间的距离；

l——取样长度。

国家标准规定的 Ra 值，见表 8-4。

3. 表面粗糙度的符号、代号

（1）表面粗糙度的符号。表面粗糙度的符号及其含义见表 8-5。

若在图样的某个视图上构成封闭轮廓的各表面有相同的表面结构要求时，在完整图形符号上加一圆圈，标注在图样中工件的封闭轮廓线上，如图 8-17 所示。

表 8-4　轮廓幅度参数值选定实例

Ra/μm	Rz/μm	表面形状特征		应用实例
>20	>125	粗糙表面	明显可见刀痕	未标注公差表面
>10～20	>63～125		可见刀痕	粗加工表平面、非配合的加工表面，如轴端面、倒角、钻孔、齿轮和带轮侧面、垫圈接触面等
>5～10	>32～63	半光表面	微见加工痕迹	轴上不安装轴承或齿轮的非配合表面，键槽底面，紧固件的自由装配表面，轴和孔的退刀槽等
>2.5～5	>16.0～32		微见加工痕迹	半精加工表面，箱体支架、端面、套筒等与其他零件结合而无配合要求的表面等
>1.25～2.5	>8.0～16.0		看不清加工痕迹	接近于精加工表面，箱体上安装轴承的镗孔表面、齿轮面等
>0.63～1.25	>4.0～8.0	光表面	可辨加工痕迹方向	圆柱销、圆锥销，与滚动轴承配合的表面，普通车床导轨表面，内外花键定心表面、齿轮齿面等
>0.32～0.63	>2.0～4.0		微辨加工痕迹方向	要求配合性质稳定的配合表面，工作时承受应力的重要表面，较高精度车床导轨表面、高精度齿轮齿面等
>0.16～0.32	>1.0～2.0		不可辨加工痕迹方向	精密机床主轴圆锥孔、顶尖圆锥面，发动机曲轴颈表面和凸轮轴的凸轮工作表面等

表 8-5　表面结构符号及其含义

符号名称	符　　号	含　　义
基本图形符号		未指定工艺方法的表面，当通过一个注释解释时可单独使用
扩展图形符号		用去除材料的方法获得的表面，仅当其含义是“被加工表面”时可单独使用
		不去除材料的方法获得的表面，也可用于表示保持上道工序形成的表面，不管这种状况是通过去除或不去除材料形成的
完整图形符号	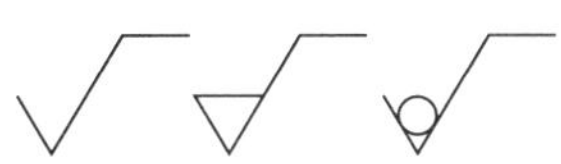	在以上各种符号的长边上加一横线，以便注写对表面结构的各种要求

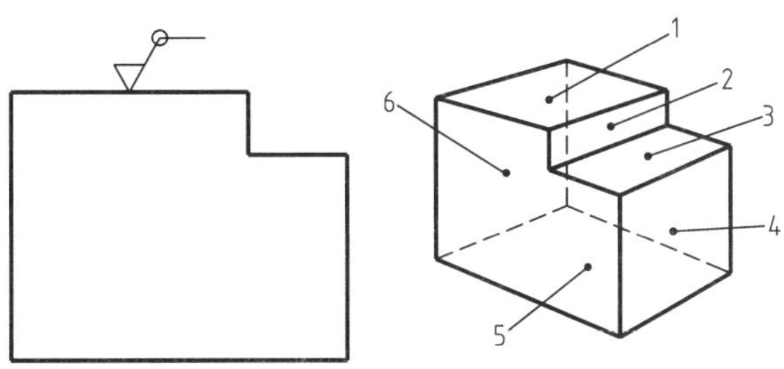

图 8-17　对周边各表面有相同的表面结构要求的注法

表面结构符号的画法见图 8-18。

表面结构符号的尺寸与图样中轮廓线宽度以及数字高度的相互关系见表 8-6。

(2) 表面结构补充要求的注写位置。表在完整符号中，对表面结构的单一要求和补充应注写在指定位置见表 8-7。

表面结构代号的注写示例见表 8-8。

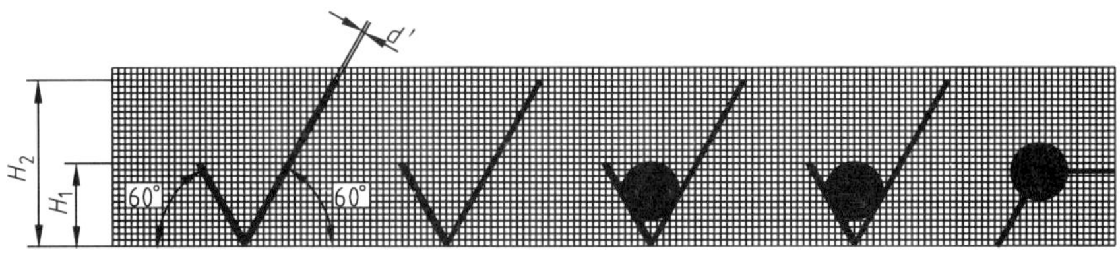

图 8-18　表面结构符号画法

表 8-6　表面结构符号的尺寸关系

图样上轮廓线的线宽 b	0.35	0.5	0.7	1	1.4	2
数字与大写字母的高度 h	2.5	3.5	5	7	10	14
符号的线宽 d' 数字与字母的笔画宽度 d	0.25	0.35	0.5	0.7	1	1.4
高度 H_1	3.5	5	7	10	14	20
高度 H_2	8	11	15	21	30	42

表 8-7　表面结构补充要求的注写位置

代　号	含　义
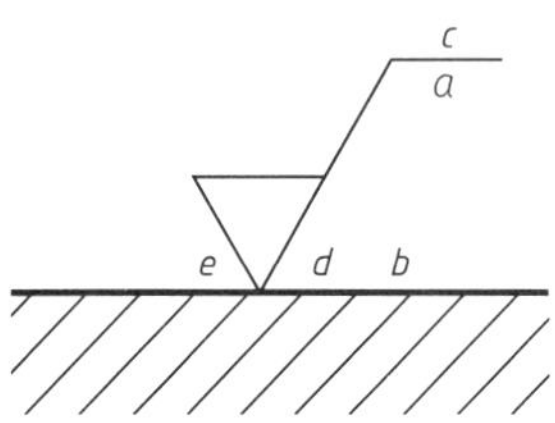	a——注写表面结构的单一要求 a、b——a 注写第一部门结构要求，b 注写第二表面结构要求 c——注写加工方法，如“车”、“磨”、“镀”等 d——注写表面加工纹理方向 e——注写加工余量

表 8-8　表面结构代号的注写示例

代　号	意　义	代　号	意　义
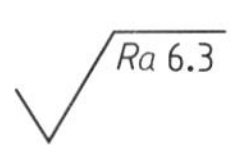	表示任意加工方法获得的表面幅度参数 Ra 的上限值为 6.3μm	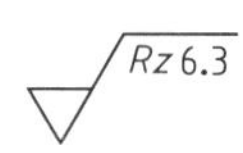	用去除材料的方法获得的表面幅度参数 Rz 的上限值为 6.3μm
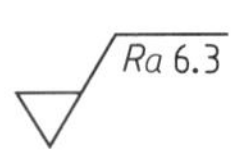	表示用去除材料的方法获得的表面幅度参数 Ra 的上限值为 6.3μm	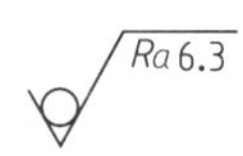	表示不允许去除材料的方法获得的表面幅度参数 Ra 的上限值为 6.3μm
	表示用去除材料的方法获得的表面幅度参数 Rz 的最大值为 6.3μm	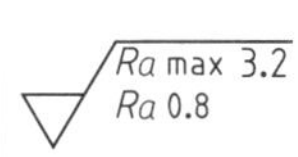	表示用去除材料的方法获得的表面幅度参数 Ra 的上限值为 3.2μm，Ra 的下限值为 0.8μm

4. 表面结构在图样上的标注方法（GB/T 131—2006）

（1）表面结构要求对每一表面一般只注一次，并尽可能注在相应的尺寸及其公差的同一视图上，除非另有说明。所标注的表面结构要求是对完工零件表面的要求。

（2）表面结构的注写和读取方向与尺寸的注写和读取方向一致。表面结构要求可标注在轮廓线上，其符号应从材料外指向并接触表面，如图 8-19 所示。必要时，表面结构也可用带箭头或黑点的指引线引出标注，如图 8-20 所示。

（3）在不致引起误解时，表面结构要求可标注在给定的尺寸线上，如图 8-21 所示。

（4）表面结构要求可标注在形位公差框格的上方，如图 8-22 所示。

（5）表面结构要求可标注在圆柱特征视图的延长线上，如图 8-23 所示。

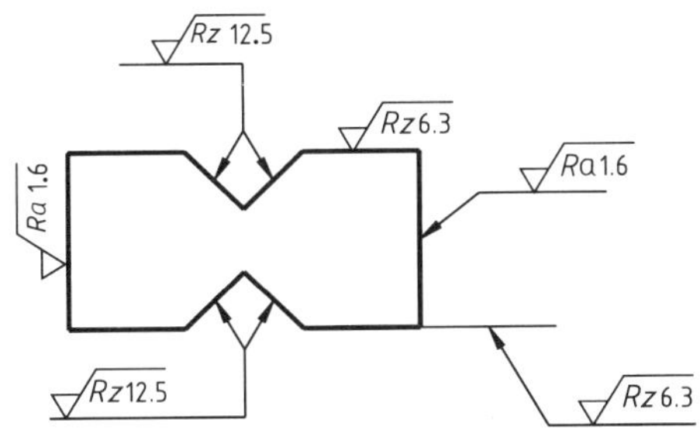

图 8-19　表面结构要求在轮廓线上标注

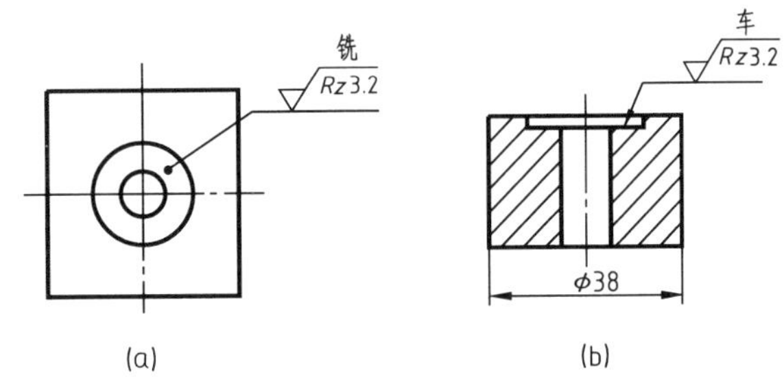

图 8-20　用指引线引出标注表面结构要求

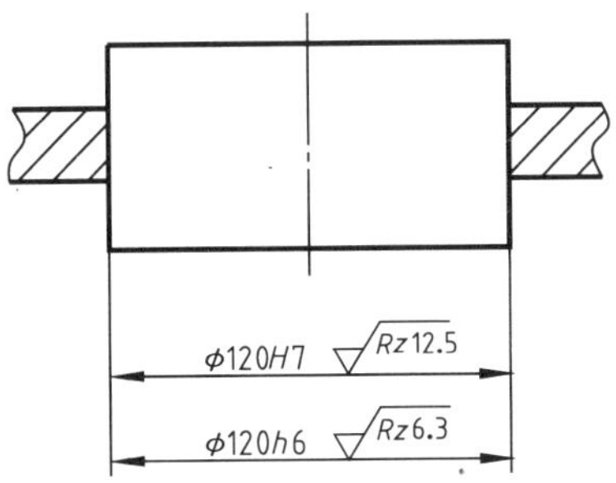

图 8-21　表面结构要求标注在尺寸线上

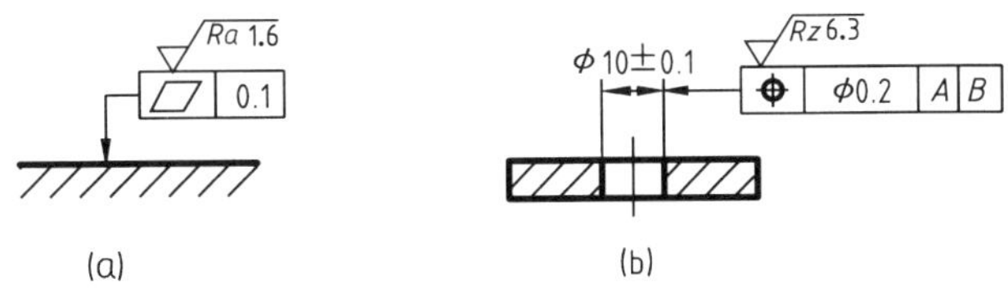

图 8-22　表面结构要求标注在形位公差框格的上方

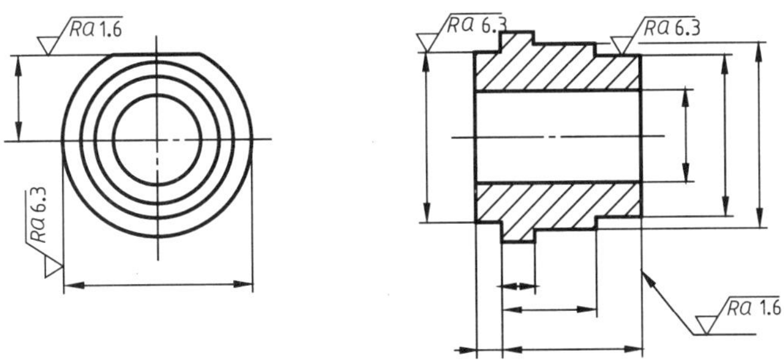

图 8-23　表面结构要求标注在圆柱特征的延长线上

(6) 圆柱和棱柱表面的表面结构要求只标注一次，如每个棱柱表面有不同的表面结构要求，则应分别单独标注，如图 8-24 所示。

(7) 表面结构要求简化标注方法如图 8-25 所示。

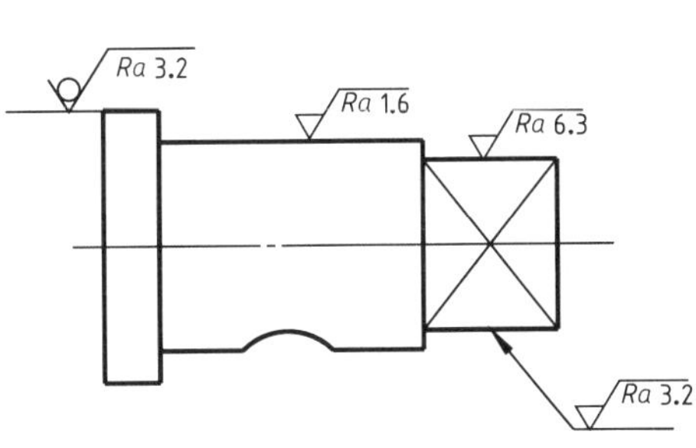

图 8-24　圆柱和棱柱的表面结构要求的标注

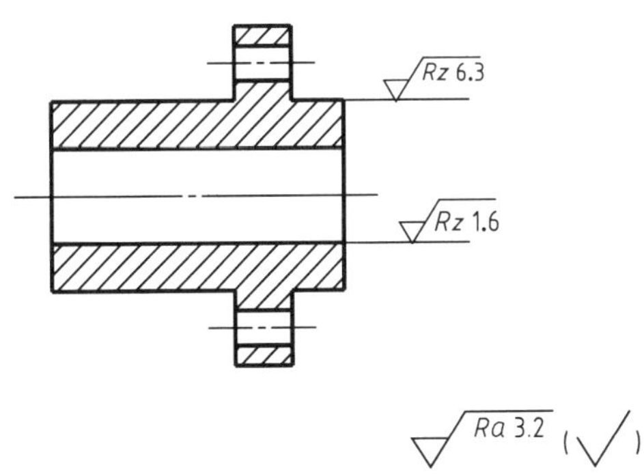

图 8-25　有相同表面结构要求的简化注法

（8）如图 8-26（a）所示的表面结构符号，以等式的形式给出对多个表面共同的表面结构要求。可用带字母的完整符号，以等式的形式在图形或标题栏附近，对有相同表面结构要求的表面进行简化标注，如图 8-26（b）所示。

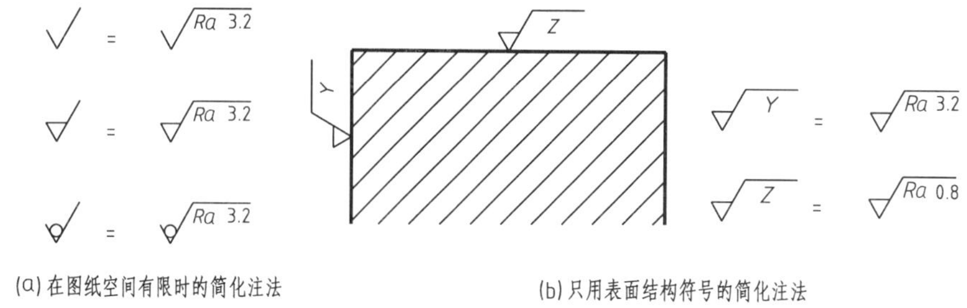

图 8-26 简化注法

（9）两种或多种工艺获得的同一表面的标注方法，如图 8-27 所示。

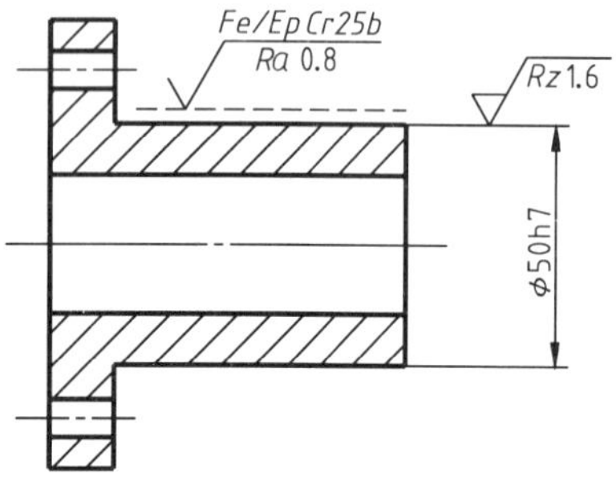

图 8-27 两种或多种工艺获得的同一表面的注法

8.4.2 极限与配合

在制成的同一规格的一批零件中，不需任何挑选、修配或再调整，就可装上机器（或部件）上，并且达到规定的使用性能要求（如：工作性能、零件间配合的松紧程度等），这种性质称为互换性。具有上述性质的零部件称为具有互换性的零（部）件。由于互换性原则在机器制造中的应用，大大简化了零件、部件的制造和装配，使产品的生产周期显著缩短，这样不但提高了劳动生产率，降低了生产成本，便于维修，而且也保证了产品质量的稳定性。

1. 极限

在零件的加工过程中，由于机床精度、刀具磨损、测量误差等因素的影响，不可能把零件的尺寸做得绝对准确，必然会产生误差。为了保证互换性和产品质量，可将零件尺寸的加工误差控制在一定的范围内，规定出尺寸变动量，这个允许的尺寸变动量就称为尺寸公差，简称公差。下面用图 8-28（图中对尺寸变动部分采用了夸大画法）来说明极限的有关术语。

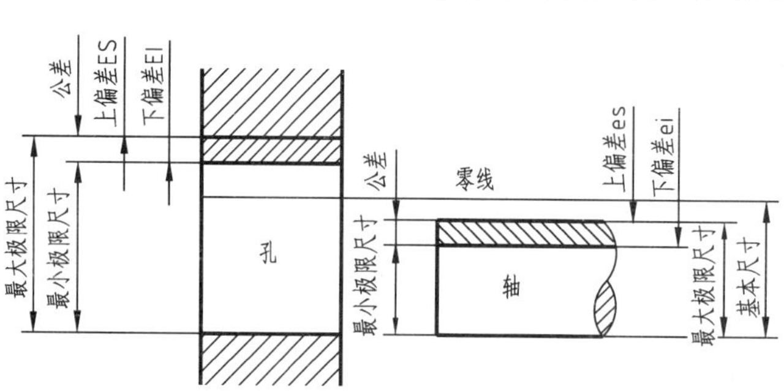

图 8-28 极限与配合的示意图

（1）基本尺寸。设计时给定的尺寸。

（2）实际尺寸。零件制成后实际测量得到的尺寸。

（3）极限尺寸。允许尺寸变化的两个界限值。它以基本尺寸为基数来确定，两个界限值中较大的一个称为最大极限尺寸，较小的一个称为最小极限尺寸。

(4) 尺寸偏差（简称偏差）。某一尺寸与基本尺寸的代数差。极限尺寸与基本尺寸的代数差称为极限偏差，有上偏差和下偏差。

上偏差＝最大极限尺寸－基本尺寸。

下偏差＝最小极限尺寸－基本尺寸。

国家标准规定用代号 ES、EI 分别表示孔的上、下偏差，用代号 es、ei 分别表示轴的上、下偏差。偏差的数值可以是正值、负值或零。

(5) 尺寸公差（简称公差）。允许尺寸的变动量。

公差＝最大极限尺寸－最小极限尺寸＝上偏差－下偏差。

(6) 零线。在极限与配合图解中，用以确定偏差的一条基准直线，称为零线。通常零线表示基本尺寸，如图 8-28 所示。

(7) 尺寸公差带（简称公差带）和公差带图解。公差带图以基本尺寸为零线，用适当比例画出两极限偏差，以表示尺寸允许变动的界限和范围，称为公差带图（或尺寸公差带图）。在公差带图中，由代表上、下偏差或最大、最小极限尺寸的两条直线限定一个区域。公差带由公差带大小和其相对零线位置的基本偏差来确定，如图 8-29 所示。

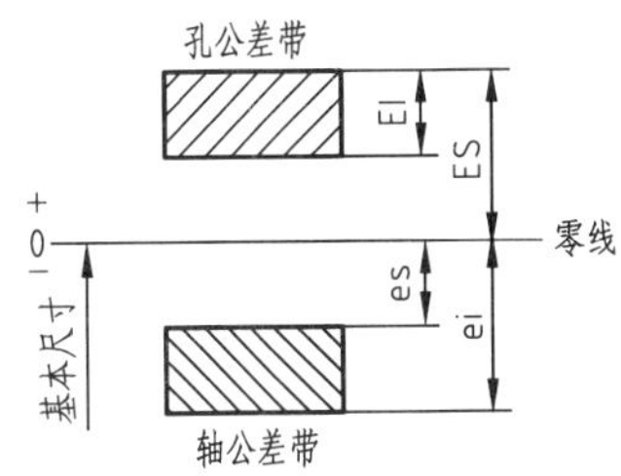

图 8-29 公差带图

(8) 标准公差。国家标准规定的、用于确定公差带大小的任一公差称为标准公差。标准公差数值是由基本尺寸和公差等级所决定。公差等级表示尺寸精确程度。国家标准将公差等级分为 20 级，即 IT01、IT0、IT1、IT2、……、IT18。IT 表示标准公差，后面的阿拉伯数字表示公差等级。从IT0～IT18，尺寸的精度依次降低，而相应的标准公差数值依次增大，标准公差的数值见附录。

(9) 基本偏差。基本偏差是国家标准规定的用于确定公差带相对于零线位置的上偏差或下偏差，一般指靠近零线的那个极限偏差。当公差带位于零线上方时，基本偏差为下偏差；当公差带位于零线的下方时，基本偏差为上偏差，如图 8-30 所示。

国家标准对孔和轴各规定了 28 个基本偏差，它们的代号用拉丁字母表示，大写字母表示孔；小写字母表示轴。

孔的基本偏差从 A～H 为下偏差，从 K～ZC 为上偏差；JS 的上下偏差对称分布在零线的两侧，因此，其上偏差为 IT/2 或下偏差为 IT/2；轴的基本偏差从 a～h 为上偏差，从 k～zc 为下偏差；js 为上偏差（IT/2）或下偏差（IT/2）。

根据孔与轴的基本偏差和标准公差，可计算孔和轴的另一偏差：

孔 ES＝EI＋IT 或 EI＝ES－IT

轴 es＝ei＋IT 或 ei＝es－IT

2. 配合

基本尺寸相同，相互结合的孔与轴公差带之间的关系称为配合。也就是配合的条件是基本尺寸相同的孔和轴的结合，而孔、轴公差带之间的关系反映了配合的精度和松紧程度，其松紧程度可用“间隙”和“过盈”来表示。

孔的尺寸减去与其配合的轴的尺寸所得代数差为“正”者，称为间隙；孔的尺寸减去与其配合的轴的尺寸所得代数差为“负”者，称为过盈。

1) 配合的种类

根据相配合的孔、轴公差带的相对位置，国家标准将其规定为间隙配合、过盈配合和过渡配合三种类型。

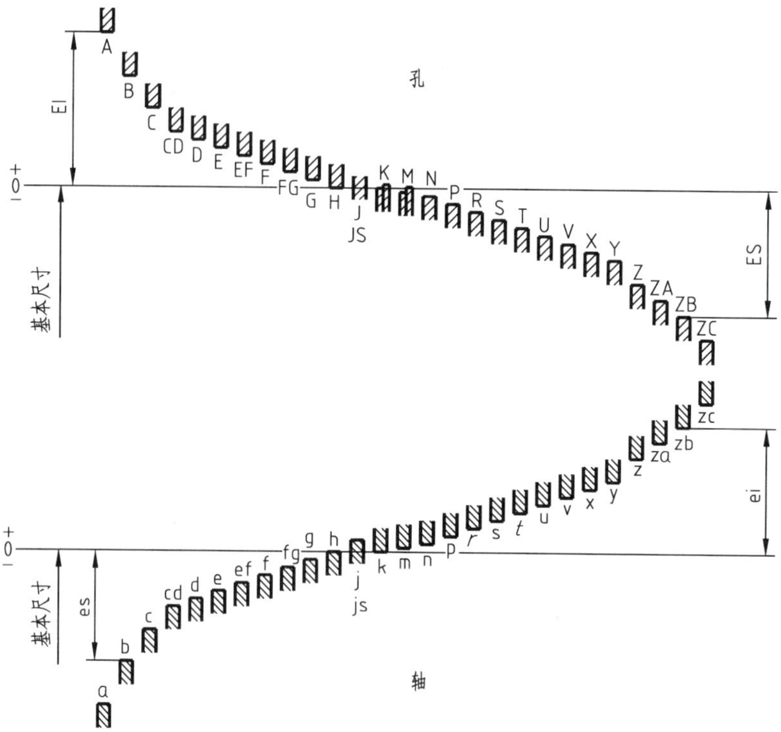

图 8-30　基本偏差系列

(1) 孔与轴装配在一起时具有间隙（包括最小间隙为零）的配合称为间隙配合。此时孔的公差带完全在轴的公差带之上，如图 8-31 所示。

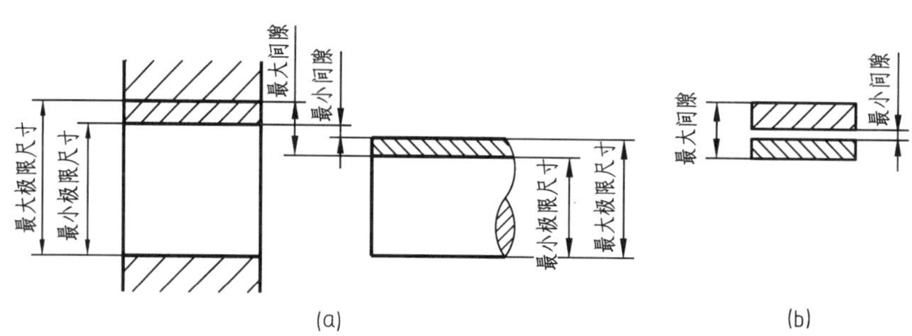

图 8-31　间隙配合

(2) 孔与轴装配在一起时具有过盈（包括最小过盈为零）的配合称为过盈。此时孔的公差带完全在轴的公差带之下，如图 8-32 所示。

(3) 孔与轴装配在一起时可能具有的间隙，也可能出现过盈的配合称为过渡配合。此时孔的公差带与轴的公差带有重叠部分，如图 8-33 所示。

2) 配合制

改变孔和轴的公差带的位置可以得到很多种配合，为便于现代化生产，简化标准，国家标准对配合规定了两种配合制：即基孔制和基轴制配合。

(1) 基本偏差为一定的孔的公差带，与不同基本偏差的轴的公差带形成各种配合的一种制度，称为基孔制配合，如图 8-34 所示。

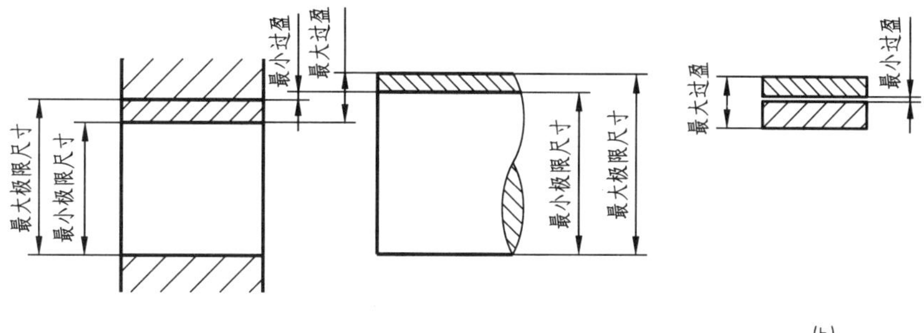

(a)　　(b)

图 8-32　过盈配合

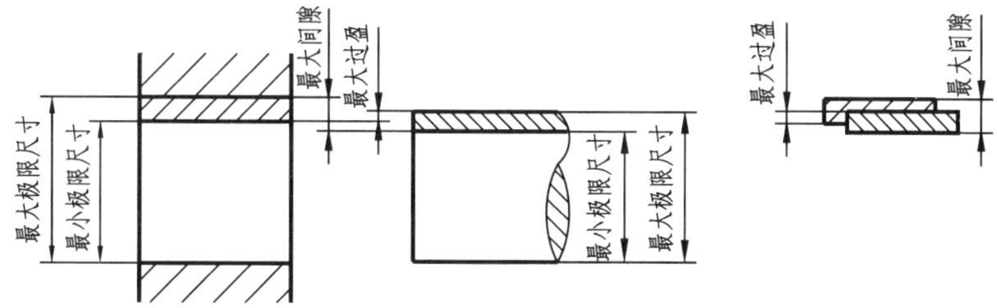

(a)　　(b)

图 8-33　过渡配合

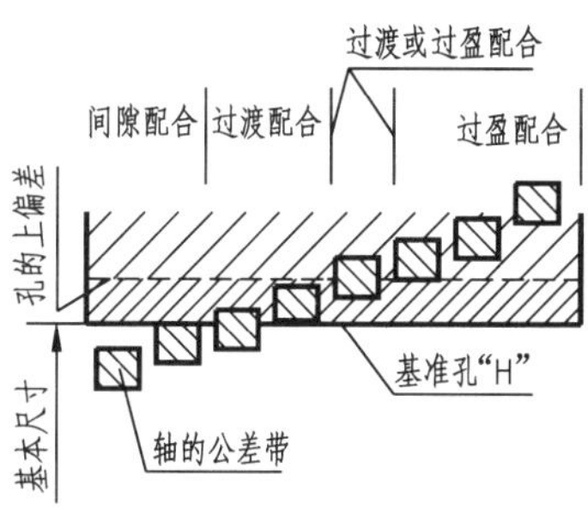

图 8-34　基孔制

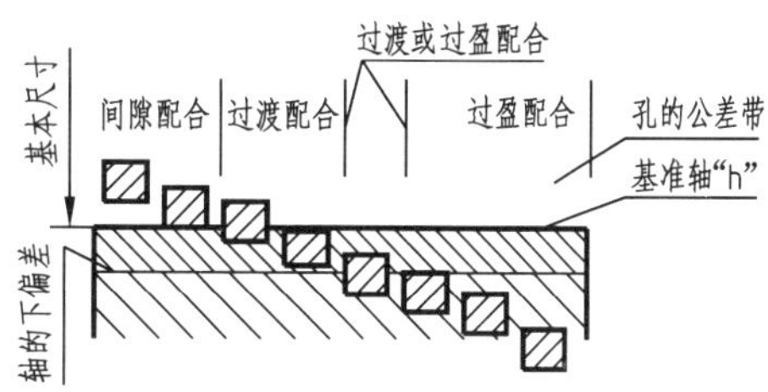

图 8-35　基轴制

基孔制配合的孔称为基准孔，基本偏差代号为 H，其下偏差为零。与基准孔相配合的轴的基本偏差 a～h 用于间隙配合，j～zc 用于过渡配合或过盈配合。

(2) 基本偏差为一定的轴的公差带，与不同基本偏差的孔的公差带形成各种配合的一种制度，称为基轴制配合，如图 8-35 所示。

基轴制配合的轴称为基准轴，基本偏差代号为 h，其上偏差为零。与基准轴相配合的孔的基本偏差 A～H 用于间隙配合，J～ZC 用于过渡配合或过盈配合。

一般情况下，应优先选用基孔制配合，这样可以减少定值刀具和量具的规格和数量，减少加工工作量，降低成本。但当同一轴颈的不同部位需要装上不同的零件，其配合要求又不同时，采用基轴制占有明显的优势。

3. 极限与配合在图样中的标注方法

1) 公差带代号的标记方法

公差带代号由基本偏差代号（拉丁字母）和用数字（阿拉伯数字）表示的标准公差等级

组成，写在基本尺寸的右边，并与基本尺寸的数字高度相同。

孔的公差代号：$\phi35$ H7　　　　轴的公差代号：$\phi35$f6

标记中数字与符号的含义：

$\phi35$——孔和轴的基本尺寸；

H——孔的基本偏差代号（H 代表基准孔）；

f——轴的基本偏差代号；

7、6——分别代表孔的标准公差等级为 IT7、轴的标准公差等级为 IT6。

2）极限偏差的标记方法

标注极限偏差时，上偏差注在基本尺寸的右上方，下偏差位于基本尺寸的右下方，偏差的数字大小应比基本尺寸的数字小一号，上、下偏差的小数点必须对齐，小数点后的位数也必须相同；当一个偏差值为零时，可简写为“0”，并与另一偏差的小数点前的个位数对齐；对不为零的偏差，应注出正、负号；若上、下偏差数值相同而符号相反时，则在基本尺寸的后面加上“±”号，只注出一个偏差值，其数字大小与基本尺寸相同。

如：$\phi35^{+0.039}_{\ 0}$　$\phi35^{-0.025}_{-0.050}$　$\phi25\pm0.010$

3）配合代号的标记方法

配合代号由孔和轴的公差带代号组成，在基本尺寸右边用分数形式标注，分子为孔的公差带代号，分母为轴的公差代号，其形式为：

$$\text{基本尺寸}\frac{\text{孔的公差代号}}{\text{轴的公差代号}}\qquad \text{如：}\phi25\,\frac{\mathrm{H7}}{\mathrm{f6}}\ \text{或}\ \phi25\mathrm{H7/f6}$$

4）零件图上极限的标注

在零件图上标注孔和轴的公差，实际上就是将孔和轴的基本尺寸，包括公差代号或极限偏差数值，用尺寸的形式标注在零件图上，共有三种形式：

（1）如图 8-36（a）所示，在孔或轴的基本尺寸后面标注公差带代号；

（2）如图 8-36（b）所示，注出基本尺寸和上、下偏差数值；

（3）如图 8-36（c）所示，注出基本尺寸，并同时注出公差带代号和上、下偏差数值。

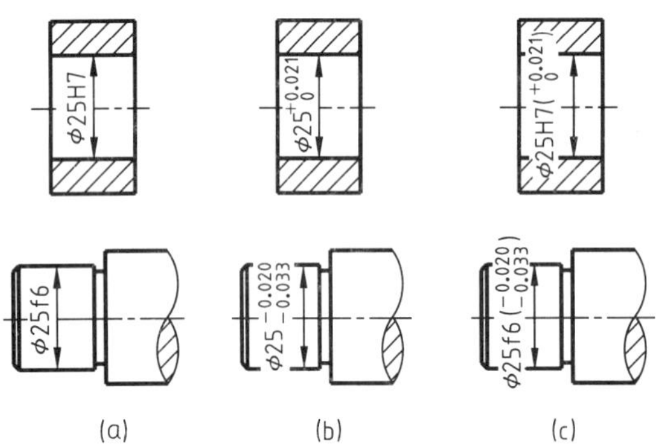

图 8-36　零件图上极限的标注

5）装配图上配合的标注

在装配图上标注孔和轴的配合尺寸，其标注形式如图 8-37（a）、图 8-37（b）所示。当配合的零件之一为标准件时，可只标注出一般零件的公差代号，见图 8-37（c）。

4. 查表方法

例：确定 $\phi30$H8/k7 中孔和轴的上、下偏差，画出公差带图，并说明其配合制和配合类型。

由式中基本偏差代号中的大写字母 H 可知，此配合为基孔制配合。由孔、轴极限偏差表（见附录）中基本尺寸栏找到＞24～30，再从表的上行找出公差代号 H7，可查得该孔的上偏差为＋0.033，下偏差为 0；同样方法得该轴的上偏差为＋0.023，下偏差为＋0.002。孔的公差为 IT＝|0.033－0|＝0.033mm，轴的公差 IT＝|0.023－0.002|＝0.021mm。画公差带图见图 8-38。由公差带图可知，该配合为过渡配合，最大间隙＝0.033－0.002＝

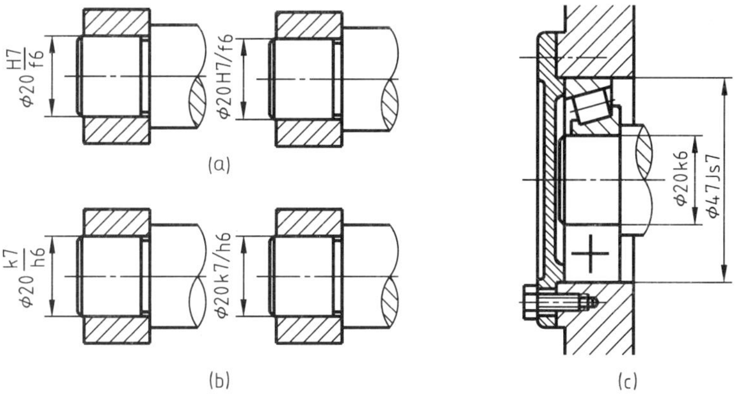

图 8-37 配合标注示例

0.031mm，最大过盈＝0.023－0＝0.023mm。

孔和轴的标准公差值也可根据基本尺寸 $\phi30$ 和标准公差等级 IT7、IT6，由标准公差数值表查出。

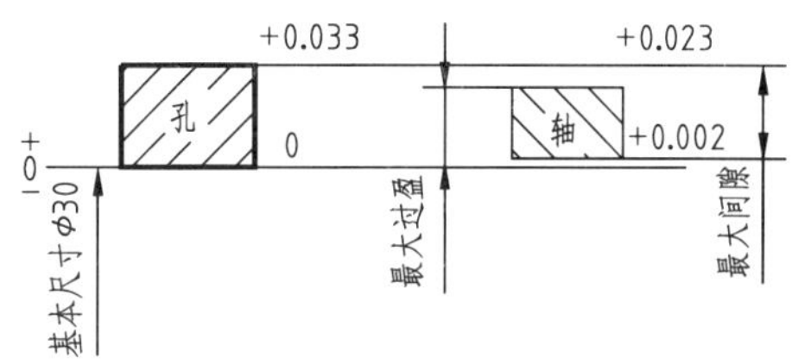

图 8-38 孔轴配合公差带图

8.4.3 形状与位置公差简介

1. 概念

由于各种因素的影响，任何零件的加工过程中不仅产生尺寸误差，也会产生形状和位置误差。图 8-39（a）的齿轮轴轴颈加工后轴线不是理想直线，产生的这种误差称为形状误差；而图 8-39（b）所示的齿轮轴加工后，轴颈的轴线与轮齿部分的端面不能垂直，这种误差称为位置误差。这两种情况都不能使齿轮轴与图 8-39（c）的零件正常装配。为保证产品质量，保证零件之间的可装配性，根据零件的实际需要，在图样上应合理地标出形状和位置误差的允许变动值，即形状和位置公差，简称形位公差。

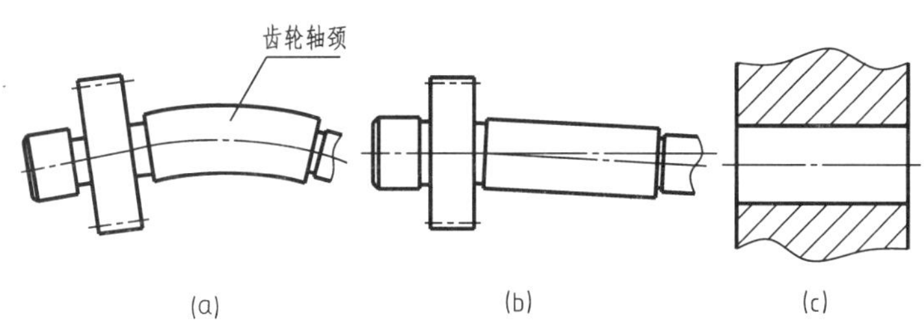

图 8-39 齿轮轴加工时产生的形状误差和位置误差对其装配的影响

2. 形位公差符号

国家标准 GB/T 1182—2008 中规定的形状和位置公差为两大类，共 19 项，各项名称及对应符号如表 8-9 所示。

3. 标注方法

在图样中，形位公差一般采用框格进行标注，也可在技术要求中用文字进行说明。

1）形位公差框格

框格的内容和各尺寸关系见图 8-40（a）和表 8-10，标注时公差框格与被测要素之间用带箭头的指引线（细实线）连接。方向、位置和跳动公差框格的内容见图 8-40（b）。基准符

表 8-9 几何公差特征项目的符号

公差类型	特征项目	符 号	公差类型	特征项目	符 号
形状公差	直线度	—	位置公差	同心度（用于中心点）	◎
	平面度	▱		同轴度（用于轴线）	◎
	圆度	○		对称度	⌯
	圆柱度	⌭		位置度	⌖
	线轮廓度	⌒		线轮廓度	⌒
	面轮廓度	⌓		面轮廓度	⌓
方向公差	平行度	//	跳动公差	圆跳动	↗
	垂直度	⊥		全跳动	⌰
	倾斜度	∠			
	线轮廓度	⌒			
	面轮廓度	⌓			

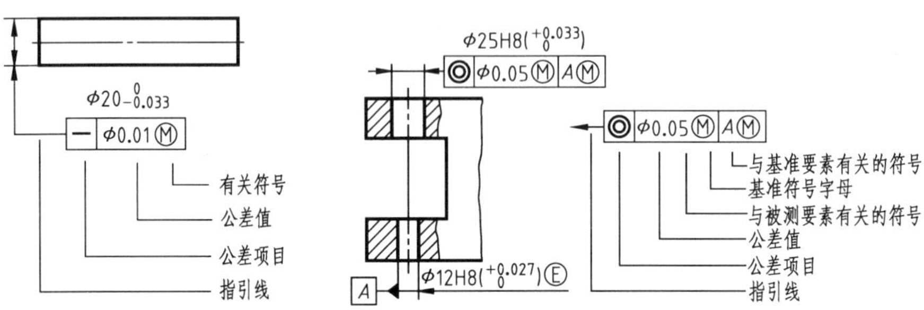

图 8-40 几何公差框格代号

号的画法如图 8-41 所示，基准符号由一个基准方格（这方格内写有表示基准的英文大写字母）和涂黑的（或空白的）基准三角形，用细实线连接而构成。

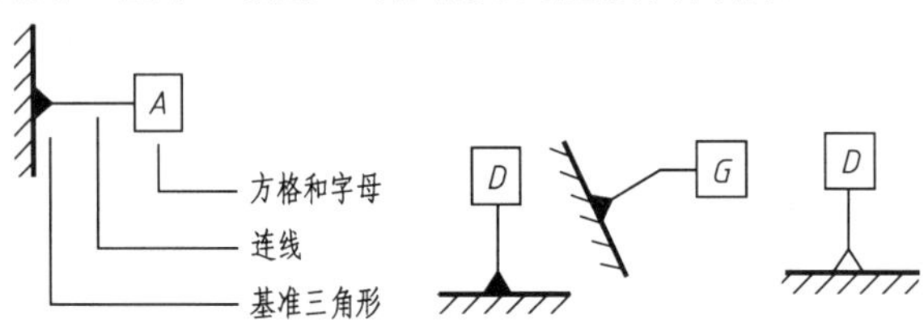

图 8-41 基准符号

表 8-10 公差框格的线宽、框格高度及字体高度等关系（推荐尺寸）

特 征	推 荐 尺 寸						
框格高度 H	5	7	10	14	20	28	40
字体高度 h	2.5	3.5	5	7	10	14	20
线条粗细 d	0.25	0.35	0.5	0.7	1	1.4	2

2）被测要素的标注方法

(1) 被测组成要素的标注方法［图 8-42 (a)、(b)、(c) 所示］。指引线的箭头应置于轮廓线上或它的延长线线上，并且带箭头的指引线必须明显地与尺寸线错开。还可以用带点的参考线把被测表面引出来。

(2) 被测导出要素的标注方法［图 8-42 (d)、(e)、(f) 所示］。带箭头的指引线应与被

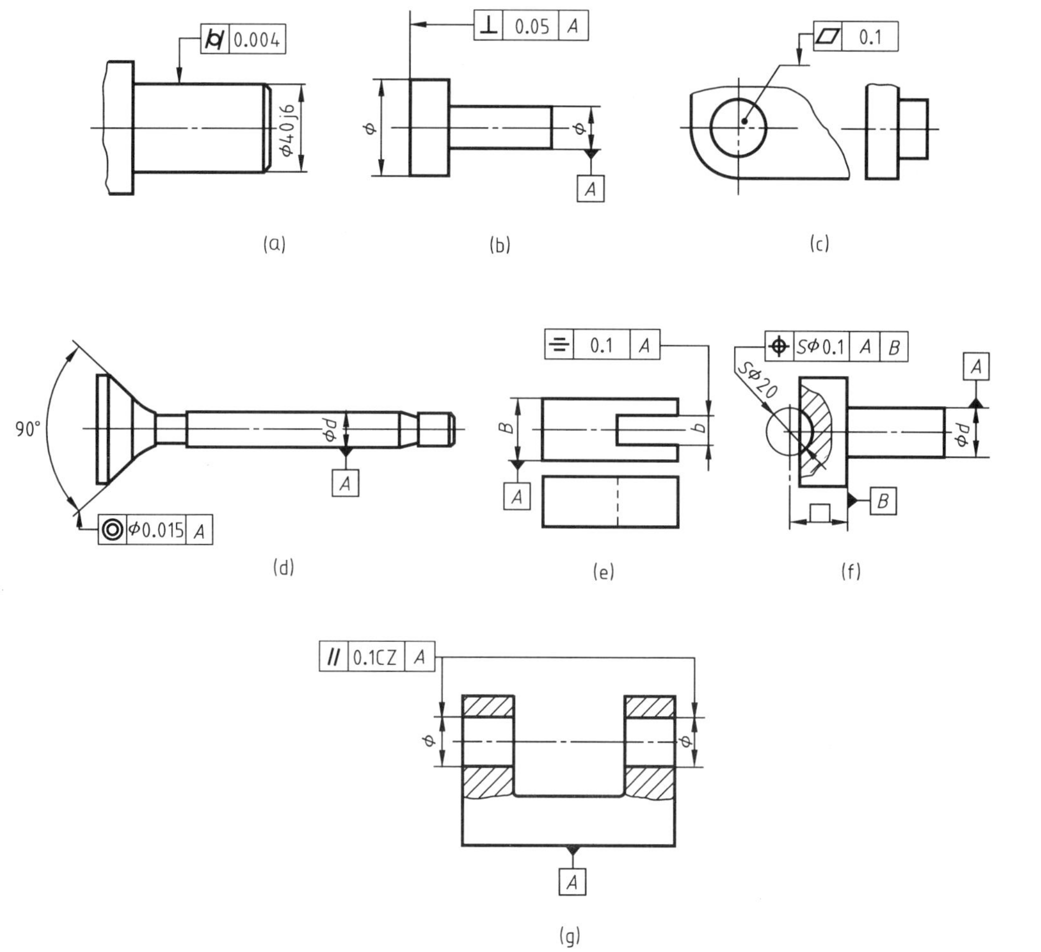

图 8-42 被测要素的标注方法

测导出要素所对应尺寸要素的尺寸线的延长线重合。

(3) 公共被测要素的标注方法［图 8-42（g）所示］。对于由几个同类要素组成的公共被测要素，应采用一个公差框格标注。这时应在公差框格中公差值的后面加注符号“CZ”。

3）基准要素

(1) 基准组成要素的标注方法［图 8-43（a）、(b)、(c) 所示］。基准符号的基准三角形底边应放置在基准组成要素（表面或表面上的线）的轮廓线上或它的延长线上，并且放置处必须与尺寸线明显错开。还可以用带点的参考线把基准表面引出来。

(2) 基准导出要素的标注方法［图 8-43（d）、(e) 所示］。基准符号的基准三角形底边应放置在基准导出要素（轴线、中心平面等）所对应尺寸要素的尺寸线的一个箭头上，并且基准符号的细实线应与该尺寸线对齐。

(3) 公共基准的标注方法［图 8-43（f）、(g) 所示］。对于由两个同类要素构成而作为一个基准使用的公共基准轴线、公共基准中心平面等公共基准，应对这两个同类要素分别标注两个不同字母的基准符号，并且在被测要素公差框格中用短横线隔开这两个字母。

4. 几何公差标注示例

在图 8-44 中，气门阀杆零件图上形位公差标注含义见表 8-11。

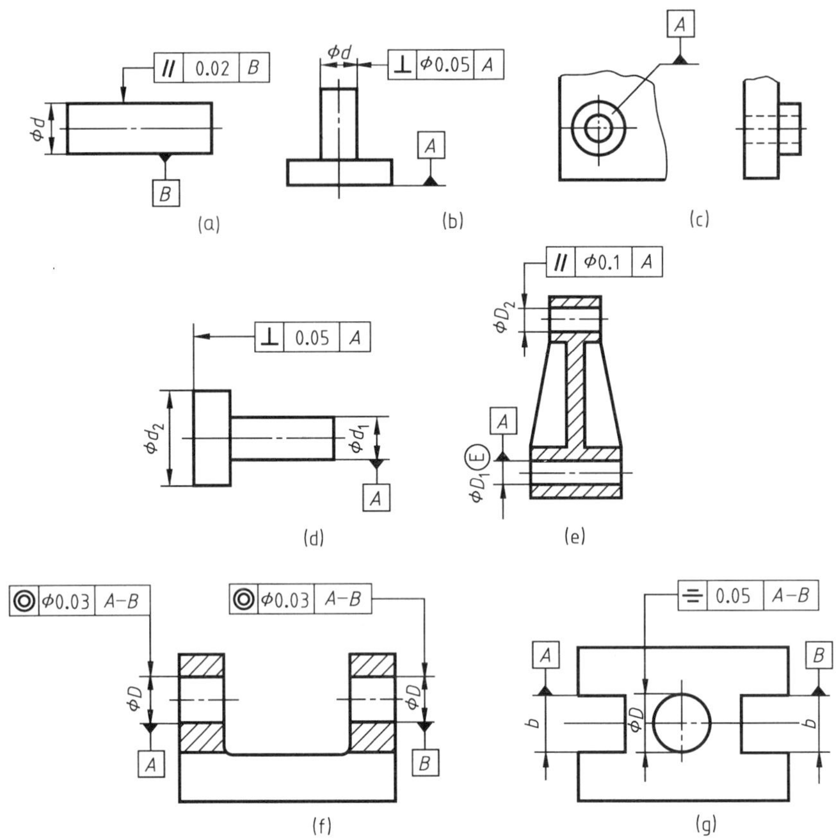

图 8-43 基准要素的标注方法

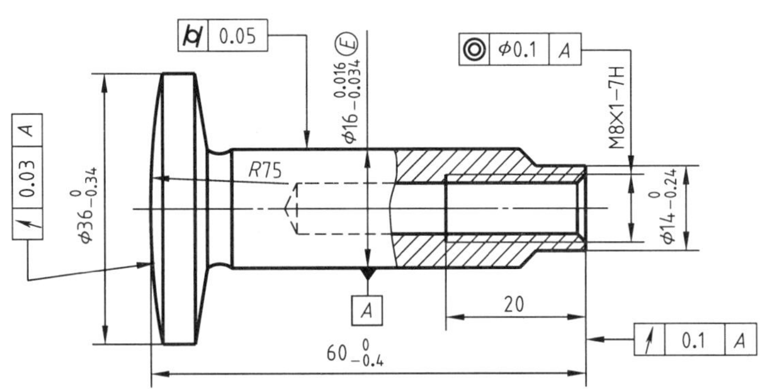

图 8-44 气门阀杆的几何公差标注

表 8-11 气门阀杆形位公差标注含义

形位公差内容	含 义
⌭ 0.005	气阀杆部 $\phi16^{-0.016}_{-0.034}$ 的圆柱度公差为 0.005
◎ φ0.1 A	螺纹孔 M8×1—7H 的轴线对 $\phi16^{-0.016}_{-0.034}$ 的轴线的同轴度公差为 φ0.1
↗ 0.03 A	*SR*75 的球面对 $\phi16^{-0.016}_{-0.034}$ 轴线的圆跳动公差为 0.03
↗ 0.1 A	气阀杆部右端面对 $\phi16^{-0.016}_{-0.034}$ 轴线的圆跳动公差为 0.1

8.4.4 热处理

热处理是用来改变金属性能的一种工艺方法。它可用来提高零件的质量、延长使用寿命。常用的热处理有正火、退火、淬火、回火、渗碳、调质等。常用的热处理方法见附录。

零件需进行热处理时，应在技术要求中说明，如图 8-3 所示。

8.5 零件结构的合理性

零件在机器中所起的作用，决定了它的结构形状。设计零件时，首先必须满足零件的工作性能要求，同时还应考虑到制造和检验的工艺合理性，以便有利于加工制造。

8.5.1 铸造零件的工艺结构

1. 起模斜度

用铸造的方法制造零件毛坯时，为了便于在砂型中取出木模，一般沿木模起模方向做成约 3°～6°的斜度，叫做起模斜度。铸造零件的起模斜度较小时，在图中可不必画出，如图 8-45（a）所示，必要时可在技术要求中用文字说明；斜度较大时，则要画出和标注出斜度，如图 8-45（b）所示。

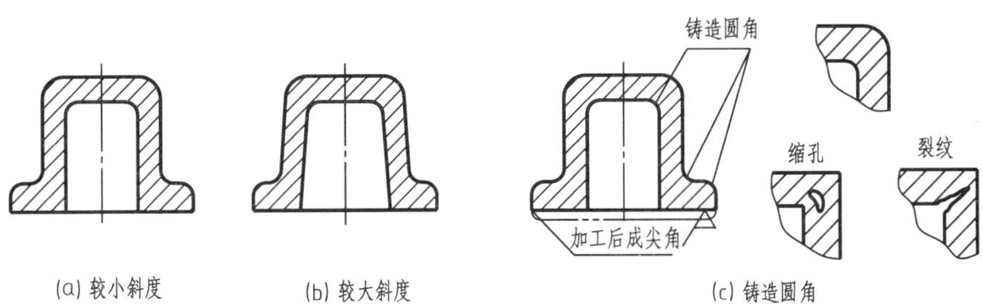

图 8-45 铸件的起模斜度和铸造圆角

2. 铸造圆角

在起模和浇注铁水时，为防止型腔在尖角处产生落砂以及铁水冷却过程中产生缩孔和裂缝，将铸件的转角处制成圆角，这种圆角称为铸造圆角，如图 8-45（c）所示。

铸造圆角半径近似取壁厚的 0.2～0.4 倍，一般不在图样上标注铸造圆角，而是统一在技术要求中说明。

3. 铸件壁厚

用铸造方法制造零件的毛坯时，为了避免浇注后零件各部分因冷却速度不同而产生缩孔或裂纹，铸件的壁厚应保持均匀或逐渐过渡，如图 8-46 所示。

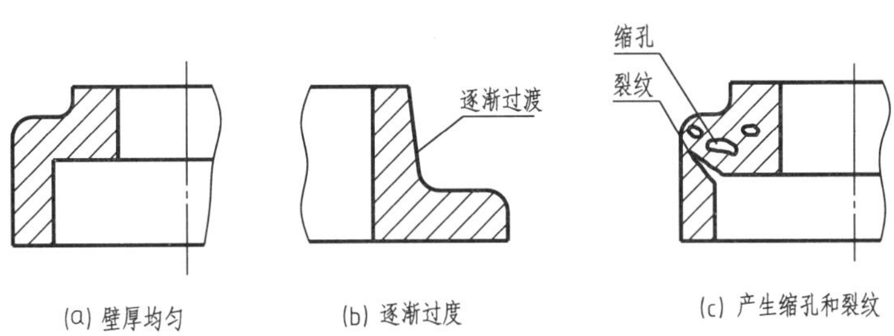

图 8-46 铸件壁厚

4. 过渡线

零件表面为圆角过渡时产生的相贯线称之为过渡线。铸件及锻件两表面相交时，表面交线因圆角而使其模糊不清，为了方便读图，画图时两表面交线仍按原位置用细实线画出，但交线的两端空出不宜与轮廓线相交，如图 8-47 所示。

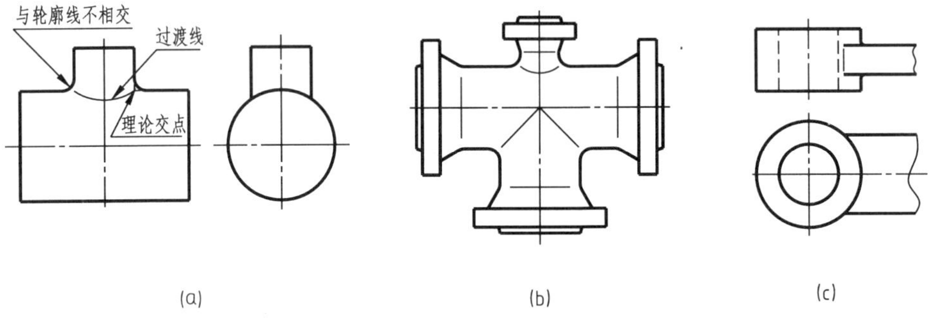

图 8-47 过渡线的画法

8.5.2 零件机械加工的工艺结构

1. 倒角和倒圆

为了去除零件加工表面的毛刺、锐边和便于装配，在轴或孔的端部一般加工与水平方向成 45°或 30°、60°倒角。倒角标注形式见表 8-2。为了避免阶梯轴轴肩的根部因应力集中而产生的裂纹，在轴肩处加工成圆角过渡，称为倒圆，如图 8-48 所示。

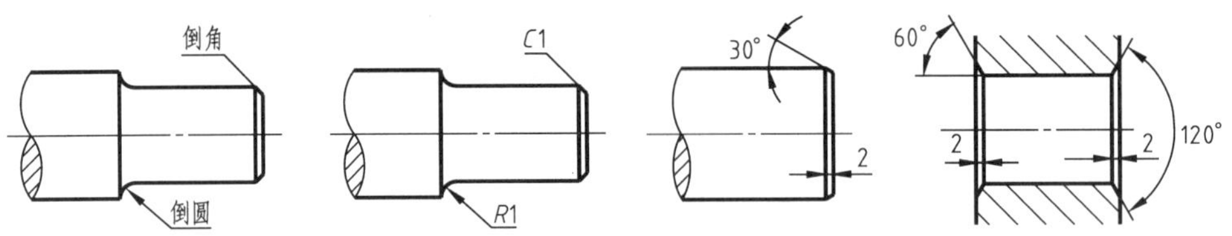

图 8-48 倒角和倒圆

2. 退刀槽和砂轮越程槽

零件在切削（特别是在车螺纹和磨削）加工中，为了便于退出刀具时保护刀具不被破坏，同时保证相关的零件在装配时能够靠紧，预先在待加工表面的末端（台肩处）制出退刀槽或砂轮越程槽，如图 8-49 所示。退刀槽的尺寸标注形式见表 8-2，其中标注槽宽是为了便于选择切槽刀；槽深应由最接近槽底的一个面算起。

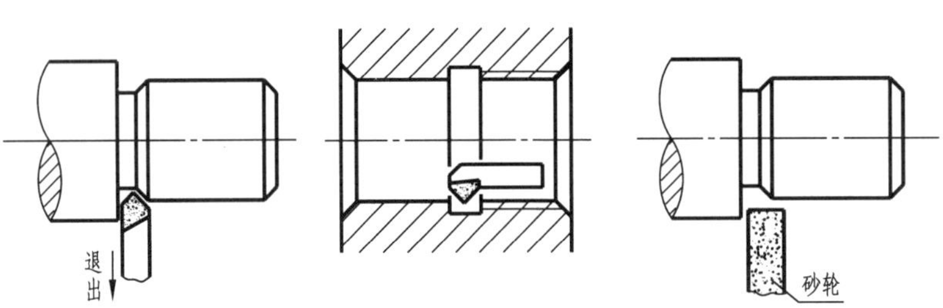

图 8-49 退刀槽和砂轮越程槽

3. 钻孔结构

如图 8-50 所示，钻孔加工时，钻头应与孔的端面垂直，以保证钻孔精度，避免钻头歪斜、折断。如必须在斜面或曲面上钻孔时，则应先把该表面铣平或预先铸出凸台或凹坑，然后再钻孔，如图 8-50（a）所示。用钻头钻盲孔时，在底部有一个 120°的锥角，钻孔深度指的是圆柱部分的深度，不包括锥角。在阶梯形钻孔的过渡处，也存在锥角 120°的圆台，如图 8-50（b）所示。

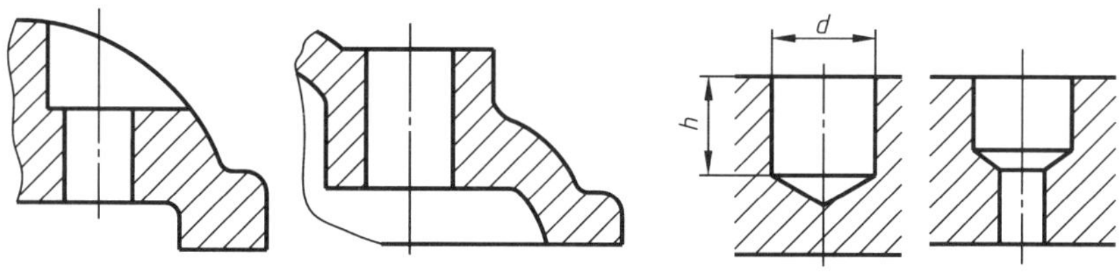

(a)　　(b)

图 8-50　钻孔结构

4. 凸台和凹坑

两零件的接触面在机械加工时，为使两表面接触良好，应将接触部位制成凸台或凹坑、凹槽等结构，以减少切削加工面积，如图 8-51、图 8-52 所示。

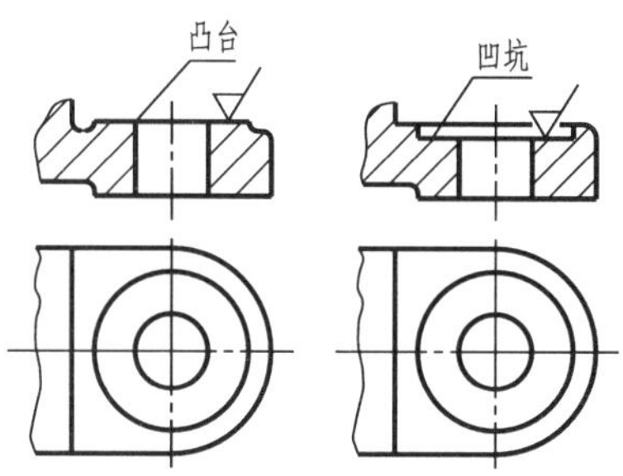

(a)　　(b)

图 8-51　凸台和凹坑

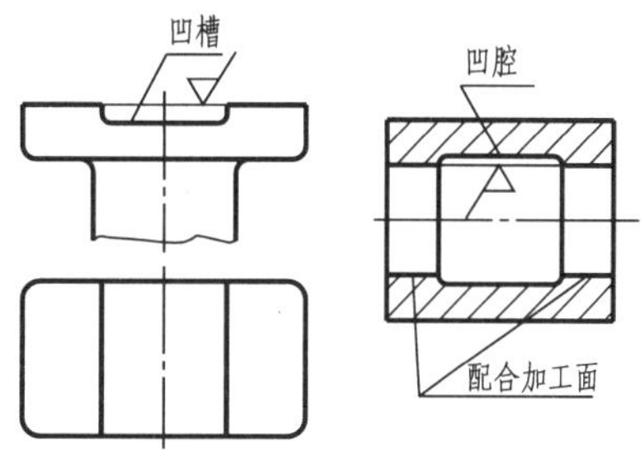

(a)　　(b)

图 8-52　凹槽和凹腔

8.6　读零件图

在设计、生产及学习等活动中，看零件图是一项十分重要的工作。看零件图就是根据零件图分析和想象该零件的结构形状，弄清全部尺寸及各项技术要求等内容，根据零件的作用及特点采用适当的加工方法和检验手段生产出合格的零件。

8.6.1　概括了解

标题栏中列出了零件的名称、材料、比例等内容，由此可对该零件有个概括了解。图 8-53 是球阀阀体的零件图，从标题栏可知，零件的名称是阀体，属于箱体类零件，在球阀部件中起包容、支承和密封作用，材料为铸钢，毛坯具有铸造件的特点。由绘图比例和图中所注尺寸可判断零件的实际大小。

8.6.2　表达方案及结构分析

读懂零件视图是读零件图的关键环节。

图 8-53 是阀体零件图，其表达方案由主、俯、左三个视图组成。主视图采用全剖视，主要表达其内部结构，俯视图用来表达外部结构，半剖视的左视图，补充表达了内部结构及

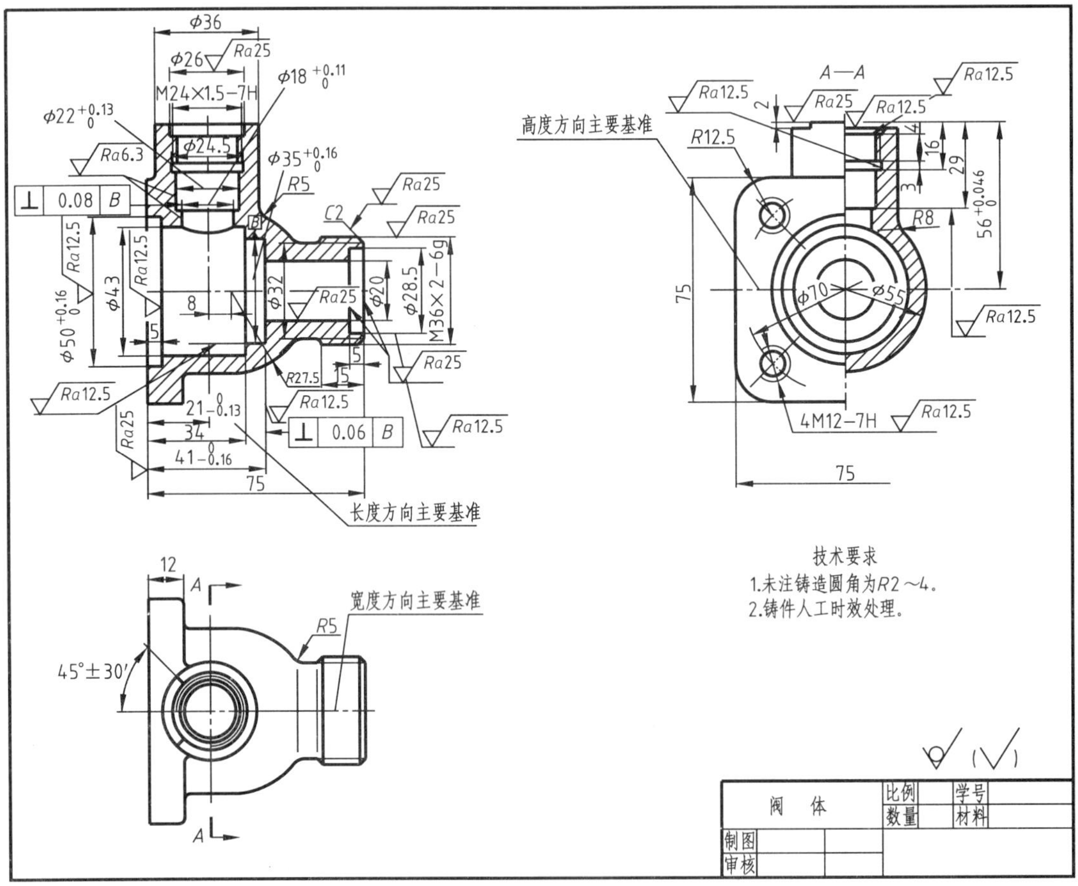

图 8-53 阀体零件图

安装部分的形状。

阀体是球阀的主要零件之一。阀体左端是方形凸缘，通过螺柱和螺母与阀盖连接，形成球阀容纳阀芯的 $\phi 43$ 空腔，左端的 $\phi 50^{+0.16}_{0}$ 台阶孔与阀盖的圆柱形凸缘相配合，阀体空腔右侧 $\phi 35^{+0.16}_{0}$ 台阶孔，用来放置球阀关闭时不泄漏流体的密封圈，阀体右端有用于连接系统中管道的外螺纹 M36×2，内部阶梯孔 $\phi 28.5$ 、$\phi 20$ 与空腔相通。在阀体上部的 $\phi 36$ 圆柱体中，有 $\phi 26$、$\phi 22^{+0.13}_{0}$、$\phi 18^{+0.11}_{0}$ 的阶梯孔与空腔相通，在阶梯孔内容纳阀杆、填料压紧套。通过俯视图可知，阶梯孔顶端有 90°扇形限位凸块，用来控制扳手和阀杆的旋转角度。通过上述分析，确定其结构形状如图 8-54 所示。

图 8-54 阀体立体图

8.6.3 尺寸和技术要求

阀体的结构形状比较复杂，标注尺寸很多，这里仅分析其中主要尺寸，其余尺寸读者自行分析。

以阀体水平轴线为高度方向尺寸基准，注出直径尺寸 $\phi 50^{+0.16}_{0}$、$\phi 35^{+0.16}_{0}$、$\phi 20$ 和M36×2 等；在左视图上注出水平轴线到顶端的高度尺寸 $56^{+0.46}_{0}$。

以阀体垂直孔的轴线为长度方向尺寸基准，注出直径尺寸 $\phi 36$、M24×1.5、$\phi 22^{+0.13}_{0}$、

$\phi18^{+0.11}_{0}$，以及该轴线到左端面的距离 $21^{+0.460}_{0}$。

以阀体前后对称平面为宽度方向尺寸基准，注出阀体的圆柱体外形尺寸 $\phi55$、左端面方形凸缘外形尺寸 75×75，以及四个螺纹孔的定位尺寸 $\phi70$；俯视图上 $45°\pm30'$ 为扇形限位块的角度定位尺寸。

通过上述尺寸分析可以看出，阀体中的一些主要尺寸多数都标注了公差代号或极限偏差数值，如上部阶梯孔 $\phi22^{+0.13}_{0}$ 与填料压紧套有配合关系、$\phi18^{+0.11}_{0}$ 与阀杆有配合关系，与此对应的表面粗糙度要求也较高，Ra 的最大允许值为 6.3μm。阀体左端和空腔右端的阶梯孔 $\phi50^{+0.16}_{0}$、$\phi35^{+0.16}_{0}$ 分别与密封圈有配合关系。因为密封圈的材料是塑料，所以相应的表面粗糙度要求稍低，Ra 值为 12.5μm。零件上不太重要的加工表面的表面粗糙度 Ra 值为 25μm。

主视图中对于阀体的形位公差要求是：空腔右端与对水平轴线的垂直度公差为 0.06；$\phi18^{+0.11}_{0}$ 圆柱孔对 $\phi35^{+0.16}_{0}$ 圆柱孔的垂直度公差为 0.08mm。

8.6.4 合并归纳

将看懂的零件的结构形状、尺寸及技术要求等综合起来，就可了解这一零件的完整形象，同时对阀体在球阀中与其他零件之间的装配关系也比较清楚了。

8.7 零件测绘

在仿制机器和修配损坏的零件时，需要对零件进行测绘。零件测绘是根据已有零件用“目测比例、徒手绘图”的方法，绘制零件的草图，然后根据草图画出零件工作图。

8.7.1 绘制零件草图的步骤

首先了解零件的名称和材料，分析零件在机器中的作用和装配关系，再根据它的结构特点确定表达方案，测量并注出它的各部分尺寸及技术要求。

1. 绘制零件草图的步骤

(1) 在图纸上定出各视图的位置。画出各视图的基准线、中心线，如图 8-55 (a)。安排各视图的位置时，要考虑到各视图间应留出标注尺寸的位置及右下角放置标题栏的位置。

(2) 详细地画出零件的结构形状，如图 8-55 (b)。

(3) 注出零件各表面粗糙度符号，选择标注尺寸基准并画尺寸线、尺寸界线及箭头。经过仔细校核后，描深轮廓线，画好剖面线，如图 8-55 (c)。

(4) 测量尺寸，定出技术要求，并将尺寸数字、技术要求记入图中，如图 8-55 (d)。

2. 零件测绘时的注意事项

(1) 零件的制造缺陷（如砂眼、气孔、刀痕）和零件在工作中造成的磨损等，都不应画出。

(2) 零件上因制造、装配需要而形成的工艺结构，如铸造圆角、倒角等必须画出。

(3) 有配合关系的尺寸（如配合的孔与轴的直径），一般只要测出它的基本尺寸，其配合性质和相应的公差值，应在进行综合分析后，查阅有关手册确定。没有配合关系的尺寸或不重要的尺寸，允许将测量所得尺寸作适当调整。

(4) 对螺纹、键槽、沉头孔、轮齿等标准结构的尺寸，应把测量的结果与标准值对照，采用标准的结构尺寸。

8.7.2 绘制零件工作图

零件草图完成后，应对草图进行校核、整理，进行必要的修改和补充，最后画出零件工

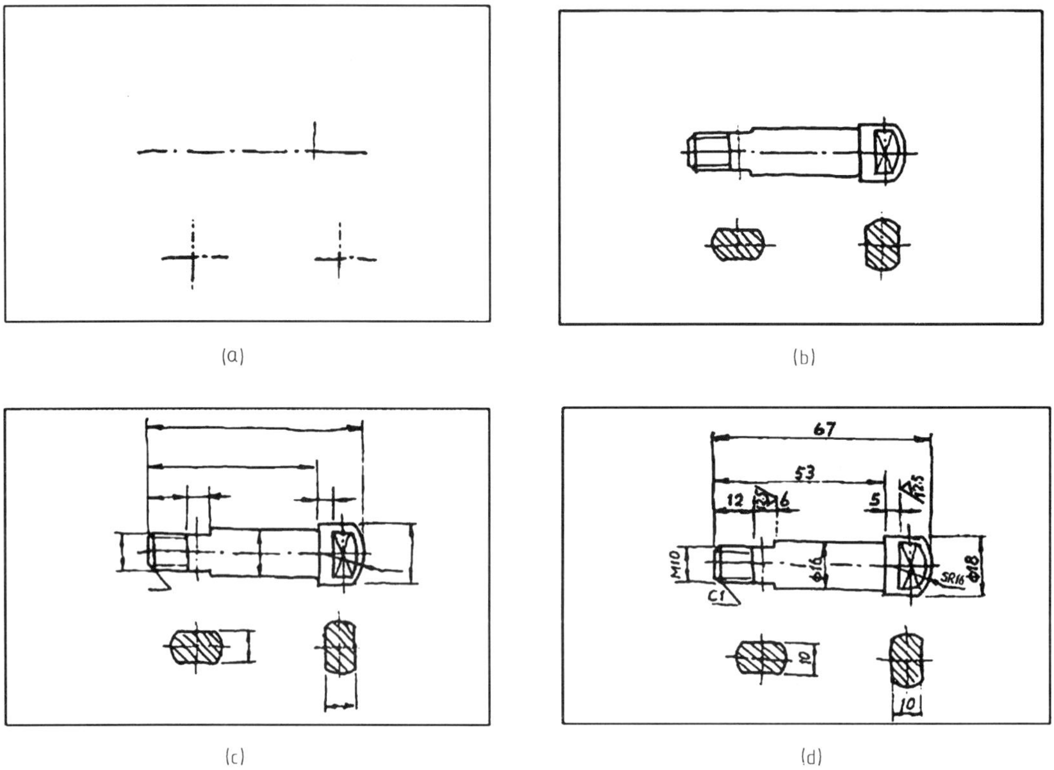

图 8-55 阀杆草图作图步骤

作图。零件工作图的绘图步骤与零件草图类似，不同的是在图纸上用尺规按比例绘制，或根据零件草图在计算机上绘制，如图 8-56 所示。

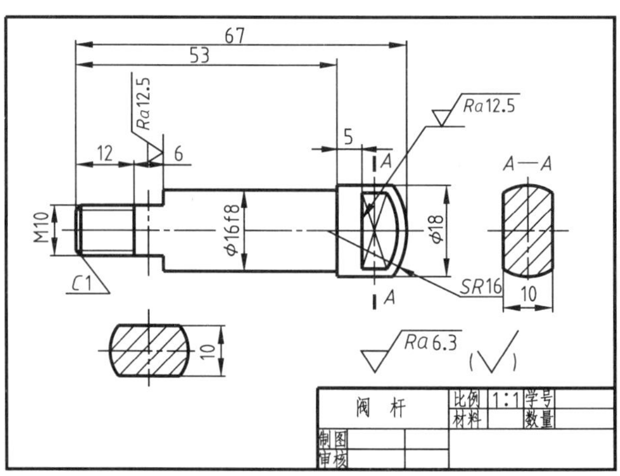

图 8-56 阀杆零件图

8.7.3 测量尺寸的工具和测量方法

1. 测量工具

测量尺寸的常用工具有：钢直尺、内外卡钳、游标卡尺、千分尺等。其中内外卡钳须借助直尺才能获得被测零件的尺寸。

2. 常用测量方法（表8-12）

表 8-12　常用的测量方法示例

<table>
<tr><td>测量线性尺寸</td><td>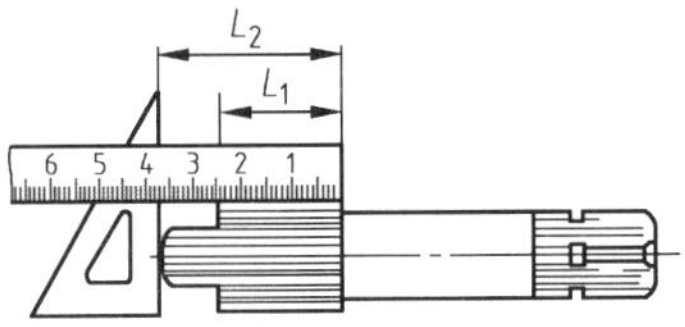
</td><td rowspan="3">直径测量</td><td rowspan="3">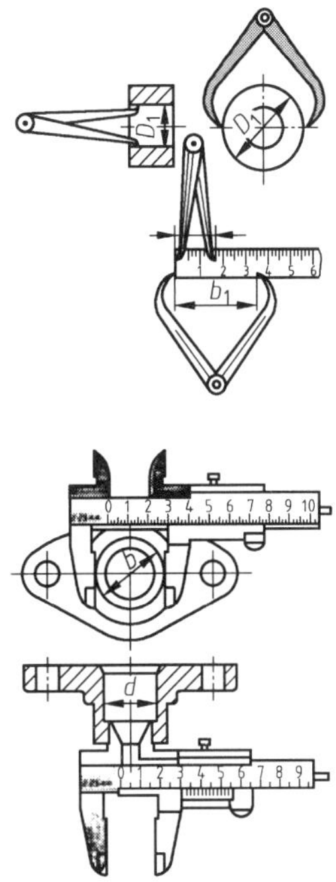
</td></tr>
<tr><td>壁厚测量</td><td>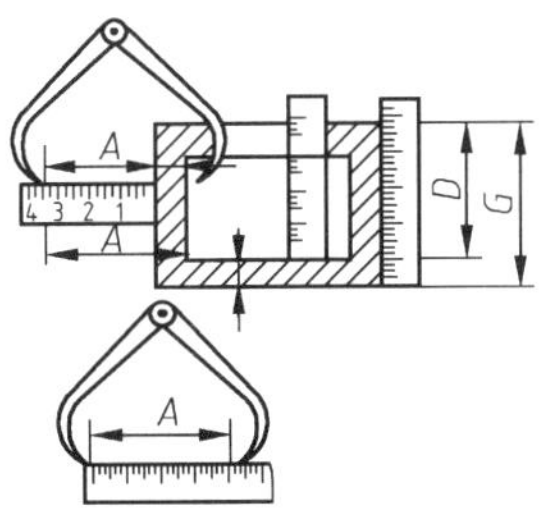
</td></tr>
<tr><td>测量中心高尺寸</td><td>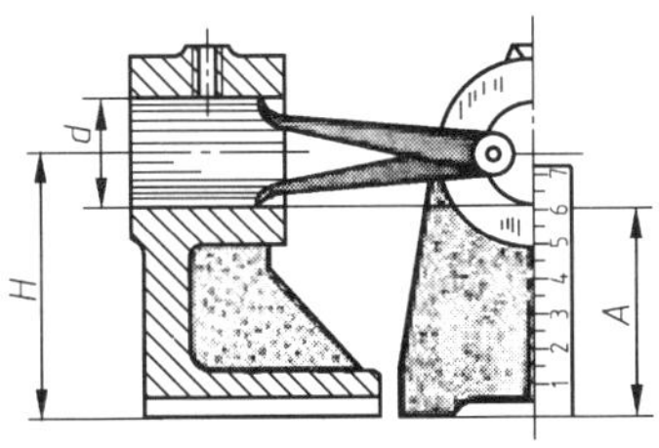
</td></tr>
<tr><td>测量圆角尺寸</td><td>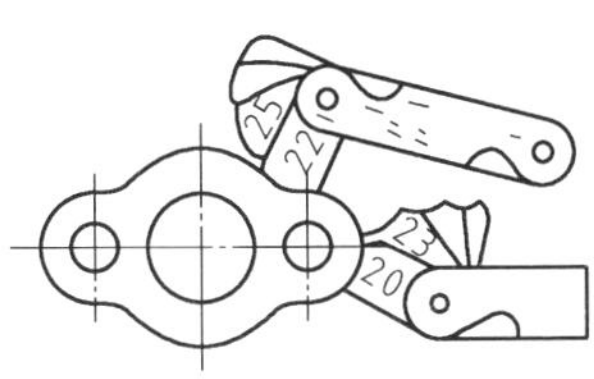
</td><td rowspan="2">孔间距测量</td><td rowspan="2">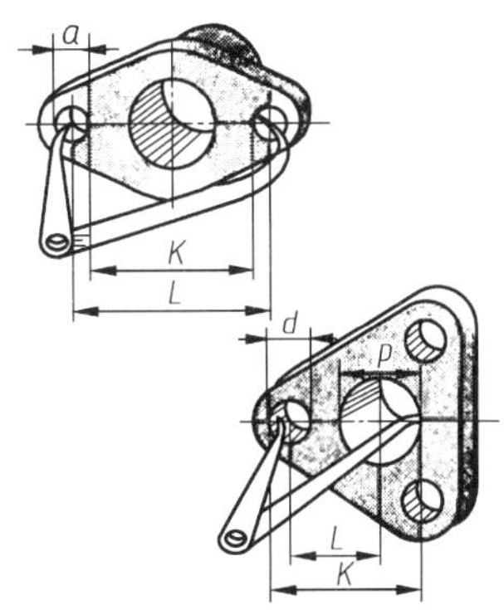
</td></tr>
<tr><td>测量螺纹</td><td>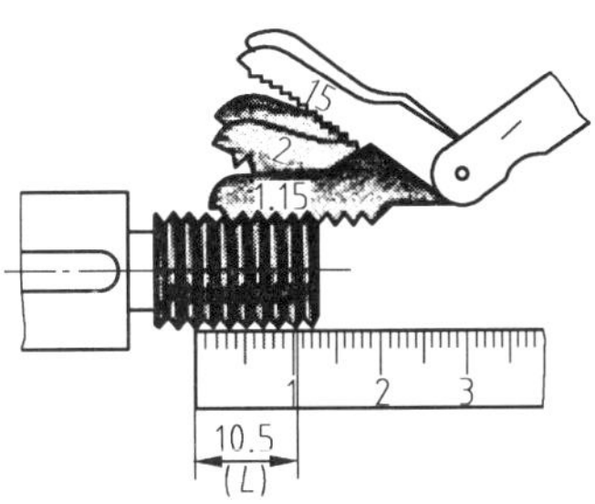
</td></tr>
</table>

第9章 装 配 图

9.1 装配图的作用和内容

一台机器或一个部件，都是由若干零件按一定的装配关系和技术要求装配而成。图 9-1 是滑动轴承的轴测图，它是支承传动轴的一个部件，由 8 种零件所组成。它的工作原理和装配关系等由图 9-2 来反映，这种表达机器或部件的图样，称为装配图。

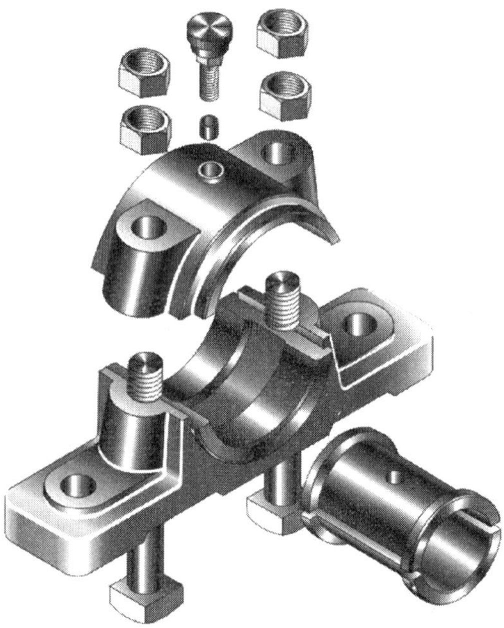

图 9-1 滑动轴承轴测图

9.1.1 装配图的作用

在机器或部件的设计过程中，通常先根据设计要求画出装配图以表达机器或部件的工作原理、传动路线、零件之间的装配关系以及零件的主要结构形状，然后按照装配图设计零件并绘制零件图。在生产过程中，装配图又是制定机器或部件装配工艺规程、装配、检验、安装和维修的依据。因此，装配图是生产和技术交流中重要的技术文件。

9.1.2 装配图的内容

图 9-2 是滑动轴承的装配图。从图中可以看出，一张完整的装配图应具备以下几方面内容。

1. 一组视图

用来表达机器或部件的工作原理、零件间的装配关系、零件的连接方式以及零件的主要结构形状等。

2. 必要的尺寸

装配图中必须标注反映机器或部件的规格、性能以及装配、检验和安装时所需要的一些尺寸。

3. 技术要求

在装配图中用文字或符号说明机器或部件的性能、装配、检验和使用等方面的要求。

4. 零件序号、明细栏和标题栏

根据生产组织和管理工作的需要，应对装配图中的零件编写序号，并填写明细栏和标题栏，说明机器或部件的名称、图号、图样比例以及零件的名称、材料、数量等一般概况。

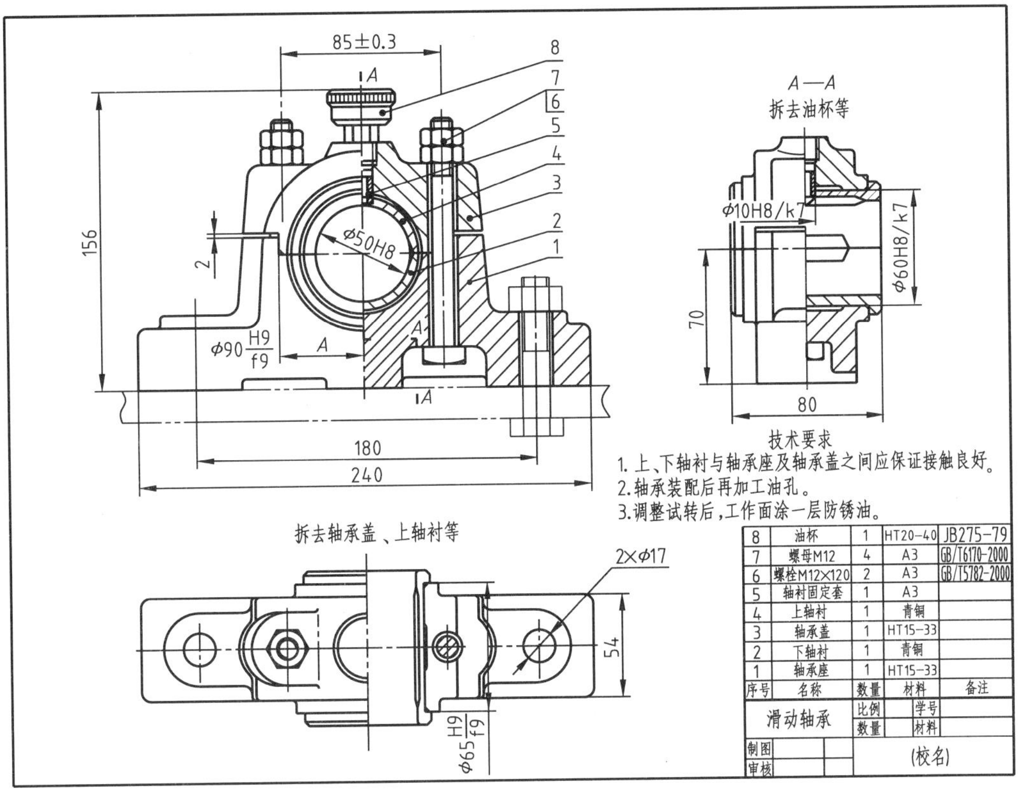

图 9-2　滑动轴承装配图

9.2　装配图的表达方法

第 6 章介绍的机件常用的表达方法均适用于装配图。由于装配图表达的侧重点与零件图有所不同，国家标准《机械制图》对绘制装配图又制定了一些规定画法和特殊表达方法。

9.2.1　规定画法

在装配图中，为了易于区分不同的零件，并便于清晰地表达出各零件之间的装配关系，在画法上有以下规定。

1. 接触面和配合面的画法

两相邻零件的接触面和配合面只画一条线，而基本尺寸不同的非配合面和非接触面，即使间隙很小，也必须画成两条线，如图 9-3 所示。

2. 剖面线的画法

在剖视图和断面图中，同一零件的剖面线倾斜方向和间隔应保持一致，如图 9-2 所示；相邻两零件的剖面线方向相反，或者方向一致但间隔不同，如图 9-4 所示。当装配图中零件的剖面厚度小于 2mm 时，允许将剖面涂黑代替剖面线，如图 9-6 所示。

3. 实心零件和标准件的画法

在剖视图中，当剖切平面通过实心零件（如轴、连杆等）和标准件（如螺栓、螺母、垫圈等）轴线时，这些零件按不剖绘制，如图 9-3 和图 9-4 所示。若其上的孔、槽等结构需要表达时，可采用局部剖视。当剖切平面垂直其轴线剖切时，则应画出剖面线，如图 9-2 俯视图中螺栓的投影。

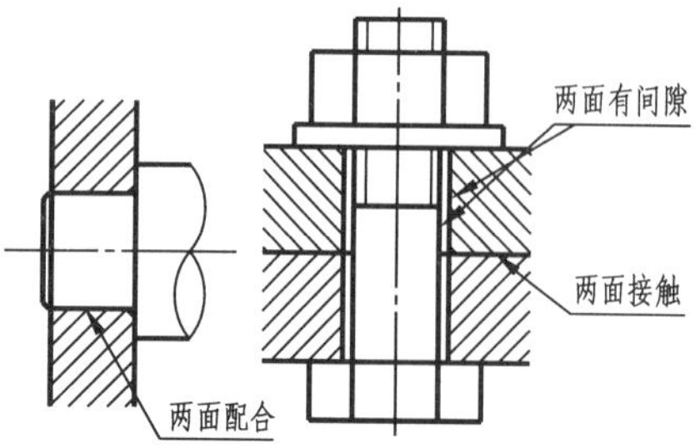

图 9-3 规定画法（一）

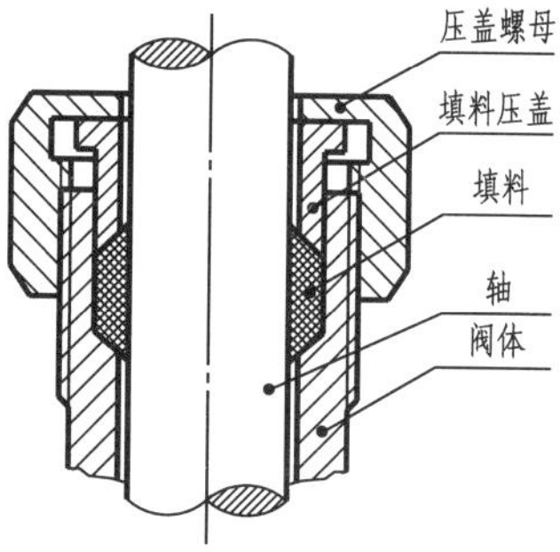

图 9-4 规定画法（二）

9.2.2 特殊表达方法

1. 拆卸画法

在装配图中，当一些零件在某一视图中遮住了要表达的装配关系或其他结构，而这些零件在其他视图上又已表达清楚时，可假想拆去它们后再绘制该视图，这种画法称为拆卸画法，如图 9-2 所示。需要说明时，可在图上加注“拆去零件××等”。但应注意，拆卸画法是一种假想的表达方法，所以在其他视图上，仍需完整地画出它们的投影。

2. 沿零件的结合面剖切画法

在装配图中，为了表示机器或部件的内部结构，可假想沿着某些零件的结合面进行剖切。这时，零件的结合面不画剖面线，其他被剖切的零件则要画出剖面线，如图 9-2 所示。

3. 假想画法

在装配图中，当需要表达该部件与其他相邻零、部件的装配关系时，可用双点画线画出相邻零、部件的轮廓，如图 9-2 中滑动轴承主视图下方的机体安装板；图 9-2 中齿轮油泵主视图中的传动齿轮、左视图下方的机体安装板等。

当需要表明某些零件的运动范围和极限位置时，可以在一个极限位置上画出该零件，而在另一个极限位置用双点画线画出其轮廓，如图 9-5 所示。

4. 夸大画法

在装配图中，对于一些薄片零件、细丝弹簧、小的间隙和锥度等，可不按其实际尺寸作图，而适当地夸大画出以使图形清晰，如图 9-6 中垫片的画法。

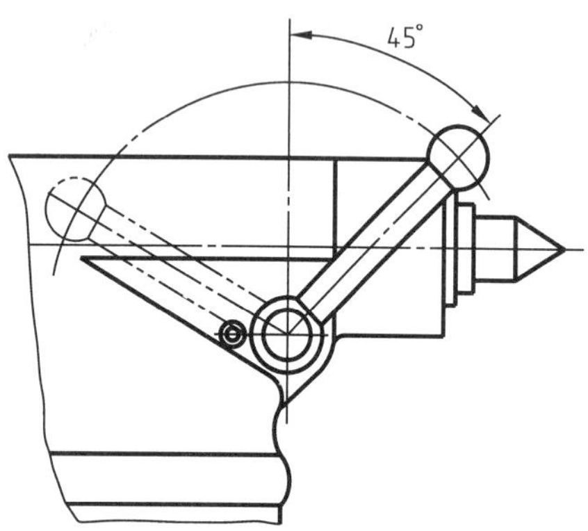

图 9-5 运动零件的极限位置画法

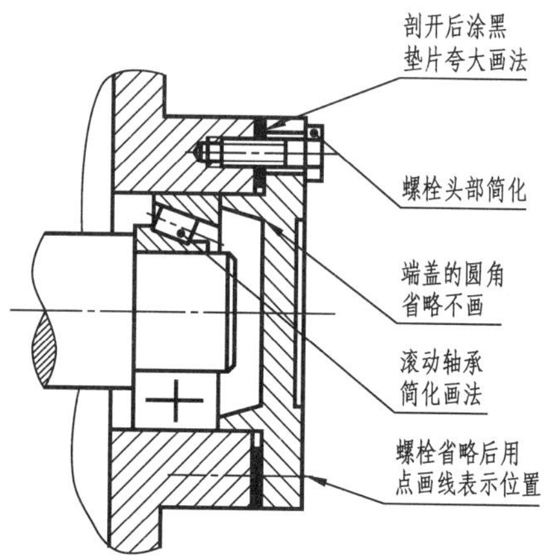

图 9-6 夸大画法和简化画法

5. **简化画法**

（1）在装配图中，螺栓头部和螺母允许采用简化画法。对若干相同的零件组如螺栓、螺钉连接等，在不影响理解的前提下，允许详细地画出一处或几处，其余只需用点画线表示其中心位置，如图 9-6 所示。

（2）滚动轴承只需表达其主要结构时，可采用简化画法，如图 9-6 所示。

（3）在装配图中，零件的一些工艺结构，如小圆角、倒角、退刀槽和砂轮越程槽等允许不画。

6. **展开画法**

为了表达某些重叠的装配关系，可假想将空间轴系按其传动顺序展开在一个平面上，然后沿轴线剖切画出剖视图，这种画法称为展开画法，如图 9-7 所示。

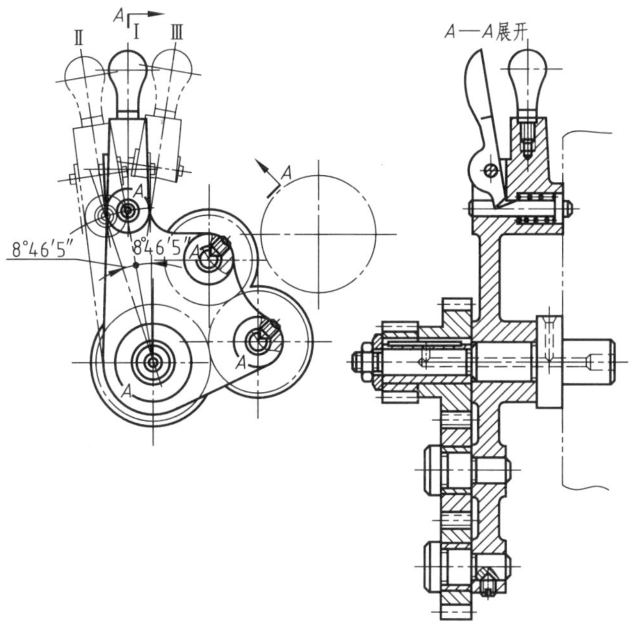

图 9-7　展开画法

9.3　装配图的尺寸标注

装配图的作用与零件图不同，因此装配图中不必注出零件的全部尺寸。为了进一步说明机器或部件的性能、工作原理、装配关系和安装要求，需要标注必要的尺寸，一般分为以下几类尺寸。

9.3.1　性能和规格尺寸

表示机器或部件工作性能和规格的尺寸。它是在设计时就确定的尺寸，也是设计、了解和选用该机器或部件的依据，如图 9-2 中的轴孔直径 ϕ50H8、图 9-18 泵体中的管螺纹 G3/8 等。

9.3.2　装配尺寸

表示机器或部件中零件之间装配关系和工作精度的尺寸。它由配合尺寸和相对位置尺寸两部分组成。

1. **配合尺寸**

在机器或部件装配时，零件间有配合要求的尺寸。如图 9-2 中轴承盖与轴承座的配合尺

寸 ϕ90H9/f9；轴承盖和轴承座与上、下轴衬的配合尺寸 ϕ60H8/k7 等。

2. 相对位置尺寸

在机器或部件装配时，需要保证零件间相对位置的尺寸。如图 9-2 中轴承孔轴线到基面的距离 70，两连接螺栓的中心距尺寸 85±0.3；图 9-18 中油泵两齿轮轴心距离 27±0.03 等。

9.3.3 安装尺寸

表示机器或部件安装时所需要的尺寸，如图 9-2 中滑动轴承的安装孔尺寸 2×ϕ17 及其定位尺寸 180；图 9-18 中的两连接螺栓的中心距尺寸 70 等。

9.3.4 外形尺寸

表示机器或部件外形的总体的长、宽、高尺寸。它为机器或部件在包装、运输和安装过程中所占空间提供数据，如图 9-2 中滑动轴承的总体尺寸 240、156 和 80；图 9-18 中齿轮油泵的总体尺寸 118、85 和 95 等。

9.3.5 其他重要尺寸

在机器或部件的设计中经计算确定的尺寸，但又不包括在上述几类尺寸中，这类尺寸在拆画零件图时不能改变。如运动零件的极限尺寸，主体零件的一些重要尺寸等，如图 9-2 中轴承盖和轴承座之间的间隙尺寸 2 和轴承孔轴线到基面的距离 70。

上述几类尺寸之间并不是互相孤立无关的，实际上有的尺寸往往同时具有多种作用。此外，在一张装配图中，也并不一定需要全部注出上述尺寸，而是要根据具体情况和要求来确定。

9.4 装配图的技术要求

装配图上一般应注写以下几方面要求。

1. 装配要求

装配过程中的注意事项和装配后应满足的性能要求等。

2. 检验要求

机器或部件基本性能的检验方法和条件，装配后保证达到的精度，检验与实验的环境温度、气压，振动实验的方法等。

3. 使用要求

对机器或部件的基本性能的要求，维护和保养的要求及使用操作时的注意事项等。

装配图的技术要求一般用文字写在明细栏上方或图纸下方的空白处。若技术要求过多，可另编技术文件，在装配图上只注出技术文件的文件号。

9.5 装配图中的零、部件序号和明细栏

为了便于图样管理和组织生产，必须对装配图中的所有零、部件进行编号，并填写零件的明细栏，并按编号在明细栏中填写该零、部件的名称、数量和材料等。

9.5.1 零、部件序号

编写零、部件时应遵守国家标准的有关规定。

（1）装配图中所有的零、部件都必须编写序号。相同的多个零、部件采用一个序号，一般在图中只标注一次，应与填写在明细栏中零、部件的序号一致。

（2）序号应注写在指引线一端用细实线绘制的水平线上方、圆内或在指引线端部附近，序号字高要比图中尺寸数字大一号或两号，如图 9-8（a）所示。序号编写时应按水平或垂直方向排列整齐，并按顺时针或逆时针方向顺序编号，如图 9-2 所示。

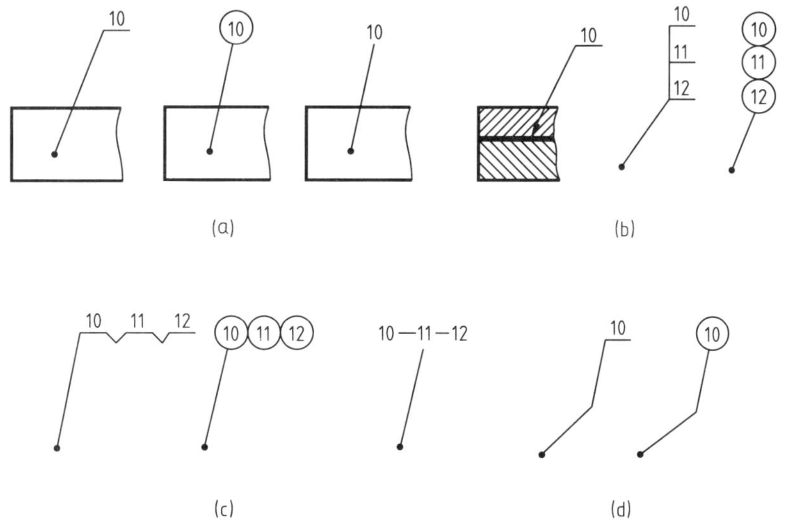

图 9-8 序号的编写形式

（3）指引线用细实线绘制，应自所指零件的可见轮廓内引出，并在其末端画一圆点，如图 9-8（a）所示。若所指的部分不宜画圆点，如很薄的零件或涂黑的剖面等，可在指引线的末端画出箭头，并指向该部分的轮廓，如图 9-8（b）所示。

如果是一组紧固件，以及装配关系清楚的零件组，可以采用公共指引线，如图 9-8（c）所示。

（4）指引线不允许彼此相交。当通过有剖面线的区域时，不应与剖面线平行，必要时可画成折线，但只允许折一次，如图 9-8（d）所示。

9.5.2 明细栏

明细栏是机器或部件中全部零、部件的详细目录。明细栏位于标题栏的上方，外框粗实线，内框细实线，零、部件的序号自下而上填写。如图幅受限制时，可移至标题栏的左边继续编写，标题栏及明细栏的格式如图 1-3、图 1-4 所示。

9.6 装配结构的合理性

在机器或部件的设计中，应该考虑装配结构的合理性，以保证机器或部件的工作性能可靠；安装和维修方便。下面介绍几种常见的装配结构。

9.6.1 接触面与配合面结构

（1）两零件在同一方向上一般只宜有一个接触面，这样既保证零件接触良好又降低了加工要求，如图 9-9 所示。

（2）轴、孔配合且端面相互接触时，孔应倒角或轴根部加工槽，以保证端面良好接触。如图 9-10 所示。

9.6.2 密封结构

在一些机器或部件中，一般对外露的旋转轴和管路接口等，常需要采用密封装置，以防

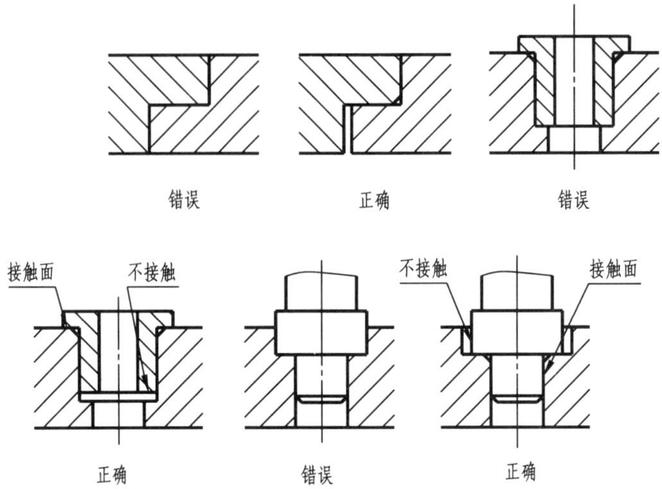

图 9-9 接触面的合理结构

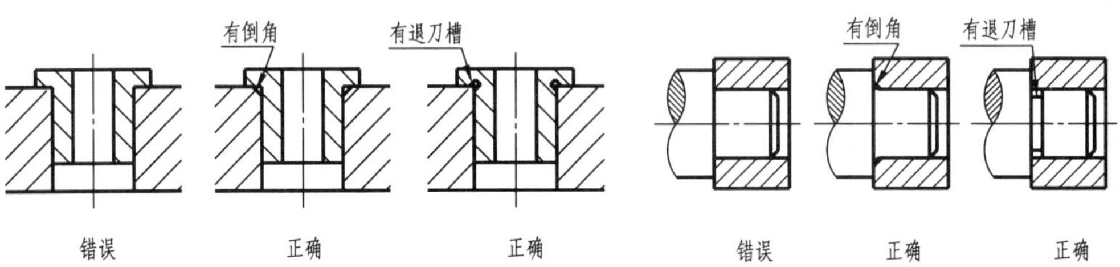

图 9-10 轴、孔配合的合理结构

止机器内部的液体或气体外流，也防止灰尘等进入机器。

图 9-11（a）为泵和阀上的常见密封结构。填料密封通常用浸油的石棉绳或橡胶作填料，拧紧压盖螺母，通过填料压盖可将填料压紧，起到密封作用。

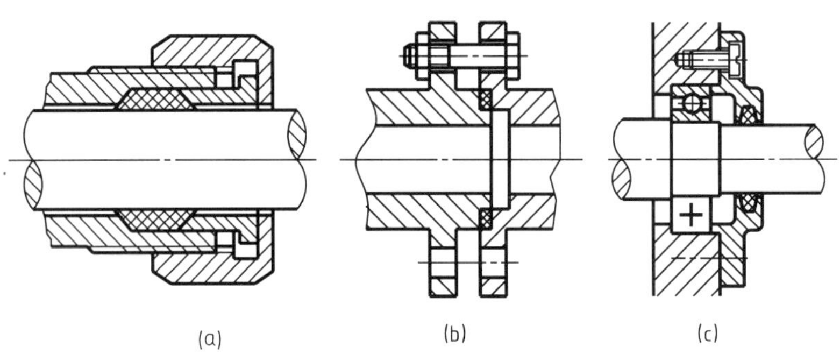

图 9-11 密封结构

图 9-11（b）为管道中管接口的常见密封结构，采用 O 形密封圈密封。

图 9-11（c）为滚动轴承的常见密封结构，采用毡圈密封。

各种密封方法所用的零件，有些已经标准化，其尺寸要从有关手册中查取，如毡圈密封中的毡圈。

9.6.3 安装与拆卸结构

（1）在滚动轴承的装配结构中，与轴承内圈结合的轴肩直径及与轴承外圈结合的孔径尺寸应设计合理，以便于轴承的拆卸，如图 9-12 所示。

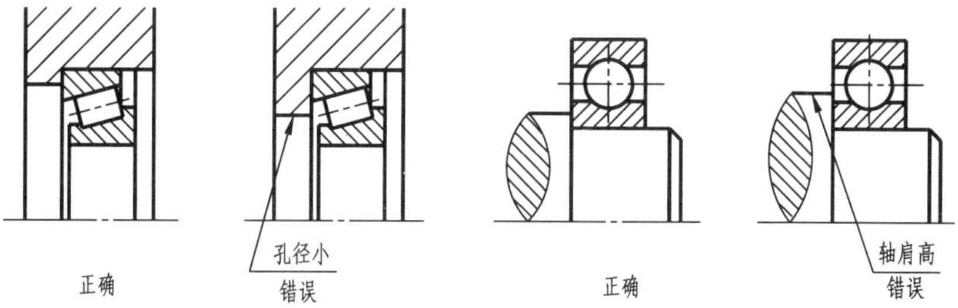

图 9-12　滚动轴承的装配结构

（2）螺栓和螺钉连接时，孔的位置与箱壁之间应留有足够空间，以保证安装的可能和方便，如图 9-13 所示。

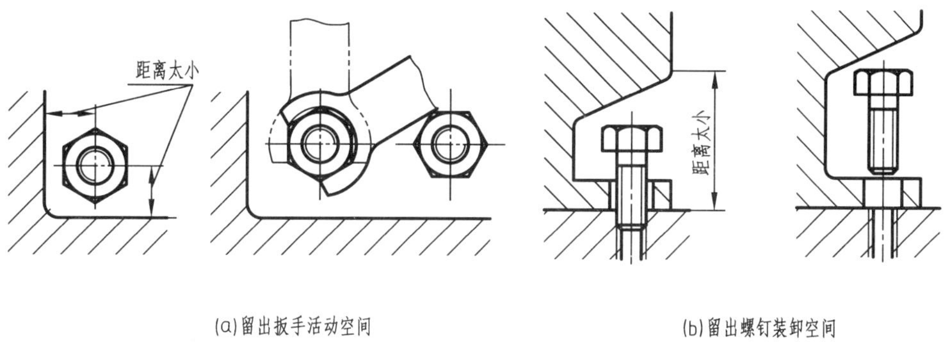

图 9-13　螺栓、螺钉连接的装配结构

（3）销定位时，在可能的情况下应将销孔做成通孔，以便于拆卸，如图 9-14 所示。

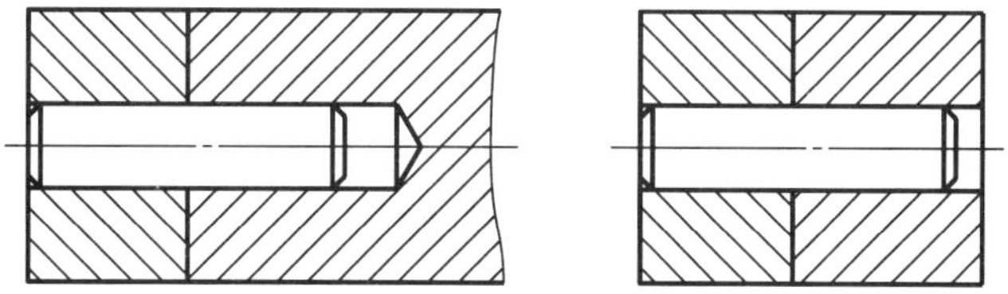

图 9-14　定位销的装配结构

9.7　装配图的绘制

9.7.1　全面了解和分析所画的机器或部件

绘制装配图之前，应对所画的对象有全面的认识，即了解机器或部件的功用、性能、结构特点和各零件间的装配关系等。

现以球阀为例介绍绘制装配图的方法和步骤。

图 9-15 所示球阀是管路中用来启闭及调节流体流量的部件，它由阀体等零件和一些标准件所组成。

球阀的工作原理是：阀体内装有阀芯，阀芯内的凹槽与阀杆的扁头相接，当用扳手旋转阀杆并带动阀芯转动一定角度时，即可改变阀体通孔与阀芯通孔的相对位置，从而起到启闭及调节管路内流体流量的作用。

球阀有两条装配干线，一条是竖直方向，以阀芯、阀杆和扳手等零件组成。另一条是水平方向，以阀体、阀芯和阀盖等零件组成。

9.7.2 画装配示意图

装配示意图一般是用简图或符号画出机器或部件中各零件的大致轮廓，以表示其装配位置、装配关系和工作原理等。《机械制图》国家标准中《机构运动简图符号》（GB/T 4460—1984）规定了一些基本符号和可用符号，一般情况采用基本符号，必要时允许使用可用符号，画图时可以参考使用。

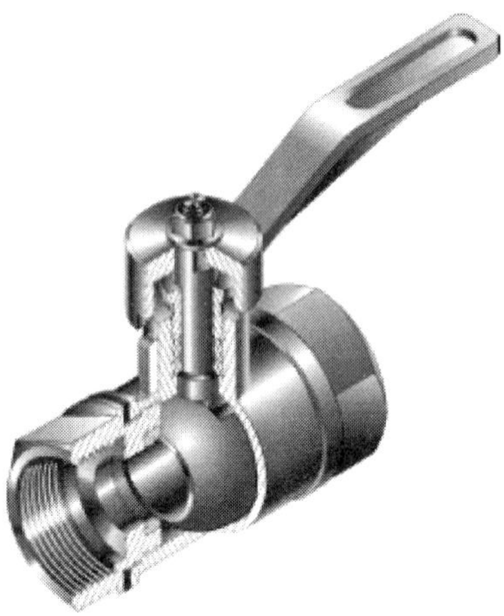

图 9-15 球阀的轴测图

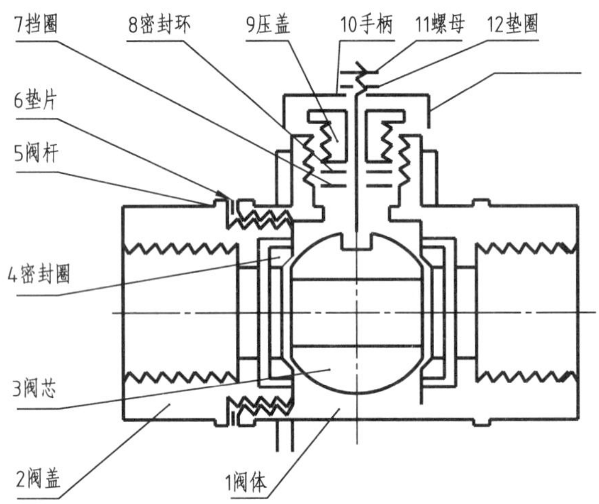

图 9-16 球阀装配示意图

9.7.3 确定装配图的表达方案

在对所画机器或部件全面了解和分析的基础上，运用装配图的表达方法，选择一组恰当的视图，清楚地表达机器或部件的工作原理、零件间的装配关系和主要零件的结构形状。在确定表达方案时，首先要合理选择主视图，再选择其他视图。

1. 选择主视图

主视图的选择应符合它的工作位置，尽可能反映机器或部件的结构特点、工作原理和装配关系，主视图通常采用剖视图以表达零件的主要装配干线。

按图 9-16 球阀装配示意图的放置位置和投影方向采用全剖视图表达球阀的两条装配干线。

2. 选择其他视图

分析主视图尚未表达清楚的机器或部件的工作原理、装配关系和其他主要零件的结构形状，再选择其他视图来补充主视图尚未表达清楚的结构。

俯视图采用假想画法表达扳手零件的极限位置，左视图采用半剖视表达阀体和阀盖的外形及阀杆和阀芯的连接关系。

9.7.4 画装配图的步骤

根据所确定的装配图表达方案，选取适当的绘图比例，并考虑标注尺寸、编注零件序号、书写技术要求、画标题栏和明细栏的位置，选定图幅，然后按下列步骤绘图。

（1）画出图框、画出各视图的主要中心线、轴线、对称线及基准线等，如图 9-17（a）所示。

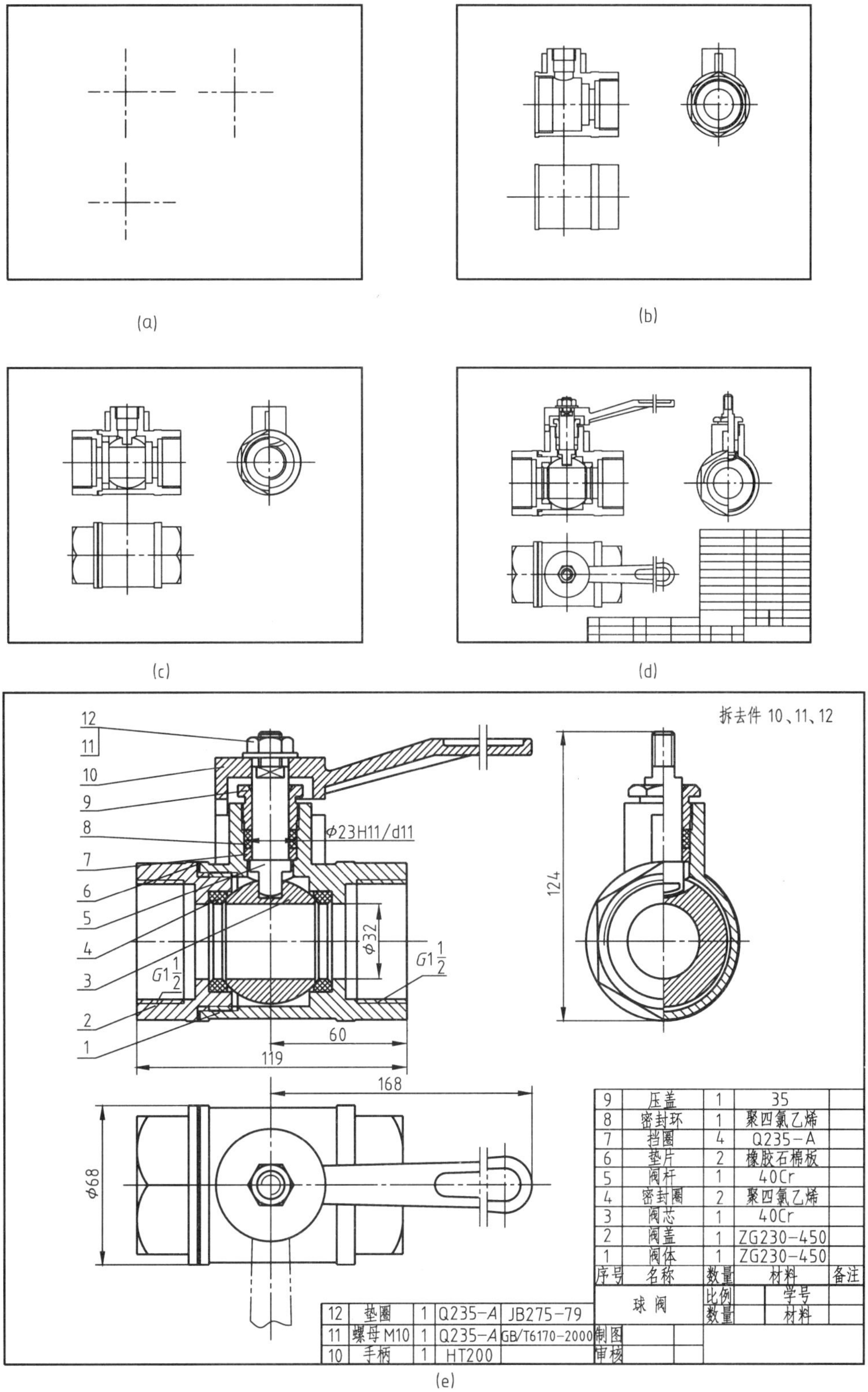

图 9-17　画球阀装配图的步骤

（2）画出主体零件的主要结构。通常先从主视图开始，先画基本视图，后画其他视图。画图同时应注意各视图间的投影关系。如果是画剖视图，则应从内向外画。这样被遮住的零件的轮廓线就可以不画，如图 9-17（b）。

（3）画其他零件及各部分的细节，如图 9-17（c）。

（4）检查底稿，绘制标题栏及明细栏并加深全图，如图 9-17（d）。

（5）标注尺寸，编写零件序号，填写明细栏和标题栏，注明技术要求等。

（6）仔细检查完成全图，如图 9-17（e）。

9.8 看装配图及由装配图拆画零件图

在机器或部件的设计、制造、使用、维修和技术交流等实际工作中，经常要看装配图。通过看装配图可以了解机器或部件的工作原理、各零件间的装配关系和零件的主要结构形状及作用等。

9.8.1 看装配图的方法和步骤

现以图 9-18 所示齿轮油泵装配图为例来说明看装配图的方法和步骤。

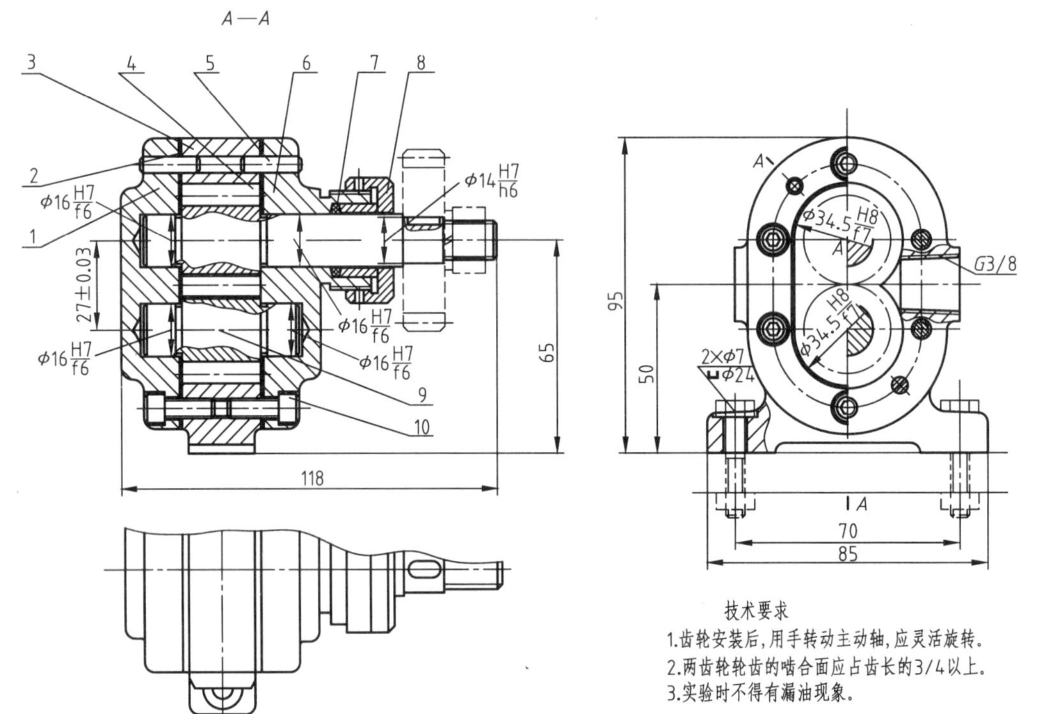

技术要求

1.齿轮安装后，用手转动主动轴，应灵活旋转。

2.两齿轮轮齿的啮合面应占齿长的3/4以上。

3.实验时不得有漏油现象。

10	螺钉 M6×16	12	35	GB/T70—1985
9	从动齿轮轴	1	45	m=3，z=9
8	螺塞	1	35	
7	填料	1	棉麻绳	
6	右泵盖	1	HT200	
5	销 5×18	4	45	GB/T119.1—2000
4	主动齿轮轴	1	45	m=3，z=9

3	泵体	1	HT200	
2	纸垫	2	厚纸	
1	左泵盖	1	HT200	
序号	名 称	数量	材 料	备注

齿轮油泵	比例	1:1	学号	
	数量		材料	
制图				
审核				

图 9-18 齿轮油泵装配图

1. 概括了解装配图的内容

(1) 从标题栏中了解机器或部件的名称、用途及比例等。

(2) 从零件序号及明细栏中，了解零件的名称、数量、材料及在机器或部件的中的位置。

(3) 分析视图，了解各视图的作用及表达意图。

齿轮油泵是用于机器润滑系统中的部件。它是由泵体、泵盖、运动零件（传动齿轮、齿轮轴等）、密封零件以及标准件等组成，对照零件序号和明细栏可以看出齿轮油泵共由十种零件装配而成，装配图的比例为1∶1。

在装配图中，主视图采用全剖视图，表达了齿轮油泵各零件间的装配关系；左视图采用沿左泵盖与泵体结合面剖切的半剖视图，表达了齿轮油泵的外形、齿轮的啮合情况以及油泵吸、压油的工作原理；再采用一个局部剖视反映进出油口的情况；俯视图反映了齿轮油泵的外形，因其前后对称，为使整个图面布局合理，故只画了略大于一半的图形。齿轮油泵的外形尺寸是118、95、85。

2. 分析工作原理及传动关系

分析机器或部件的工作原理，一般应从分析传动关系入手。

例如齿轮油泵：当外部动力经传动齿轮（细双点画线所画零件）传至主动齿轮轴4时，即产生旋转运动。主动齿轮轴按逆时针方向旋转时，从动齿轮轴则按顺时针方向旋转。

当泵体中的一对齿轮啮合传动时，吸油腔一侧的轮齿逐步分离，齿间容积逐渐扩大形成局部真空，油压降低，因而油池中的油在外界大气压力的作用下，沿吸油口进入吸油腔，吸入到齿槽中的油随着齿轮的继续旋转被带到左侧压油腔，由于左侧的轮齿又重新啮合而使齿间容积逐渐缩小，使齿槽中不断挤出的油成为高压油，并由压油口压出，然后经管道被输送到需要供油的部位，图9-19是齿轮油泵的工作原理图。

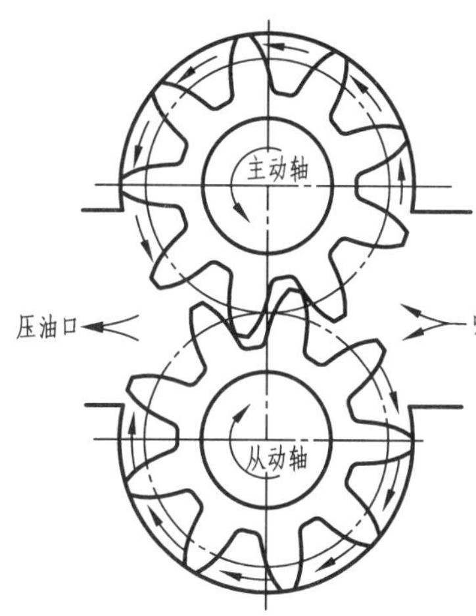

图9-19 齿轮油泵工作原理图

3. 分析装配关系

齿轮油泵的装配干线主要有两条线：一条是主动齿轮轴系统。它是由主动齿轮轴4装在泵体3和左泵盖1及右泵盖6的轴孔内，在主动齿轮轴右边伸出端，装有填料7及螺塞8等。另一条是从动齿轮轴系统。从动齿轮轴9也是装在泵体3和左泵盖1及右泵盖6的轴孔内，与主动齿轮啮合在一起。

为了防止泵体与泵盖的结合面和主动齿轮轴的外露处漏油，分别用垫片、填料、螺塞等组成密封装置。

零件的配合关系是两齿轮轴与两泵盖轴孔的配合为间隙配合ϕ16H7/f6，两齿轮与两齿轮腔的配合为间隙配合ϕ34.5H8/f7。

在齿轮油泵中，泵体和泵盖由圆柱销5定位，并用螺钉10紧固。填料7是由螺塞8将其拧压在右泵盖的相应的孔槽内。两齿轮轴向定位，是靠两泵盖端面及泵体两侧面分别与齿轮两端面接触。

4. 分析零件的结构及其作用

为深入了解机器或部件的结构特点，需要分析组成零件的结构形状和作用。对于装配图中的标准件如螺纹紧固件、键、销等和一些常用的简单零件，其作用和结构形状比较明确，无需细读，而对主要零件的结构形状必须仔细分析。

分析时一般从主要零件开始，再看次要零件。首先对照明细栏，在编写零件序号的视图上确定该零件的位置和投影轮廓，按视图的投影关系及根据同一零件在各视图中剖面线方向和间隔应一致的原则来确定该零件在各视图中的投影。然后分离其投影轮廓，先推想出因其他零件的遮挡或因表达方法的规定而未表达清楚的结构，再按形体分析和结构分析的方法，弄清零件的结构形状。

5. 总结归纳

在对工作原理、装配关系和主要零件结构分析的基础上，还需对技术要求和全部尺寸进行研究。最后，综合分析想象出机器或部件的整体形状，为拆画零件图作准备，其整体结构见图 9-20 齿轮油泵轴测图。

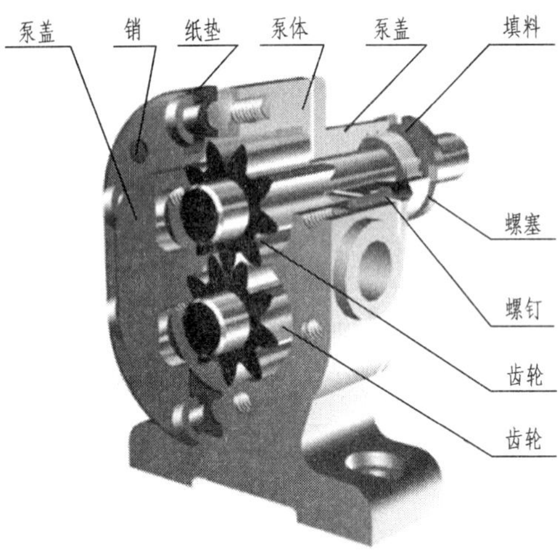

图 9-20 齿轮油泵轴测图

9.8.2 由装配图拆画零件图

在设计过程中，首先要绘制装配图，然后再根据装配图拆画零件图。简称拆图。

拆图应在全面读懂装配图的基础上进行。为了保证各零件的结构形状合理，并使尺寸、配合性质和技术要求等协调一致，一般情况下，应先拆画主要零件，然后逐一画出其他零件。对于一些标准零件，只需要确定其规定标记，可以不必拆画零件图。

在拆画零件图的过程中，要注意处理好以下几个问题。

1. 视图的处理

装配图的视图选择方案，主要是从表达机器或部件的装配关系和工作原理出发；而零件图的视图选择，则主要是表达零件的结构形状。由于表达的出发点和要求不同，所以在选择视图方案时，不强求与装配图一致，即零件图不能简单地照抄装配图上对于该零件的视图数量和表达方法，而应该根据具体零件的结构特点，重新确定零件图的视图选择和表达方案。

2. 零件结构形状的处理

在装配图中对零件的某些局部结构可能表达不完全，而且对一些工艺标准结构还允许省略（如圆角、倒角、退刀槽、砂轮越程槽等）。拆画零件图时，确定装配图中被分离零件的投影后，补充被其他零件遮住部分的投影，同时考虑设计和工艺的要求，增补被简化掉的结构，合理设计未表达清楚的结构。

3. 零件图上的尺寸处理

装配图中的尺寸不是很多，拆画零件时应按零件图的要求注全尺寸。

（1）装配图已注的尺寸，在有关的零件图上应直接抄注出。对于配合尺寸，某些相对位置尺寸一般应注出偏差数值。

（2）与标准件相连接或配合的有关结构尺寸，如螺孔、销孔等的直径，要从相应的标准中查取后注在图中。

（3）对于零件的一些工艺结构，如圆角、倒角、退刀槽、砂轮越程槽、螺栓通孔等，应尽量选用标准结构，查有关标准后标注尺寸。

（4）有些零件的某些尺寸需要根据装配图所给的数据进行计算才能得到（如齿轮分度圆、齿顶圆直径等），应将计算后的结果标注在图中。

（5）某些零件，在明细栏中给定了尺寸，如弹簧、垫片等，要按给定尺寸注出。

一般尺寸均按装配图的图形大小和图样比例，直接量取注出。

4. 对于零件图中技术要求等的处理

技术要求在零件图中占有重要地位，它直接影响零件的加工质量。根据零件在机器或部件中的作用以及与其他零件的装配关系等要求，标注出该零件的表面粗糙度、尺寸公差等方面的技术要求。

图 9-21 是根据图 9-20 齿轮油泵装配图拆画的泵体零件图。

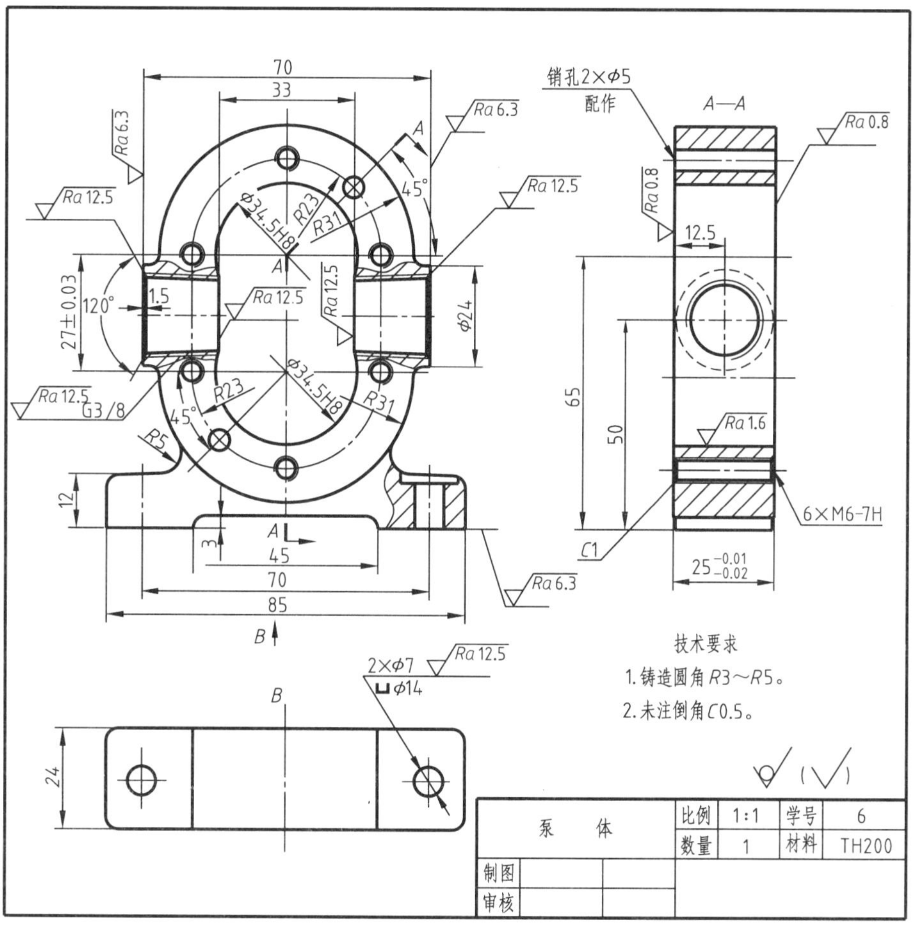

图 9-21　泵体零件图

第 10 章　计算机绘图

10.1　AutoCAD 2013 基础知识

10.1.1　AutoCAD 简介

计算机绘图是 20 世纪 60 年代发展起来的新兴学科，随着计算机图形学理论及其技术的发展，计算机绘图技术也迅速发展起来，自 1982 年美国 Autodesk 公司推出 AutoCAD R1.0 以来，经过不断的扩充与完善，AutoCAD 已成为国际上应用广泛的计算机辅助设计软件。到目前为止，AutoCAD 软件提供了强大、灵活的功能，可实现卓越的产品设计和造型，广泛应用于机械、建筑、纺织、轻工、电子、土木工程、冶金、造船、石油化工、航天和气象等领域的计算机绘图和辅助设计工作。

10.1.2　AutoCAD 2013 的新增功能

本书采用的是 AutoCAD 2013 中文版，它在功能及运行性能上更加人性化，加快了任务的执行，使用起来更加方便。其新功能主要包括以下几个方面。

(1) 增强了用户交互命令行，命令行界面已在 Jaws 中得到革新，包括颜色和透明度，也可以更灵活地显示历史记录和访问最近使用的命令，还可将命令行固定在 AutoCAD 窗口的顶部或底部，或使其浮动以最大化绘图区域。

(2) 增强了阵列，新增的“阵列创建”选项板更加清晰，易于操作。

(3) 实现了画布内预览，会影响视口内显示的任何更改都可预览，可以使用新的 PROPERTYPREVIEW 系统变量控制特性预览行为，也可以在“选项”对话框中访问。

(4) 可快速查看图形及图案填充编辑器，更快且更轻松地编辑多个图案填充对象。

(5) 新功能对光栅图像及外部参照、两色重采样的算法已经更新，以提高范围广泛的图像显示质量，在“外部参照”选项板中可直接编辑保存的路径。

(6) 新功能有“点云支持”(增强功能) 和云端服务的链接，可以在 AutoCAD 中直接登录使用 Autodesk360 云端服务，可以上传、同步或共用文件。

10.1.3　AutoCAD 2013 的启动与退出

1. AutoCAD 2013 的启动

安装好 AutoCAD 2013 之后，启动 AutoCAD 2013 有四种方式。

(1) 双击桌面上的快捷方式图标即可启动，进入软件界面。

(2) 单击桌面上的快捷方式图标，然后右击，在系统弹出的快捷菜单中选择 **打开(O)** 命令。

(3) 双击已有的 AutoCAD 图形文件。

(4) 从“开始”菜单启动：在 Windows 系统下，点击 开始 ⇨ 所有程序(P) ⇨ Autodesk ⇨ AutoCAD 2013 - 简体中文 (Simplified Chinese) ⇨ AutoCAD 2013 - 简体中文 (Simplified Chinese)。

2. AutoCAD 2013 的退出

退出 AutoCAD 2013 有以下五种方式。

(1) 单击 AutoCAD 2013 操作界面右上角的“关闭”按钮。

(2) 在菜单浏览器中点击“退出 AutoCAD 2013”按钮。

(3) 在“文件(F)”下拉菜单选择“退出(X)”项。

(4) 在命令行中输入 EXIT 或 QUIT，然后按 Enter 键。

(5) 组合键 Ctrl＋Q。

10.2 AutoCAD 2013 的操作界面

中文版 AutoCAD 2013 的操作界面如图 10-1 所示。经典操作界面包括菜单浏览器、快速访问工具栏、标题栏、信息中心、功能区、绘图区、命令行、状态栏。其中功能区包含名称、面板和选项卡 3 部分，绘图区内有模型、布局 1 和布局 2 选项卡、三维导航工具和动态导航观察区。十字光标所在区域为绘图区，所有图形的绘制和编辑等操作都在此区域内完成。

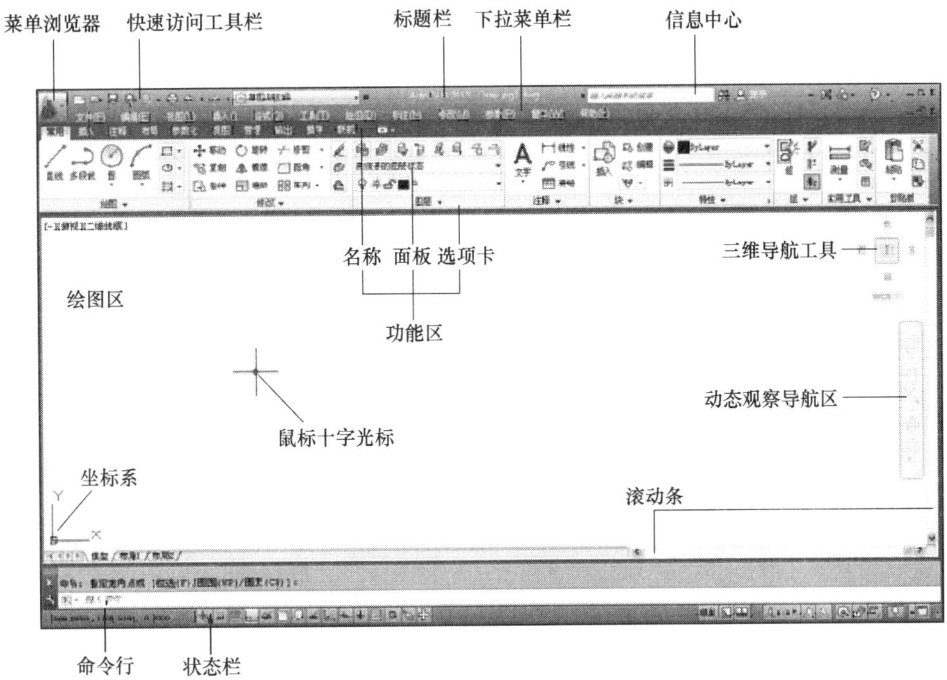

图 10-1 AutoCAD 2013 的操作界面

10.2.1 菜单浏览器

菜单浏览器按钮位于 AutoCAD 2013 的操作界面的左上角，单击浏览器展开符后的应用程序菜单如图 10-2 所示。它包括“文件”下拉菜单命令中的部分常用命令，搜索工具及最近访问的文档列表，其中文档列表排序方式和文档图标形式可根据需要各有四种选择。单击菜单浏览器右下角的“选项”按钮，出现“选项”对话框，可根据需要进行设置。

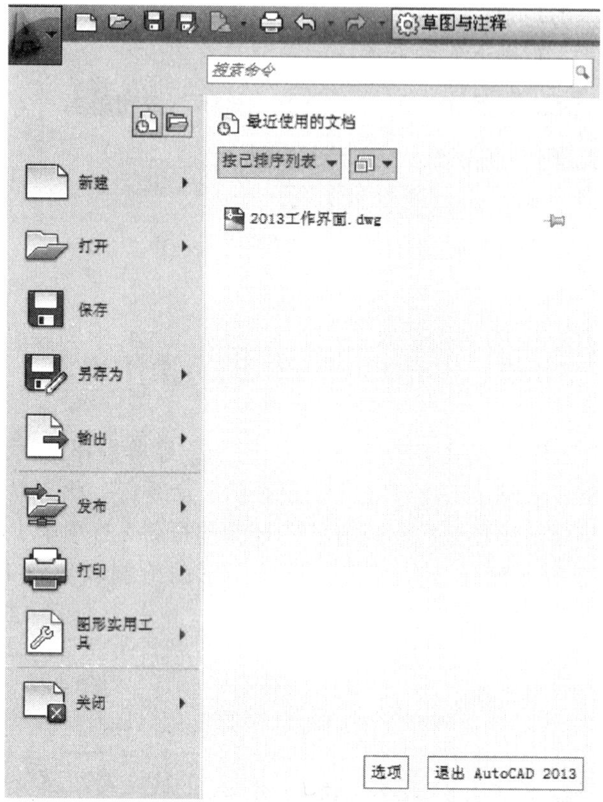

图 10-2 应用程序菜单

10.2.2 快速访问工具栏

操作界面上方的菜单浏览器右侧为快速访问工具栏，如图 10-3 所示。它包括文件的新建、打开、保存、另存为、打印、放弃和重做等命令。单击工具栏后面的下拉按钮，将弹出“自定义快速访问工具栏”，可为快速访问工具栏添加命令按钮。在功能区的命令图标上单击鼠标右键，然后单击“添加到快速访问工具栏”，命令按钮也会添加到快速访问工具栏中默认命令的右侧。

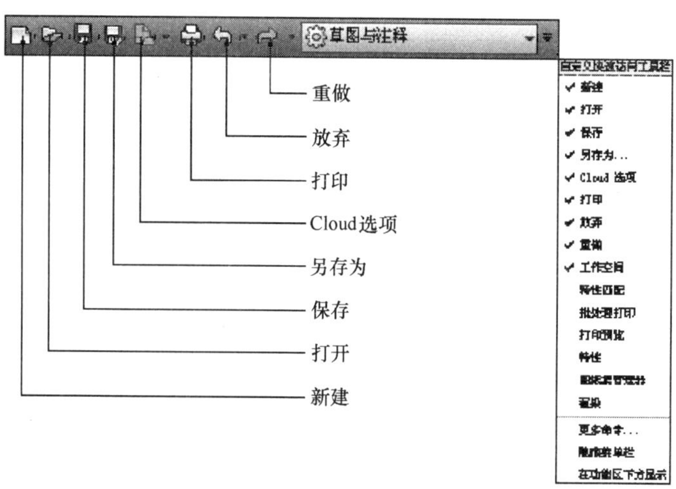

图 10-3 快速访问工具栏

10.2.3　标题栏

标题栏位于操作界面上方快速工具栏右侧，用于显示 AutoCAD 2013 的程序图标以及当前文件名。

10.2.4　信息中心

标题栏右侧为信息中心（图 10-4），可以在“帮助”系统中搜索主题，包括：登录到 Autodesk ID、打开 Autodesk Exchange、保持连接以显示产品通告、更新和通知及显示“帮助”菜单。

图 10-4　信息中心

10.2.5　下拉菜单栏

在 AutoCAD 2013 中，默认为不显示菜单栏，用户可通过“快速访问工具栏”后的按钮选择“显示菜单栏”，将操作界面的菜单栏显示出来，如图 10-5 所示。

图 10-5　下拉菜单栏

下拉菜单几乎包含所有命令，其中菜单栏中带有组合键的命令可直接按组合键执行该命令；带有▶的命令，表示该命令下还有子命令；带有“…”的命令表示选择该命令系统会弹出一个对话框；呈灰色的命令表示该命令当前不可用；命令后带下划线的字母对应的是热键，可在打开某个下拉菜单后，通过键盘上的热键字母启动相应的命令。

10.2.6　功能区

下拉菜单下面为功能区，包含了 AutoCAD 2013 的常用功能，由名称、面板和选项卡组成，如图 10-6 所示。每个选项卡包含若干面板，面板中有多种功能按钮供选择。单击面板或按钮后的倒三角符号可显示隐藏功能。

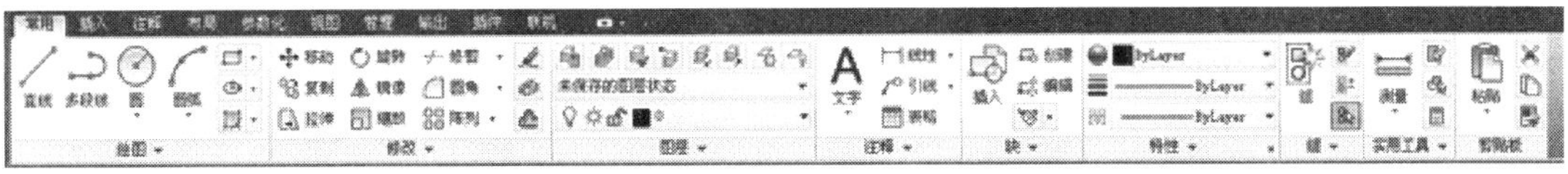

图 10-6　功能区

10.2.7　绘图区

功能区下面屏幕的空白区域是用户进行图形绘制的绘图区。绘图区的左下角显示用户当前坐标系的图标，包括坐标系类型、坐标原点和坐标轴方向。鼠标移动到绘图区时，变成了十字形状光标，可在绘图区中定位。屏幕中图样未显示的部分可操作滚动条上的滑块或箭头移动图样至视窗内。

绘图区底部有“模型”、“布局 1”、“布局 2”三个选项卡，用来控制绘图工作是在模型空间还是在图纸空间进行。其中，一般的绘图工作在模型空间进行，图纸空间主要完成打印输出图形的最终布局。鼠标指向任意选项卡单击右键，系统会弹出快捷菜单，可创建布局或进行其他操作。

10.2.8　ViewCube 和导航栏

绘图区左上角的图标是模型在二维模型空间或三维视觉样式中处理图形时的一种导航工具 ViewCube，如图 10-7 所示，光标移到其上时，才处于活动状态，可根据需要调整视点，使模型在标准视图和等轴测视图间切换，直观反映了图形在三维空间内的方向。导航栏是可与 ViewCube 链接的动态观察导航，可在视口隐藏或将位置设在视口的四角之一。

10.2.9 命令行与文本窗口

命令行是输入和显示命令提示的区域，默认情况下位于绘图区的下方，显示 3 行。该区域有滚动条，可上下滚动查看 AutoCAD 启动后所用过的全部命令及提示信息。绘图时应时刻注意命令行的提示信息，并按提示进行下一步操作。

对当前命令行窗口中输入的内容，可用文本编辑的方法进行编辑，通过快捷键 F2 或从“视图”下拉菜单进入文本窗口。

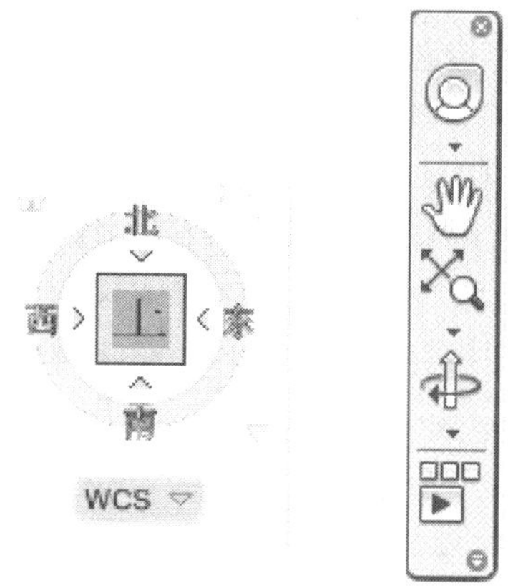

图 10-7 导航工具

10.2.10 状态栏

状态栏位于操作界面的最下方，如图 10-8 所示，反映或改变当前的绘图状态。其左边是当前光标位置的坐标值，右边是功能按钮，单击相应按钮或按功能键可激活对应功能。在按钮上单击鼠标右键，可激活快捷菜单进行相应设置。

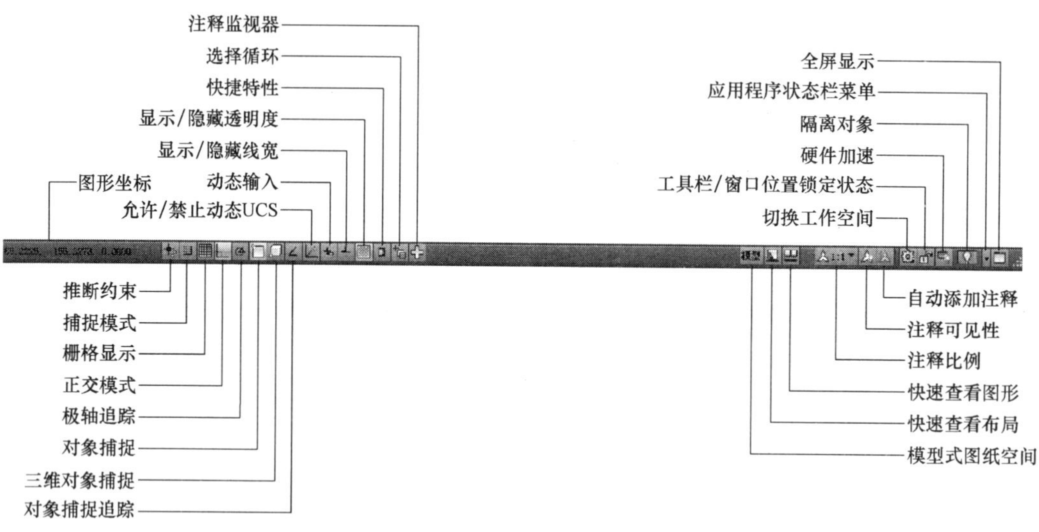

图 10-8 状态栏

10.2.11 工具栏

AutoCAD 2013 提供了 52 个工具栏供用户选择使用，默认情况下，不显示在操作界面内，用户可从 工具(T) 下拉菜单的 工具栏 ▸ 子菜单 AutoCAD ▸ 的展开列表中勾选经常用到的工具栏，放置在操作界面的合适位置。

10.3 AutoCAD 2013 的基本操作

10.3.1 快捷键操作

AutoCAD 可以使用键盘上的功能键或功能键与普通键的组合，达到快速操作的目的，

表 10-1 中列出了这些快捷键及其功能。

表 10-1　AutoCAD 2013 常用快捷键及功能

F1	AutoCAD 帮助	Ctrl+N	新建文件开关
F2	文本窗口开关	Ctrl+O	打开文件开关
F3	对象捕捉开关	Ctrl+S	保存文件开关
F4	三维对象捕捉开关	Ctrl+Shift+S	另存为文件开关
F5	等轴测平面转换开关	Ctrl+P	打印文件开关
F6	坐标开关	Ctrl+Q	退出 AutoCAD 应用程序
F7	栅格开关	Ctrl+Z	取消上一步操作
F8	正交开关	Ctrl+Y	重做取消的操作
F9	捕捉开关	Ctrl+C	复制
F10	极轴开关	Ctrl+V	粘贴
F11	对象捕捉追踪开关	Ctrl+X	剪切

10.3.2　鼠标的功能与操作

在 AutoCAD 中，鼠标操作包括鼠标的移动、左右键的点击和中轮的操作。

1. 鼠标的移动

默认情况下，屏幕上的鼠标光标处于标准模式（十字交线型），移动鼠标时，光标同时在屏幕上移动。在屏幕的不同区域，光标形状会相应变化，光标移至菜单选项、工具栏或对话框区域内时变成箭头形状；在执行激活的命令时，若拾取点，光标显示为十字交线型，若拾取对象，光标显示为小方框。

可通过 ✔ 选项(N)... 对话框的 用户系统配置 选项卡中的 自定义右键单击(I)... 按钮，进行设置。

2. 点击操作

(1) 左键（也称选择键或选取键），用于点选工具栏按钮和菜单命令或在绘图区中选择元素或对象等，下文提到的“点击”指的是单击左键。

(2) 右键，单击时系统可根据当前绘图状态弹出相应的快捷菜单。

3. 中轮操作

中轮（也称中键），滚动时用于缩放视图，按下中键移动鼠标用于平移视图。

10.3.3　命令及激活方式

AutoCAD 交互绘图必须输入必要的命令和参数，AutoCAD 中使用的命令分为一般命令和透明命令，透明命令是指在其他命令已被激活的情况下可以执行的命令，也可单独使用。命令的激活方式有以下几种

(1) 单击工具栏上的命令图标按钮。

(2) 选择下拉菜单中的菜单项。

(3) 在命令行的提示符“命令:”后，输入命令名或命令的缩写字母（命令字符可不区分大小写），当命令行有多个选项时，再按 Enter 键或空格键执行默认选项；若要选择其他选项，可以输入该选项后面括号中的字母并按 Enter 键。

(4) 利用右键快捷菜单中的命令选项。

(5) 重复执行命令。系统执行完成某个命令后，若需连续执行该命令，按 Enter 键或空

格键即可，或对鼠标设置为右键重复上次使用命令后，可在绘图区右击鼠标。

（6）使用快捷键。

10.3.4　命令的终止方式

AutoCAD 的大部分命令在完成操作后即可正常自动退出，但在某些情况下需要强制退出。命令的终止方式如下。

（1）不能自动退出的命令，在绘图区右击鼠标，从系统弹出的快捷菜单中选择 确认(E)（或 取消(C)）命令。

（2）以非透明新命令中断某个正在执行的命令，可单击工具栏中的某一命令按钮或某个下拉菜单命令。

（3）按 Esc 键强制退出任何命令。

10.3.5　选择集操作

执行 AutoCAD 命令过程中，尤其要对已有图形进行编辑时，需要先选取被编辑的图形。当命令行出现“选择对象”的提示时，可按以下方式确定被选择对象的集合。

① 选择对象：ALL　选择当前全部对象。

② 选择对象：L　选择最后生成的对象。

③ 选择对象：P　选择上次生成的对象。

④ 选择对象：R　从已选择对象中删去对象。

⑤ 选择对象：A　在选择集中增加对象。

⑥ 选择对象：用鼠标从左到右确定一矩形窗口，则选择位于窗口内的所有对象。

⑦ 选择对象：用鼠标从右到左确定一矩形窗口，则选择窗口内及与窗口相交的所有对象。

⑧ 选择对象：用鼠标左键单个点取每个欲选对象。

通过上述方式选好对象后，按 Enter 键终止选择集操作。

10.3.6　获取联机帮助

AutoCAD 2013 有完善的联机帮助系统，可按 F1 键或执行下列操作进入联机帮助。

（1）在“信心中心”右侧单击 ?▾。

（2）在 帮助(H) 下拉菜单中选择 ? 帮助(H) 命令。

（3）在命令行输入 HELP 命令，然后按 Enter 键。

使用联机帮助系统可以获取任何 AutoCAD 命令或主题的帮助。第一次使用联机帮助系统，系统将显示“目录”选项卡；若已经使用过帮助系统，下次查看帮助时系统会调用最后使用过的选项卡。

10.4　绘图环境设置

用户可以在 AutoCAD 2013 的默认环境下工作，也可根据需要修改 AutoCAD 所提供的默认系统配置，包括重新设置系统参数、图形界限和图形单位。

10.4.1　系统参数设置

系统参数设置通过选取下拉菜单 工具(T) 中的 选项(N)... 后，系统弹出如图 10-9 所示的选项对话框。

在各个选项卡中可以进行相应的系统配置，各选项卡的主要功能如下。

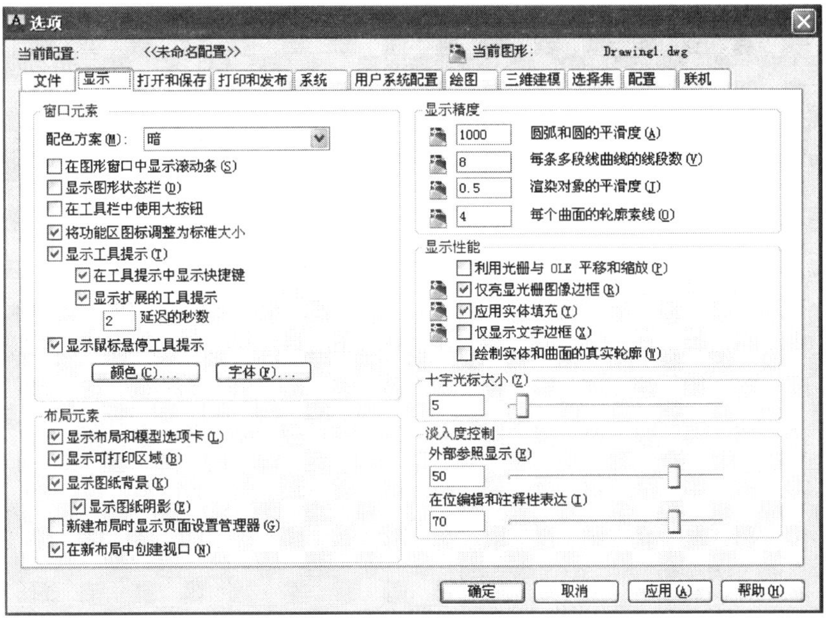

图 10-9　选项对话框

（1）文件：用于确定 AutoCAD 搜索支持文件、驱动程序文件、菜单文件和其他文件时的路径。

（2）显示：用于设置窗口元素、布局元素、显示精度、显示性能、十字光标大小和参照编辑的颜色度等显示属性。在“窗口元素”区域单击 颜色(C)... 按钮，弹出如图 10-10 所示的“图形窗口颜色”对话框，选择 上下文(X):、界面元素(E):、颜色(C): 各下拉列表框中的某一选项，再单击 应用并关闭(A) 按钮，即可为不同的界面元素指定不同的背景颜色。

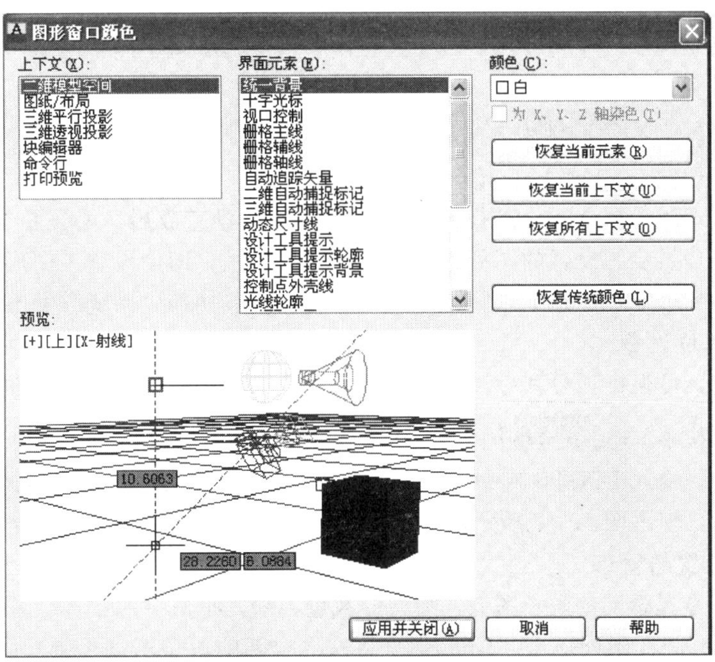

图 10-10　图形窗口颜色对话框

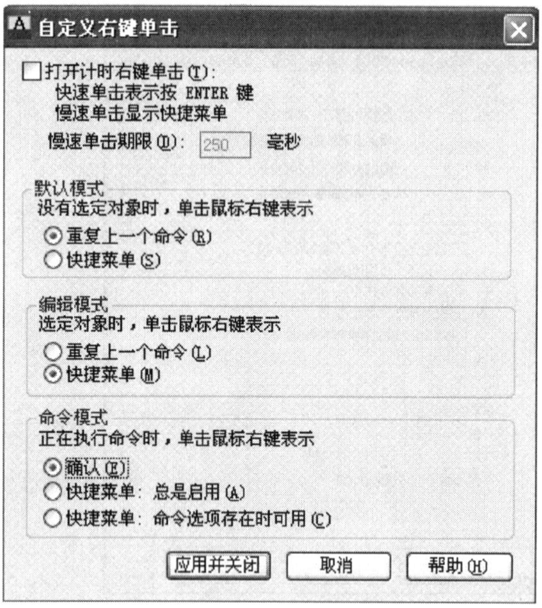

图 10-11 自定义右键单击对话框

(3) 打开和保存：用于设置文件保存格式、文件安全措施等属性。

(4) 打印和发布：用于设置 AutoCAD 的默认打印输出设备及常规打印选项等。在默认情况下，输出设备为 Windows 打印机，较大幅面图形输出时需要用户添加绘图仪。

(5) 系统：包括三维性能，当前定点设备、布局生成选项等的设置。

(6) 用户系统配置：用于设置是否使用快捷菜单、插入比例、坐标输入优先级等选项。对于右键的使用的定义可根据用户习惯设置，但推荐图 10-11 所示的设置，以提高绘图效率。

(7) 绘图：包括自动捕捉设置、自动捕捉标记大小、自动追踪、靶框大小等方面的设置。

(8) 三维建模：用于设置三维十字光标、在视口中显示工具、三维对象、三维导航和动态输入。

(9) 选择集：包括拾取框大小、选择集模式、及夹点等的设置。

(10) 配置：用于系统配置文件的创建、重命名和删除等操作。

(11) 联机：需以 Autodesk360 账户登录才能同步图形或设置。

10.4.2 图形界限设置

图形界限是在绘图空间中的一个假想的矩形绘图区域，由左下角点和右上角点确定。设置图形界限可以确保在以特定的比例打印时，图形不会超过选定的图纸空间大小。访问图形界限设置的方式如下。

(1) 点击下拉菜单 格式(O) 中的 图形界限(I)。

(2) 在命令行输入 LIMITS，按 Enter 键。

选择一种方式激活命令后，进行设置。图形界限设置完成后，必须执行 ZOOM ALL 命令，才能使屏幕显示为设置的图形范围。需要指出的是，即使设置了图形界限，也可以将图元绘制在图形界限外，但是如果打开了图形的边界检验功能，系统会发出提示。

10.4.3 图形单位设置

创建图形前，可根据项目和标注的不同要求设置单位制和精度。访问方式如下。

(1) 点击下拉菜单 格式(O) 中的 0.0 单位(U)...。

(2) 在命令行输入 UNITS 或 DDUNITS，按 Enter 键。

命令激活后，弹出图 10-12 所示对话框，可对长度、角度类型和精度等设置。

10.4.4 图层设置与管理

AutoCAD 图层是透明的电子图纸，图层的数量不限，每层上的实体数量也不限，用户把图形的各个部分绘制在不同层上，AutoCAD 将这些透明的电子图纸叠加起来一起显示出来。为了更好地组织和管理不同类型的图形信息，绘图时，一般将相同属性的对象放在同一个图层上，把不同对象分门别类地放在不同的图层上。

1. 创建与设置图层

访问方式如下。

(1) 下拉菜单：点击下拉菜单 格式(O) 中的 图层(L)...。

(2) 功能区：在 常用 中的 图层 面板上点击图标。

(3) 工具栏：点击“图层”工具栏上的按钮。

(4) 命令行：输入 LAYER，按 Enter 键。

命令激活后，弹出图层特性管理器对话框如图 10-13 所示。AutoCAD 存在一个默认图层，名为“0”，颜色为白色，线型为实线（CONTINUOUS），线宽为“默认”，“普通”打印样式，透明度为“0”。0 图层不能被删除或重命名。

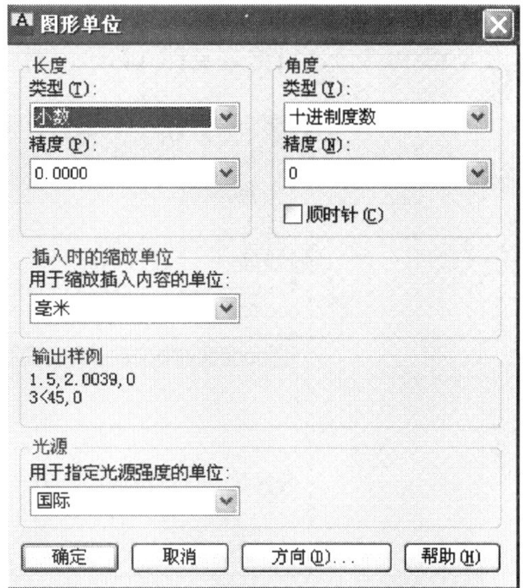

图 10-12　图形单位对话框

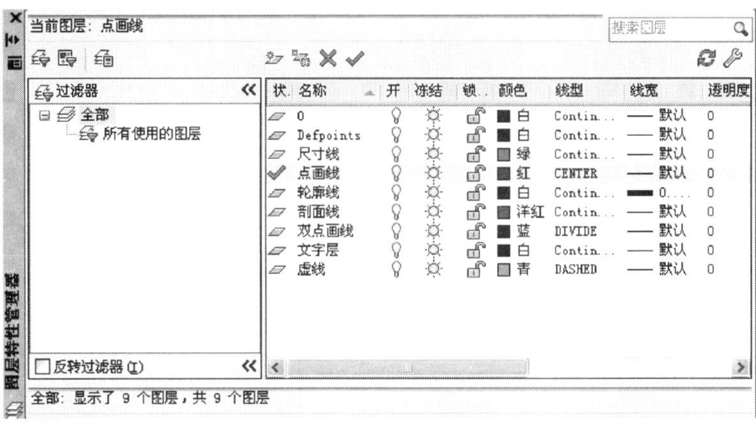

图 10-13　图层特性管理器对话框

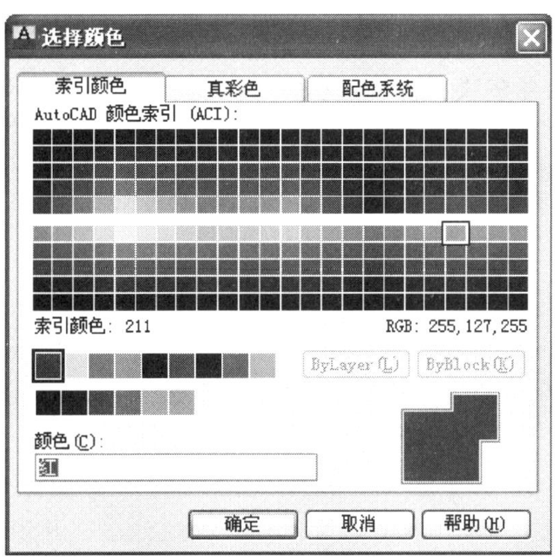

图 10-14　选择颜色对话框

根据作图的需要，可以创建新图层，对新建图层的默认图层名更改名称，并为其指定颜色（见图 10-14）、线型（见图 10-15、图 10-16）、线宽（图 10-17）和打印样式特性。

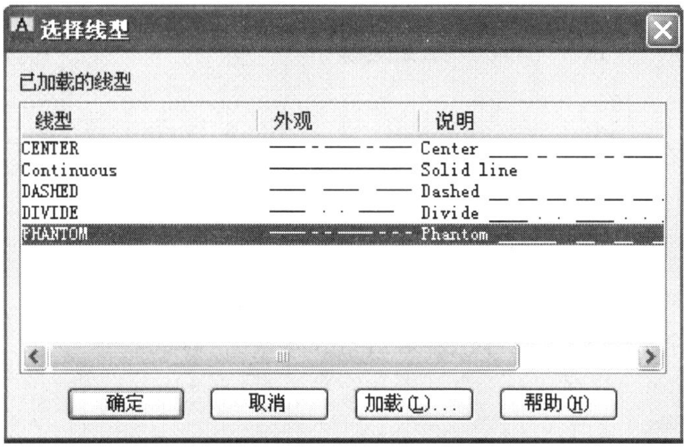

图 10-15　选择线型对话框

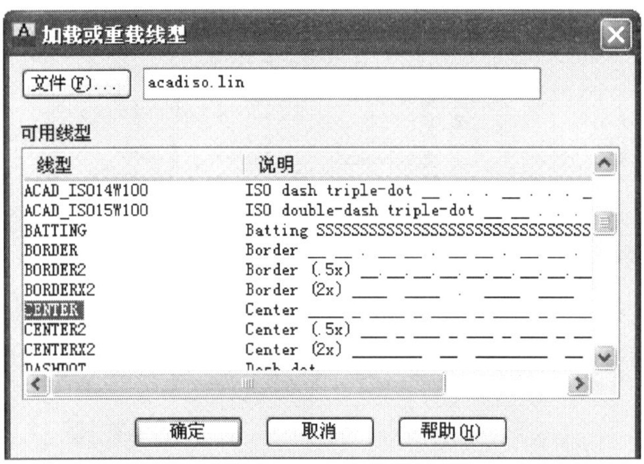

图 10-16　加载或重载线型对话框

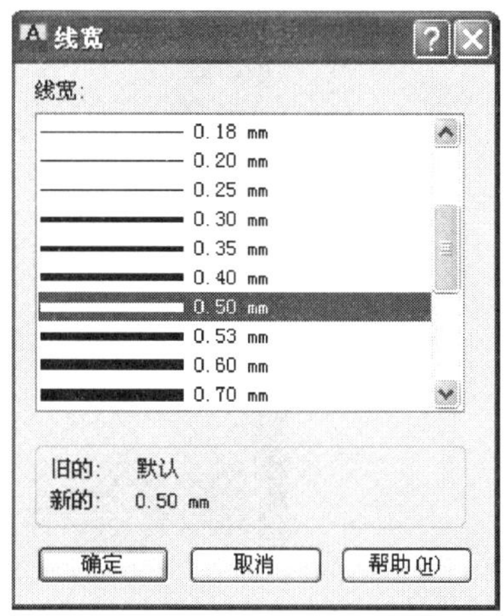

图 10-17　线宽对话框

线型比例值的大小会影响线型显示的效果，在命令行输入 LTSCALE，命令激活后，输入新线型比例因子数值，或点击 格式(O) 下拉菜单选择 线型(N)...，在弹出的“线型管理器”（见图 10-18）对话框中，单击 显示细节(D)，修改 全局比例因子(G): 为适当值即可。

同一层里也可以用命令 COLOR 和 LINETYPE 或用对象特性（见图 10-19）设置不同颜色和线型，但这样容易带来混乱，初学者尽量不要脱离用层来控制颜色和线型，因此对象特性工具栏用 BYLAYER 选项，默认用层控制颜色和线型。

2. 图层的管理

(1) 图层的状态

每个图层都具有可见或不可见、解冻或冻结、开锁或锁定几种状态。其中，不可见图层上所有实体不显示、不打印，但仍可对其进行操作；冻结图层上实体不显

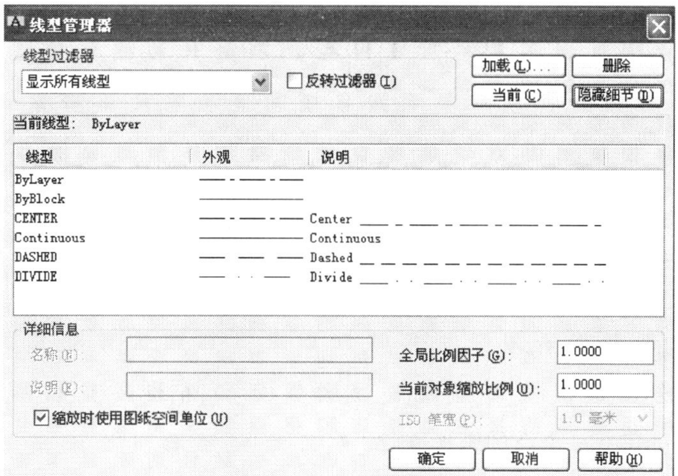

图 10-18　线型管理器对话框

示、不打印，且不参与图形间复制、重画和缩放等操作，可加快图形的显示速度；锁定图层上的实体仍然显示，但不能对其进行编辑操作，可防止该图层上的实体被误删除或误修改。

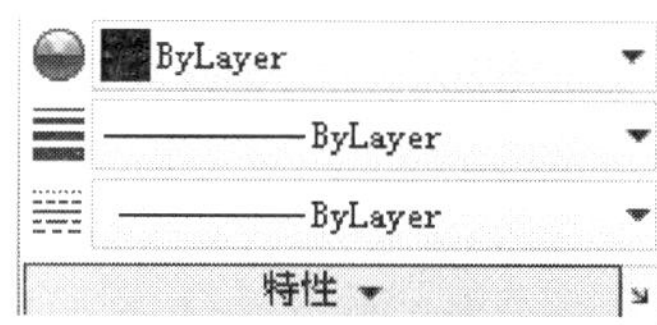

图 10-19　对象特性对话框

(2) 设置图层为当前图层

绘图操作所在的图层称为当前图层（简称当前层）。使某一图层成为当前层的方法如下。

① 在图示的“图层特性管理器”中选择一个图层，单击按钮或双击一个图层名，可使该图层成为当前图层。

② 从图层面板的（图层下拉列表）中选择一个图层。

③ 点击 图层 面板上的图标，然后在绘图区选择一个图形对象，则使该对象的图层成为当前层。

注意：不能将被冻结的图层或依赖外部参照的图层设置为当前图层。

(3) 删除图层

在“图层特性管理器”中选择一个或多个图层（按住 Ctrl 键可多选），然后单击按钮，可删除选中的图层。

注意：0 层和 Defpoints 层、当前图层、包含对象的图层和依赖外部参照的图层不能被删除。

(4) 图层打印

图层打印开关打开时显示为，关闭时显示为，单击图标进行切换，关闭时不支持打印。

10.4.5　工作空间

AutoCAD 2013 提供了“草图与注释”、“三维基础”、“三维建模”和“AutoCAD 经典”四种工作空间，也可以自定义并保存自定义的工作空间。对于习惯使用早期版本的 AutoCAD 用户来说，可以使用“AutoCAD 经典”。与“AutoCAD 经典”相比，另外三种工作空间增加了“选项板”，用户可在“选项板”中快速选择所需命令，提高绘图效率。

10.5 图形文件管理

10.5.1 新建图形文件

新建图形文件是绘制新图形的开始，使用“样板”命令创建新图形的访问方式如下。

(1) 点击下拉菜单 文件(F) 中的 新建(N)... 项。

(2) 点击“快速访问工具栏”上的图标。

(3) 在命令行输入 NEW 命令，按 Enter 键。

(4) 使用组合键（见表 10-1）。

命令激活后，弹出如图 10-20 所示的“选择样板”对话框。选择一个样板文件，单击 打开(O) 按钮即可建立一个新的图形文件。

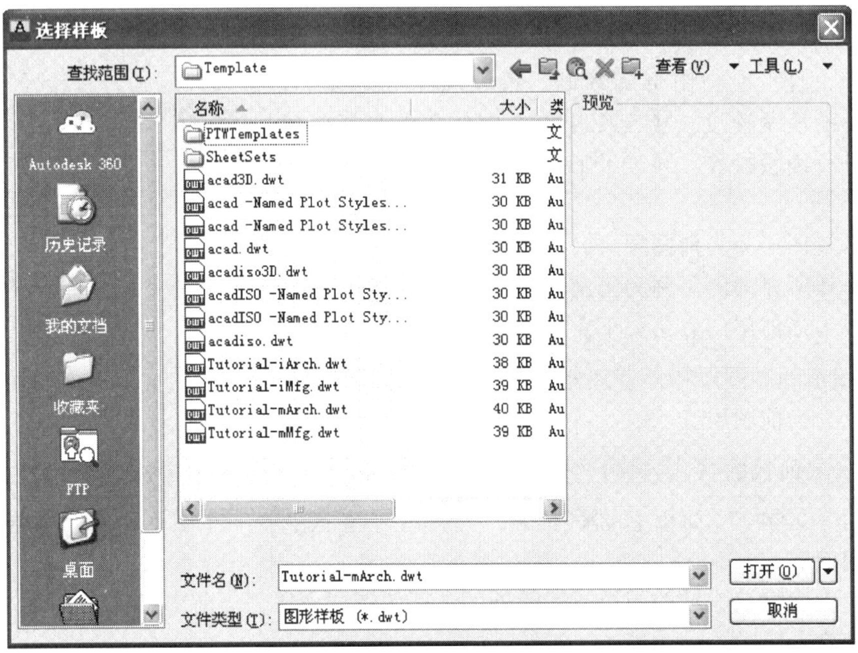

图 10-20 选择样板对话框

10.5.2 打开图形文件

打开已有的图形文件的操作方式如下。

(1) 点击下拉菜单 文件(F) 中的 打开(O)... 项。

(2) 点击“快速访问工具栏”上的图标。

(3) 在命令行的输入 OPEN 命令，按 Enter 键。

(4) 使用组合键（见表 10-1）。

命令激活后，弹出 选择文件 对话框。选择一个或多个（按住<Ctrl>或<Shift>键可多选）已有的图形文件，点击 打开(O) 按钮即可。

10.5.3 保存文件

AutoCAD 提供了 QSAVE（保存）和 SAVEAS（另存为）两个命令用于保存图形文

件，前者用于首次存储文件，或已经命名的文件以原名再次存储；后者用于已经命名的文件重新命名另存或保存为其他类型的文件。访问方式如下。

（1）点击下拉菜单文件 文件(F) 中的 保存(S) 或 另存为(A)... 项。

（2）点击快速访问工具栏上的图标或图标；

（3）在命令行的输入 QSAVE 或 SAVEAS，按 Enter 键。

（4）使用组合键（见表 10-1）。

QSAVE 命令激活后直接对已经命名的文件执行保存功能。SAVEAS 命令激活后，弹出 图形另存为 对话框，在该对话框中输入文件名后再进行保存。保存文件的类型有如下几种。

① DWG：AutoCAD 图形文件，默认类型。

② DWS：图形标准文件。

③ DWT：图形样板文件。

④ DXF：图形数据文件。

10.5.4　关闭图形文件及退出 AutoCAD 应用程序

完成图形的绘制之后，可以点击屏幕右上角的按钮（见图 10-21）或点击下拉菜单 窗口(W) 中的 关闭(O)，可关闭当前图形而不退出 AutoCAD 2013。

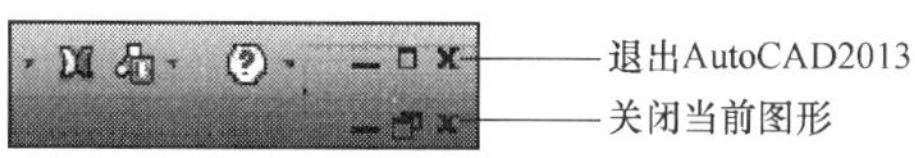

图 10-21　屏幕右上角的关闭按钮

要退出 AutoCAD 应用程序，除单击屏幕右上角的“退出 AutoCAD 2013”按钮，还可执行下列操作。

（1）点击下拉菜单 文件(F) 中的退出（X）。

（2）点击下拉菜单 窗口(W) 中的 全部关闭(L)。

（3）在命令行的输入 QUIT 或 EXIT 命令，按 Enter 键。

（4）使用组合键（见表 10-1）。

若当前图形没有保存，系统弹出“警告退出”对话框。单击对话框中的“是（Y）”按钮，系统会将当前图形文件存盘后退出 AutoCAD；单击“否（N）”按钮将不存盘直接退出 AutoCAD。

10.6　坐标系和数据输入操作

10.6.1　坐标系

AutoCAD 使用坐标系精确绘制图形，用笛卡儿坐标系统来确定图中点的位置。默认坐标系为“世界坐标系”，缩写为 WCS。其坐标原点位于图纸左下角，X 轴为水平轴，向右为正；Y 轴为垂直轴，向上为正；X 轴和 Y 轴的交点定为原点 O，过原点与 X、Y 轴垂直的轴定义为 Z 轴。

WCS 坐标系是系统常用且固定不变的坐标系，用户还可根据作图需要自定义可移动的“用户坐标系”，缩写为 UCS。

10.6.2 数据输入操作

执行 AutoCAD 命令时，经常需要输入必要的数据，常见的数据有点的坐标（如线段的端点、圆心等）和数据（如直径或半径、长度或距离、角度等）。

1. 点的输入

（1）拾取法。靠移动鼠标来控制光标位置，然后单击左键将当前点坐标输入。

（2）坐标法。笛卡尔绝对坐标法输入格式：X，Y [，Z]（相对于原点，向右 X 为正，向上 Y 为正；反之为负）。

笛卡尔相对坐标法输入格式：@△X，△Y（相对于前一点，向右△X 为正，向上△Y 为正；反之为负）。

极坐标绝对坐标法输入格式：长度<角度。

极坐标相对坐标法输入格式：@长度<角度

注意：笛卡尔坐标下输入的坐标值之间用“，”号隔开；极坐标下输入的角度指的是输入点与前一点的连线与 X 轴正方向的夹角，默认情况下逆时针方向角度为正，顺时针方向角度为负。

2. 数据输入

数据可以用键盘直接输入，也可以用鼠标在绘图区点取两点来输入它们之间的距离。指定两点确定角度时，始点到终点的向量决定输入的角度值，需注意两点的输入顺序。

10.7 常用二维绘图命令

10.7.1 绘图命令的输入

绘图命令的访问方式一般有以下四种。

（1）下拉菜单：在 绘图(D) 中选择。

（2）功能区：选择 常用 ，点击“绘图”面板（见图 10-22）上的图标。

（3）显示绘图工具栏，点选工具栏上的绘图命令图标。

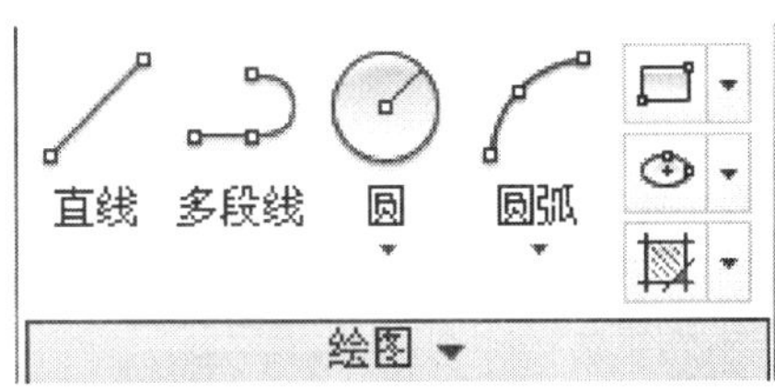

图 10-22 绘图面板

（4）命令行：在命令行输入绘图命令名或命令名缩写（表 10-2）。

表 10-2 常用命令名缩写（包括非绘图命令）

原命令	缩写	功能	原命令	缩写	功能
ARC	A	用三点创建圆弧	LINE	L	创建直线段
BLOCK	B	从选定对象创建块定义	LTSCSLE	LTS	输入新线型比例因子
BREAK	BR	在两点之间打断选定对象	MIRROR	MI	创建选定对象的镜像副本
CIRCLE	C	用圆心和半径创建圆	OFFSET	O	创建同心圆、平行线或等距曲线
COPY	CP	将对象复制到之指定方向的指定距离处	MOVE	M	将对象在指定方向上移动指定距离
DTEXT	DT	输入文本的同时在屏幕上显示	REGEN	RE	更新参数和属性文字大小
ERASE	E	从图形删除对象	TRIM	TR	修剪对象以适合其他对象的边
FILLET	F	给对象加圆角	UNDO	U	撤销上一个动作
HATCH	H	对封闭区域或选定对象进行填充	WBLOCK	W	保存选定的对象或将块转换为指定的图形文件
INSERT	I	向当前图形插入块或图形	ZOOM	Z	放大或缩小显示当前视口中对象的外观尺寸

10.7.2　命令的执行

任何命令的执行，都是一个人机交互的过程，在此过程中的提示行若出现[---/---/---/---]，表示系统提供用户多种选择，如果键入多选项中用大写字母表示的某一关键字，系统将会按指定方式继续执行命令；若出现<--->，表示系统提供的默认值，如果按 Enter 键表示确认默认值，否则给出新值。示例如下：

选择第一条直线或 [放弃（U）/多段线（P）/距离（D）/角度（A）/修剪（T）/方式（E）/多个（M）]：d

CHAMFER 指定第一个倒角距离〈0.0000〉：

10.7.3　常用的二维绘图命令

1. 点的绘制

作为单个元素进行创建、操作和修改的一个或多个图形元素，称为对象（以前称为图元），例如文字、标注、直线、圆或多段线。以拾取的方式在绘图区选择时，能够一次选中。点是组成图形的最基本的实体对象之一，点的绘制包括单点、多点、定数等分点和定距等分点，利用 AutoCAD 2013 可以方便地绘制各种形式的点。

选择点样式的访问方式如下。

（1）点击下拉菜单 格式(O) 中的 点样式(P)...。

（2）在命令行输入 DDPTYPE。

命令激活后，系统弹出图 10-23 所示对话框来选取和设置点的显示样式。

（1）单点或多点（POINT）

功能：在指定位置上绘制单一点或多个点。其中，单点绘制方式在指定点位置后将结束命令，多点绘制方式可创建单个点对象或多个点对象。

命令行提示及说明如下：

指定点：按点的输入方法确定。

（2）定数等分（DIVIDE）

功能：将点对象或块，沿对象的长度或周长等间隔排列。

命令行提示及说明如下。

选择要定数等分的对象：根据选择集操作选择对象（如一段圆弧）。

输入线段数目或 [块（B）]：当输入数值（例如：4）时，结果如图 10-24（a）所示；当输入 B，按 Enter 键后，命令行继续提示：

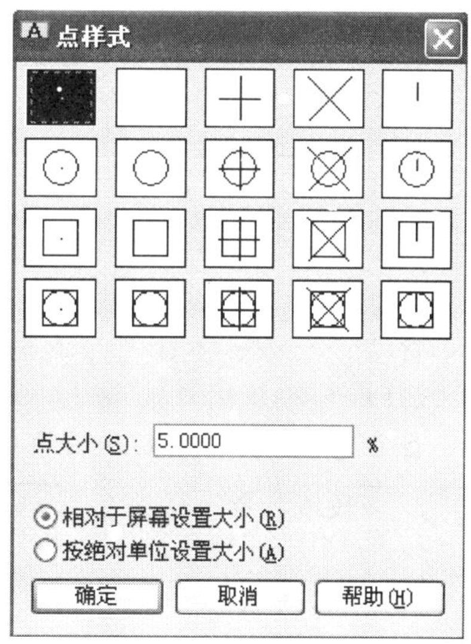

图 10-23　点样式对话框

输入要插入的块名：wuxing（已有块的名称）。

是否对齐块和对象？[是（Y）否（N）] <Y>：按 Enter 键。

(a) 定数点等分　　(b) 定数块等分

图 10-24　定数等分

输入线段数目：输入数值（如4），按Enter键，结果如图10-24（b）所示。

其中命令提示行中“是否对齐块和对象？［是（Y）否（N）］<Y>”中，“是”表示指定插入块的X轴方向与定数等分对象在等分点相切或对齐；“否”表示按其法线方向来对齐块。如果块具有可变属性，插入的块中将不包含这些属性。

（3）定距等分（MEASURE）

功能：将点对象或块，按指定的长度间隔来放置。

命令行中提示与操作步骤与定数等分类似。其中“定距点等分”是沿选定对象按指定间隔放置点对象，从最靠近用于选择对象的点的端点处开始放置；闭合多线段的定距等分从绘制的第一个点开始；圆的定距等分从圆心起始角开始。

2. 直线命令（LINE）

功能：画一条直线或连续画多条首尾相连但彼此独立的线段。

命令行提示及选项说明如下。

（1）指定第一个点：按点的输入方法确定。

（2）指定下一点：默认选项，确定线段终点。

（3）闭合（C）：当画两条或两条以上线段后，输入C能构成封闭多边形，并结束该命令。

（4）放弃（U）：执行LINE命令过程中输入U可删除直线序列中此选项前绘制的线段，连续执行U选项可沿已画直线序列后先顺序退回到第一点。

（5）回车：结束命令。

绘制如图10-25所示四边形的步骤如下。

LINE指定第一个点:20,20

指定下一点或[放弃(U)]:@30,0(或@30<0,或打开正交,光标导向,输入距离30)

指定下一点或[放弃(U)]:@0,20(或@20<90,或打开正交,光标导向,输入距离20)

指定下一点或[闭合(C)/放弃(U)]:@-50,0(或@50<90,或打开正交,光标导向,输入距离50)

指定下一点或[闭合(C)/放弃(U)]:C或@20,-20

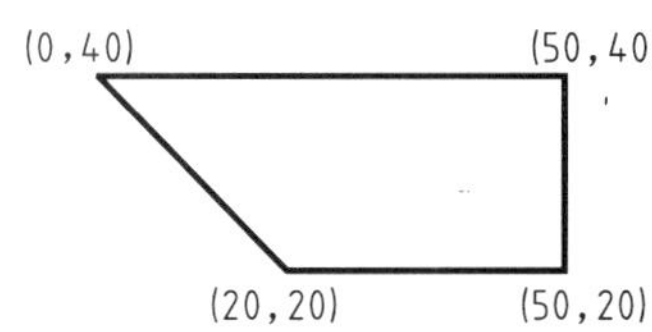

图10-25 LINE命令绘制多边形

3. 多段线命令（PLINE）

功能：作为单个对象创建的相互连接的线段序列。是由直线段、弧线段或两者的组合线段，既可以一起编辑，也可以分别编辑，还可以具有不同的宽度。见图10-26。

命令行提示：

指定起点：

当前线宽为<0.0000>

指定下一点或[圆弧(A)/闭合(C)/半宽(H)/长度(L)/放弃(U)/宽度(W)]:

命令行提示选项及说明如下。

（1）指定起点：按点的输入方法确定。

（2）指定下一点：默认选项，按直线方式绘制多段线，线宽为当前值。

（3）A：按圆弧方式绘制多线段，绘制方法与“圆弧”命令相似。

（4）C：用于闭合多段线，即将选定的最后一点与多段线的起点相连。

（5）H：指绘制的线性对象按设置宽度值的一倍由起点至终点逐渐增大或减小。

（6）L：指定弧线段的弦长。如果上一段线段是圆弧，将绘制出与上一弧线段线切的新弧线段。

（7）U：放弃绘制的前一线段。

（8）W：与“半宽”性质相同，只是输入的值是全宽度值。

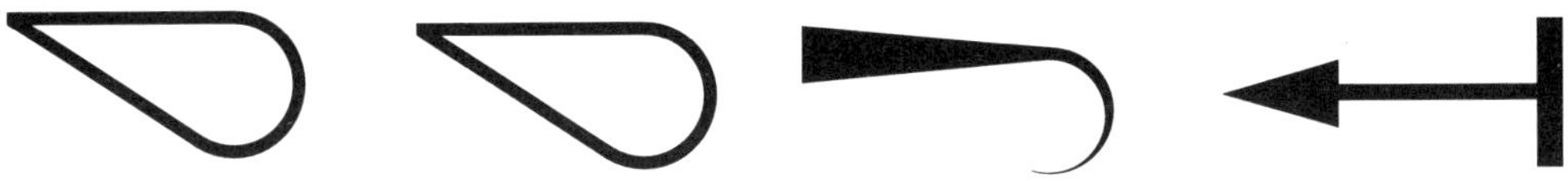

(a) 等宽不闭合　(b) 等宽闭合　(c) 不等宽　(d) 综合举例

图 10-26　多段线绘制

4. 圆命令（CIRCLE）

功能：绘制单个圆或相切圆。

命令激活后，命令行提示：指定圆的圆心或［三点（3P）两点（2P）切点、切点、半径（T）］：

命令行提示选项及说明如下。

（1）指定圆的圆心

默认选项。按点的输入法确定圆心后，命令行继续提示：

指定半径或［直径（D）］：默认选项为半径值；若以直径画圆，需输入字符 D 后，再输入数值。见图 10-27（a）。

（2）3P

指定圆上的第一个点：按点的输入法确定任意点。

指定圆上的第二个点：按点的输入法确定任意点。

指定圆上的第三个点：按点的输入法确定任意点，绘图区显示所画圆，命令结束。见图 10-27（b）。

（3）2P：回车

指定圆直径的第一个端点：按点的输入法确定后，绘图区出现随光标的移动，大小和位置变化的圆。

指定圆直径的第二个端点：按点的输入法确定后，绘图区出现大小、位置固定的圆，命令结束。见图 10-27（c）。

（4）T 回车

指定对象与圆的第一个切点：选取小圆右下角一点。

指定对象与圆的第二个切点：选取直线上一点。

指定圆的半径：见图 10-27（d）。

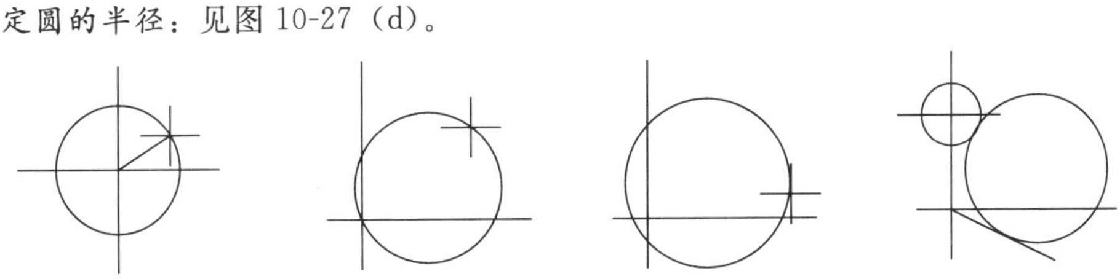

(a) 指定圆心　(b) 三点　(c) 两点　(d) 相切，相切，半径

图 10-27　绘制圆的方式

注意：

（1）选“相切，相切，半径”方式绘制圆时，系统总是在距拾取点最近的部位找切点。选定切点位置后，输入半径数值应确保有与切点相切的圆存在，否则系统会提示“圆不存在”。

（2）绘图▼面板及绘图(D)下拉菜单提供“相切，相切，相切”绘制圆的方式，可绘制与指定的3个对象相切的圆。

5. 圆弧命令（ARC）

功能：绘制圆的一部分。

命令激活后，根据命令行中提示及选项执行相应的绘制圆弧命令。在AutoCAD 2013中，创建圆弧的方式有11种，包括“三点”，“起点、圆心、端点”，“起点、圆心、角度”，“起点、圆心、长度”，“起点、端点、角度”，“起点、端点、方向”，“起点、端点、半径”，“圆心、起点、端点”，“圆心、起点、角度”，“圆心、起点、长度”，“连续”等方式。

注意：

（1）除第一种方式外，其他方式都是从起点到端点逆时针绘制圆弧。

（2）跟“角度”有关的圆弧绘制，所绘圆弧的方向与输入角度值的正、负有关。

（3）跟“弦长”有关的圆弧绘制，弦长为正值，绘制小于半圆的圆弧；弦长为负值，绘制大于半圆的圆弧。

（4）继续圆弧命令时，按最近一次画出的直线或圆弧的终点作为新圆弧的起点，按提示指定终点后，所画圆弧始终与上段线相切。

6. 矩形命令（RECTANG）

功能：创建矩形多段线。默认情况下，相邻两边分别平行当前用户坐标系的 X 轴和 Y 轴，并能按要求创建倒角和圆角。

命令激活后，命令行中提示：指定第一角点或［倒角（C）标高（E）圆角（F）厚度（T）宽度（W）］：

如图10-28所示，命令行提示选项及说明如下。

（1）指定第一角点：默认选项，通过指定两个角点确定矩形，或指定矩形参数（如长度、宽度、面积）绘制，也可指定旋转角度绘制矩形。

（2）C：设置矩形的倒角距离，可创建矩形的倾斜角特征。每一个角点的逆时针和顺时针方向的倒角可以相同，也可以不同。其中，第一个倒角距离是指角点逆时针方向倒角距离。第二个倒角距离是指角点顺时针方向倒角距离。

（3）E：指定矩形标高（Z 坐标），即把矩形绘制在和 XOY 坐标面距离为 Z 的平行平面上。

（4）F：指定圆角半径，可创建矩形的倒圆角特征。

(a)一般矩形　(b)旋转的倒角矩形　(c)圆角矩形　(d)带线宽圆角矩形

图10-28　绘制矩形的方式

（5）T：指定矩形的厚度，创建三维的特征。

（6）W：为要绘制的矩形指定多段线的宽度。

7. 多边形命令（POLYGON ）

功能：创建等边闭合多段线。

命令行提示及说明：

输入侧面数<4>：输入正多边形的边数（边数为 3～1024），默认选项为正方形。

指定正多边形的中心或［边（E）］：在绘图区指定圆的中心。

输入选项［内接于圆（I）外切于圆（C）］<I>：默认选项 I 为确定内接于圆的方式，系统提示指定圆的半径，此半径为正多边形顶点到中心距离［见图 10-29（a）］；C 为确定外切圆的方式，系统提示指定圆的半径，此半径为正多边形的边到中心的距离［见图 10-29（b）］。

指定正多边形的中心或［边（E）］：输入 E，

指定边的第一个端点：

指定边的第二个端点：按两端点的连线方向绘制正多边形［见图 10-29（c）］。

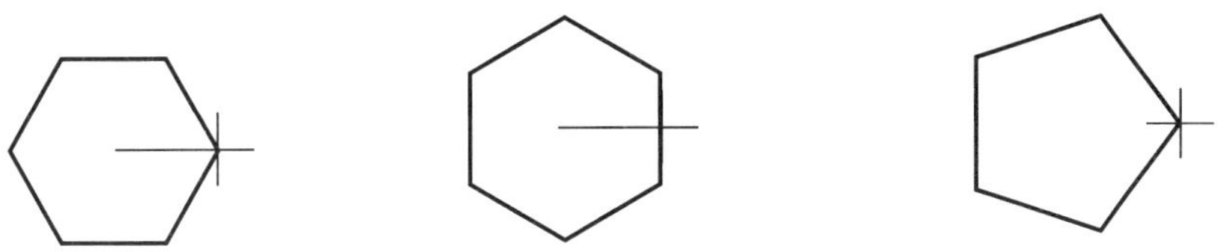

(a) 内接六边形　(b) 外切六边形　(c) 给定边长的五边形

图 10-29　绘制多边形的方式

注意：一个多边形为一个实体对象，可使用多段线编辑（PEDIT）命令进行编辑，或使用分解（EXPLODE）命令将其分解成独立的线段后，再进行编辑。

8. 图案填充命令（HATCH ）

功能：使用某个图案来填充指定的封闭区域，用来表示对象外观、表面纹理、材质等。

命令激活后，命令行提示“拾取内部点或［选择对象（S）设置（T）］：”，同时系统弹出图 10-30 所示的“图案填充创建”选项卡。下面以图 10-31 为例说明图案填充操作，步骤如下。

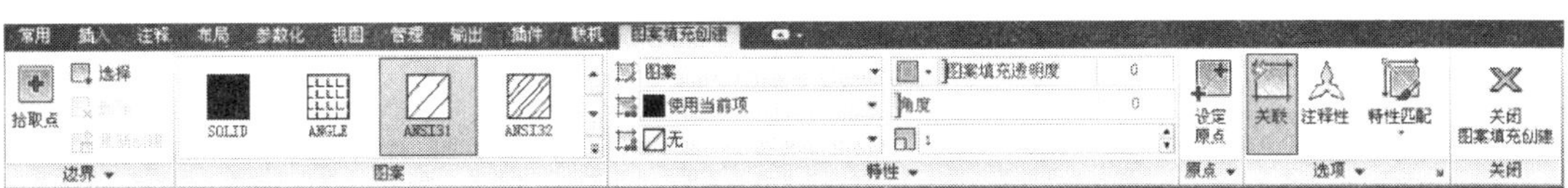

图 10-30　图案填充创建选项卡

（1）定义图案。在命令行输入字母 T 并回车（或在“图案填充创建”选项卡内单击 选项 ▾ 后的按钮 ），体统弹出图 10-31 示“图案填充和渐变色”对话框，单击 样例: 后的图案预览 ，在系统弹出的“填充图案选项板”对话框（见图 10-32）中选择图示选项，并单击 确定 。

（2）定义角度和比例。角度(G): 下文本框内角度可选择或输入，图 10-34（b）和（c）图填充图案角度采用默认角度“0”，图 10-34（d）图填充角度选择“90”；比例(S): 下文本框内比例可选择或输入，图 10-34（b）和（d）图填充图案比例采用默认比例“1”，图

图 10-31 图案填充和渐变色对话框

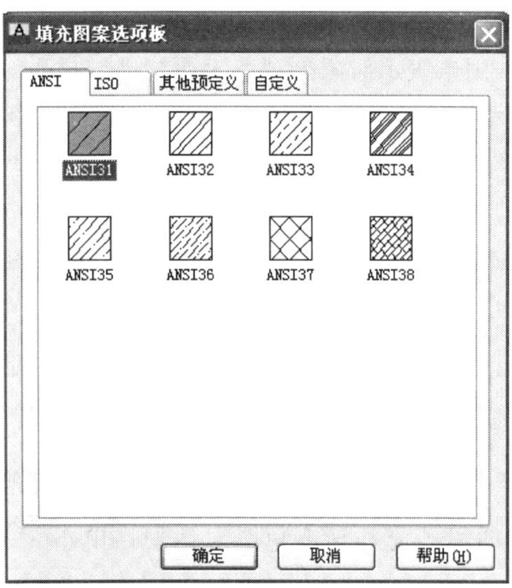

图 10-32 填充图案选项板

10-34（c）图填充比例选择“2”。

（3）定义填充边界。单击“图案填充和渐变色对话框”右下角按钮，“图案填充和渐变色对话框”展开，如图 10-33 所示。

在对话框 边界 区域中单击 添加:拾取点(K) 按钮，系统切换到绘图区，在命令行“拾取内部点或［选择对象（S）设置（T）］:”提示下，在欲填充的封闭区域内任意选取一点。激活 ☑孤岛检测(D) 后，其中 10-34（b）、（c）和（d）图分别以 孤岛 选项组的“普通”、“外部”、“忽略”样式选取内部点。

（4）结束填充边界的选取，完成图案填充。

9. 其他绘图命令

AutoCAD 2013 还提供了以下绘图命令：椭圆和椭圆弧（ELLIPSE）、样条曲线（SPLINE）、构造线（XLINE）、射线（RAY）、多线（MLINE）、圆环（DOUNT）、修订云线（REVCLOUD）等，这些命令的操作可查阅有关资料或 AutoCAD 的帮助命令。

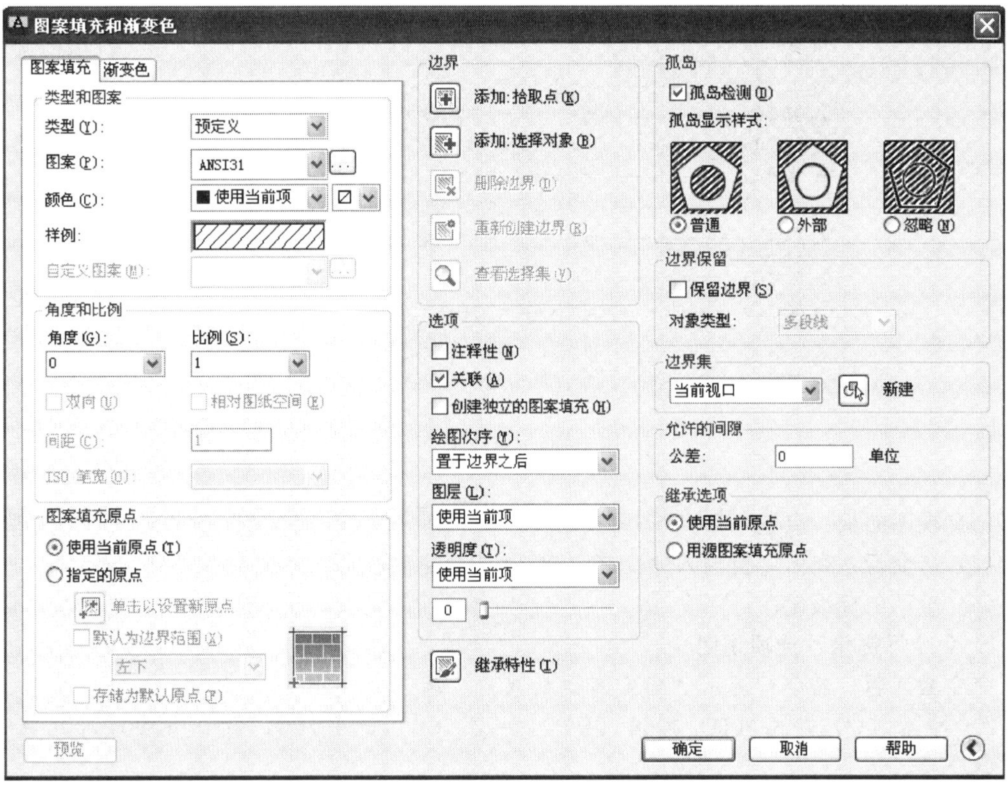

图 10-33　图案填充和渐变色对话框（展开）

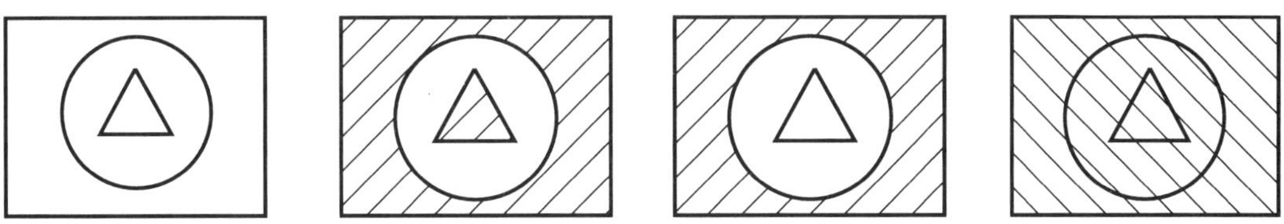

(a)原图.　　(b)普通，比例1　　(c)外部，比例2　　(d)忽略，角度90

图 10-34　三种填充方式

10.8　显示命令

AutoCAD 绘图是通过电脑屏幕和用户进行交互的，为了便于绘图操作，又不改变图形绝对大小，AutoCAD 2013 提供了控制图形显示的命令，图形可在绘图操作中按用户期望的位置、比例和范围显示在绘图区内。

10.8.1　缩放命令（ZOOM）

功能：改变图形的显示大小。

1. 缩放命令的访问

缩放命令的访问方式一般以下有 4 种。

(1) 下拉菜单：在 视图(V) 中选择 缩放(Z)，展开如图 10-35 所示的子菜单（右侧为选项说明）。

图 10-35　缩放子菜单

（2）视图面板：点选 视图 面板的 二维导航 选项卡中 范围 后的展开符▾选择。

（3）命令行：在命令行输入命令名 ZOOM 或命令名缩写 Z。

（4）滚动鼠标滚轮。

2. 命令行提示及选项说明

命令激活后，命令行提示“指定窗口的角点，输入比例因子（nX 或 nXP），或者［全部（A）中心（C）动态（D）范围（E）上一个（P）比例（S）窗口（W）对象（O）］＜实时＞:”。

（1）实时。默认选项，执行该操作后，鼠标光标变成 Q^{+}_{-}，按住鼠标左键向上拖动能够放大图形，向下拖动使图形缩小。

（2）输入比例因子（nX 或 nXP）选项。在命令行输入一个比例值并按 Enter 键，图形将按该比例值进行绝对缩放，即相对实际尺寸进行缩放；在比例值后加 X，图形将进行相对缩放，即相对于当前显示图形的大小进行缩放；在比例值后加 XP，则图形相对于图纸空间进行缩放。

（3）其他选项说明见图 10-35。其中，“范围”和“全部”的区别是以图形的范围为显示边界，而不考虑图形界限。

10.8.2　平移命令（PAN）

功能：移动观察图形位置，视图的显示比例不变。

1. 平移命令的访问

平移命令的访问方式一般有三种。

（1）下拉菜单：在 视图(V) 中选择 平移(P)，展开如图 10-36 所示子菜单（右侧为选项说明）。

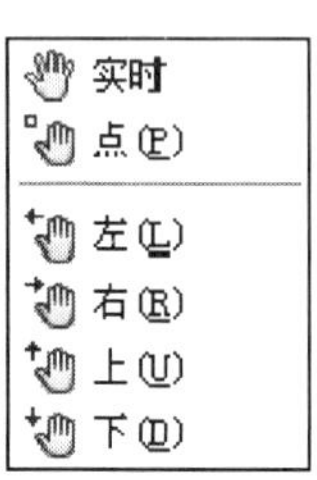

图 10-36　平移子菜单

图 10-37　右键快捷菜单

（2）视图面板：点选 视图 面板的 二维导航 选项卡中平移。

（3）命令行：在命令行输入命令名 PAN 或命令名缩写 P。

另外，按下鼠标滚轮移动鼠标也能够平移视图。

2. 操作说明

常用的平移有实时平移和定点平移两种。激活实时平移命令后，光标变成，按住鼠标左键并移动鼠标，可将图形拖到所需位置，松开左键则停止视图平移。后者的平移位置通过指定基点或位移进行平移。平移子菜单中“左”、“右”，“上”、“下”4 个平移命令时，图形按指定的方向平移一定的距离。

此外，AutoCAD 2013 为显示控制命令设置了一个如图 10-37 所示的右键快捷菜单，用户可以在显示命令执行的过程中利用该菜单中透明地进行切换。

10.8.3 图形重画与重生

在创建图形时，有时为了突出屏幕图形显示的完美性，要用到重画或重生成图形的命令来刷新屏幕图形的显示。

1. 图形重画（REDRAW/REDRAWALL ）命令

功能：删除当前视口（REDRAW）或所有视口（REDRAWALL）中的某些操作遗留的临时图形。

重画命令的访问方式如下。

（1）下拉菜单：在 视图(V) 中选择 重画(R)。

（2）命令行：在命令行输入命令名 REDRAW 或 REDRAWALL。

2. 图形重生成（REGEN/REGENALL ）命令

功能：重生成整个图形，并重新计算当前视口（REGEN）或所有视口（REGENALL）中所有对象的位置和可见性。同时还可以重新生成图形数据库的索引，以优化显示和对象的选择性能。

重生成命令的访问方式如下。

（1）下拉菜单：在 视图(V) 中选择 重生成(G)。

（2）命令行：在命令行输入命令名 REGEN 或 REGENALL。

10.9 辅助绘图工具

10.9.1 坐标显示的控制

1. 坐标显示状态

图 10-1 所示的状态栏左下角的坐标显示区能显示状态，可重复按 Ctrl+I 组合键（或用鼠标单击该显示区）进行切换。COORDS 系统变量设定为 0 是静态显示［见图 10-38（a）］，只显示上一个用鼠标选取点的绝对坐标，呈暗色显示，且不能动态更新；设定为 1 是动态显示［见图 10-38（b）］，坐标值随光标的移动而动态更新，坐标值呈亮色显示；设定为 2 是距离和角度显示。

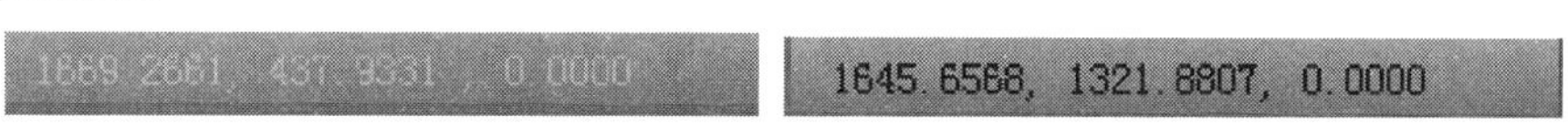

(a) 静态显示　　(b) 动态显示(瞬时)

图 10-38　坐标显示状态

2. 显示光标的绝对坐标

在坐标显示区单击鼠标右键，然后在系统弹出的快捷菜单中选择 绝对(A) 命令。

3. 显示光标相对极坐标

光标在绘图区处于连续取点状态时，将鼠标移至坐标显示区单击鼠标右键，然后在系统弹出的快捷菜单中选择 相对(R) 命令，状态栏中将显示光标相对极坐标，待光标结束选取点状态后，系统自动回复到“绝对”模式。

10.9.2　捕捉模式（SNAP）

功能：限制光标按指定的间距移动。

1. 访问方式

（1）下拉菜单：在 工具(T) 中选择 绘图设置(F)...，系统弹出“草图设置”对话框如图 10-39 所示，在此对 捕捉和栅格 选项卡进行设置。

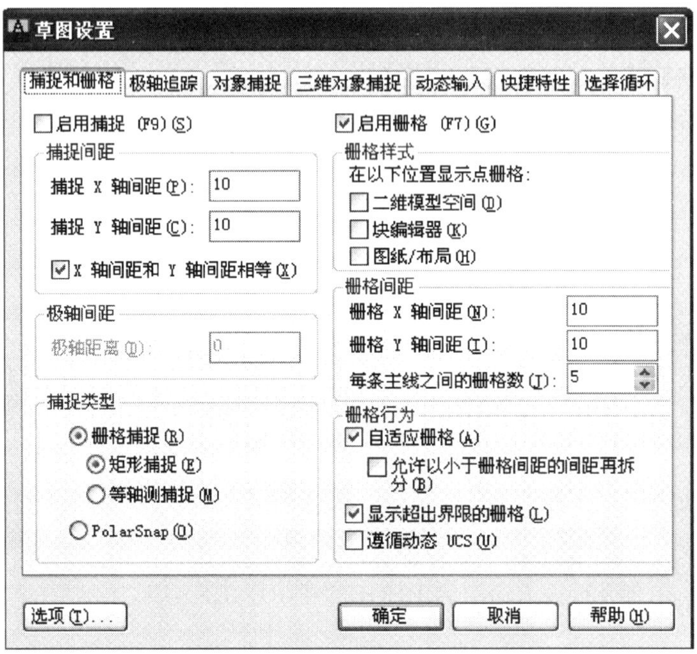

图 10-39　捕捉和栅格选项卡

（2）状态栏：图标切换开关。

（3）命令行：在命令行输入命令名 SNAP 或命令名缩写 SN。

激活命令后，命令行提示“指定捕捉间距或［打开（ON）/关闭（OFF）/纵横向间距（A）/传统（L）/样式（S）/类型（T）］<当前>：”指定距离、输入选项或按 Enter 键。

（4）快捷键：F9 切换开关。

2. 选项说明

（1）“启用捕捉”复选框：控制捕捉功能的开关，与 F9 快捷键或状态栏上的按钮功能相同。

（2）“捕捉间距”选项组：确定捕捉点在水平和垂直方向上的间距，默认项为 10mm。

（3）“捕捉类型”选项组：确定捕捉类型和样式。AutoCAD 提供了“栅格捕捉”和“极轴捕捉”，前者是指按正交位置捕捉位置点，分矩形捕捉和等轴测捕捉；后者可根据设置的极轴角捕捉位置点。“矩形捕捉”的栅格点按沿平行于直角坐标系的 X 轴和 Y 轴的方向排列。而“等轴测捕捉”方式下，捕捉栅格和光标十字线不再互相垂直，而是成绘制等轴测图时的特定角度，方便绘制等轴测图。

（4）“极轴间距”选项组：只有在“极轴捕捉”类型下才可用。

10.9.3　栅格显示（GRID）

功能：使 AutoCAD 在当前窗口中显示栅格图案，其作用与坐标纸类似，可以采用直观的距离和参照位置进行图形的绘制。

1. 访问方式

（1）下拉菜单：在 工具(T) 中选择 绘图设置(F)...。

（2）状态栏：图标切换开关。

（3）命令行：在命令行输入命令名 GRID。

（4）快捷键：F9 切换开关。

命令激活后，系统弹出“草图设置”对话框，对 捕捉和栅格 选项卡进行设置，见图 10-39。

2. 选项说明

（1）“启用栅格”复选框：控制栅格功能的开关，与 F7 快捷键或状态栏上的按钮功能相同。

（2）“栅格样式”选项组：有“二维模型空间”、“块编辑器”和“图纸/布局”三个复选框。仅当栅格样式设置为“二维模型空间”时，栅格显示为点，其他所有视觉样式，栅格均显示为线。

（3）“栅格间距”选项组：用于指定显示栅格的在水平和垂直方向上的间距，默认项为 10mm，捕捉间距与栅格间距相同，移动鼠标时，AutoCAD 的光标始终落在栅格点上。

（4）“栅格行为”选项组：设置栅格显示时的有关特性。

10.9.4　正交模式（ORTHO）

功能：约束光标在水平方向或垂直方向移动，可方便地绘制水平线和铅垂线。

1. 访问方式

（1）下拉菜单：在 工具(T) 中选择 绘图设置(F)...。

（2）状态栏：图标切换开关。

（3）命令行：在命令行直接输入命令名 ORTHO。

（4）快捷键：F8 切换开关。

2. 操作说明

（1）状态栏上的按钮或 F8 快捷键可以切换正交模式的打开与关闭。

（2）“正交模式”下，使用对象捕捉或从命令行输入点的坐标，系统将忽略正交设置。

10.9.5　极轴追踪（DDOSNAP）

功能：使用极轴追踪，光标将按指定角度进行移动。

1. 访问方法

（1）下拉菜单：在 工具(T) 中选择 绘图设置(F)...。

（2）状态栏：图标切换开关。

（3）命令行：在命令行输入命令名 DDOSNAP。

(4) 快捷键：F10 切换开关。

命令激活后，系统弹出“草图设置”对话框，对极轴追踪选项卡（见图 10-40）进行设置。

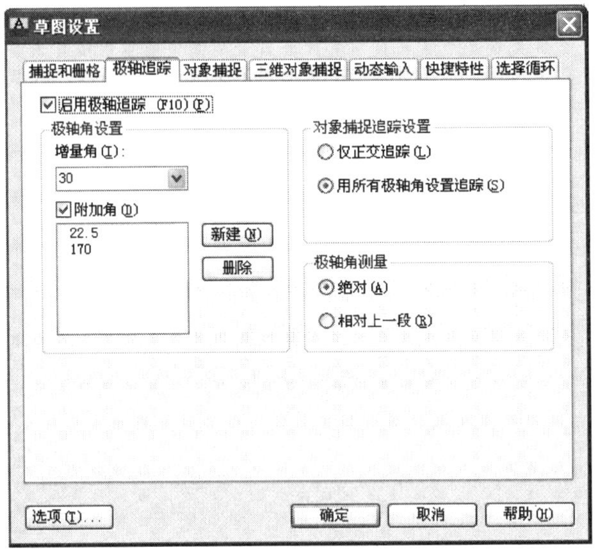

图 10-40　极轴追踪选项卡

2. 选项说明

(1)“启用极轴追踪”复选框：控制极轴追踪功能的开关，与 F10 快捷键或状态栏上的按钮功能相同。

(2)“极轴角设置”选项组：用于设置极轴角。“增量角”下拉列表框指定角度增量值；在系统预设的角度不能满足需要的情况下，使用“附加角”复选框。点击“新建”按钮，可根据用户需要为“附加角”列表增加新角度，如附加角为 22.5°、170°，则光标停在这两个方向时会出现点状射线及提示。

(3)“对象捕捉追踪设置”选项组：用于设置对象捕捉追踪方式。

(4)“极轴角测量”选项组：用于设置极轴追踪对齐角度的测量基准。

注意：“正交”模式和“极轴追踪”不能同时打开。

10.9.6　对象捕捉 (OSNAP)

功能：执行绘图命令过程中，快速、准确指定已有图形上的一些特殊位置点。

1. 访问方式

(1) 下拉菜单：在工具(T)中选择绘图设置(F)...，系统弹出“草图设置”对话框，对对象捕捉选项卡（见图 10-41）进行设置。

(2) 状态栏：图标切换开关。

(3) 命令行：在命令行输入命令名 OSNAP。

(4) 快捷键：F3 切换开关。

(5) 快捷菜单：在绘图区域中按住 Shift 键单击鼠标右键，然后选择“对象捕捉设置”。

2. 对话框选项说明

(1)“启用对象捕捉”复选框：控制对象捕捉功能的开关，与 F3 快捷键或状态栏上的

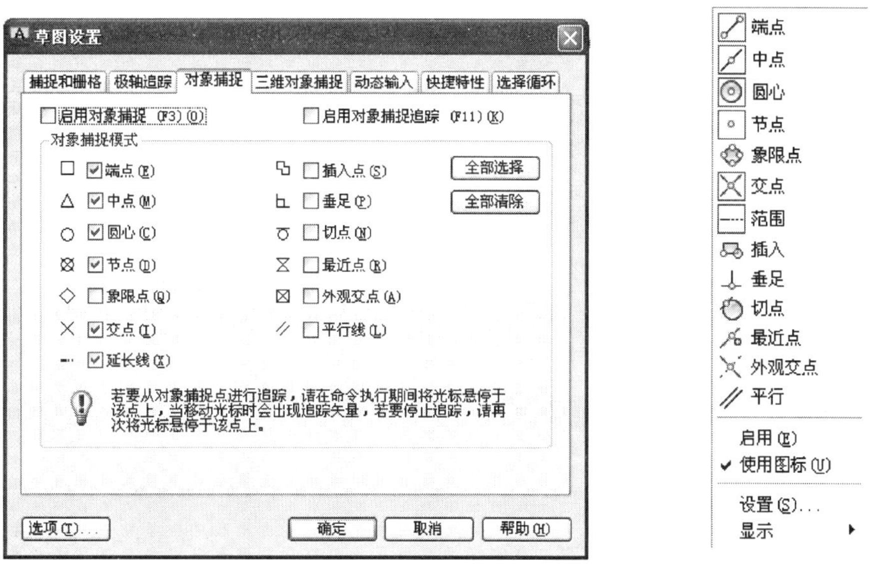

(a) 对象捕捉选项卡　　(b) 对象捕捉快捷菜单

图 10-41　对象捕捉设置

按钮功能相同。

(2) 对象捕捉模式共 13 种，每种模式的复选框前面的几何图形是用户捕捉特征点时 AutoCAD 所显示的捕捉标记。

(3) "选项"按钮：单击，系统弹出"选项"对话框，显示"绘图"选项卡，在此刻决定捕捉模式的各项设置。

3. 注意事项

(1) 绘图过程中，仅当提示输入点时，对象捕捉才生效。

(2) 在提示输入点时指定对象捕捉后，对象捕捉只对指定的下一点有效。

(3) 指定对象捕捉时，光标将捕捉到对象上最靠近光标中心的指定点。默认情况下，将光标移到对象上的对象捕捉位置上方时，将显示标记和工具提示。

10.9.7　对象捕捉追踪（AUTOSNAP）

功能：沿着基于对象捕捉点的对齐路径进行追踪。

1. 访问方式

(1) 下拉菜单：在 工具(T) 中选择 绘图设置(F)...，系统弹出"草图设置"对话框，对 对象捕捉 选项卡进行 启用对象捕捉追踪 (F11)(K) 设置。

(2) 状态栏：图标切换开关。

(3) 命令行：在命令行输入命令名 AUTOSNAP 后，将系统变量值设置为 16。

(4) 快捷键：F11 切换开关。

2. 注意事项

(1) 极轴追踪和对象捕捉追踪是 AutoCAD 提供的两种自动追踪方式。利用极轴追踪可以方便地捕捉到通过前一点的预先设定角度的角度线上的任意点；利用对象捕捉追踪可以方便地捕捉到通过指定对象上特征点（此时应启用自动对象捕捉）的设定的角度线上的任意点。

(2) 对象捕捉追踪必须与对象捕捉同时打开，设定对象捕捉，才能从对象的捕捉点进行追踪。

(3) 默认情况下，对象捕捉追踪将设定为正交。对齐路径将显示在始于已获取的对象点的 0°、90°、180°和 270°方向上。但是，可以使用极轴追踪角度代替。

(4) 对于对象捕捉追踪，将自动获取对象点，也可以选择仅在按 Shift 键时才获取点。

10.10　图形编辑

AutoCAD 2013 提供了 30 多种图形编辑命令，与绘图命令交替使用，提高绘图效率。

10.10.1　编辑命令的访问

编辑命令的访问方式一般有以下几种。

(1) 下拉菜单：在 修改(M) 中选择。

(2) 功能区：在绘图面板点选图 10-42 所示"修改"面板的图标或图标旁的展开符选择。

(3) 命令行：在命令行输入命令名（或命令名缩写）或组合键。

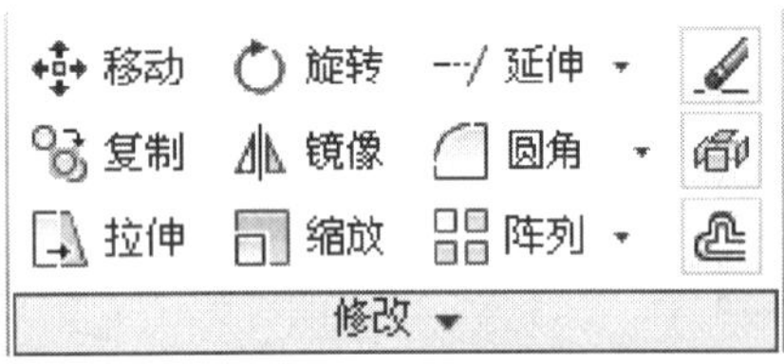

图 10-42　绘图面板

(4) 快捷菜单：选中对象，在绘图区单击鼠标右键，从系统弹出的快捷菜单中选择。

10.10.2　常用编辑命令

1. 删除对象（ERASE）

功能：从图形中删除对象。

操作步骤如下。

(1) 激活命令。

(2) 在命令行中提示"选择对象："下，使用一种选择方法选择要删除的对象或输入选项，如图 10-43 中的三角形（被选中对象变成虚线）。

(3) 按 Enter 键结束命令。

注意：也可以先选择要删除对象，再执行"删除"命令。其他修改命令的执行过程与此类似。

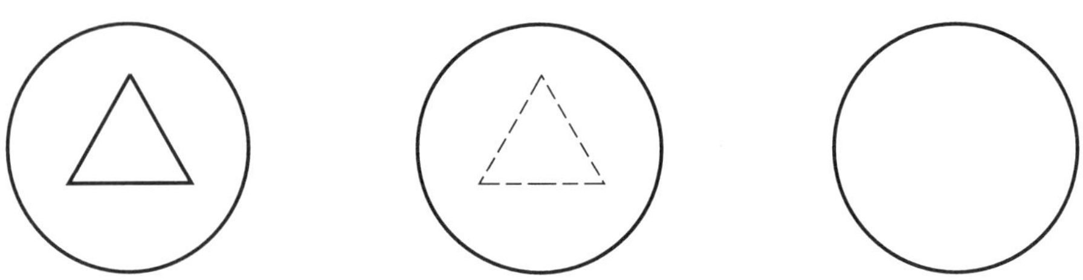

(a) 删除前　　(b) 选择删除对象　　(c) 删除后

图 10-43　删除圆中三角形

2. 移动对象（MOVE）

功能：在指定方向上按指定距离移动对象。

操作步骤如下。

(1) 激活命令。

（2）系统提示列表及说明如下。

选择对象：选择要移动的对象，如图 10-44（a）中 *CD* 杆），结束选择操作。

指定基点或［位移（D）］：若指定一个坐标点（如铰链 *C* 中心）后，把该点作为移动对象的基点；若输入 D 后按 Enter 键，可继续输入坐标以表示矢量，输入的坐标值将指定相对距离和方向。

指定第二个点或<使用第一个点作为位移>：如果按 Enter 键执行默认选项，第一个点将被认为是相对 *X*，*Y*，*Z* 位移。例如，如果将基点指定为（2，3），然后在下一个提示下按 Enter 键，则对象将从当前位置沿 *X* 方向移动 2 个单位，沿 *Y* 方向移动 3 个单位。图 10-44中指定第二个点为 *AC* 杆右端中点。

（3）按 Enter 键结束命令。

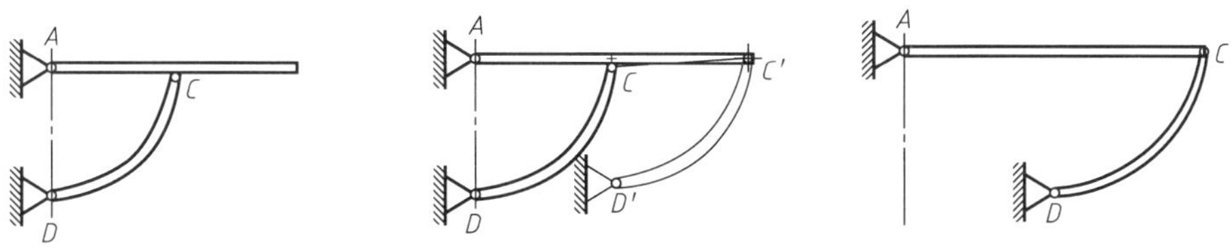

(a) 移动前　(b) 以铰链 *C* 中心为基点　(c) 移动后

图 10-44　移动对象

3. 旋转对象（ROTATE ）（图 10-45）

功能：围绕基点将选定的对象旋转到一个绝对的角度。

操作步骤如下。

（1）激活命令。

（2）系统提示如下。

UCS 当前的正角方向：ANGDIR＝逆时针 ANGBASE＝0

选择对象：选择要旋转的对象。

指定基点：指定旋转角度，或［复制（C）参照（R）］<0>：

（3）按 Enter 键结束命令。

命令行提示选项说明如下。

（1）选择对象：使用对象选择方法并在完成选择后按 Enter 键。

（2）指定基点：指定点。

（3）旋转角度：决定对象绕基点旋转的角度，旋转轴通过指定的基点，并且平行于当前 UCS 的 Z 轴。

（4）C：创建要旋转的选定对象的副本。

（5）R：将对象从指定的角度旋转到新的绝对角度，旋转视口对象时，视口的边框仍然

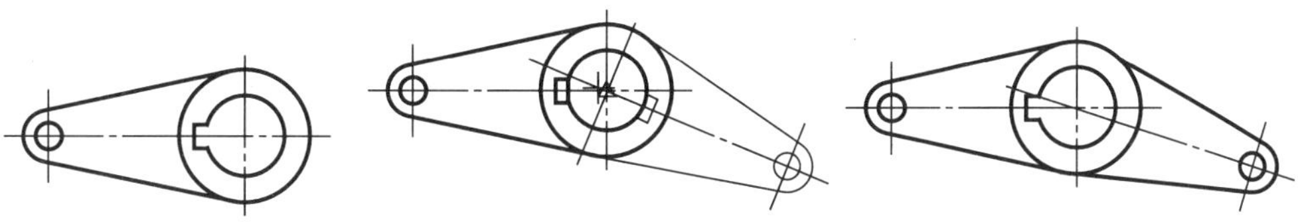
(a) 旋转前　(b) 以大圆中心为基点旋转 162°　(c) 旋转后(复制式)

图 10-45　旋转对象

保持与绘图区域的边界平行。

4. 复制命令（COPY ）（图 10-46）

功能：在指定方向上按指定距离复制对象。

操作步骤如下。

（1）激活命令。

（2）在命令行中提示“选择对象：”下，使用一种选择方法选择要复制的对象后结束选择操作。

（3）系统提示如下。

当前设置：复制模式＝多个；

指定基点或［位移（D）模式（O）］＜位移＞：

指定第二个点或［阵列（A）］＜使用第一个点作为位移＞：

指定第二个点或［阵列（A）退出（E）放弃（U）］＜退出＞：

（4）按 Enter 键结束命令。

命令行提示选项说明如下。

（1）指定基点：指定一个坐标点后，把该点作为复制对象的基点。

（2）位移：使用坐标指定相对距离和方向。

（3）模式：可以设置复制模式是单个或多个。

（4）阵列：指定在线性阵列中排列的副本数量。

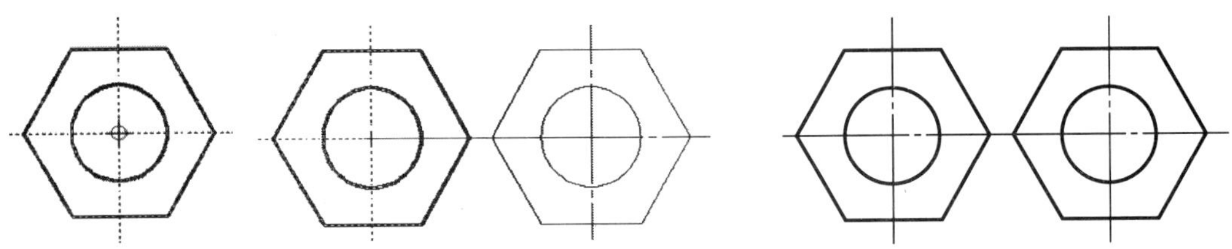

(a) 圆心为基点复制　　(b) 指定第二点　　(c) 复制一个

图 10-46 复制对象

5. 镜像对象（MIRROR ）

功能：创建选定对象的镜像副本。可以创建表示半个图形的对象，选择这些对象并沿指定的线进行镜像以创建另一半。

操作步骤如下。

（1）激活命令。

（2）系统提示如下：

选择对象：

指定镜像线的第一点：

指定镜像线的第二点：

要删除源对象吗？［是（Y）/否（N）］＜否＞：输入 y 或 n，或按 Enter 键

（3）按 Enter 键结束命令。

命令行提示选项说明如下。

（1）选择对象：使用对象选择方法后结束选择操作。

（2）要删除源对象吗？［是（Y）/否（N）］＜否＞：输入 y 或 n，或按 Enter 键。其中“是”表示将镜像的图像放置到图形中并删除原始对象；“否”表示将镜像的图像放置到图形

中并保留原始对象。

注意：默认情况下，镜像文字、图案填充、属性和属性定义时，它们在镜像图像中不会反转或倒置。文字的对齐和对正方式在镜像对象前后相同。如果确实要反转文字，应将 MIRRTEXT 系统变量设置为 1。请对比图 10-47 和图 10-48 的区别。

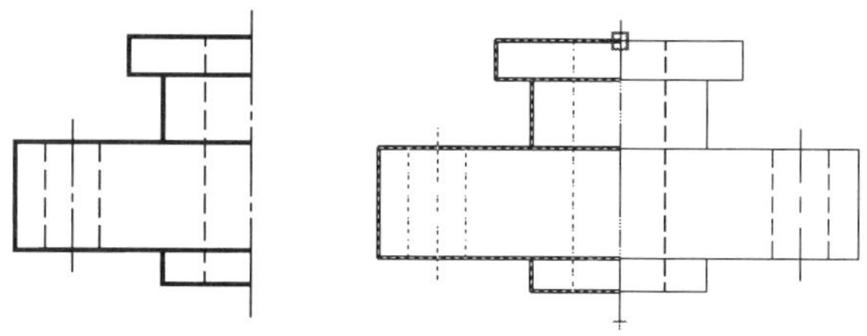

(a)镜像前　(b)使用两点定义的镜像线　(c)镜像后(保留原对象)

图 10-47　镜像对象（1）

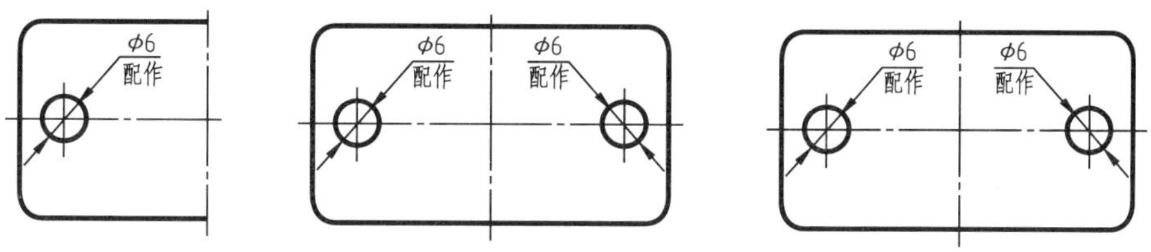

(a)镜像前　(b) MIRRTEXT=0 的镜像　(c) MIRRTEXT=1的镜像

图 10-48　镜像对象（2）

6. 拉伸命令（STRETCH ）（图 10-49）

功能：拉伸与选择窗口或多边形交叉的对象。

操作步骤如下。

（1）激活命令。

（2）系统提示如下：

以窗选方式或交叉多边形方式选择要拉伸的对象...

选择对象：

指定基点或［位移（D）］＜位移＞：

指定第二个点或＜使用第一个点作为位移＞：

（3）单击左键结束命令。

命令行提示选项说明如下。

（1）选择对象：使用窗交窗口部分包围的对象，单击左键确认选定的对象。

（2）指定基点或输入位移坐标。

（3）指定第二点，或按 Enter 键使用以前的坐标作为位移。

注意：仅移动位于窗交选择内的顶点和端点，不更改那些位于窗交选择外的顶点和端点。

7. 缩放命令（SCALE ）（图 10-50）

功能：放大或缩小选定对象，使缩放后对象的比例保持不变。

操作步骤如下。

（1）激活命令。

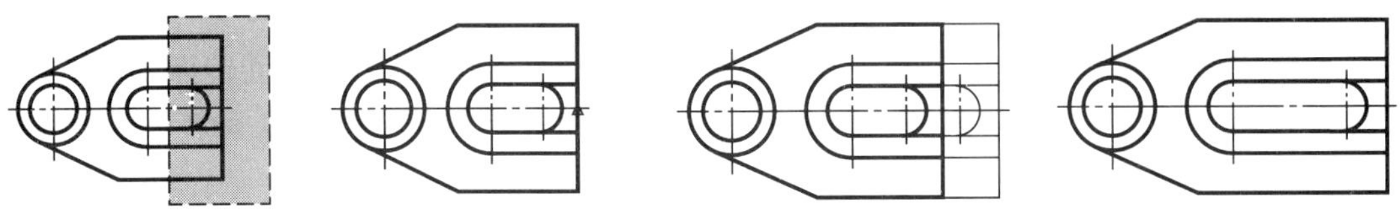

(a)拉伸前窗选对象　(b)选择拉伸基点　(c)指定第二点(正交模式)　(d)拉伸后

图 10-49　拉伸对象

(2) 系统提示如下。

选择对象：

指定基点：

指定比例因子或［复制 (C) 参照 (R)］：

(3) 按 Enter 键结束命令。

命令行提示选项说明如下。

(1) 使用对象选择方法，并在完成选择后按 Enter 键。

(2) 指定的基点表示选定对象的大小发生改变时位置保持不变的点。

(3) 比例因子：将按指定的比例放大选定对象的尺寸。比例因子大于 1 时将放大对象，比例因子介于 0 和 1 之间时将缩小对象。还可以拖动光标使对象变大或变小。

(4) C：创建要缩放的选定对象的副本。

(5) R：按参照长度和指定的新长度缩放所选对象。

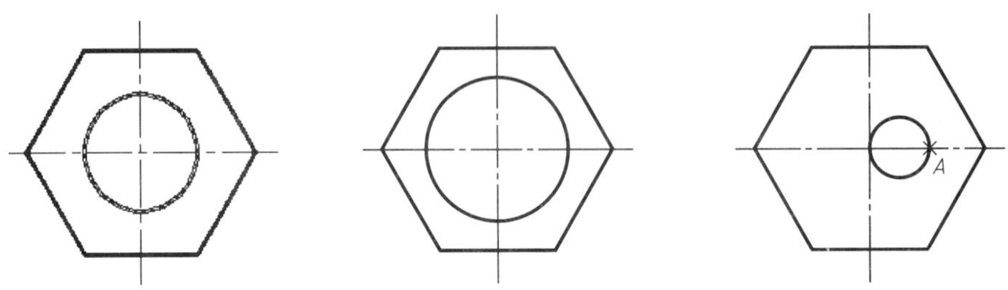

(a)圆缩放前　(b)圆心为基点放大2倍　(c) A点为基点放大0.5倍

图 10-50　缩放对象

8. 修剪命令 (TRIM) (图 10-51)

功能：修剪对象以与其他对象的边相接。

操作步骤如下。

(1) 激活命令。

(2) 系统提示如下。

当前设置：投影＝UCS，边＝当前值

选择剪切边...

选择对象或＜全部选择＞：

选择要修剪的对象或按住 Shift 键选择要延伸的对象，或

［栏选 (F) 窗交 (C) 投影 (P) 边 (E) 删除 (R) 放弃 (U)］：

(3) 按 Enter 键结束命令。

命令行提示选项说明如下。

(1) 要修剪对象，先选择修剪对象的剪切边界，然后按 Enter 键确认；或者直接按 Enter 键选择所有显示的对象作为潜在剪切边。

(2) F：选择与选择栏相交的所有对象。选择栏是一系列临时线段，它们是用两个或多个栏选点指定的，选择栏不构成闭合环。

(3) C：选择矩形区域（由两点确定）内部或与之相交的对象。

(4) P：指定修剪对象时使用的投影方式。

(5) E：确定对象是在另一对象的延长边处进行修剪，还是仅在与该对象相交的对象处进行修剪。若边界的边太短，系统默认模式会假象延伸边界边到与被修剪对象相交位置，执行修剪，而另一种模式则不执行修剪。

(6) R：删除选定的对象。此选项提供了一种用来删除不需要的对象的简便方式，而无需退出 TRIM 命令。

注意：指定一种对象选择方式来选择要修剪的对象。如果有多个可能的修剪结果，那么第一个选择点的位置将决定结果。

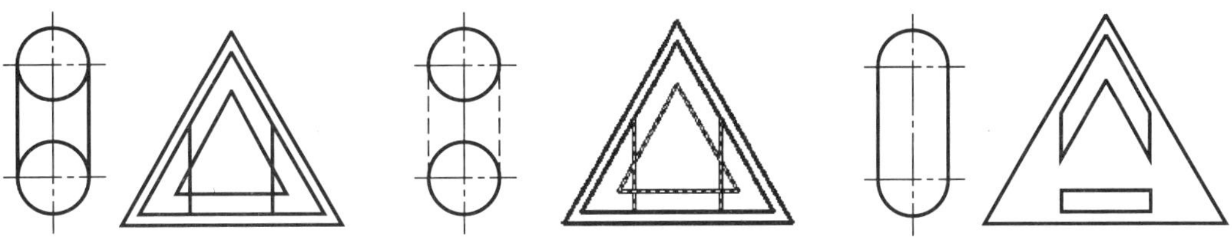

(a) 修剪前　(b) 选择修剪边(变为虚线)　(c) 修剪后

图 10-51　修剪对象

9. 延伸命令（EXTEND）（图 10-52）

功能：扩展对象以与其他对象的边相接。

操作步骤如下。

(1) 激活命令。

(2) 系统提示如下。

当前设置：投影＝UCS，边＝延伸

选择边界的边...

选择对象或＜全部选择＞::

选择要延伸的对象，或按住 Shift 键选择要修剪的对象，或［栏选（F）窗交（C）投影（P）边（E）放弃（U）］：

(a) 延伸前　(b) 延伸后

图 10-52　延伸对象

(3) 按 Enter 键结束命令。

命令行提示选项与修剪命令的含义类似。

注意：某些要延伸的对象的窗交选择不明确，通过沿矩形窗交窗口以顺时针方向从第一点到遇到的第一个对象，将 EXTEND 融入选择。

10. 圆角命令（FILLET）（图 10-53）

功能：给对象加圆角。

操作步骤如下。

(1) 激活命令。

(2) 系统提示如下。

当前设置：模式＝修剪，半径＝2.0000

选择第一个对象或［放弃（U）多段线（P）半径（R）修剪（T）多个（M）］：

选择第二个对象，或按住键选择对象以应用角点或［半径（R）］：

命令行提示选项说明如下。

（1）第一个对象：选择定义二维圆角所需的两个对象中的第一个对象。

（2）第二个对象如果选择直线、圆弧或多段线，它们的长度将进行调整以适应圆角圆弧；若按住 Shift 键并选择对象，则创建一个锐角。

（3）多段线：在二维多段线中两条直线段相交的每个顶点处插入圆角圆弧。

（4）半径：定义圆角圆弧的半径，输入的值将成为后续 FILLET 命令的当前半径，修改此值并不影响现有的圆角圆弧。

（5）修剪：控制 FILLET 是否将选定的边修剪到圆角圆弧的端点。

（6）多个：给多个对象集加圆角。

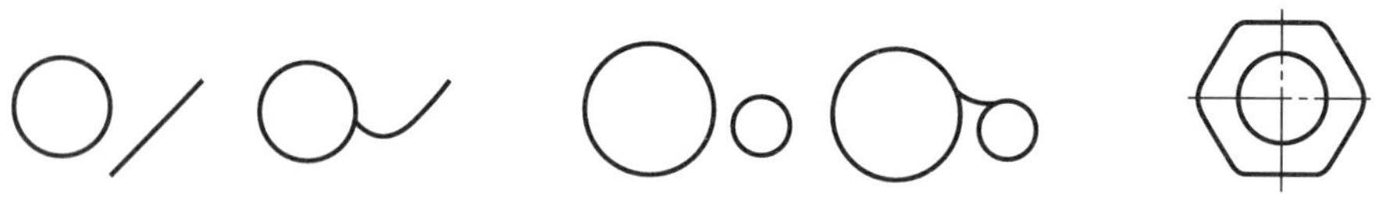

(a)直线与圆弧的圆角前后　　(b)两圆弧的圆角前后　　(c)多段线圆角

图 10-53　圆角示例

11. 倒角命令（CHAMFER ）（图 10-54）

功能：将按用户选择对象的次序应用指定的距离和角度给对象加倒角。

操作步骤如下。

（1）激活命令。

（2）系统提示如下。

（“修剪”模式）当前倒角距离 1＝0.0000，距离 2＝0.0000

选择第一条直线或［放弃（U）多段线（P）距离（D）角度（A）修剪（T）方式（E）多个（M）］：D

指定第一个倒角距离<0.0000>：2

指定第二个倒角距离<2.0000>：按 Enter 键

选择第一条直线或［放弃（U）多段线（P）距离（D）角度（A）修剪（T）方式（E）多个（M）］：

选择第二条直线，或按住 Shift 键选择直线以应用角点或［距离（D）角度（A）方法（M）］：

命令行提示选项说明如下。

（1）P：对整个二维多段线倒角。相交多段线线段在每个多段线顶点被倒角，倒角成为多段线的新线段。如果多段线包含的线段过短以至于无法容纳倒角距离，则不对这些线段倒角。

（2）D：设定倒角至选定边端点的距离。如果将两个距离均设定为零（默认为 0），CHAMFER 将延伸或修剪两条直线，以使它们终止于同一点。

（3）A：用第一条线的倒角距离和倒角角度进行倒角。

（4）T：控制 CHAMFER 是否将选定的边修剪到倒角直线的端点。其中，“修剪”选项将 TRIMMODE 系统变量设置为 1；“不修剪”选项将 TRIMMODE 设置为 0。

（5）E：控制 CHAMFER 使用两个距离还是一个距离和一个角度来创建倒角。

（6）M：为多组对象的边倒角。

注意：如果选定对象是二维多段线的直线段，它们必须相邻或只能用一条线段分开，如果它们被另一条多段线分开，执行 CHAMFER 将删除分开它们的线段并代之以倒角。

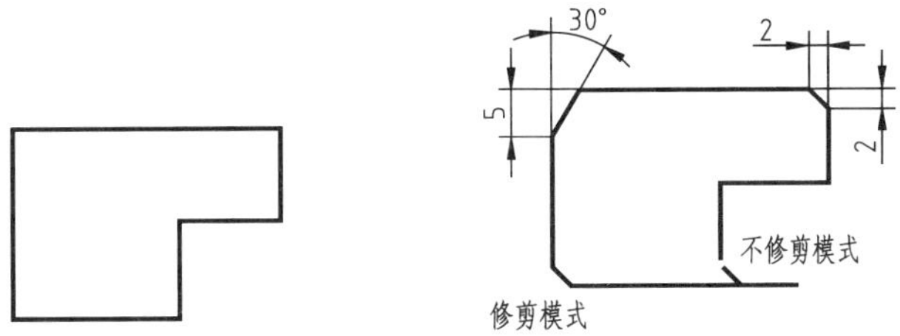

图 10-54　倒角示例

12. 矩形阵列（ARRAYRECT）

功能：将对象副本分布到行、列和标高的任意组合。

操作步骤如下。

（1）激活命令，系统弹出图 10-55 所示矩形阵列对话框。

（2）系统提示如下（见图 10-56）。

选择对象：

选择夹点以编辑阵列或［关联（AS）基点（B）计数（COU）间距（S）列数（COL）行数（R）层数（L）退出（X）］＜退出＞：

命令行提示选项说明如下。

（1）AS：指定阵列中的对象是关联的还是独立的。关联阵列中包含单个阵列对象中的阵列项目，类似于块；非关联阵列中阵列项目为独立对象，更改一个项目不影响其他项目。

（2）B：定义阵列基点和基点夹点的位置。指定用于在阵列中放置项目的基点。

（3）COU：指定行数和列数并使用户在移动光标时可以动态观察结果（一种比“行和列”选项更快捷的方法）。

（4）S：指定行间距和列间距并使用户在移动光标时可以动态观察结果。

（5）COL：编辑列数和列间距。

（6）R：指定阵列中的行数、它们之间的距离以及行之间的增量标高。

（7）L：指定三维阵列的层数和层间距。

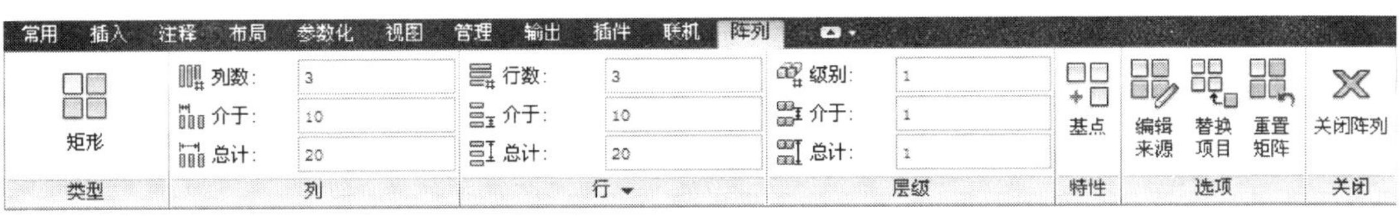

图 10-55　矩形阵列对话框

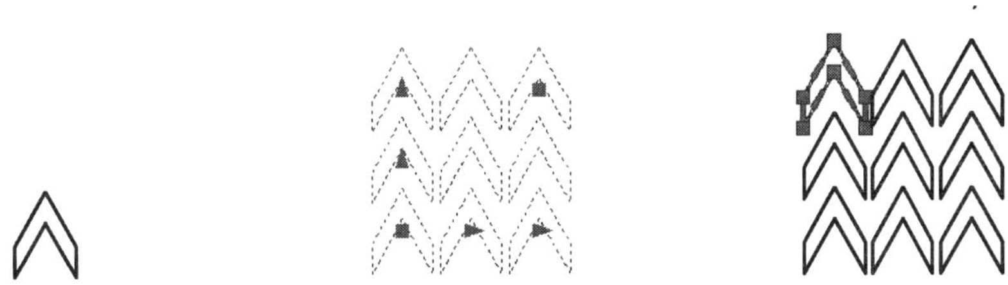

(a) 源对象　(b) 3行3列关联阵列　(c) 3行3列非关联阵列

图 10-56　矩形阵列示例

13. 环形阵列（ARRAYPOLAR ）

功能：围绕中心点或旋转轴在环形阵列中均匀分布对象副本。

操作步骤如下。

（1）激活命令，系统弹出图 10-57 所示环形阵列对话框。

（2）系统提示如下。

选择对象：

指定阵列的中心点或［基点（B）旋转轴（A）］：

选择夹点以编辑阵列或［关联（AS）基点（B）项目（I）项目间角度（A）填充角度（F）行（ROW）层（L）旋转项目（ROT）退出（X）］<退出>：

如图 10-58 所示，命令行提示选项说明如下。

（1）指定阵列中心点：指定分布阵列项目所围绕的点，旋转轴是当前 UCS 的 Z 轴。若选择旋转轴项将指定由两个指定点定义的自定义旋转轴。

（2）B：指定用于在阵列中放置对象的基点。

（3）I：使用值或表达式指定阵列中的项目数。当在表达式中定义填充角度时，结果值中的（＋或－）数学符号不会影响阵列的方向。

（4）A：使用值或表达式指定项目之间的角度。

（5）F：使用值或表达式指定阵列中第一个和最后一个项目之间的角度。

（6）ROW：指定阵列中的行数、它们之间的距离以及行之间的增量标高。

（7）L：指定（三维阵列的）层数和层间距。

（8）ROT：控制在排列项目时是否旋转项目。

图 10-57　环形阵列对话框

(a)非关联阵列　(b)填充角度关联阵列及特性框　(c)2层关联阵列

图 10-58　环形阵列示例

14. 偏移命令（OFFSET ）（图 10-59）

功能：创建同心圆、平行线和平行曲线。可以在指定距离或通过一个点偏移对象。

操作步骤如下。

（1）激活命令。

（2）系统提示如下。

当前设置：删除源＝否图层＝源　OFFSETGAPTYPE＝0

指定偏移距离或［通过（T）删除（E）图层（L）］＜通过＞：

选择要偏移对象，或［退出（E）放弃（U）］＜退出＞：

命令行提示选项说明如下。

（1）偏移距离：在距现有对象指定的距离处创建对象。

（2）T：创建通过指定点的对象。要在偏移带角点的多段线时获得最佳效果，应在直线段中点附近（而非角点附近）指定通过点。

（3）E：偏移源对象后将其删除。

（4）L：确定将偏移对象创建在当前图层上还是源对象所在的图层上。

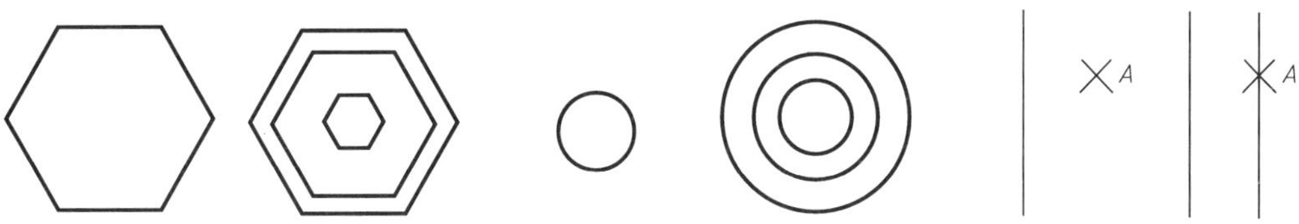

(a) 多线段向内指定距离偏移　　(b) 指定距离向外偏移多个圆　　(c) 直线偏移通过点

图 10-59　偏移对象示例

15. 分解命令（EXPLODE）（图 10-60）

功能：将复合对象分解为其组件对象。可以分解的对象包括块、多段线及面域等。

操作步骤如下。

（1）激活命令。

（2）在系统提示“选择对象：”下，使用一种选择方法选择要分解的对象后结束选择操作。

（3）按 Enter 键结束命令。

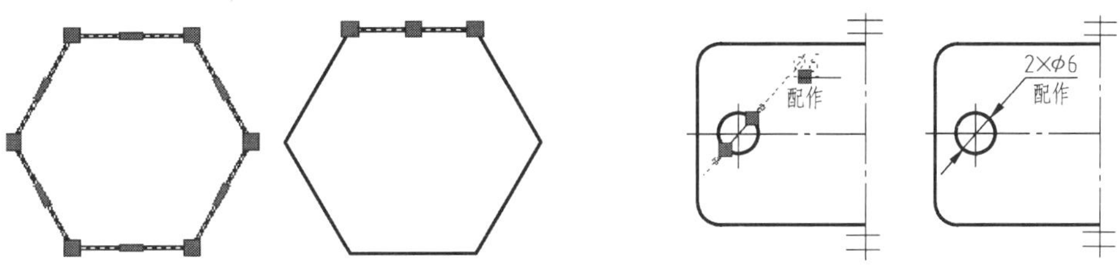

(a) 多线段分解前后　　(b) 块(尺寸)分解前后

图 10-60　分解对象

16. 拉长命令（LENGTHEN）

功能：更改对象的长度和圆弧的包含角。可以将更改指定为百分比、增量或最终长度或角度。使用 LENGTHEN 即使用 TRIM 和 EXTEND 其中之一。

17. 打断命令（BREAK）

功能：在两点之间打断选定对象。可以在对象上的两个指定点之间创建间隔，从而将对象打断为两个对象。如果这些点不在对象上，则会自动投影到该对象上。该命令通常用于为块或文字创建空间。

18. 合并命令（JOIN）

功能：合并线性和弯曲对象的端点，以便创建单个对象。

注意：构造线、射线和闭合的对象无法合并。

19. 光顺曲线（BLEND ）

功能：在两条选定直线或曲线之间的间隙中创建样条曲线。选择端点附近的每个对象，生成的样条曲线的形状取决于指定的连续性，选定对象的长度保持不变。

注意：有效对象包括直线、圆弧、椭圆弧、螺旋、开放的多段线和开放的样条曲线。

10.10.3 夹点编辑

1. 夹点定义

通常，在不执行特定命令的情况下，用鼠标选择对象后，被选择对象上出现若干蓝色小方格，即对象的特征点，也是对象的控制点，称其为夹点。不同对象夹点的位置和数量不同。

2. 夹点功能

用鼠标选择对象，出现蓝色小方格后，单击任意要编辑的夹点，该夹点被激活变成红色夹点，同时命令行出现编辑提示。按 Enter 键可使拉伸、移动、旋转、缩放、镜像五种夹点编辑方式依次循环出现在命令行，或者单击鼠标右键，从弹出的快捷菜单中选择所需编辑命令。

3. 夹点设置

在命令行输入 DDGRIPS，或选择 工具(T) 下拉菜单的 选项(N)...，系统弹出“选项”对话框，可在 选择集 选项卡内对夹点大小、颜色等进行设置。

4. 退出夹点

按＜Esc＞键可取消实体上的夹点，退出夹点编辑状态。

10.11 文字注释

文字作为工程图样的非图形信息，它的使用应符合各种制图标准。文字对象是 AutoCAD 图形中特殊的图元，可以创建、修改或指定。

10.11.1 文字样式的功能与访问

功能：指定当前文字样式以确定所有新文字的外观。文字样式包含字体、字号、倾斜角度、方向和其他文字特征。

文字样式命令的访问方式有以下四种。

（1）下拉菜单：在 格式(O) 中选择 文字样式(S)...。

（2）功能区：在 常用 选项卡的 注释 ▾ 面板上，点击展开符 ▾，选择 图标。

（3）工具栏：显示“文字”工具栏并单击其上 按钮。

（4）命令行：在命令行输入命令名 STYLE。

10.11.2 文字样式创建与管理

文字样式命令激活后，弹出如图 10-61 所示的“文字样式”对话框。在该对话框可以新建、重命名、删除文字样式，还可以设置当前文字样式。图 10-62 为几种不同文字样式的效果比较。

单击“文字样式”对话框中 新建(N)... 按钮，弹出“新建文字样式”对话框（见图 10-63）。编辑样式名称（也可用默认的样式名）后，点击“确定”，回到“文字样式”对话框，并在“样式（S）”列表中增加新建的样式名称。进一步对字体、大小和效果项目设置，左下角的预览窗口实时显示新建文字样式。请注意以下事项。

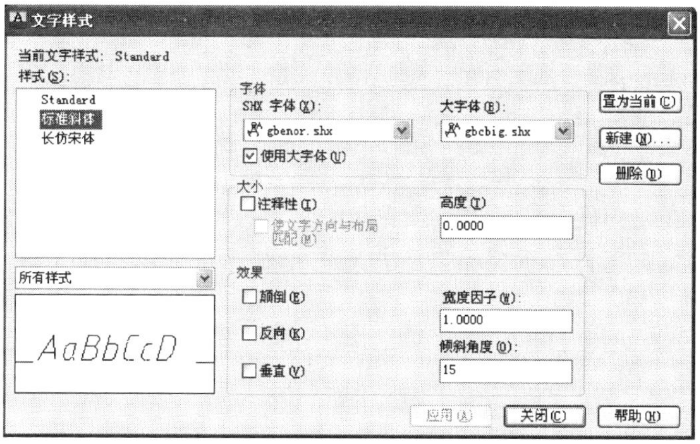

图 10-61　文字样式对话框

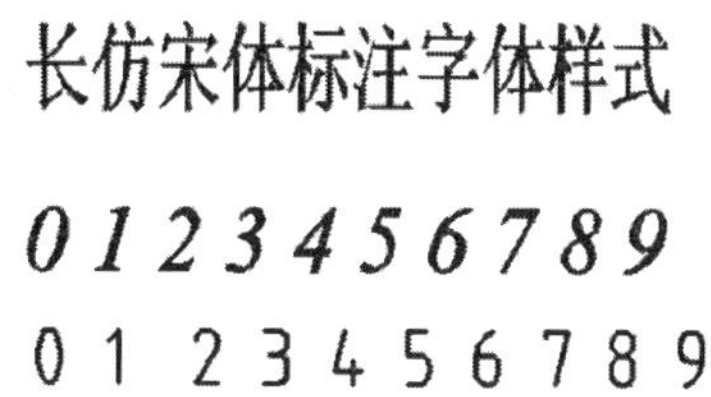

图 10-62　文字效果比较

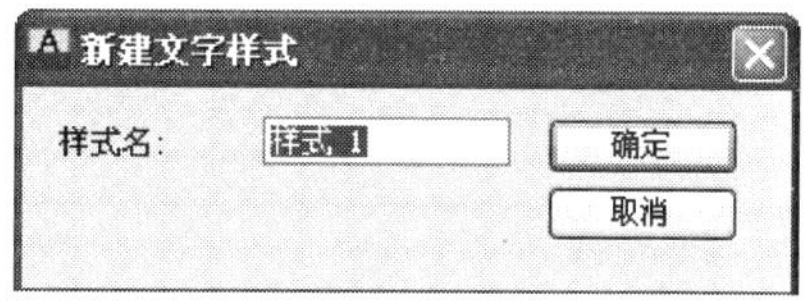

图 10-63　新建文字样式对话框

(1)“文字样式”对话框中的文字高度值设置为 0 时，用“TEXT”命令创建文字时，命令行将提示**指定高度**，用户可以根据需要更改文字高度；若此处指定了文字高度，用“TEXT”命令创建文字时，不能更改。

(2) 亚洲语言使用大字体文件，只有 SHX 文件可以创建“大字体”。

(3) 选择“样式（S)”列表中的文字样式，单击[置为当前(C)]按钮即可使用该字体。

10.11.3　标注文字命令

标注文字命令包括单行文字（DTEXT）命令和多行文字（MTEXT）命令。命令的访问方式有以下四种。

① 下拉菜单：在 绘图(D) 中选择 文字(X)。

② 功能区：在 常用 选项卡的 注释 面板上，点击图标及下面的展开符 ▼ 选择 多行文字 或 单行文字。

③ 工具栏：单击“文字”工具栏上按钮。

④ 命令行：在命令行输入命令名 MTEXT 或 TEXT。

1. 单行文字（DTEXT）**命令**

功能：创建单行文字对象，主要用于输入简短的文字。

操作步骤如下。

(1) 激活命令。

(2) 系统提示如下。

当前文字样式：“长仿宋体”　文字高度：2.5000　注释性：否

指定文字的起点或［对正（J）样式（S)］：

指定文字高度<2.5000>：

指定文字的旋转角度<0>：

(3) 在绘图区的文字输入框内输入文字。

(4) 按 Esc 键或连续 Enter 键退出命令。

命令行选项说明如下。

(1) 起点：指定文字对象标注的起点。

(2) J：指定矩形边界中文字的对正（即文字的定位点）方式和文字走向。有 15 种对正模式，默认设置为左对齐。

(3) S：指定文字对象所使用的文字样式。

(4) 指定文字高度：指定新的文字高度。

(5) 指定文字的旋转角度：默认以水平向右角度为0，逆时针角度为正值。

注意：

(1) 在输入文字过程中，可随时在绘图区任意位置单击鼠标左键，改变文字位置点。

(2) 单行文字不能从键盘输入的特殊字符，系统提供了相应的控制符以满足标注要求。常见控制符见表10-3。

表10-3 AutoCAD控制符

控制符	功 能	控制符	功 能
%%C	Φ(直径符号)	%%%	%(百分号符号)
%%D	°(度的符号)	%%U	打开关闭文字下划线
%%P	±(正负公差符号)	%%O	打开关闭文字上划线

2. 多行文字(MTEXT A) **命令**

功能：使用内置编辑器，输入或粘贴其他文件中的文字以用于多行文字(也称为段落文字)、设置制表符、调整段落和行距与对齐以及创建和修改列，主要用于较为复杂的文字说明。

操作步骤如下。

(1) 激活命令。

(2) 系统提示如下。

当前文字样式："长仿宋体" 文字高度：2.5000 注释性：否

指定第一角点：

指定对角点或[高度(H) 对正(J) 行距(L) 旋转(R) 样式(S) 宽度(W) 栏(C)]：

(3) 在绘图区的文字输入窗口创建多行文字对象。

(4) 按Esc键或连续Enter键退出命令。

命令行选项说明如下。

(1) 指定第一角点：指定代表文字位置的矩形框左上角点。

(2) 指定对角点：指定矩形框右下角点，屏幕上动态显示一个矩形框。指定完该角点后，系统弹出如图10-64所示的文字编辑器对话框及图10-65所示的文字输入窗口。

(3) H：用于指定新的文字高度。

(4) J：指定矩形边界中文字的对正方式和文字走向。

(5) L：指定行与行之间的距离。

(6) R：指定整个文字边界的旋转角度。

(7) S：指定多行文字对象所使用的文字样式

图10-64 文字编辑器对话框

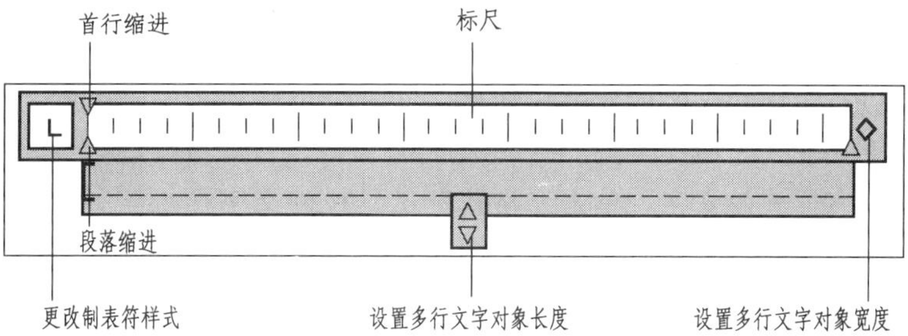

图 10-65　文字输入窗口

(8) W：通过输入或选取图形中的点指定多行文字对象的宽度。

(9) C：设置栏的类型和模式。

注意："文字编辑器"的 格式 选项卡中的 堆叠 按钮的创建（或取消）堆叠文字（例如分数）功能。使用堆叠字符、插入符号（^）、正向斜杠（/）和磅符号（#）时，堆叠字符左侧的文字将堆叠在字符右侧的文字之上。默认情况下，包含插入符号（^）的文字转换为左对正的公差值；包含正斜杠（/）的文字转换为居中对正的分数值；包含磅符号（#）的文字转换为被斜线（高度与两个文字字符串高度相同）分开的分数。

10.11.4　文字编辑

与其他版本的 AutoCAD 对象类似，AutoCAD 2013 文字对象也可以进行编辑操作，它提供了两个文字编辑命令，即 DDEDIT 和 DDMODIFY（或 PROPERTIES）。

1. DDEDIT 命令

功能：用于已注写单行文字内容或多行文字的内容和格式的修改。

访问方式如下。

(1) 命令行：在命令行输入命令名 DDEDIT. 或缩写名 ED。

(2) 下拉菜单：

在 修改(M) 中选择 对象(O) 子菜单中的 文字(T) 后的 编辑(E)...。

(3) 双击文字对象（适用于多行文字）。

命令激活后，命令行提示"选择注释对象或［放弃（U）］："，根据所选择文字对象不同，系统弹出相应"单行文字输入窗口"或"多行文字输入窗口"，在其中实现文字对象的编辑。

注意：单行文字和多行文字的修改方式基本相同，只是单行文字不能用"EXPLODE"命令分解，而该命令可将多行文字分解为单独的单行文字对象。

2. DDMODIFY（或 PROPERTIES）命令

功能：不仅可以修改文字内容，还可改变文字的其他特性。

访问方式如下。

(1) 命令行：在命令行输入命令名 DDMODIFY（或 PROPERTIES）。

(2) 下拉菜单：在 修改(M) 中选择 特性(P)。

(3) 功能区：点击 视图 选项卡下的 选项板 面板中的图标。

(4) 快捷菜单：选择要查看或修改其特性的对象，在绘图区域中单击鼠标右键，然后单击"特性"。

（5）工具栏：点击“标准”工具栏上的图标。

命令激活后，系统弹出“特性”对话框如图 10-66 所示。用户在对话框中可以对各项文字的属性进行修改。

图 10-66 特性对话框

3. 更换文字的样式

选择欲更换文字样式的文字，单击“格式”工具栏的文字样式下拉列表框（见图 10-67），选择新的文字样式。

图 10-67 格式工具栏的文字样式列表

4. 比例缩放文字（SCALETEXT ）

功能：增大或缩小选定文字对象而不更改其位置。避免了使用 SCALE 命令缩放多个文字对象时的很难每个文字对象都保持在初始位置的情况。

访问方式如下。

（1）选择 注释 选型卡的 文字 ▾ 面板（展开）上 缩放 图标。

（2）下拉菜单：

在 修改(M) 中选择 对象(O) 子菜单中的 文字(T) 后 比例(S) 图标。

5. 对齐文字（JUSTIFYTEXT）

功能：更改选定文字对象的对正点而不更改其位置。

访问方式如下。

（1）选择 注释 选型卡的 文字 ▾ 面板（展开）上 对正 图标。

（2）下拉菜单：

在 修改(M) 中选择 对象(O) 子菜单中的 文字(T) 后 对正(J) 图标。

另外，比例缩放文字和对齐文字的操作，也可点击“文字”工具栏上的图标激活。终止所有活动命令后，在绘图区右击鼠标，还可进行查找和替换文字操作。

10.12 尺寸标注

标注是向图形中添加测量注释的过程，AutoCAD 2013 提供了方便、准确的尺寸标注功能。用户可以为各种对象沿各个方向创建标注。

10.12.1 尺寸标注样式命令（DIMSTYLE ）

1. 命令的功能与访问

功能：创建和修改标注样式，控制标注的外观符合有关制图标准的规定。

访问方式如下。

（1）下拉菜单：在 格式(O) 中选择 标注样式(D)...。

（2）功能区：选择 注释 选项卡的 标注 ▾ 面板右下角的图标，并单击。

（3）工具栏：单击“格式”工具栏或“样式”工具栏上的按钮。

2. 标注样式的创建与管理

命令激活后，系统弹出“标注样式管理器”对话框，如图 10-68 所示。在该对话框中可以进行创建、修改、设置尺寸样式等操作，AutoCAD 2013 提供了 70 多个面向标注的设置，可以控制标注外观的几乎每个方面。

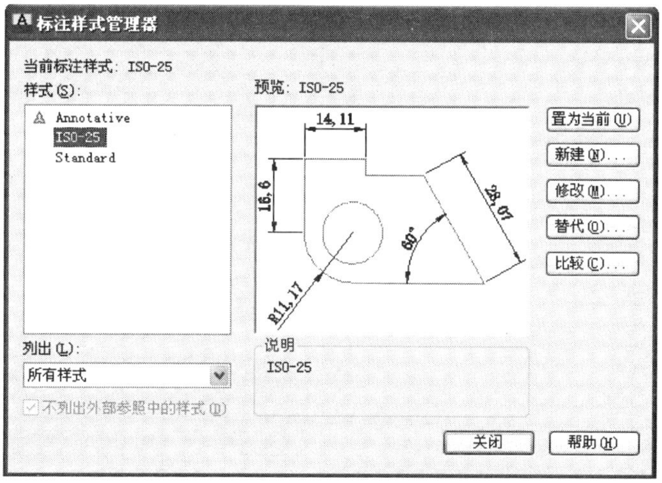

图 10-68　标注样式管理器

创建标注样式的步骤如下。

(1) 激活命令。

(2) 在标注样式管理器中，单击“新建”，系统弹出图 10-69 所示“创建新标注样式”对话框。

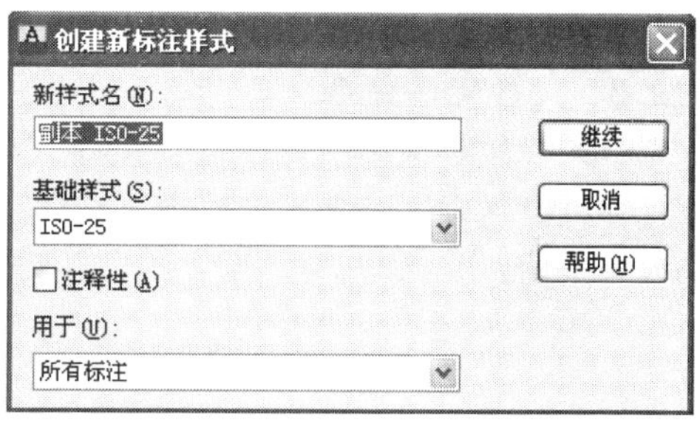

图 10-69　创建新标注样式对话框

※创建新标注样式对话框中的选项说明如下。

新样式名：指定新的标注样式名。

基础样式：设定作为新样式的基础的样式。对于新样式，仅更改那些与基础特性不同的特性。

注释性：指定标注样式为注释性。

用于：创建一种仅适用于特定标注类型的标注子样式。例如，可以创建一个 STANDARD 标注样式的版本，该样式仅用于直径标注。

继续：显示“新建标注样式”对话框，从中可以定义新的标注样式特性。

(3) 在“创建新标注样式”对话框中，输入新标注样式的名称，然后单击“继续”。弹出如图 10-70 所示“新建标注样式”对话框（单击“标注样式管理器”中的“修改”或“替代”按钮弹出相同对话框）。该对话框有 7 个选项卡用于定义标注样式的参数和状态。

(4) 在“新建标注样式”对话框中，单击每个选项卡，并对新标注样式进行任何更改。

(5) 单击“确定”，然后单击“关闭”，可以退出“标注样式管理器”。

3. 设置当前标注样式方法

(1) 在“标注样式管理器”对话框中的“样式（S）”列表框中选择一种尺寸样式，单

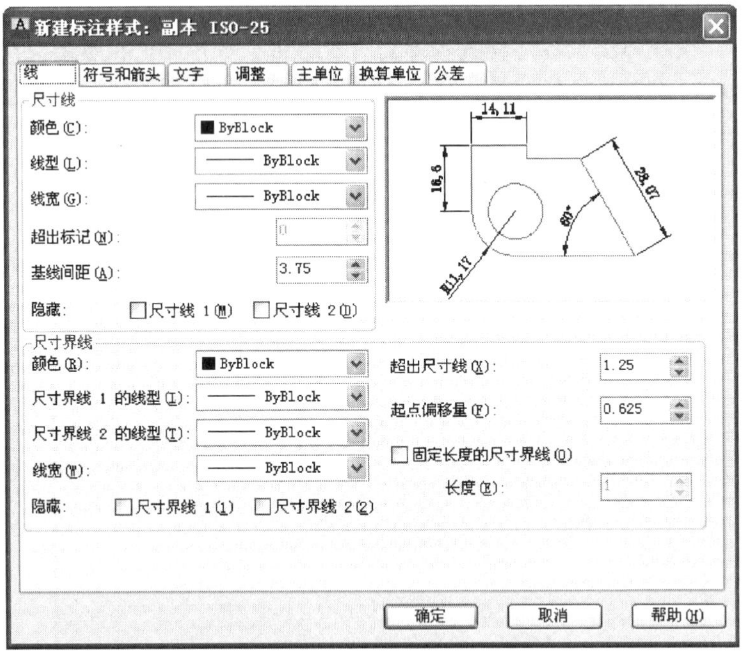

图 10-70　新建标注样式对话框

击“置为当前”按钮。

（2）单击“功能区”中 注释 选项卡的 标注 ▾ 面板上的 ISO-25 展开符，从已有的标注样式中选择当前所需标注样式。

10.12.2　尺寸标注命令

基本的标注类型包括：线性、径向（半径、直径和折弯）、角度、坐标、弧长、公差。线性标注可以是水平、垂直、对齐、旋转、基线或连续（链式）。图 10-71 中列出了尺寸标注的几种示例。

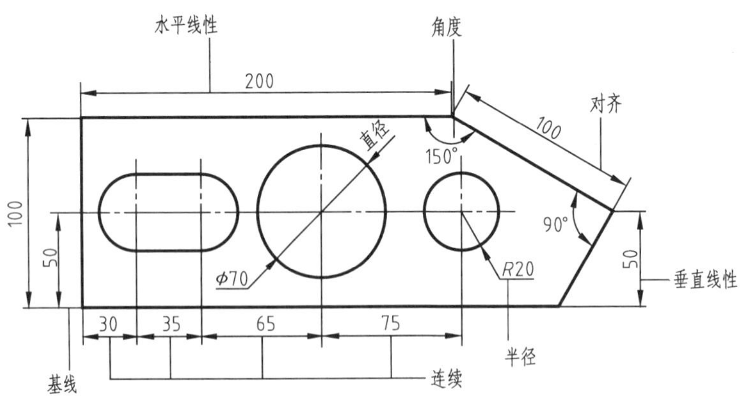

图 10-71　尺寸标注示例

1. 尺寸标注命令的访问方式

（1）下拉菜单：从 标注(N) 下拉菜单的子菜单中选择。

（2）功能区：在 注释 选项卡的 标注 ▾ 面板上选择。

（3）工具栏：显示“标注”工具栏，从中选择。

（3）工具栏：显示“标注”工具栏，从中选择。

（4）命令行：在命令行输入命令名或命令名的缩写。

2. 线性标注（DIMLINEAR）

功能：使用水平、竖直或旋转的尺寸线创建线性标注，通过指定两点或选择一个对象来实现。

命令行提示如下。

指定第一个尺寸界线原点或＜选择对象＞：

指定第二条尺寸界线原点：

[多行文字（M）文字（T）角度（A）水平（H）垂直（V）旋转（R）]：

命令行提示选项说明如下。

（1）选择对象：按 Enter 键，选择此项，光标变为拾取框，在绘图区拾取一条直线或圆弧对象，系统自动取其两端点作为尺寸界线的原点进行标注。

（2）第一条尺寸界线原点：指定第一条尺寸界线的原点之后，系统将提示指定第二条尺寸界线的原点。

（3）M：显示在位文字编辑器，可用它来编辑标注文字。

（4）T：系统在命令行显示尺寸的自动测量值，用户可进行修改。

（5）A：修改标注文字的角度。

（6）H：创建水平线性标注。

（7）V：创建垂直线性标注。

（8）R：创建旋转线性标注。

3. 对齐标注（DIMALIGNED）

功能：创建尺寸线与两尺寸界线原点的连线平行对齐的线性标注，

命令行提示如下。

指定第一个尺寸界线原点或＜选择对象＞：

指定第二条尺寸界线原点：

[多行文字（M）文字（T）角度（A）]：

命令行提示选项说明同线性标注。

4. 角度标注（DIMANGULAR）

功能：测量选定的对象或 3 个点之间的角度，可以选择的对象包括圆弧、圆和直线等。

命令行提示如下。

选择圆弧、圆、直线或＜指定顶点＞：

指定标注弧线位置或[多行文字（M）/文字（T）/角度（A）/象限点（Q）]：

命令行提示选项说明如下。

（1）选择圆弧、圆、直线，或按 Enter 键通过指定三个点来创建角度标注。

（2）标注圆弧线位置：指定尺寸线的位置并确定绘制尺寸界线的方向。

（3）象限：指定标注应锁定到的象限。打开象限行为后，将标注文字放置在角度标注外时，尺寸线会延伸超过尺寸界线。

5. 弧长标注（DIMARC）

功能：用于测量圆弧或多线段弧线段的长度。

命令行提示如下：

选择圆弧或多段线圆弧：

指定弧长标注位置或［多行文字（M）/文字（T）/角度（A）/部分（P）/引线（L）］：

命令行提示选项说明如下。

（1）弧长标注位置：指定尺寸线的位置并确定尺寸界线的方向。

（2）P：缩短弧长标注的长度。

（3）L：添加引线对象。仅当圆弧（或圆弧段）大于90°时才会显示此选项。引线是按径向绘制的，指向所标注圆弧的圆心。要删除引线，应创建不带引线选项的弧长标注。

注意：弧长标注的尺寸界线可以正交或径向，在标注文字的上方或前面将显示圆弧符号。

6. 半径标注（DIMRADIUS）

功能：测量选定圆或圆弧的半径，并显示前面带有半径符号的标注文字。

命令行提示如下：

选择圆弧或圆：

指定尺寸线位置或［多行文字（M）/文字（T）/角度（A）］：

命令行提示选项说明如下。

（1）尺寸线位置：确定尺寸线的角度和标注文字的位置。如果由于未将标注放置在圆弧上而导致标注指向圆弧外，系统会自动绘制圆弧尺寸界线。

（2）可以使用夹点轻松地重新定位生成的半径标注。

7. 直径标注（DIMDIAMETER）

功能：测量选定圆或圆弧的直径，并显示前面带有直径符号的标注文字。

命令行提示如下：

选择圆弧或圆：

指定尺寸线位置或［多行文字（M）/文字（T）/角度（A）］：

命令行提示选项说明同半径标注。

8. 坐标标注（DIMORDINATE）

功能：用于测量从原点（称为基准）到要素（例如部件上的一个孔）的水平或垂直距离。坐标标注通过保持特征与基准点之间的精确偏移量，来避免误差增大。

9. 折弯标注（DIMJOGGED）

功能：测量选定圆或圆弧的半径，并显示前面带有一个半径符号的标注文字。可以在任意合适的位置指定尺寸线的原点。

折弯半径标注也称为缩放半径标注。当圆弧或圆的中心位于布局之外并且无法在其实际位置显示时，将创建折弯半径标注，可以在更方便的位置指定标注的原点（称为中心位置替代）。

注意：折弯的横向角度由“标注样式管理器”确定。

10. 基线标注（DIMBASELINE）

功能：从上一个标注或选定标注的基线处创建线性标注、角度标注或坐标标注。如果当前任务中未创建任何标注，系统将提示用户选择线性标注、坐标标注或角度标注，以用作基线标注的基准。

11. 连续标注（DIMCONTINUE）

功能：创建从先前创建的标注的尺寸界线开始的标注。自动从创建的上一个线性标注、角度标注或坐标标注继续创建其他标注，或者从选定的尺寸界线继续创建其他标注，并自动排列尺寸线。

12. 快速标注（QDIM ）

功能：从选定对象快速创建系列基线或连续标注，或者为一系列圆或圆弧创建标注。

13. 引线标注（MLEADER ）

功能：创建多种指引线和文字注释。

引线标注包括 LEADER、QLEADER 和 MLEADER 命令，其中 \ 多重引线对象通常包含箭头、水平基线、引线或曲线和多行文字对象或块，功能更强大。多重引线可创建为箭头优先、引线基线优先或内容优先。如果已使用多重引线样式，则可以从该指定样式创建多重引线。见图 10-72。

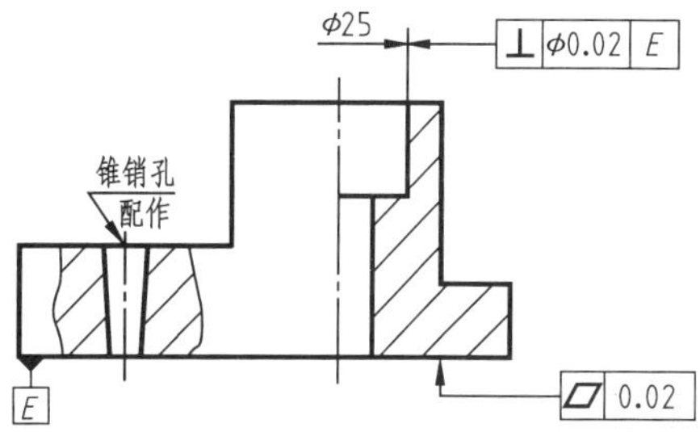

图 10-72　引线与形位公差标注示例

14. 公差标注（TOLERANCE ）

功能：创建包含在特征控制框中的形位公差。

命令激活后，系统弹出如图 10-73 所示“形位公差”对话框。在“形位公差”对话框中个选项的含义如下。

（1）符号：用于设定或改变公差代号，单击下面的黑块，弹出图 10-74 所示“特征符号”列表框。

（2）公差 1/2：用于产生第一/二个公差的公差值及“附加符号”。下面的黑块控制是否在公差值前加一个直径符号。单击文本框后面的黑块用于选择“附加符号”（见图 10-75）。

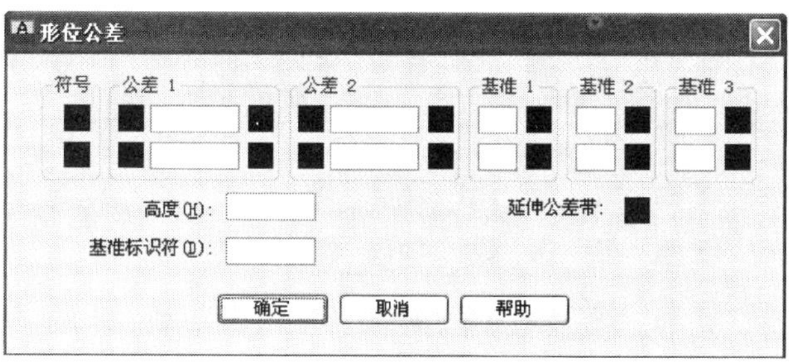

图 10-73　形位公差对话框

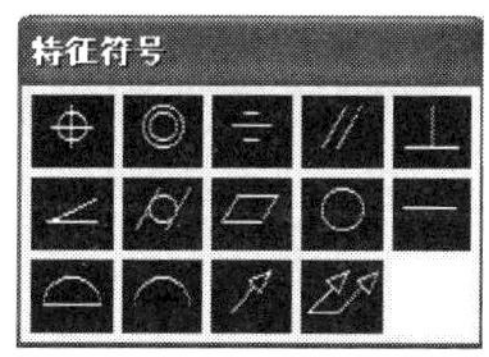

图 10-74　特征符号列表框

图 10-75　附加符号列表框

（3）基准 1/2/3：用于确定第一/二/三个基准代号及材料状态代号。

（4）高度（H）：确定标注复合形位公差的高度。

（5）延伸公差带：单击其后黑块，在复合公差带后加一个复合公差符号。

15. 其他标注命令

AutoCAD 2013 还提供以下标注命令：圆心标记（DIMCENTER ）、标注间距（DIMSPACE ）、标注打断（DIMBREAK ）、检验（DIMINSPECT ）、折弯线性（DIMJOGLINE ），这些命令的使用可查阅有关资料或 AutoCAD 的帮助命令。

10.12.3　标注编辑

标注编辑包括对已标注尺寸的标注位置、文字位置、文字内容、标注样式等进行修改。

1. 尺寸编辑命令

(1) 编辑标注(DIMEDIT):用于编辑尺寸标注。可旋转、修改或恢复标注文字。更改尺寸界线的倾斜角。移动文字和尺寸线的等效命令为DIMTEDIT。

(2) 编辑标注文字(DIMTEDIT):用于移动和旋转标注文字并重新定位尺寸线。

(3) 标注替代(DIMOVERRIDE):用于替代选定标注的指定标注系统变量,或清除选定标注对象的替代,从而将其返回到由其标注样式定义的设置。

(4) 标注更新( )命令:用于把所选的尺寸样式更新为当前尺寸样式。

2. 特性窗口编辑

利用"特性"窗口可修改尺寸标注的颜色、图层、文字内容、标注样式等,当尺寸要修改的内容多时可选用,操作简便。

3. 夹点编辑

当选取尺寸对象时,尺寸对象上也会显示出若干个蓝色小方框,即夹点。利用夹点编辑可改变尺寸线、尺寸文本及尺寸界线的位置。

10.13 创建与使用图块

10.13.1 图块的功能

将一个或多个单一的实体对象整合为一个对象,就是图块(简称块)。实际操作中,熟练使用块,会起到事半功倍的效果,主要体现在以下四个方面。

(1) 常用的重复出现的图形做成块保存起来,需要时可随时插入到当前图形中,大大提高绘图效率。

(2) 插入块时,只是插入了原块定义的引用,因此,当前图形在存储时不必存储其中每个实体的数据信息,而只存储图块名及插入点的坐标等信息,在满足绘图要求的前提下,节省了存储空间。

(3) 对块单独进行重新定义,可实现当前图形中所有引用该块的地方快速准确的相应变动,而不会出现任何遗漏。

(4) 可以对块定义属性名和属性值,在插入带属性的块时,属性值也随块添加到图形中,属性值可以固定,也可以是变化的。

10.13.2 图块的创建

图块分内部块和外部块。内部块是指创建的图块保存在定义该图块的图形中,只在当前图形中使用;外部块是指创建的块作为独立文件保存,可以插入到任何图形中,并可以对其进行打开和编辑。

1. 创建内部块

访问方式如下。

(1) 下拉菜单:在 绘图(D) 中选择 块(K) 的子菜单 创建(M)...。

(2) 功能区:选择 常用 选项卡的 块 面板右下角的 创建 图标,并单击。

(3) 工具栏:单击"绘图"工具栏上的 按钮。

(4) 命令行:在命令行输入BLOCK,按Enter键。

创建内部块的一般过程如下。

（1）激活创建块命令，系统弹出图 10-76 所示的“块定义”对话框。

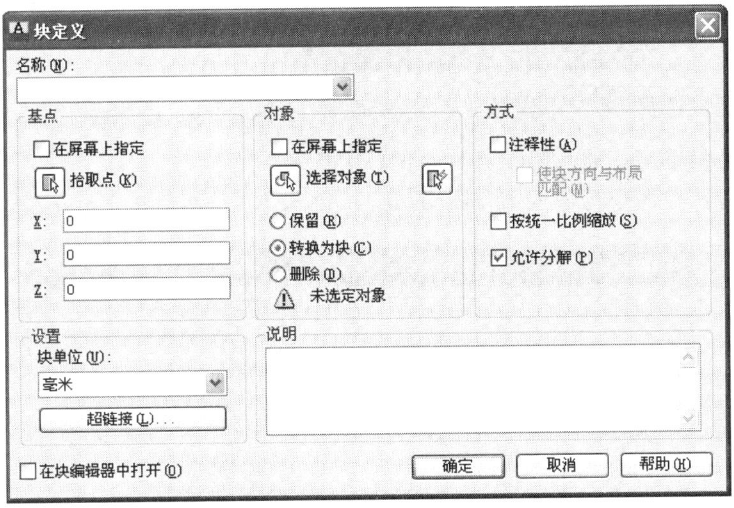

图 10-76　块定义对话框

（2）在“名称”文本框指定图块的名称。如果在“名称”下选择现有的块，将显示块的预览。

（3）单击基点选项组中的“拾取点”按钮，则暂时关闭对话框，返回绘图界面，在当前图形中拾取一点作为插入图块的基点。

（4）单击对象选项组的“选择对象”按钮，并确定创建块之后如何处理这些对象，是保留还是删除选定的对象或者是将它们转换成块实例，系统切换到绘图区，选择要定义为图块的对象。

（5）单击“确定”按钮，完成内部块的定义。

注意：要创建内部块，应先绘制所需的图形，然后开始创建块的工作。

2. 创建外部块

访问方式如下。

（1）功能区：选择 插入 选项卡的 块定义 ▾ 面板上  图标，并单击。

（2）命令行：在命令行输入 WBLOCK，按 Enter 键。

激活创建块命令，系统弹出图 10-77 所示的“写块”对话框。可将选定对象保存到指定的图形文件或将块转换为指定的图形文件。

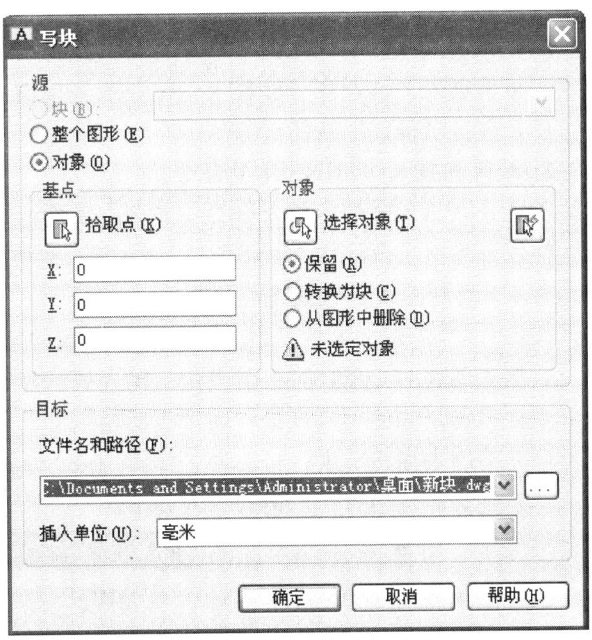

图 10-77　写块对话框

10.13.3　图块的插入

1. 单个块插入

功能：将定义好的图块插入到当

前图形。插入图块时，可以指定位置，按照需要对图块进行缩放和旋转。

访问方式如下。

(1) 下拉菜单：在 插入(I) 中选择 块(B)... 。

(2) 功能区：选择 插入 选项卡 块 ▾ 面板上的图标。

(3) 工具栏：单击“插入”工具栏上的按钮。

(4) 命令行：在命令行输入 INSERT 或 DDINSERT，然后按 Enter 键。

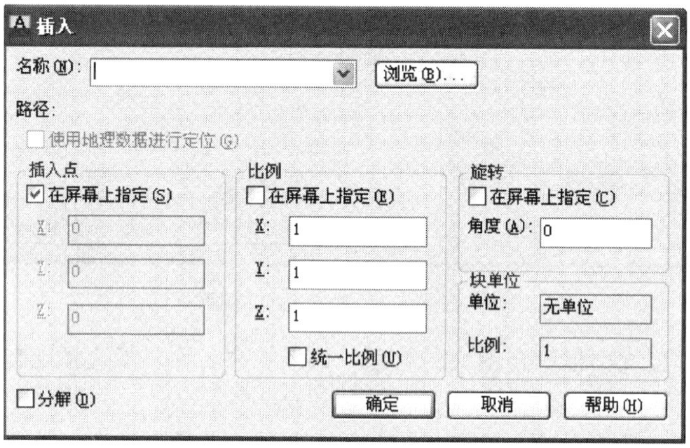

图 10-78 插入对话框

操作步骤如下。

(1) 激活命令，系统弹出“插入”对话框如图 10-78 所示。

(2) 从“名称”下拉列表框中选取要插入的内部图块，或单击“浏览”按钮，在弹出的“选择图形文件”对话框中，选择所需的外部图块或图形文件。

(3) 在“插入点”、“比例”和“旋转”选项组中指定图块的插入位置、缩放比例和旋转角度。可根据需要选择在“屏幕上指定”或直接输入。

(4) 单击“确定”按钮。

2. 块阵列插入（MINSERT 命令）

功能：在矩形阵列中插入一个块的多个实例。

注意：不能分解使用 MINSERT 命令插入的块。

10.13.4 属性图块的创建与插入

AutoCAD 中块的属性是由文字和数据组成的特殊类型对象，是从属于图块的非图形信息。在插入图块时，用户可根据提示，输入属性定义的数据，拓展块的使用，如图 10-79 所示。下面以创建和使用机械图样的“表面粗糙度”代号为例说明属性图块的创建与插入。

(1) 绘制表面粗糙度符号图形，如图 10-80 (a) 所示。

(2) 定义图块的属性。访问方式如下。

① 菜单：在 绘图(D) 中选择 块(K) ▸ 的子菜单 定义属性(D)... 。

② 功能区：选择 插入 选项卡 块定义 ▾ 面板上的图标。

③ 命令行：在命令行输入 ATTDEF，按 Enter 键。

图块属性定义的操作步骤如下。

① 激活命令，系统弹出“属性定义”对话框（见图 10-79）。

② 定义属性：在“属性”选项组的标记后文本框输入“Ra”，提示后的文本框输入“输入粗糙度值”，默认后的文本框输入“6.3”；在“文字设置”选项组的文本框下拉列表中选择所需的样式或输入数值，如图 10-80（b）所示。

③ 单击“拾取点”按钮，切换到绘图区，用鼠标拾取属性插入基点。

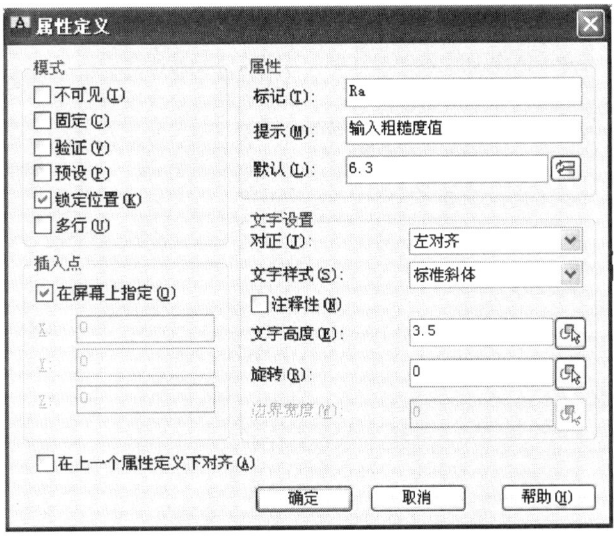

图 10-79　属性定义对话框

（3）创建属性图块。按 10.13.2 创建图块的一般过程创建表面粗糙度图块。保存在桌面的外部图块如图 10-80（c）所示。

（4）插入具有属性的表面粗糙度符号。按 10.13.3 插入单个块步骤操作，其中插入属性值的提示与操作如下：

INSERT 输入粗糙度数值<6.3>：（输入新值 3.2 或回车）

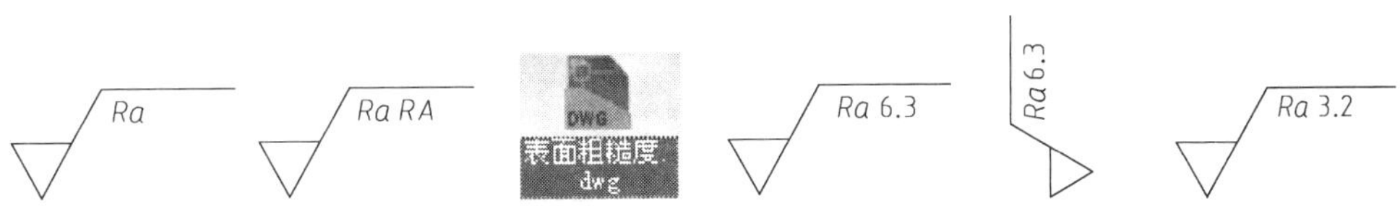

(a) 图形　(b) 属性 *RA*　(c) 外部块图标　(d) 默认值　(e) 旋转插入　(f) 新值

图 10-80　属性图块的创建与应用

10.14 图形打印

使用 AutoCAD 绘制的图形，可以用打印机或绘图仪输出。只输出一个视图时可以在模型空间进行，如果要输出多个视图或添加标题栏等，应在布局空间进行。

10.14.1　图形打印访问方式

（1）下拉菜单：从 文件(F) 中选择 打印(P)...。

（2）功能区：选择 输出 选项卡 打印 面板上的图标。

（3）工具栏：单击“标准”工具栏上的按钮。

（4）命令行：在命令行输入 PLOT，按 Enter 键。

10.14.2　图形打印设置

在模型空间完成图形的绘制、编辑后，可以直接输出图形。激活命令后，系统弹出“打印-模型”对话框如图 10-81 所示。对话框中各选项说明如下：

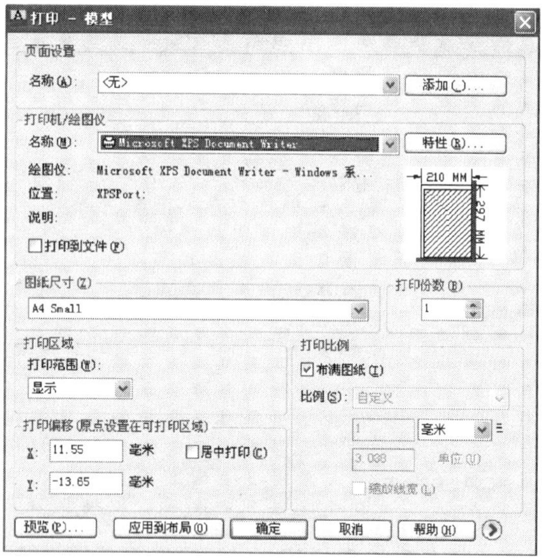

图 10-81 打印-模型对话框

1. 页面设置

从“名称”下拉列表中选择已命名或已保存的页面设置，也可以单击“添加”，基于当前设置创建一个新的命名页面设置。

2. 打印机/绘图仪

从“名称”下拉列表中选择已经安装的打印设备。名称下面的信息为该打印设备的部分信息。“特性”按钮用于打开“绘图仪配置编辑器”。

“打印到文件”复选框用于打印输出到文件而不是绘图仪或打印机。打印文件的默认位置是在“选项”对话框的“打印和发布”选项卡上的“打印到文件操作的默认位置”中指定的。

3. 图纸尺寸

显示所选打印设备可用的标准图纸尺寸。如果未选择绘图仪，将显示全部标准图纸尺寸的列表以供选择。

4. 打印区域

指定要打印的图形部分。在“打印范围”下，可以选择要打印的图形区域。

5. 打印偏移（原点设置在可打印区域）

“X”、“Y”文本框用于指定在 X 和 Y 方向上的打印偏移量。“居中打印”复选框用于居中打印图形。

6. 打印份数

在文本框指定要打印的份数。打印到文件时，此选项不可用。

7. 打印比例

控制图形单位与打印单位之间的相对尺寸。打印“布局”时，默认缩放比例设置为1∶1。从“模型”选项卡打印时，默认设置为“布满图纸”。

“比例”下拉列表用于定义打印的精确比例。“自定义”可定义用户定义的比例。

“毫米”、“单位”文本框用于自定义输出单位。

“缩放线框”复选框用于控制与打印比例成正比缩放线宽。通常按线宽尺寸打印，而不考虑打印比例。

8. 预览

以打印时的显示方式显示图形，按 ESC 键退出预览并返回到“打印”对话框，或按 ENTER 键，或单击鼠标右键，然后单击快捷菜单上的“退出”命令。

9. 应用到布局

将当前“打印”对话框设置保存到当前布局。

注意：

(1) 打印之前，须先指定设备和介质设置，然后打印图形。

(2) 在布局中输出图形时，可以在布局中规划视图的位置和大小。

另外，系统提供的更多的打印管理操作可查阅有关资料或 AutoCAD 2013 的帮助命令。

附　　录

一、螺纹

1. 普通螺纹（摘自 B/T 193—2003、GB/T 196—2003）

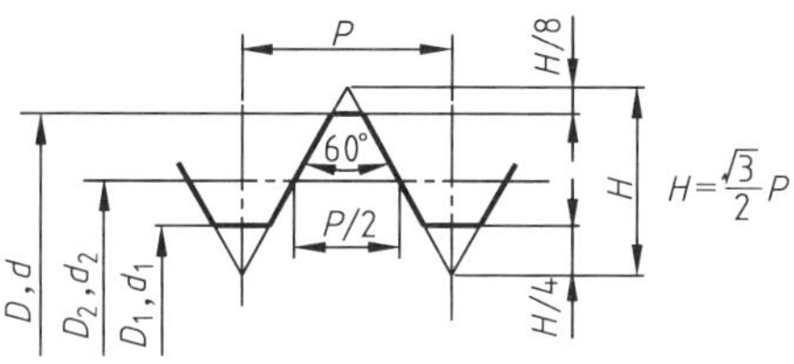

标记示例

公称直径为 24mm，螺距为 3mm 的粗牙右旋普通螺纹：M24

公称直径为 24mm，螺距为 1.5mm 的细牙左旋普通螺纹：M24×1.5LH

附表 1-1　直径与螺距系列、基本尺寸　　　　单位：mm

公称直径 D,d		螺距 P		粗牙小径 D_1,d_1	公称直径 D,d		螺距 P		粗牙小径 D_1,d_1
第一系列	第二系列	粗牙	细牙		第一系列	第二系列	粗牙	细牙	
3		0.5	0.35	2.459		22	2.5	2,1,5,1,(0.75),(0.5)	19.294
	3.5	(0.6)		2.850	24		3	2,1.5,1,(0.75)	20.752
4		0.7	0.5	3.242		27	3	2,1.5,1,(0.75)	23.752
	4.5	(0.75)		3.688	30		3.5	(3),2,1.5,1,(0.75)	26.211
5		0.8		4.134		33	3.5	(3),2,1.5,(1),(0.75)	29.211
6		1	0.75(0.5)	4.917	36		4	3,2,1.5,(1)	31.670
8		1.25	1,0.75,(0.5)	6.647		39	4		34.670
10		1.5	1.25,1,0.75,(0.5)	8.376	42		4.5	(4),3,2,1.5,(1)	37.129
12		1.75	1.5,1.25,1,(0.75),(0.5)	10.106		45	4.5		40.129
	14	2	1.5,(1.25),1,(0.75),(0.5)	11.835	48		5		42.587
16			1.5,1,(0.75),(0.5)	13.835		52	5		46.587
	18	2.5	2,1.5,1 (0.75),(0.5)	15.294	56		5.5	4,3,2,1.5,(1)	50.046
20		2.5		17.294					

注：1. 优先选用第一系列，括号内尺寸尽可能不用。第三系列未列入。

2. 中径 D_2，d_2 未列入。

附表 1-2　细牙普通螺纹螺距与小径的关系　　　　单位：mm

螺距 P	小径 D_1、d_1	螺距 P	小径 D_1、d_1	螺距 P	小径 D_1、d_1
0.35	$d-1+0.621$	1	$d-2+0.918$	2	$d-3+0.835$
0.5	$d-1+0.459$	1.25	$d-2+0.647$	3	$d-4+0.752$
0.75	$d-1+0.188$	1.5	$d-2+0.376$	4	$d-5+0.670$

注：表中的小径按 $D_1=d_1=d-2\times\frac{5}{8}H$，$H=(\sqrt{3}/2)P$ 计算得出。

2. 梯形螺纹（摘自 GB/T 5796.2—1986，GB/T 5796.3—1986）

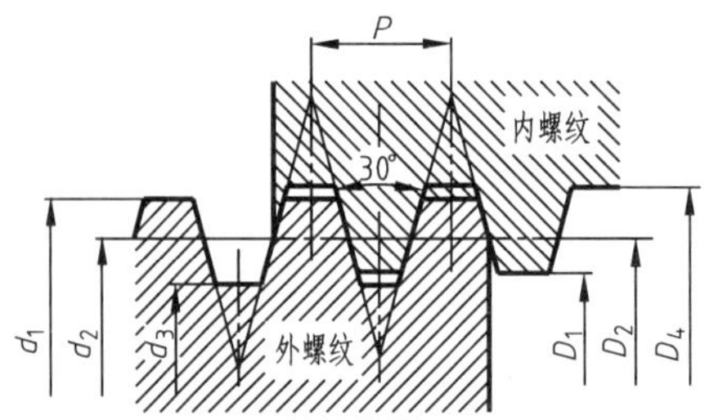

标记示例

公称直径为 40mm，螺距为 7mm 的单线右旋梯形螺纹：Tr40×7

公称直径为 40mm，导程为 14mm，螺距为 7mm 的双线左旋梯形螺纹：Tr40×14（P7）LH

附表 1-3　直径与螺距系列、基本尺寸　　单位：mm

公称直径 d		螺距 P	中径 $d_2=D_2$	大径 D_4	小径		公称直径 d		螺距 P	中径 $d_2=D_2$	大径 D_4	小径	
第一系列	第二系列				d_3	D_1	第一系列	第二系列				d_3	D_1
8		1.5	7.25	8.30	6.20	6.50		26	3	24.50	26.50	22.50	23.00
	9	1.5	8.25	9.30	7.20	7.50			5	23.50	26.50	20.50	21.00
		2	8.00	9.50	6.50	7.00			8	22.00	27.00	17.00	18.00
10		1.5	9.25	10.30	8.20	8.50	28		3	26.50	28.50	24.50	25.00
		2	9.00	10.50	7.50	8.00			5	25.50	28.50	22.50	23.00
	11	2	10.00	11.50	8.50	9.00			8	24.00	29.00	19.00	20.00
		3	9.50	11.50	7.50	8.00		30	3	28.50	30.50	26.50	29.00
12		2	11.00	12.50	9.50	10.00			6	27.00	31.00	23.00	24.00
		3	10.50	12.50	8.50	9.00			10	25.00	31.00	19.00	20.00
	14	2	13.00	14.50	11.50	12.00	32		3	30.50	32.50	28.50	29.00
		3	12.50	14.50	10.50	11.00			6	29.00	33.00	25.00	26.00
16		2	15.00	16.50	13.50	14.00			10	27.00	33.00	21.00	22.00
		4	14.00	16.50	11.50	12.00		34	3	32.50	34.50	30.50	31.00
	18	2	17.00	18.50	15.50	16.00			6	31.00	35.00	27.00	28.00
		4	16.00	18.50	13.50	14.00			10	29.00	35.00	23.00	24.00
20		2	19.00	20.50	17.50	18.00	36		3	34.50	36.50	32.50	33.00
		4	18.00	20.50	15.50	16.00			6	33.00	37.00	29.00	30.00
	22	3	20.50	22.50	18.50	19.00			10	31.00	37.00	25.00	26.00
		5	19.50	22.50	16.50	17.00		38	3	36.50	38.50	34.50	35.00
		8	18.00	23.00	13.00	14.00			7	34.50	39.00	30.00	31.00
24		3	22.50	24.50	20.50	21.00			10	33.00	39.00	27.00	28.00
		5	21.50	24.50	18.50	19.00	40		3	38.50	40.50	36.50	37.00
									7	36.50	41.00	32.00	33.00
		8	20.00	25.00	15.00	16.00			10	35.00	41.00	29.00	30.00

3. 非螺纹密封的管螺纹（摘自 GB/T 7307—2001）

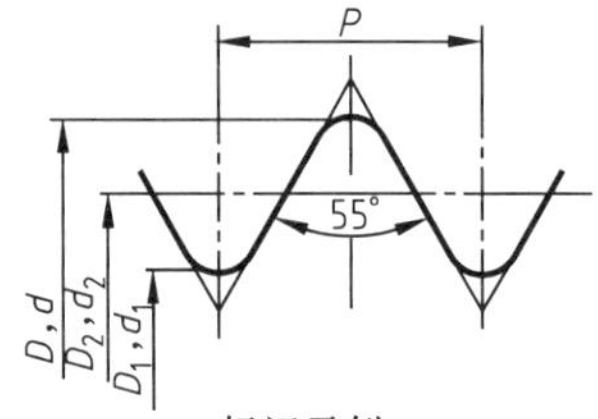

标记示例

尺寸代号为 3/4 左旋螺纹：G3/4-LH（右旋不标）

管子尺寸代号为 1/2A 级外螺纹：G1/2A

附表 1-4　管螺纹尺寸代号及基本尺寸　　单位：mm

尺寸代号	每 25.4mm 内的牙数 n	螺距 P	基本直径 大径 D、d	基本直径 小径 D_1、d_1	尺寸代号	每 25.4mm 内的牙数 n	螺距 P	基本直径 大径 D、d	基本直径 小径 D_1、d_1
1/8	28	0.907	9.728	8.566	$1\frac{1}{4}$	11	2.309	41.910	38.952
1/4	19	1.337	13.157	11.445	$1\frac{1}{2}$	11	2.309	47.803	44.845
3/8	19	1.337	16.662	14.950	$1\frac{3}{4}$	11	2.309	53.746	50.788
1/2	14	1.814	20.955	18.631	2	11	2.309	59.614	56.656
5/8	14	1.814	22.911	20.587	$2\frac{1}{4}$	11	2.309	65.710	62.752
3/4	14	1.814	26.441	24.117	$2\frac{1}{2}$	11	2.309	75.184	72.226
7/8	14	1.814	30.201	27.877	$2\frac{3}{4}$	11	2.309	81.534	78.576
1	11	2.309	33.249	30.291	3	11	2.309	87.884	84.926
$1\frac{1}{8}$	11	2.309	37.897	34.939					

4. 普通螺纹收尾、肩距、退刀槽、倒角（摘自 GB/T 3—1997）

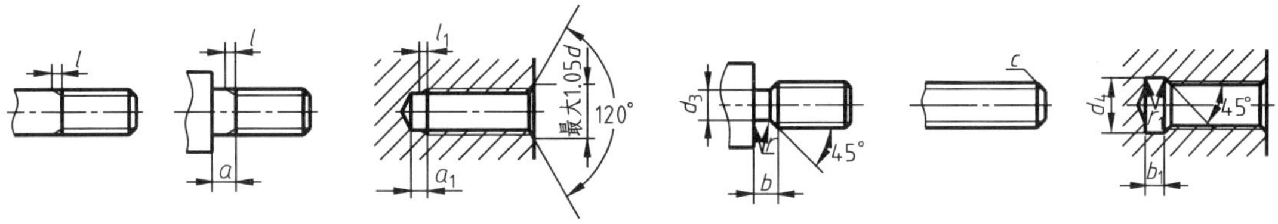

附表 1-5　普通螺纹收尾、肩距、退刀槽、倒角　　单位：mm

	外螺纹 螺距 P	粗牙螺纹大径 D、d	螺纹收尾 l（不大于）一般	螺纹收尾 l（不大于）短的	肩距 a（不大于）一般	肩距 a（不大于）长的	肩距 a（不大于）短的	退刀槽 b 一般	退刀槽 $r≈$	退刀槽 d_3	倒角 C	内螺纹 螺纹收尾 l（不大于）一般	螺纹收尾 l（不大于）短的	肩距 a（不小于）一般	肩距 a（不小于）长的	退刀槽 b_1 一般	退刀槽 $r_1≈$	退刀槽 d_4
普通螺纹	0.2	—	0.5	0.25	0.6	0.8	0.4		0.5P		0.2	0.4	0.6	1.2	1.6		0.5P	
	0.25	1;1.2	0.6	0.3	0.75	1	0.5	0.75				0.5	0.8	1.5	2			
	0.3	1.4	0.75	0.4	0.9	1.2	0.6	0.9			0.3	0.6	0.9	1.8	2.4			
	0.35	1.6;1.8	0.9	0.45	1.05	1.4	0.7	1.05		d−0.6		0.7	1.1	2.2	2.8			
	0.4	2	1	0.5	1.2	1.6	0.8	0.2		d−0.7	0.4	0.8	1.2	2.5	3.2			
	0.45	2.2;2.5	1.1	0.6	1.35	1.8	0.9	1.35		d−0.7		0.9	1.4	2.8	3.6			
	0.5	3	1.25	0.7	1.5	2	1	1.5		d−0.8	0.5	1	1.5	3	4	2		D+0.3
	0.6	3.5	1.5	0.75	1.8	2.4	1.2	1.8		d−1		1.2	1.8	3.2	4.8			
	0.7	4	1.75	0.9	2.1	2.8	1.4	2.1		d−1.1	0.6	1.4	2.1	3.5	5.6	3		
	0.75	4.5	1.9	1	2.25	3	1.5	2.25		d−1.2		1.5	2.3	3.8	6			
	0.8	5	2	1	2.4	3.2	1.6	2.4		d−1.3	0.8	1.6	2.4	4	6.4			
	1	6;7	2.5	1.25	3	4	2	3		d−1.6	1	2	3	5	8	4		D+0.5
	1.25	8	3.2	1.6	4	5	2.5	3.75		d−2	1.2	2.5	3.8	6	10	5		
	1.5	10	3.8	1.9	4.5	6	3	4.5		d−2.3	1.5	3	4.5	7	12	6		
	1.75	12	4.3	2.2	5.3	7	3.5	5.25		d−2.6	2	3.5	5.2	9	14	7		
	2	14;16	5	2.5	6	8	4	6		d−3		4	6	10	16	8		
	2.5	18;20;22	6.3	3.2	7.5	10	5	7.5		d−3.6	2.5	5	7.5	12	18	10		
	3	24;27	7.5	3.8	9	12	6	9		d−4.4		6	9	14	22	12		
	3.5	30;33	9	4.5	10.5	14	7	10.5		d−5	3	7	10.5	16	24	14		
	4	36;39	10	5	12	16	8	12		d−5.7		8	12	18	26	16		
	4.5	42;45	11	5.5	13.5	18	9	13.5		d−6.4	4	9	13.5	21	29	18		
	5	48;52	12.5	6.3	15	20	10	15		d−7		10	15	23	32	20		
	5.5	56;60	14	7	16.5	22	11	17.5		d−7.7	5	11	16.5	25	35	22		
	6	64;68	15	7.5	18	24	12	18		d−8.3		12	18	28	38	24		

二、螺纹紧固件

1. 六角头螺栓—C级（摘自GB/T 5780—2000）、六角头螺栓—A和B级（摘自GB/T 5782—2000）

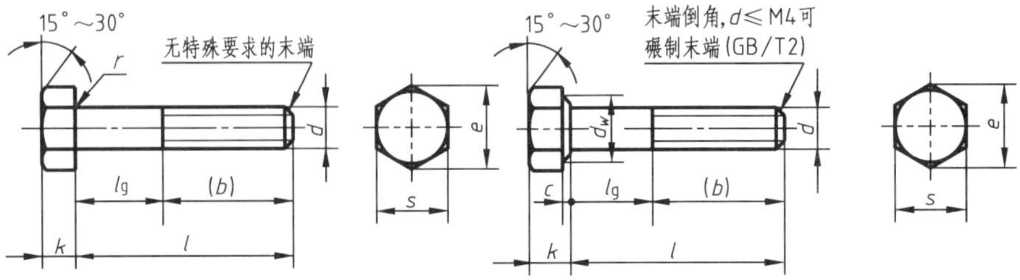

标记示例

螺纹规格 d=M12，公称长度 l=80，性能等级为8.8级，表面氧化，A级的六角头螺栓，其标记为：

螺栓　GB/T 5782 M12×80

附表 2-1　六角头螺栓各部分尺寸　　单位：mm

螺纹规格 d		M3	M4	M5	M6	M8	M10	M12	M16	M20	M24	M30
b 参考	l≤125	12	14	16	18	22	26	30	38	46	54	66
	125<l≤200	18	20	22	24	28	32	36	44	52	60	72
	l>200	31	33	35	37	41	45	49	57	65	73	85
c		0.4	0.4	0.5	0.5	0.6	0.6	0.6	0.8	0.8	0.8	0.8
d_w 产品等级	A	4.57	5.88	6.88	8.88	11.63	14.63	16.63	22.49	28.19	33.61	—
	B、C	4.45	5.74	6.74	8.74	11.47	14.47	16.47	22	27.7	33.25	42.75
e 产品等级	A	6.01	7.66	8.78	11.05	14.38	17.77	20.03	26.75	33.53	39.98	—
	B、C	5.88	7.5	8.63	10.89	14.20	17.59	19.85	26.17	32.95	39.55	50.85
k 公称		2	2.8	3.5	4	5.3	6.4	7.5	10	12.5	15	18.7
r		0.1	0.2	0.2	0.25	0.4	0.4	0.6	0.6	0.8	0.8	1
s 公称		5.5	7	8	10	13	16	18	24	30	36	46
l（商品规格范围）		20~30	25~40	25~50	30~60	40~80	45~100	50~120	65~160	80~200	90~240	110~300
l 系列		12,16,20,25,30,35,40,45,50,55,60,65,70,80,90,100,110,120,130 140,150,160,180,200,220,240,260,280,300,320,340,360,380,400,420,440,460,480,500										

注：1. A级用于 d≤24 和 l≤10d 或≤150 的螺栓；B级用于 d>24 和 l>10d 或>150 的螺栓。

2. 螺纹规格 d 范围：GB/T 5780 为 M5~M64；GB/T 5782 为 M1.6~M64。

3. 公称长度范围：GB/T 5780 为 25~500；GB/T 5782 为 12~500。

2. 双头螺柱

b_m=1d（GB/T 897—1988）b_m=1.25d（GB/T 898—1988）b_m=1.5d（GB/T 899—1988）b_m=2d（GB/T 900—1988）

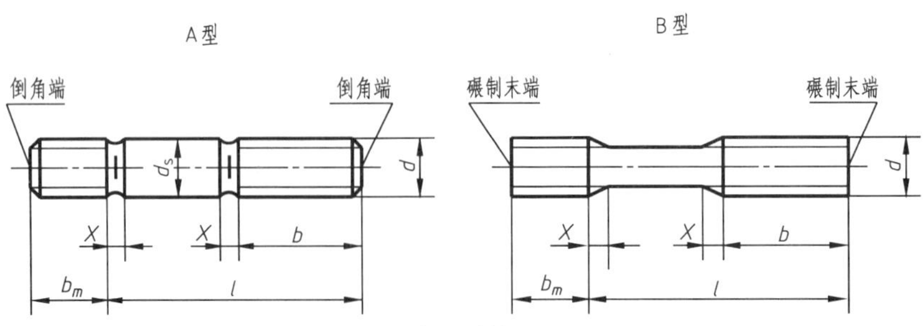

标记示例

两端均为粗牙普通螺纹 d=10mm、l=50mm、性能等级为4.8级、B型、b_m=1d 的双头螺柱，其标记为：

螺柱　GB/T 897—1988　M10×50

旋入一端为粗牙普通螺纹、旋螺母一端为螺距1mm的细牙普通螺纹、d=10mm、l=50mm、性能等级为4.8级、A型、b_m=1d 的双头螺柱，其标记为：螺柱　GB/T 897—1988　AM10-M10×1×50

附表 2-2　双头螺柱各部分尺寸　　单位：mm

螺纹规格 d	b_m				l/b
	GB/T 897—1988	GB/T 898—1988	GB/T 899—1988	GB/T 900—1988	
M5	5	6	8	10	(16～20)/10,(25～50)/16
M6	6	8	10	12	20/10,(25～30)/14,(35～70)/18
M8	8	10	12	16	20/12,(25～30)/16,(35～90)/22
M10	10	12	15	20	25/14, (30～35)/16,(40～120)/26,130/32
M12	12	15	18	24	(25～30)/16,(35～40)/20,(45～120)/30,(130～180)/36
M16	16	20	24	32	(30～35)/20,(40～55)/30,(60～120)/38,(130～200)/44
M20	20	25	30	40	(35～40)/25,(45～60)/35,(70～120)/46,(130～200)/52
M24	24	30	36	48	(45～50)/30,(60～75)/45,(80～120)/54,(130～200)/60
M30	30	38	45	60	(60～65)/40,(70～90)/50,(95～120)/66,(130～200)/72,(210～250)/85
M36	36	45	54	72	(65～75)/45,(80～110)/60,120/78,(130～200)/84,(210～300)/97
M42	42	52	65	84	(70～80)/50,(85～110)/70,120/90,(130～200)/96,(210～300)/109
L 系列	16,(18),20,(22),25,(28),30,(32),35,(38),40,45,50,(55),60,(65),70,(75),80,(85),90,(95),100,110,120,130,140,150,160,170,180,200,210,220,230,240,250,260,280,300				

注：P 是粗牙螺纹的螺距，$X=1.5P$。$ds\approx$螺纹中径。

3. 开槽沉头螺钉（摘自 GB/T 68—2000）

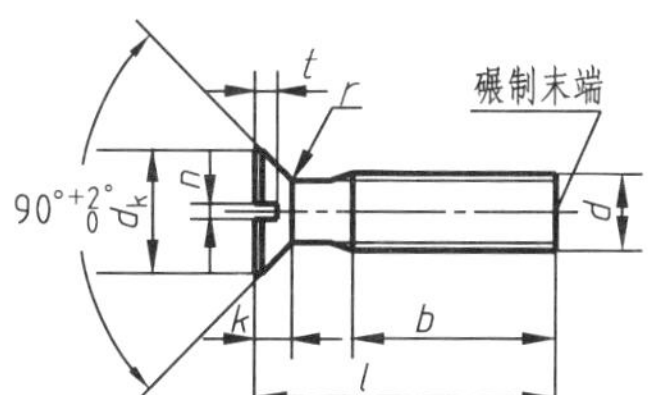

标记示例

螺纹规格　d=M5、公称长度 l=20、性能等级为 4.8 级、不经表面处理的 A 级开槽沉头螺钉，其标记为：

螺钉　GB/T 65M5×20

附表 2-3　开槽沉头螺钉　　单位：mm

螺纹规格 d	M1.6	M2	M2.5	M3	M4	M5	M6	M8	M10
P(螺距)	0.35	0.4	0.45	0.5	0.7	0.8	1	1.25	1.5
b	25	25	25	25	38	38	38	38	38
d_k	3.6	4.4	5.5	6.3	9.4	10.4	12.6	17.3	20
k	1	1.2	1.5	1.65	2.7	2.7	3.3	4.65	5
n	0.4	0.5	0.6	0.8	1.2	1.2	1.6	2	2.5
r	0.4	0.5	0.6	0.8	1	1.3	1.5	2	2.5
t	0.5	0.6	0.75	0.85	1.3	1.4	1.6	2.3	2.6
公称长度 l	2.5～16	3～20	4～25	5～30	6～40	8～50	8～60	10～80	12～80
l 系列	2.5,3,4,5,6,8,10,12,(14),16,20,25,30,35,40,45,50,(55),60,(65),70,(75),80								

注：1. 括号中的规格尽可能不采用。

2. M1.6～M10 的螺钉、公称长度 $l\leqslant30$ 的，制出全螺纹。

3. M4～M10 的螺钉、公称长度 $l\leqslant45$ 的，制出全螺纹。

4. 开槽圆柱头螺钉（摘自 GB/T 65—2000）

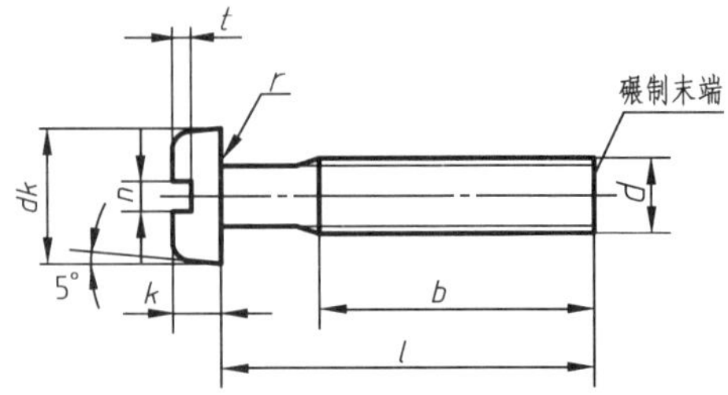

标记示例

螺纹规格 d=M5、公称长度 l=20mm、性能等级为 4.8 级、不经表面处理的 A 级开销圆柱头螺钉，

其标记为：螺钉 GB/T 65 M5×20

附表 2-4 开槽圆柱头螺钉各部分尺寸 单位：mm

螺纹规格 d	M4	M5	M6	M8	M10
P(螺距)	0.7	0.8	1	1.25	1.5
b	38	38	38	38	38
dk	7	8.5	10	13	16
k	2.6	3.3	3.9	5	6
n	1.2	1.2	1.6	2	2.5
r	0.2	0.2	0.25	0.4	0.4
t	1.1	1.3	1.6	2	2.4
公称长度 l	5～40	6～50	8～60	10～80	12～80
l 系列	5,6,8,10,12,(14),16,20,25,30,35,40,45,50,(55),60,(65),70,80				

注：1. 公称长度 $l \leqslant 40$ 的螺钉，制出全螺纹。

2. 括号中的规格尽可能不采用。

3. 螺纹规格 d=M1.6～M10；公称长度 l=2～80mm。

5. 开槽锥端紧定螺钉（摘自 GB/T 71—1985）、开槽平端紧定螺钉（摘自 GB/T 73—1985）、开槽长圆柱端紧定螺钉（摘自 GB/T 75—1985）

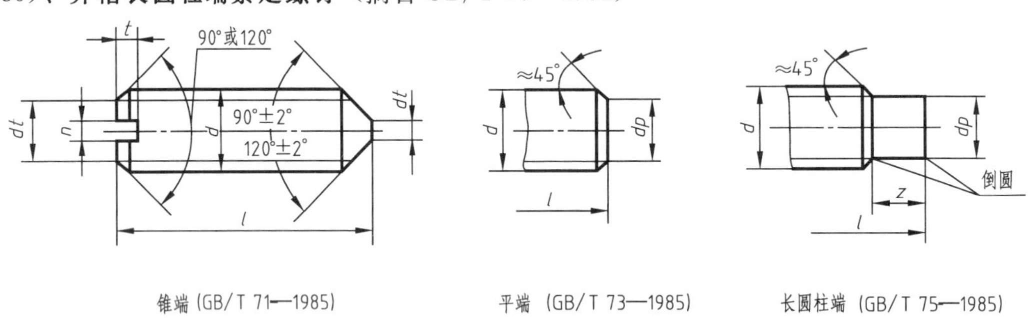

标记示例

螺纹规格 d=M5，公称长度 l=12mm，性能等级为 14H 级，表面氧化的开槽锥端紧定螺钉，其标记为：

螺钉 GB/T 71 M5×12

螺纹规格 d=M8，公称长度 l=20mm，性能等级为 14H 级，表面氧化的开槽长圆柱端紧定螺钉，

其标记为：螺钉 GB/T 75 M8×20

附表 2-5 紧定螺钉各部分尺寸 单位：mm

螺纹规格 d	M1.6	M2	M2.5	M3	M4	M5	M6	M8	M10	M12
P（螺距）	0.35	0.4	0.45	0.5	0.7	0.8	1	1.25	1.5	1.75
n	0.25	0.25	0.4	0.4	0.6	0.8	1	1.2	1.6	2
t	0.74	0.84	0.95	1.05	1.42	1.63	2	2.5	3	3.6
d_t	0.16	0.2	0.25	0.3	0.4	0.5	1.5	2	2.5	3

续表

螺纹规格 d		M1.6	M2	M2.5	M3	M4	M5	M6	M8	M10	M12
dp		0.8	1	1.5	2	2.5	3.5	4	5.5	7	8.5
z		1.05	1.25	1.5	1.75	2.25	2.75	3.25	4.3	5.3	6.3
l	GB/T 71-1985	2～8	3～10	3～12	4～16	6～20	8～25	8～30	10～40	12～50	14～60
	GB/T 73-1985	2～8	2～10	2.5～12	3～16	4～20	5～25	6～30	8～40	10～50	12～60
	GB/T 75-1985	2.5～8	3～10	4～12	5～16	6～20	8～25	10～30	10～40	12～50	14～60
l 系列		2,2.5,3,4,5,6,8,10,12,(14),6,20,25,30,35,40,45,50,(55),60									

6. **六角螺母-C级**（摘自 GB/T 41—2000）、**Ⅰ型六角螺母—A和B级**（摘自 GB/T 6170—2000）、**六角薄螺母**（摘自 GB/T 6172.1—2000）

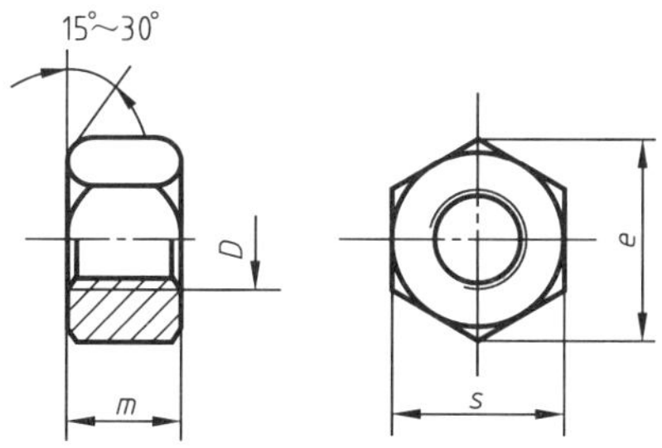

GB/T 41

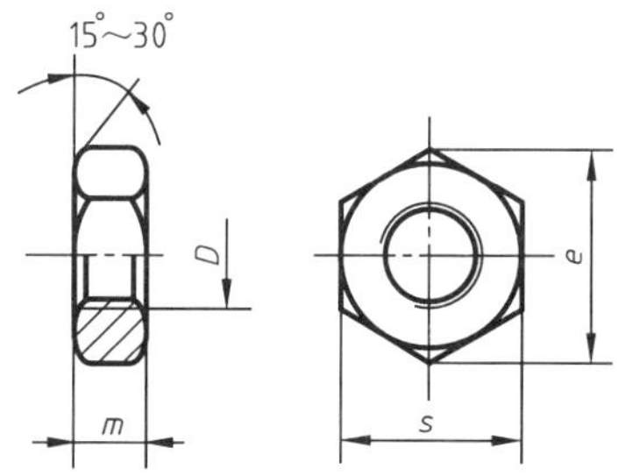

GB/T 6170
GB/T 6172.1

标记示例

螺纹规格 D=M12、性能等级为5级、不经表面处理、C级的六角螺母，其标记为：螺母　GB/T 41 M12

螺纹规格 D=M12、性能等级为8级、不经表面处理、A级的Ⅰ型六角螺母，其标记为：螺母　GB/T 6170M12

附表 2-6　螺母各部分尺寸　　单位：mm

螺纹规格 d		M3	M4	M5	M6	M8	M10	M12	M16	M20	M24	M30	M36	M42
e	GB/T 41			8.63	10.89	14.20	17.59	19.85	26.17	32.95	39.55	50.85	60.79	72.02
	GB/T 6170	6.01	7.66	8.79	11.05	14.38	17.77	20.03	26.75	32.95	39.55	50.85	60.79	72.02
	GB/T 6172.1	6.01	7.66	8.79	11.05	14.38	17.77	20.03	26.75	32.95	39.55	50.85	60.79	72.02
s	GB/T 41			8	10	13	16	18	24	30	36	46	55	65
	GB/T 6170	5.5	7	8	10	13	16	18	24	30	36	46	55	65
	GB/T 6172.1	5.5	7	8	10	13	16	18	24	30	36	46	55	65
m	GB/T 41			5.6	6.1	7.9	9.5	12.2	15.9	18.7	22.3	23.4	31.5	34.9
	GB/T 6170	2.4	3.2	4.7	5.2	6.8	8.4	10.8	14.8	18	21.5	25.6	31	34
	GB/T 6172.1	1.8	2.2	2.7	3.2	4	5	6	8	10	12	15	18	21

注：A级用于 $D\leqslant16$；B级用于 $D<16$。

7. **小垫圈—A级**（摘自 GB/T 848—2002）、**平垫圈—A级**（摘自 GB/T 97.1—2002）、**平垫圈倒角型—A级**（摘自 GB/T 97.2—2002）

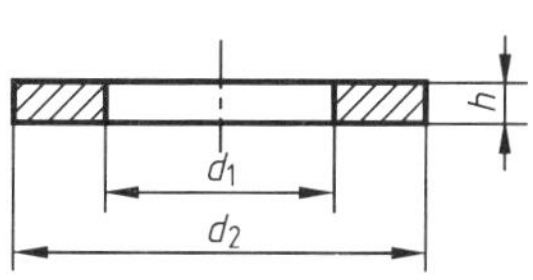

GB/T 848
GB/T 97.1

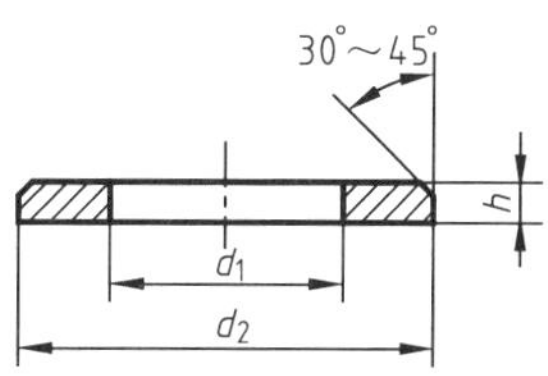

GB/T 97.2

标记示例

标准系列、公称尺寸8mm、性能等级为140HV级、不经表面处理的平垫圈，其标记为：垫圈　GB/T 97.1　8

附表 2-7 垫圈各部分尺寸 单位：mm

公称尺寸（螺纹规格 d）		1.6	2	2.5	3	4	5	6	8	10	12	14	16	20	24	30	36
d_1	GB/T 848	1.7	2.2	2.7	3.2	4.3	5.3	6.4	8.4	10.5	13	15	17	21	25	31	37
	GB/T 97.1	1.7	2.2	2.7	3.2	4.3	5.3	6.4	8.4	10.5	13	15	17	21	25	31	37
	GB/T 97.2						5.3	6.4	8.4	10.5	13	15	17	21	25	31	37
d_2	GB/T 848	3.5	4.5	5	6	8	9	11	15	18	20	24	28	34	39	50	60
	GB/T 97.1	4	5	6	7	9	10	12	16	20	24	28	30	37	44	56	66
	GB/T 97.2						10	12	16	20	24	28	30	37	44	56	66
h	GB/T 848	0.3	0.3	0.5	0.5	0.5	1	1.6	1.6	1.6	2	2.5	2.5	3	4	4	5
	GB/T 97.1	0.3	0.3	0.5	0.5	0.5	1	1.6	1.6	2	2.5	2.5	2.5	3	4	4	5
	GB/T 97.2						1	1.6	1.6	2	2.5	2.5	2.5	3	4	4	5

8. 标准型弹簧垫圈（摘自 GB/T 93—1987）、轻型弹簧垫圈（摘自 GB/T 859—1987）

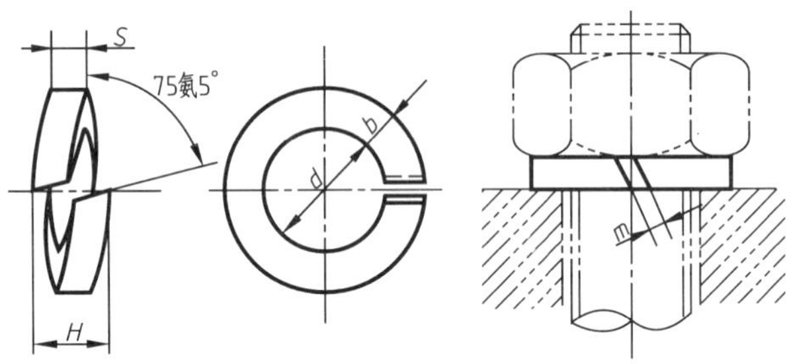

标记示例

规格 16mm、材料为 65Mn、表面氧化的标准型弹簧垫圈，其标记为：垫圈 GB/T 93 16

附表 2-8 弹簧垫圈各部分尺寸 单位：mm

规格(螺纹大径)		3	4	5	6	8	10	12	(14)	16	(18)	20	(22)	24	(27)	30
d		3.1	4.1	5.1	6.1	8.1	10.1	12.2	14.2	16.2	18.2	20.2	22.5	24.5	27.5	30.5
H	GB/T 93	1.6	2.2	2.6	3.2	4.2	5.2	6.2	7.2	8.2	9	10	11	12	13.6	15
	GB/T 859	1.2	1.6	2.2	2.6	3.2	4	5	6.4	7.2	8	9	10	11	10	12
$S(b)$	GB/T 93	0.8	1.1	1.3	1.6	2.1	2.6	3.1	3.6	4.1	4.5	5	5.5	6	6.8	7.5
S	GB/T 859	0.6	0.8	1.1	1.3	1.6	2	2.5	3	3.2	3.6	4	4.5	5	5.5	6
$m\leqslant$	GB/T 93	0.4	0.55	0.65	0.8	1.05	1.3	1.55	1.8	2.05	2.25	2.5	2.75	3	3.4	3.75
	GB/T 859	0.3	0.4	0.55	0.65	0.8	1	1.25	1.5	1.6	1.8	2	2.25	2.5	2.75	3
b	GB/T 859	1	1.2	1.2	2	2.5	3	3.5	4	4.5	5	5.5	6	7	8	9

注：1. 括号中的规格尽可能不采用。

2. m 应大于零。

三、键

普通平键和键槽（摘自 GB/T 1096—2003、GB/T 1095—2003）

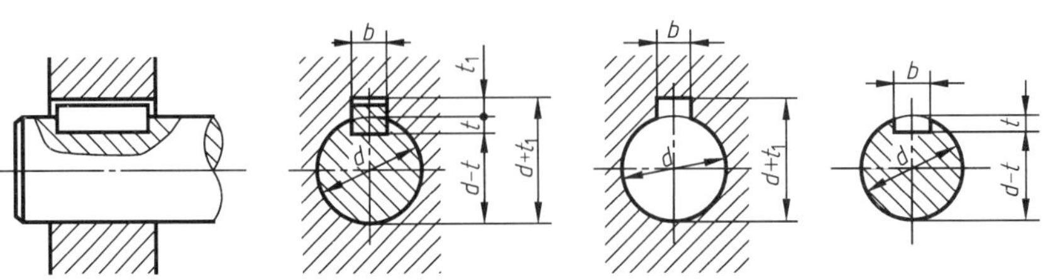

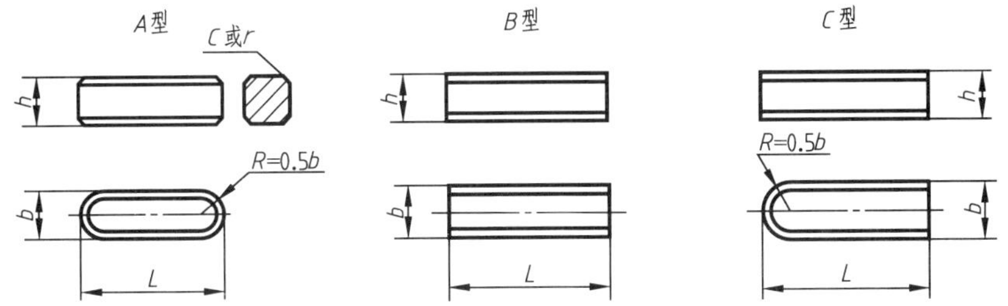

标记示例

圆头普通平键（A 型），b=18mm，h=11mm，L=100mm，其标记为：键 18×100　GB/T 1096—2003

平头普通平键（B 型），b=18mm，h=11mm，L=100mm，其标记为：键 B18×100　GB/T 1096—2003

单圆头普通平键（C 型），b=18mm，h=11mm，L=100mm，其标记为：键 C18×100　GB/T 1096—2003

附表 3-1　普通平键及键槽各部分尺寸　　单位：mm

轴	键		键槽				
			宽度 b			深度	
d	b	h	b	一般键连接偏差		轴 t	毂 t_1
				轴 N9	毂 Js9	公称尺寸	公称尺寸
6～8	2	2	2	−0.004	±0.0125	1.2	1
>8～10	3	3	3	−0.029		1.8	1.4
>10～12	4	4	4	0 −0.030	±0.015	2.5	1.8
>12～17	5	5	5			3.0	2.3
>17～22	6	6	6			3.5	2.8
>22～30	8	7	8	0 −0.036	±0.018	4.0	3.3
>30～38	10	8	10			5.0	3.3
>38～44	12	8	12	0 −0.043	±0.0215	5.0	3.3
>44～50	14	9	14			5.5	3.8
>50～58	16	10	16			6.0	4.3
>58～65	18	11	18			7.0	4.4
>65～75	20	12	20	0 −0.052	±0.026	7.5	4.9
>75～85	22	14	22			9.0	5.4
>85～95	25	14	25			9.0	5.4
>95～110	28	16	28			10.0	6.4
>110～130	32	18	32	0 −0.062	±0.031	11.0	7.4
>130～150	36	20	36			12.0	8.4
>150～170	40	22	40			13.0	9.4
>170～200	15	25	45			15.0	10.4

注：1. ($d-t$)和 ($d+t_1$)两组组合尺寸的极限偏差按相应的 t 和 t_1 的极限偏差选取，但 ($d-t$)极限偏差应取负号(−)。

2. L 系列：6,8,10,12,14,16,18,20,22,25,28,32,36,40,45,50,56,63,70,80,90,100,110,125,140,160,180,200,220,250,280,320,330,400,450。

四、销

1. 圆柱销（摘自 GB/T 119.1—2000）

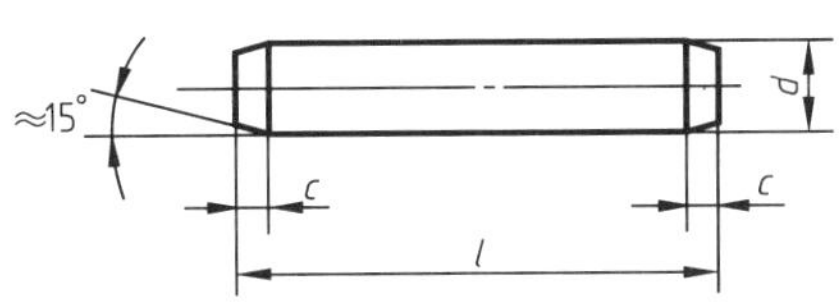

标记示例

公称直径 d=8mm，公差为 m6，公称长度 L=30mm，材料为钢，不经淬火，不经表面处理的圆柱销：

销　GB/T 119.1　6m6×30

附表 4-1 圆柱销各部分尺寸 单位：mm

公称直径 d	1	1.2	1.5	2	2.5	3	4	5	6	8	10	12
$c\approx$	0.20	0.25	0.30	0.35	0.40	0.50	0.63	0.80	1.2	1.6	2	2.5
l(商品规格范围公称长度)	4～10	4～12	4～10	6～20	6～24	8～30	8～40	10～50	12～60	14～80	18～95	22～140
l 系列	2,3,4,5,6,8,10,12,14,16,18,20,22,24,26,28,30,32,35,40,45,50,55,60,65,70,75,80,85,90,95,100,120,140											

注：1. 材料用钢时硬度要求为 125～245 HV30，用奥氏体不锈钢 A1（GB/T 3098.6）时硬度要求 10～280 HV30。
2. 公差 m6：$Ra\leqslant0.8\mu m$；公差 h8：$Ra\leqslant1.6\mu m$。

2. 圆锥销（摘自 GB/T 117—2000）

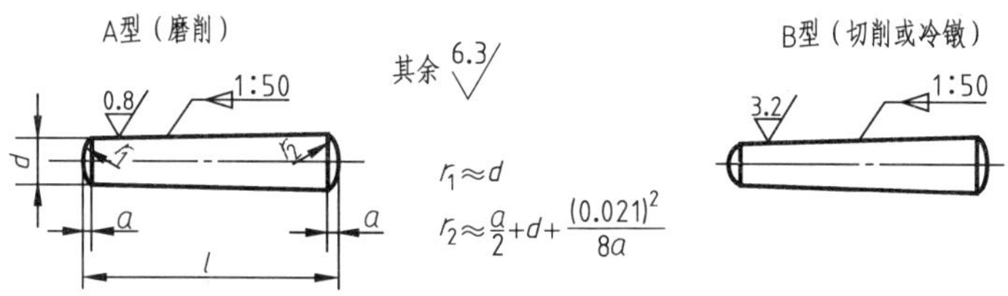

标记示例

公称直径 d=10mm，长度 l=60mm，材料为 35 钢，热处理硬度 28～38HRC，表面氧化处理的 A 型圆锥销：

销 GB/T 117 10×60

附表 4-2 圆锥销各部分尺寸 单位：mm

公称直径 d	1	1.2	1.5	2	2.5	3	4	5	6	8	10	12
$a\approx$	0.12	0.16	0.2	0.25	0.3	0.4	0.5	0.63	0.8	1	1.2	1.6
l(商品规格范围公称长度)	6～16	6～20	8～24	10～35	10～35	12～45	14～55	18～60	22～90	22～120	26～160	32～180
l 系列	2,3,4,5,6,8,10,12,14,16,18,20,22,24,26,28,30,32,35,40,45,50,55,60,65,70,75,80,85,90,100,120,140,160,180											

3. 开口销（摘自 GB/T 91—2000）

允许制造的型式

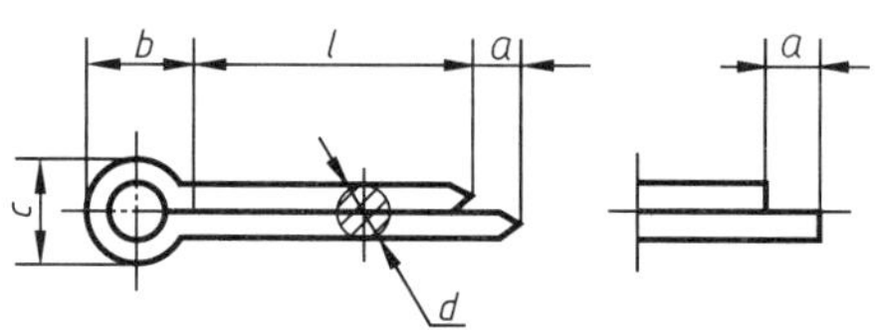

标记示例

公称直径 d=5mm、长度 l=50mm、材料为低碳钢，不经表面处理的开口销：

销 GB/T 91 5×50

附表 4-3 开口销各部分尺寸 单位：mm

公称规格		0.6	0.8	1	1.2	1.6	2	2.5	3.2	4	5	6.3	8	10	13
d	max	0.5	0.7	0.9	1.0	1.4	1.8	2.3	2.9	3.7	4.6	5.9	7.5	9.5	12.4
	min	0.4	0.6	0.8	0.9	1.3	1.7	2.1	2.7	3.5	4.4	5.7	7.3	9.3	12.1
c	max	1	1.4	1.8	2	2.8	3.6	4.6	5.8	7.4	9.2	11.8	15	19	24.8
	min	0.9	1.2	1.6	1.7	2.4	3.2	4	5.1	6.5	8	10.3	13.1	16.6	21.7
$b\approx$		2	2.4	3	3	3.2	4	5	6.4	8	10	12.6	16	20	26
a_{max}		1.6	1.6	1.6	2.5	2.5	2.5	2.5	3.2	4	4	4	4	6.3	6.3
l(商品规格范围公称长度)		4～12	5～16	6～20	8～26	8～32	10～40	12～50	14～65	18～80	22～100	30～120	40～160	45～200	70～200
l 系列		4,5,6,8,10,12,14,16,18,20,22,24,26,28,30,32,36,40,45,50,55,60,65,70,75,80,85,90,95,100,120,140,160,180,200													

五、滚动轴承

1. 深沟球轴承外形尺寸（摘自 GB/T 276—1994）

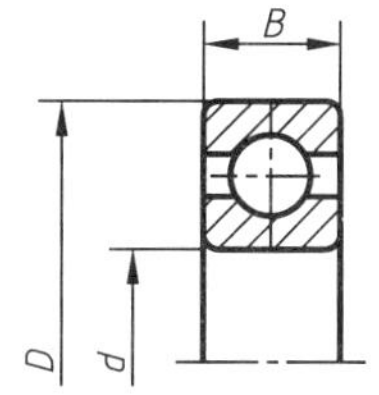

附表 5-1　深沟球轴承各部分尺寸

轴承型号	尺寸/mm		
	d	D	B
(0)1 尺寸系列			
606	6	17	6
607	7	19	6
608	8	22	7
609	9	24	7
6000	10	26	8
6001	12	28	8
6002	15	32	9
6003	17	35	10
6004	20	42	12
6005	25	47	12
6006	30	55	13
6007	35	62	14
6008	40	68	15
6009	45	75	16
6010	50	80	16
6011	55	90	18
6012	60	95	18
(0)2 尺寸系列			
623	3	10	4
624	4	13	5
625	5	16	5
626	6	19	6
627	7	22	7
628	8	24	8
629	9	26	8
6200	10	30	9
6201	12	32	10
6202	15	35	11
6203	17	40	12
6204	20	47	14
6205	25	52	15
6206	30	62	16
6207	35	72	17
6208	40	80	18
6209	45	85	19
6210	50	90	20
6211	55	100	21
6212	60	110	22
(0)3 尺寸系列			
634	4	16	5
635	5	19	6
6300	10	35	11
6301	12	37	12
6302	15	42	13
6303	17	47	14
6304	20	52	15
6305	25	62	17
6306	30	72	19
6307	35	80	21
6308	40	90	23
6309	45	100	25
6310	50	110	27
6311	55	120	29
(0)4 尺寸系列			
6403	17	62	17
6404	20	72	19
6405	25	80	21
6406	30	90	23
6407	35	100	25
6408	40	110	27
6409	45	120	29
6410	50	130	31
6411	55	140	33
6412	60	150	35
6413	65	160	37
6414	70	180	42
6415	75	190	45
6416	80	200	48
6417	85	210	52
6418	90	225	54
6419	95	240	55

2. 推力球轴承外形尺寸（摘自 GB/T 301—1995）

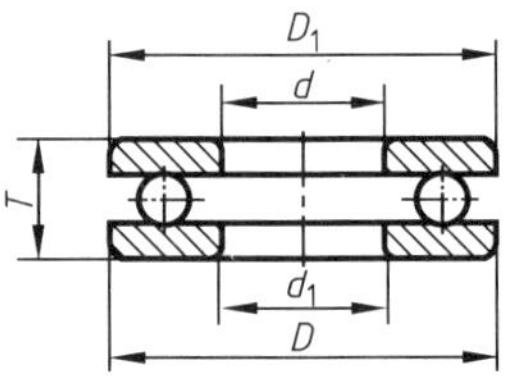

附表 5-2 推力球轴承各部分尺寸

轴承型号	尺寸/mm				
	d	D	T	$d_{1\min}$	$D_{1\max}$
11 系列					
51100	10	24	9	11	24
51101	12	26	9	13	26
51102	15	28	9	16	28
51103	17	30	9	18	30
51104	20	35	10	21	35
51105	25	42	11	26	42
51106	30	47	11	32	47
51107	35	52	12	37	52
51108	40	60	13	42	60
51109	45	65	14	47	65
51110	50	70	14	52	70
51111	55	78	16	57	78
51112	60	85	17	62	85
51113	65	90	18	67	90
51114	70	95	18	72	95
51115	75	100	19	77	100
51116	80	105	19	82	105
51117	85	110	19	87	110
51118	90	120	22	92	120
51120	100	135	25	102	135
51122	110	145	25	112	145
51124	120	155	25	122	155
51126	130	170	30	132	170
51128	140	180	31	142	178
51130	150	190	31	152	188
12 系列					
51200	10	26	11	12	26
51201	12	28	11	14	28
51202	15	32	12	17	32
51203	17	35	12	19	35
51204	20	40	14	22	40
51205	25	47	15	27	47
51206	30	52	16	32	52
51207	35	62	18	37	62
51208	40	68	19	42	68
51209	45	73	20	47	73
51210	50	78	22	52	78
51211	55	90	25	57	90
51212	60	95	26	62	95
51213	65	100	27	67	100
51214	70	105	27	72	105
51215	75	110	27	77	110
51216	80	115	28	82	115
51217	85	125	31	88	125
51218	90	135	35	93	135
51220	100	150	38	103	150
51222	110	160	38	113	160
51224	120	170	39	123	170
51226	130	190	45	133	187
51228	140	200	46	143	197
51230	150	215	50	153	212
13 系列					
51304	20	47	18	22	47
51305	25	52	18	27	52
51306	30	60	21	32	60
51307	35	68	24	37	68
51308	40	78	26	42	78
51309	45	85	28	47	85
51310	50	95	31	52	95
51311	55	105	35	57	105
51312	60	110	35	62	110
51313	65	115	36	67	115
51314	70	125	40	72	125
51315	75	135	44	77	135
51316	80	140	44	82	140
51317	85	150	49	88	150
51318	90	155	50	93	155
51320	100	170	55	103	170
51322	110	190	63	113	187
51324	120	210	70	123	205
51326	130	225	75	134	220
51328	140	240	80	144	235
51330	150	250	80	154	245
14 系列					
51405	25	60	24	27	60
51406	30	70	28	32	70
51407	35	80	32	37	80
51408	40	90	36	42	90
51409	45	100	39	47	100
51410	50	110	43	52	110
51411	55	120	48	57	120
51412	60	130	51	62	130
51413	65	140	56	68	140
51414	70	150	60	73	150
51415	75	160	65	78	160

3. 圆锥滚子轴承外形尺寸（摘自 GB/T 297—1994）

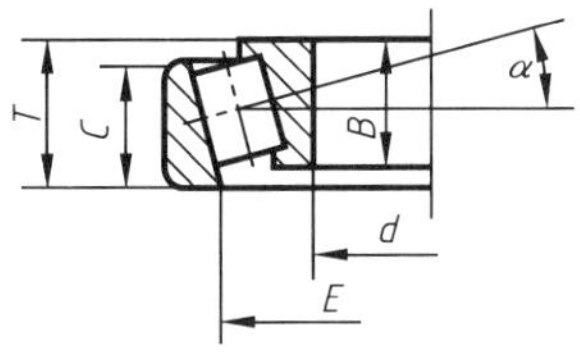

附表 5-3　圆锥滚子轴承各部分尺寸

轴承型号	d	D	T	B	C	α	E	轴承型号	d	D	T	B	C	α	E
02 系列								30310	50	110	29.25	27	23	12°57′10″	90.633
30205	25	52	16.25	15	13	14°02′10″	41.135	30311	55	120	31.5	29	25	12°57′10″	99.146
30206	30	62	17.25	16	14	14°02′10″	49.990	30312	60	130	33.5	31	26	12°57′10″	107.769
302/32	32	65	18.25	17	15	14°	52.500	30313	65	140	36	33	28	12°57′10″	116.846
30207	35	72	18.25	17	15	14°02′10″	58.884	30314	70	150	38	35	30	12°57′10″	125.244
30208	40	80	19.75	18	16	14°02′10″	65.730	30315	75	160	40	37	31	12°57′10″	134.097
30209	45	85	20.75	19	16	15°06′34″	70.440	13 系列							
30210	50	90	21.75	20	17	15°38′32″	75.078	31305	25	62	18.25	17	13	28°48′39″	44.130
30211	55	100	22.75	21	18	15°06′34″	84.197	31306	30	72	20.75	19	14	28°48′39″	51.771
30212	60	110	23.75	22	19	15°06′34″	91.876	31307	35	80	22.75	21	15	28°48′39″	58.861
30213	65	120	24.25	23	20	15°06′34″	101.934	31308	40	90	25.25	23	17	28°48′39″	66.984
30214	70	125	26.25	24	21	15°38′32″	105.748	31309	45	100	27.25	25	18	28°48′39″	75.107
30215	75	130	27.25	25	22	16°10′20″	110.408	31310	50	110	29.25	27	19	28°48′39″	82.747
03 系列								31311	55	120	31.5	29	21	28°48′39″	89.563
30305	25	62	18.25	17	15	11°18′36″	50.637	31312	60	130	33.5	31	22	28°48′39″	98.236
30306	30	72	20.75	19	16	11°51′35″	58.287	31313	65	140	36	33	23	28°48′39″	106.539
30307	35	80	22.75	21	18	11°51′35″	65.769	31314	70	150	38	35	25	28°48′39″	113.449
30308	40	90	25.25	23	20	12°57′10″	72.703	31315	75	160	40	37	26	28°48′39″	122.122
30309	45	100	27.25	25	22	12°57′10″	81.780								

六、极限与配合

附表 6-1　基本尺寸至 500mm 的标准公差（GB/T 1800—1999）

公称尺寸/mm	公差等级																	
	IT1	IT2	IT3	IT4	IT5	IT6	IT7	IT8	IT9	IT10	IT11	IT12	IT13	IT14	IT15	IT16	IT17	IT18
	μm											mm						
≤3	0.8	1.2	2	3	4	6	10	14	25	40	60	0.1	0.14	0.25	0.4	0.6	1.0	1.4
>3～6	1	1.5	2.5	4	5	8	12	18	30	48	75	0.12	0.18	0.3	0.48	0.75	1.2	1.8
>6～10	1	1.5	2.5	4	6	9	156	22	36	58	90	0.15	0.22	0.36	0.58	0.9	1.5	2.2
>10～18	1.2	2	3	5	8	11	18	27	43	70	110	0.18	0.27	0.43	0.7	1.1	1.8	2.7
>18～30	1.5	2.5	4	6	9	13	21	33	52	84	130	0.21	0.33	0.52	0.84	1.3	2.1	3.3
>30～50	1.5	2.5	4	7	11	16	25	39	62	100	160	0.25	0.39	0.62	1.0	1.6	2.5	3.9
>50～80	2	3	5	8	13	19	30	46	74	120	190	0.3	0.46	0.74	1.2	1.9	3.0	4.6
>80～120	2.5	4	6	10	15	22	35	54	87	140	220	0.35	0.54	0.87	1.4	2.2	3.5	5.4
>120～180	3.5	5	8	12	18	25	30	63	100	160	250	0.4	0.63	1.0	1.6	2.5	4.0	6.3
>180～250	4.5	7	10	14	20	29	36	72	115	185	290	0.46	0.72	1.15	1.85	2.9	4.6	7.2
>250～315	6	8	12	16	23	32	52	81	130	210	320	0.52	0.81	1.3	2.1	3.2	5.2	8.1
>315～400	7	9	13	18	25	36	57	89	140	230	360	0.57	0.89	1.4	2.3	3.6	5.7	8.9
>400～500	8	10	15	20	27	40	63	97	155	250	400	0.63	0.97	1.55	2.5	4.0	6.3	9.7

附表 6-2 轴的极限偏差

基本尺寸/mm		常用及优先公差带												
		a	*b*		*c*			*d*				*e*		
大于	至	11	11	12	9	10	⑩	8	⑨	10	11	7	8	9
—	3	−270 −330	−140 −200	−140 −240	−60 −85	−60 −100	−60 −120	−20 −34	−20 −45	−20 −60	−20 −30	−14 −24	−14 −28	−14 −30
3	6	−270 −345	−140 −215	−140 −260	−70 −100	−70 −118	−70 −145	−30 −48	−30 −60	−30 −78	−30 −105	−20 −32	−20 −38	−20 −50
6	10	−280 −370	−150 −240	−150 −300	−80 −116	−80 −138	−80 −170	−40 −62	−40 −76	−40 −98	−40 −130	−25 −40	−25 −47	−25 −61
10	14	−290 −400	−150 −260	−150 −330	−95 −138	−95 −165	−95 −205	−50 −77	−50 −93	−50 −120	−50 −160	−32 −50	−32 −59	−32 −75
14	18													
18	24	−300 −430	−160 −290	−160 −370	−110 −162	−110 −194	−110 −240	−65 −98	−65 −117	−65 −149	−65 −195	−40 −61	−40 −73	−40 −92
24	30													
30	40	−310 −470	−170 −330	−170 −420	−120 −182	−120 −220	−120 −280	−80 −119	−80 −142	−80 −180	−80 −240	−50 −75	−50 −112	−50 −189
40	50	−320 −480	−180 −340	−180 −430	−130 −192	−130 −230	−130 −290							
50	65	−340 −530	−190 −380	−190 −490	−140 −214	−140 −260	−140 −330	−100 −146	−100 −174	−100 −220	−100 −290	−60 −90	−60 −106	−60 −134
65	80	−360 −550	−200 −390	−200 −500	−150 −224	−150 −270	−150 −340							
80	100	−380 −600	−220 −440	−220 −570	−170 −257	−170 −310	−170 −390	−120 −174	−120 −207	−120 −260	−120 −340	−72 −107	−72 −126	−72 −159
100	120	−410 −630	−240 −460	−240 −590	−180 −267	−180 −320	−180 −400							
120	140	−460 −710	−260 −510	−260 −660	−200 −300	−200 −360	−200 −450	−145 −208	−145 −245	−145 −305	−145 −395	−85 −125	−85 −148	−85 −185
140	160	−520 −770	−280 −530	−280 −680	−210 −310	−210 −370	−210 −460							
160	180	−580 −830	−310 −560	−310 −710	−230 −330	−230 −390	−230 −480							
180	200	−660 −950	−340 −630	−340 −800	−240 −355	−240 −425	−240 −530	−170 −242	−170 −285	−170 −355	−170 −460	−100 −146	−100 −172	−100 −215
200	225	−740 −1030	−380 −670	−380 −840	−260 −375	−260 −445	−260 −550							
225	250	−820 −1110	−420 −710	−420 −880	−280 −395	−280 −465	−280 −570							
250	280	−920 −1240	−480 −800	−480 −1000	−300 −430	−300 −510	−300 −620	−190 −271	−190 −320	−190 −400	−190 −510	−110 −162	−110 −191	−110 −240
280	315	−1050 −1370	−540 −860	−540 −1060	−330 −460	−330 −540	−330 −650							
315	355	−1200 −1560	−600 −960	−600 −1170	−360 −500	−360 −590	−360 −720	−210 −299	−210 −350	−210 −440	−210 −570	−125 −182	−125 −214	−125 −265
355	400	−1350 −1710	−680 −1040	−680 −1250	−400 −540	−400 −630	−400 −760							
400	450	−1500 −1900	−760 −1160	−760 −1390	−440 −595	−440 −690	−440 −840	−230 −327	−230 −385	−230 −480	−230 −630	−135 −198	−135 −232	−135 −200
450	500	−1650 −2050	−840 −1240	−840 −1470	−480 −635	−480 −730	−480 −880							

数值（GB/T 1801—1999）　　单位：μm

（带圈优先公差带）

f					g			h							
5	6	⑦	8	9	5	⑥	7	5	⑥	⑦	8	⑨	10	⑪	12
−6 −10	−6 −12	−6 −16	−6 −20	−6 −31	−2 −6	−2 −8	−2 −12	0 −4	0 −6	0 −10	0 −14	0 −25	0 −40	0 −60	0 −100
−10 −15	−10 −18	−10 −22	−10 −28	−10 −40	−4 −9	−4 −12	−4 −16	0 −5	0 −8	0 −12	0 −18	0 −30	0 −48	0 −75	0 −120
−13 −19	−13 −22	−13 −28	−13 −35	−13 −49	−5 −⑩	−5 −14	−5 −20	0 −6	0 −9	0 −15	0 −22	0 −36	0 −58	0 −90	0 −150
−16 −24	−16 −27	−16 −34	−16 −43	−16 −59	−6 −14	−6 −17	−6 −24	0 −8	0 −11	0 −18	0 −27	0 −43	0 −70	0 −110	0 −180
−20 −29	−20 −33	−20 −41	−20 −53	−20 −72	−7 −16	−7 −20	−7 −28	0 −9	0 −13	0 −21	0 −33	0 −52	0 −84	0 −130	0 −210
−25 −36	−25 −41	−25 −50	−25 −64	−25 −87	−9 −20	−9 −25	−9 −34	0 −11	0 −16	0 −25	0 −39	0 −62	0 −100	0 −160	0 −250
−30 −43	−30 −49	−30 −60	−30 −76	−30 −104	−10 −23	−10 −29	−10 −40	0 −13	0 −19	0 −30	0 −46	0 −74	0 −120	0 −190	0 −300
−36 −51	−36 −58	−36 −71	−36 −90	−36 −123	−12 −27	−12 −34	−12 −47	0 −15	0 −22	0 −35	0 −54	0 −87	0 −140	0 −220	0 −350
−43 −61	−43 −68	−43 −83	−43 −106	−43 −143	−14 −32	−14 −39	−14 −54	0 −18	0 −25	0 −40	0 −63	0 −100	0 −160	0 −250	0 −400
−50 −70	−50 −79	−50 −96	−50 −122	−50 −165	−15 −35	−15 −44	−15 −61	0 −20	0 −29	0 −46	0 −72	0 −115	0 −185	0 −290	0 −460
−56 −79	−56 −79	−56 −108	−56 −137	−56 −186	−17 −40	−17 −49	−17 −69	0 −23	0 −32	0 −52	0 −81	0 −130	0 −210	0 −320	0 −520
−62 −87	−62 −87	−62 −119	−62 −151	−62 −202	−18 −43	−18 −54	−18 −75	0 −25	0 −36	0 −57	0 −89	0 −140	0 −230	0 −360	0 −570
−68 −95	−68 −95	−68 −131	−68 −165	−68 −223	−20 −47	−20 −60	−20 −83	0 −27	0 −40	0 −63	0 −97	0 −155	0 −250	0 −400	0 −630

基本尺寸/mm		常用及优先公差带														
		js			*k*			*m*			*N*			*P*		
大于	至	5	6	7	5	⑥	7	5	6	7	5	⑥	7	5	⑥	7
—	3	±2	±3	±5	+4 0	+6 0	+10 0	+6 +2	+8 +2	+12 +2	+8 +4	+10 +4	+14 +4	+10 +6	+12 +6	+16 +6
3	6	±2.5	±4	±6	+6 +1	+9 +1	+13 +1	+9 +4	+12 +4	+16 +4	+13 +8	+16 +8	+20 +8	+17 +12	+20 +12	+24 +12
6	10	±3	±4.5	±7	+7 +1	+10 +1	+16 +1	+12 +6	+15 +6	+21 +6	+16 +10	+19 +10	+25 +10	+21 +15	+24 +15	+30 +15
10	14	±24	±5.5	±9	+9 +1	+12 +1	+19 +1	+15 +7	+18 +7	+25 +7	+20 +12	+23 +12	+30 +12	+26 +18	+29 +18	+36 +18
14	18															
18	24	±4.5	±6.5	±10	+11 +2	+15 +2	+23 +2	+17 +8	+21 +8	+29 +8	+24 +15	+28 +15	+36 +15	+31 +22	+35 +22	+43 +22
24	30															
30	40	±5.5	±8	±12	+13 +2	+18 +2	+27 +2	+20 +9	+25 +9	+34 +9	+28 +17	+33 +17	+42 +17	+37 +26	+42 +26	+51 +26
40	50															
50	65	±6.5	±9.5	±15	+15 +2	+21 +2	+32 +2	+24 +11	+30 +11	+41 +11	+33 +20	+39 +20	+50 +20	+45 +32	+51 +32	+62 +32
65	80															
80	100	±7.5	±11	±17	+18 +3	+25 +3	+38 +3	+28 +13	+35 +13	+48 +13	+38 +23	+45 +23	+58 +23	+52 +37	+59 +37	+72 +37
100	120															
120	140	±9	±12.5	±20	+21 +3	+28 +3	+43 +3	+33 +15	+40 +15	+55 +15	+45 +27	+52 +27	+67 +27	+61 +43	+68 +43	+83 +43
140	160															
160	180															
180	200	±10	±14.5	±23	+24 +4	+33 +4	+50 +4	+37 +17	+46 +17	+63 +17	+51 +31	+60 +31	+77 +31	+70 +50	+79 +50	+96 +50
200	225															
225	250															
250	280	±11.5	±16	±26	+27 +4	+36 +4	+56 +4	+43 +20	+52 +20	+72 +20	+57 +34	+66 +34	+86 +34	+79 +56	+88 +56	+108 +56
280	315															
315	355	±12.5	±18	±28	+29 +4	+40 +4	+61 +4	+46 +21	+57 +21	+78 +21	+62 +37	+73 +37	+94 +37	+87 +62	+98 +62	+119 +62
355	400															
400	450	±13.5	±20	±31	+32 +5	+45 +5	+68 +5	+50 +23	+63 +23	+86 +23	+67 +40	+80 +40	+103 +40	+95 +68	+108 +68	+131 +68
450	500															

续表

（带圈优先公差带）

r			s			t			U		v	x	y	z
5	6	7	5	⑥	7	5	6	7	⑥	7	6	6	6	6
+14 +10	+16 +10	+20 +10	+18 +14	+20 +14	+24 +14	—	—	—	+24 +18	+28 +18	—	+26 +20	—	+32 +26
+20 +15	+23 +15	+27 +15	+24 +19	+27 +19	+31 +19	—	—	—	+31 +23	+35 +23	—	+36 +28	—	+43 +35
+25 +19	+28 +19	+34 +19	+29 +23	+32 +23	+38 +23	—	—	—	+37 +28	+43 +28	—	+43 +34	—	+51 +42
+31 +23	+34 +23	+41 +23	+36 +28	+39 +28	+46 +28	—	—	—	+44 +33	+51 +33	—	+51 +40	—	+61 +50
						—	—	—			+50 +39	+56 +45	—	+71 +60
+37 +28	+41 +28	+49 +28	+44 +35	+48 +35	+56 +35	—	—	—	+54 +41	+62 +41	+60 +47	+67 +54	+76 +63	+86 +73
						+50 +41	+54 +41	+62 +41	+61 +48	+69 +48	+68 +55	+77 +64	+88 +75	+101 +88
+45 +34	+50 +34	+59 +34	+54 +43	+59 +43	+68 +43	+59 +48	+64 +48	+73 +48	+76 +60	+85 +60	+84 +68	+96 +80	+110 +94	+128 +112
						+65 +54	+70 +54	+79 +54	+86 +70	+95 +70	+97 +81	+113 +97	+130 +114	+152 +136
+54 +41	+60 +41	+71 +41	+66 +53	+72 +53	+83 +53	+79 +66	+85 +66	+96 +66	+106 +87	+117 +87	+121 +102	+141 +122	+163 +144	+191 +172
+56 +43	+62 +43	+73 +43	+72 +59	+78 +59	+89 +59	+88 +75	+94 +75	+105 +75	+121 +102	+132 +102	+139 +120	+165 +146	+193 +174	+229 +210
+66 +51	+73 +51	+86 +51	+86 +71	+93 +71	+106 +71	+106 +91	+113 +91	+126 +91	+146 +124	+159 +124	+168 +146	+200 +178	+236 +214	+280 +258
+69 +54	+76 +54	+89 +54	+94 +79	+101 +79	+114 +79	+119 +104	+126 +104	+139 +104	+166 +144	+179 +144	+194 +172	+232 +210	+276 +254	+332 +310
+81 +63	+88 +63	+103 +63	+110 +92	+117 +92	+132 +92	+140 +122	+147 +122	+162 +122	+195 +170	+210 +170	+127 +202	+273 +248	+325 +300	+390 +365
+83 +65	+90 +65	+105 +65	+118 +100	+125 +100	+140 +100	+152 +134	+159 +134	+174 +134	+215 +190	+230 +190	+253 +228	+305 +280	+365 +340	+440 +415
+86 +68	+93 +68	+108 +68	+126 +108	+133 +108	+148 +108	+164 +146	+171 +146	+186 +146	+235 +210	+250 +210	+277 +252	+335 +310	+405 +380	+490 +465
+97 +77	+106 +77	+123 +77	+142 +122	+151 +122	+168 +122	+186 +166	+195 +166	+212 +166	+265 +236	+282 +236	+313 +284	+379 +350	+454 +425	+549 +520
+100 +80	+109 +80	+126 +80	+150 +130	+159 +130	+176 +130	+200 +180	+209 +180	+226 +180	+287 +258	+304 +258	+339 +310	+414 +385	+499 +470	+604 +575
+104 +84	+113 +84	+130 +84	+160 +140	+169 +140	+186 +140	+216 +196	+225 +196	+242 +196	+313 +284	+330 +284	+369 +340	+454 +425	+549 +520	+669 +640
+117 +94	+126 +94	+146 +94	+181 +158	+190 +158	+210 +158	+241 +218	+250 +218	+270 +218	+347 +315	+367 +315	+417 +385	+507 +475	+612 +580	+742 +710
+121 +98	+130 +98	+150 +98	+193 +170	+202 +170	+222 +170	+263 +240	+272 +240	+292 +240	+382 +350	+402 +350	+457 +425	+557 +525	+682 +650	+822 +790
+133 +108	+144 +108	+165 +108	+215 +190	+226 +190	+247 +190	+293 +268	+304 +268	+325 +268	+426 +390	+447 +390	+511 +475	+626 +590	+766 +730	+936 +900
+139 +114	+150 +114	+171 +114	+133 +108	+244 +208	+265 +208	+319 +294	+330 +294	+351 +294	+471 +435	+492 +435	+566 +530	+696 +660	+856 +820	+1036 +1000
+153 +126	+166 +126	+189 +126	+259 +232	+272 +232	+295 +232	+357 +330	+370 +330	+393 +330	+530 +490	+553 +490	+635 +595	+780 +740	+960 +920	+1140 +1100
+159 +132	+172 +132	+195 +132	+279 +252	+292 +252	+315 +252	+387 +360	+400 +360	+423 +360	+580 +540	+603 +540	+700 +660	+860 +820	+1040 +1000	+1290 +1250

附表 6-3 孔的极限偏差

基本尺寸/mm		常用及优														
		A	*B*		*C*	*D*				*E*		*F*				
大于	至	11	11	12	⑪	8	⑨	10	11	8	9	6	7	⑧	9	6
—	3	+330 +270	+200 +140	+240 +140	+120 +60	+34 +20	+45 +20	+60 +20	+80 +20	+28 +14	+39 +14	+12 +6	+16 +6	+20 +6	+31 +6	+8 +2
3	6	+345 +270	+215 +140	+260 +140	+145 +70	+48 +30	+60 +30	+78 +30	+105 +30	+38 +20	+50 +20	+18 +10	+22 +10	+28 +10	+40 +10	+12 +4
6	10	+370 +280	+240 +150	+300 +150	+170 +80	+62 +40	+76 +40	+98 +40	+130 +40	+47 +25	+61 +25	+22 +13	+28 +13	+35 +13	+49 +13	+14 +5
10	14	+400 +290	+260 +150	+330 +150	+205 +95	+77 +50	+93 +50	+120 +50	+160 +50	+59 +32	+75 +32	+27 +16	+34 +16	+43 +16	+59 +16	+17 +6
14	18															
18	24	+430 +300	+290 +160	+370 +160	+240 +110	+98 +65	+117 +65	+149 +65	+195 +65	+73 +40	+92 +40	+33 +20	+41 +20	+53 +20	+72 +20	+20 +7
24	30															
30	40	+470 +310	+330 +170	+420 +170	+280 +120	+119 +80	+142 +80	+180 +80	+240 +80	+89 +50	+112 +50	+41 +25	+50 +25	+64 +25	+87 +25	+25 +9
40	50	+480 +320	+340 +180	+430 +180	+290 +130											
50	65	+530 +340	+380 +190	+490 +190	+330 +150	+146 +100	+170 +100	+220 +100	+290 +100	+106 +60	+134 +60	+49 +30	+60 +30	+76 +30	+104 +30	+29 +10
65	80	+550 +360	+390 +200	+500 +200	+340 +150											
80	100	+600 +380	+400 +220	+570 +220	+390 +170	+174 +120	+207 +120	+260 +120	+340 +120	+126 +72	+159 +72	+58 +36	+71 +36	+90 +36	+123 +36	+34 +12
100	120	+630 +410	+460 +240	+590 +240	+400 +180											
120	140	+710 +460	+510 +260	+660 +260	+450 +200	+208 +145	+245 +145	+305 +145	+395 +145	+148 +85	+185 +85	+68 +43	+83 +43	+106 +43	+143 +43	+39 +14
140	160	+770 +520	+530 +280	+680 +280	+460 +210											
160	180	+830 +580	+560 +310	+710 +310	+480 +230											
180	200	+950 +660	+630 +340	+800 +340	+530 +240	+242 +170	+285 +170	+355 +170	+460 +170	+172 +100	+215 +100	+79 +50	+96 +50	+122 +50	+165 +50	+44 +15
200	225	+1030 +740	+670 +380	+840 +380	+550 +260											
225	250	+1110 +820	+710 +420	+880 +420	+570 +280											
250	280	+1240 +920	+800 +480	+1000 +480	+620 +300	+271 +190	+320 +190	+400 +190	+510 +190	+191 +110	+240 +110	+88 +56	+108 +56	+137 +56	+186 +56	+49 +17
280	315	+1370 +1050	+860 +540	+1060 +540	+650 +330											
315	355	+1560 +1200	+960 +600	+1170 +600	+720 +360	+299 +210	+350 +210	+440 +210	+570 +210	+214 +125	+265 +125	+98 +62	+119 +62	+151 +62	+202 +62	+54 +18
355	400	+1710 +1350	+1040 +680	+1250 +680	+760 +400											
400	450	+1900 +1500	+1160 +760	+1390 +760	+840 +440	+327 +230	+385 +230	+480 +230	+630 +230	+232 +135	+290 +135	+108 +68	+131 +68	+165 +68	+223 +68	+60 +20
450	500	+2050 +1650	+1240 +840	+1470 +840	+880 +480											

数值（GB/T 1801—1999）　　单位：μm

先公差带

G	*H*							*js*			*K*			*M*		
⑦	6	⑦	⑧	⑨	10	⑪	12	6	7	8	6	⑦	8	6	7	8
+12 +2	+6 0	+10 0	+14 0	+25 0	+40 0	+60 0	+100 0	±3	±5	±7	0 −6	0 −10	0 −14	−2 −8	−2 −12	−2 −16
+16 +4	+8 0	+12 0	+18 0	+30 0	+48 0	+75 0	+120 0	±4	±6	±9	+2 −6	+3 −9	+5 −13	−1 −9	0 −12	+2 −16
+20 +5	+9 0	+15 0	+22 0	+36 0	+58 0	+90 0	+150 0	±4.5	±7	±⑩	+2 −7	+5 −10	+6 −16	−3 −12	0 −15	+1 −21
+24 +6	+11 0	+18 0	+27 0	+43 0	+70 0	+110 0	+180 0	±5.5	±9	±13	+2 −9	+6 −12	+8 −19	−4 −15	0 −18	+2 −25
+28 +7	+13 0	+21 0	+33 0	+52 0	+84 0	+130 0	+210 0	±6.5	±10	±16	+2 −11	+6 −15	+10 −23	−4 −17	0 −21	+4 −29
+34 +9	+16 0	+25 0	+39 0	+62 0	+100 0	+160 0	+250 0	±8	±12	±19	+3 −13	+7 −18	+12 −27	−4 −20	0 −25	+5 −34
+40 +10	+19 0	+30 0	+46 0	+74 0	+120 0	+190 0	+300 0	±9.5	±15	±23	+4 −15	+9 −21	+14 −32	−5 −24	0 −30	+5 −41
+47 +12	+22 0	+35 0	+54 0	+87 0	+140 0	+220 0	+350 0	±11	±17	±27	+4 −18	+10 −25	+16 −38	−6 −28	0 −35	+6 −48
+54 +14	+25 0	+40 0	+63 0	+100 0	+160 0	+250 0	+400 0	±12.5	±20	±31	+4 −21	+12 −28	+20 −43	−8 −33	0 −40	+8 −55
+61 +15	+29 0	+46 0	+72 0	+115 0	+185 0	+290 0	+460 0	±14.5	±23	±36	+5 −24	+13 −33	+22 −50	−8 −37	0 −46	+9 −63
+69 +17	+32 0	+52 0	+81 0	+130 0	+210 0	+320 0	+520 0	±16	±26	±40	+5 −27	+16 −36	+25 −56	−9 −41	0 −52	+9 −72
+75 +18	+36 0	+57 0	+89 0	+140 0	+230 0	+360 0	+570 0	±18	±28	±44	+7 −29	+17 −40	+28 −61	−10 −46	0 −57	+11 −78
+83 +20	+40 0	+63 0	+97 0	+155 0	+250 0	+400 0	+630 0	±20	±31	±48	+8 −32	+18 −45	+29 −68	−10 −50	0 −63	+11 −86

续表

基本尺寸/mm		常用及优先公差带											
		N			*P*		*R*		*S*		*T*		*U*
大于	至	6	⑦	8	6	⑦	6	7	6	⑦	6	7	⑦
—	3	-4 -10	-4 -14	-4 -18	-6 -12	-6 -16	-10 -16	-10 -20	-14 -20	-14 -24	—	—	-18 -28
3	6	-5 -13	-4 -16	-9 -20	-9 -17	-8 -20	-12 -20	-11 -23	-16 -24	-15 -27	—	—	-19 -31
6	10	-7 -16	-4 -19	-3 -25	-12 -21	-9 -24	-16 -25	-13 -28	-20 -29	-17 -32	—	—	-22 -37
10 14	14 18	-9 -20	-5 -23	-3 -30	-15 -26	-11 -29	-20 -31	-16 -34	-25 -35	-21 -39	—	—	-26 -44
18	24	-11 -24	-7 -28	-3 -36	-18 -31	-14 -35	-24 -37	-20 -41	-31 -44	-27 -48	—	—	-33 -54
24	30										-37 -50	-33 -54	-40 -61
30	40	-12 -28	-8 -33	-3 -42	-21 -37	-17 -42	-29 -45	-25 -50	-38 -54	-34 -59	-43 -59	-39 -64	-51 -76
40	50										-49 -65	-45 -70	-61 -86
50	65	-14 -33	-9 -39	-4 -50	-26 -45	-21 -51	-35 -54	-30 -60	-47 -66	-42 -72	-60 -79	-55 -85	-76 -106
65	80						-37 -56	-32 -62	-53 -72	-48 -78	-69 -88	-64 -94	-91 -121
80	100	-16 -38	-10 -45	-4 -58	-30 -52	-24 -59	-44 -66	-38 -73	-64 -86	-58 -93	-84 -106	-78 -113	-111 -146
100	120						-47 -69	-41 -76	-72 -94	-66 -101	-97 -119	-91 -126	-131 -166
120	140	-20 -45	-12 -52	-4 -67	-36 -61	-28 -68	-56 -81	-48 -88	-85 -110	-77 -117	-115 -140	-107 -147	-155 -195
140	160						-58 -83	-50 -90	-93 -118	-85 -125	-127 -152	-119 -159	-175 -215
160	180						-61 -86	-53 -93	-101 -126	-93 -133	-139 -164	-131 -171	-195 -235
180	200	-22 -51	-14 -60	-5 -77	-41 -70	-33 -79	-68 -97	-60 -106	-113 -142	-105 -151	-157 -186	-149 -195	-219 -265
200	225						-71 -100	-68 -109	-121 -150	-113 -159	-171 -200	-163 -209	-241 -287
225	250						-75 -104	-67 -113	-131 -160	-123 -169	-187 -216	-179 -225	-267 -313
250	280	-25 -57	-14 -66	-5 -86	-47 -79	-36 -88	-85 -117	-74 -126	-149 -181	-138 -190	-209 -241	-198 -250	-295 -347
280	315						-89 -121	-78 -130	-161 -193	-150 -202	-231 -263	-220 -270	-330 -382
315	355	-26 -62	-16 -73	-5 -94	-51 -87	-41 -98	-97 -133	-87 -144	-179 -215	-169 -226	-257 -293	-247 -304	-369 -426
355	400						-103 -139	-93 -150	-197 -233	-187 -244	-283 -319	-273 -330	-414 -471
400	450	-27 -67	-17 -80	-6 -103	-55 -95	-45 -108	-113 -153	-103 -166	-219 -259	-209 -272	-317 -357	-307 -370	-467 -530
450	500						-119 -159	-109 -172	-239 -279	-229 -292	-347 -387	-337 -400	-517 -580

七、常用标准结构

1. 零件倒圆与倒角（摘自 GB/T 6403.4—1986）

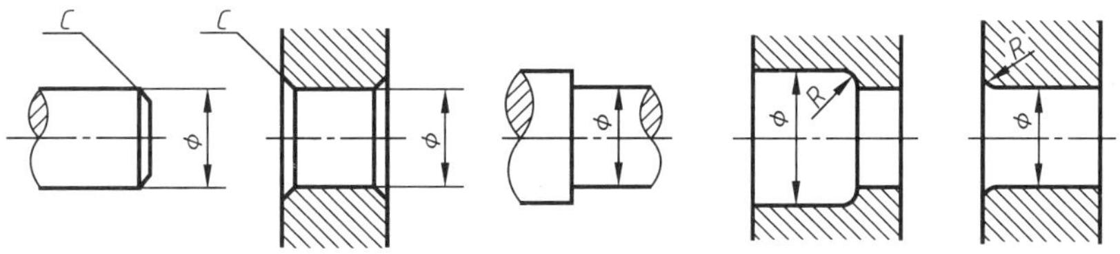

附表 7-1　零件的倒圆与倒角的尺寸　　单位：mm

ϕ	～3	>3～6	>6～10	>10～18	>18～30	>30～50	>50～80	>80～120	>120～180
C 或 R	0.2	0.4	0.6	0.8	1.0	1.6	2.0	2.5	3.0
ϕ	>180～250	>250～320	>320～400	>400～500	>500～630	>630～800	>800～1000	>1000～1250	>1250～1600
C 或 R	4.0	5.0	6.0	8.0	10	12	16	20	25

2. 砂轮越程槽（摘自 GB/T 6043.5—1986）

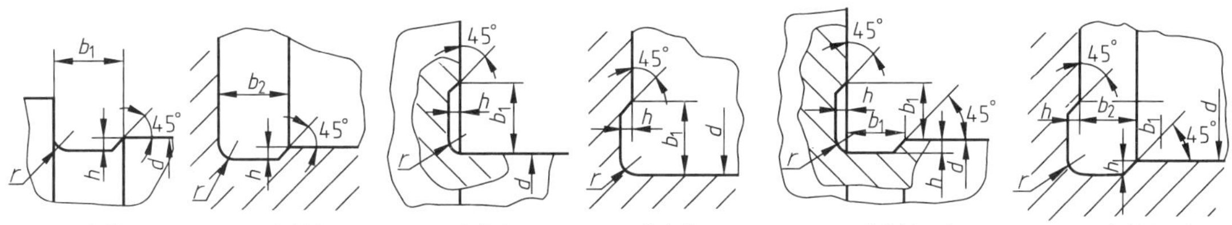

(a) 磨外圆　(b) 磨内圆　(c) 磨外端面　(d) 磨内端面　(e) 磨外圆及端面　(f) 磨内圆及端面

附表 7-2　砂轮越程槽的尺寸　　单位：mm

b_1	0.6	1.0	1.6	2.0	3.0	4.0	5.0	8.0	10
b_2	2.0	3.0		4.0		5.0		8.0	10
h	0.1	0.2		0.3	0.4		0.6	0.8	1.2
r	0.2	0.5		0.8	1.0		1.6	2.0	3.0
d	～10			>10～50		>50～100		>100	

注：1. 越程槽内两直线相交处，不允许产生尖角。

2. 越程槽深度 h 与圆弧半径 r，要满足 $r \leqslant 3h$。

八、常用金属材料与热处理

附表 8-1　常用金属材料

名　称	牌　号	说　明	应用举例
碳素结构钢	Q235-A	其牌号由代表屈服强度的字母(Q)、屈服强度值、质量等级符号(A、B、C、D)表示	吊钩、拉杆、车钩、套圈、气缸、齿轮、螺钉、螺母、螺栓、连杆、轮轴、楔、盖及焊接件
优质碳素结构钢	15	优质碳素结构钢牌号数字表示平均含碳量(以万分之几计)，含锰量较高的钢须在数字后表“Mn” 含碳量≤0.25%的碳钢是低碳钢(渗碳钢) 含碳量在0.25%～0.06%之间的碳钢是中碳钢(调质钢) 含碳量大于0.60%的碳钢是高碳钢	常用低碳渗碳钢，用作小轴、小模数齿轮、仿形样板、滚子、销子、摩擦片、套筒、螺钉、螺柱、拉杆、垫圈、起重钩、焊接容器等
	45		用于制造齿轮、齿条、连接杆、蜗杆、销子、透平机叶轮、压缩机和泵的活塞等，可代替渗碳钢作齿轮曲轴、活塞销等，但须表面淬火处理
	65Mn		适于制造弹簧、弹簧垫圈、弹簧环，也可用作机床主轴、弹簧卡头、机床丝杠、铁道钢轨等

续表

名　称	牌　号	说　明	应用举例
灰铸铁	HT150	“HT”为“灰铁”二字汉语拼音的第一个字母，数字表示抗拉强度 如 HT150 表示灰铸铁的抗拉强度 σb≥175～120MPa(2.5mm＜铸件壁厚≤50mm)	用于制造端盖、齿轮泵体、轴承座、阀壳、管子及管路附件、手轮、一般机床底座、床身、滑座、工作台等
	HT200		用于制造汽缸、齿轮、底架、机体、飞轮、齿条、衬筒、一般机床铸有导轨的床身及中等压力(8MPa 以下)的油缸、液压泵和阀的壳体等
一般工程用铸钢	ZG270-500	“ZG”系“铸钢”二字汉语拼音的第一个字母，后面的第一组数字代表屈服强度值，第二组数字代表抗拉强度值	用途广泛，可用作轧钢机机架、轴承座、连杆、箱体、曲拐、缸体等
锡青铜	ZCuSn5Pb5-Zn5	铸造非铁合金牌号的第一个字母“Z”为“铸”字汉语拼音第一个字母。基本金属元素符号及合金化元素符号，按其元素含义含量的递减次序排列在“Z”的后面，含量相等时，按元素符号在周期表中的顺序排列	在较高负荷、中等滑动速度下工作的耐磨、耐腐蚀零件，如轴瓦、衬套、缸套、活塞、离合器、泵体压盖以及蜗轮等

附表 8-2　常用热处理方法

名称	代号及标注示例	说　明	应　用
淬火	C C48 表示淬火回火至 HRC45～50	将钢件加热到临界温度以上，保温一段时间，然后在水、盐水或油中(个别材料在空气中)急速冷却，使其得到高硬度	用来提高钢的硬度和强度极限。但淬火会引起内应力使钢变脆，所以淬火后必须回火
回火	回 火	回火是将淬硬的钢件加热到临界点以下的温度，保温一段时间，然后在空气或油中冷却	用来消除淬火后的脆性和内应力，提高钢的塑性和冲击韧性
调质	T T235 表示调质至 HB220～250	淬火后在 450～650℃进行高温回火，称为调质	用来使钢获得高的韧性和足够的强度。重要的齿轮、轴及丝杠等零件进行调质处理
退火	Th Th185 表示退火至 HB170～220	将钢件加热到临界温度以上 30～50℃以上，保温一段时间，然后缓慢冷却(一般在炉中冷却)	用来消除铸、锻、焊零件的内应力，降低硬度，便于切削加工，细化金属晶粒，改善组织增加韧性
发蓝发黑	发蓝或发黑	将金属零件放在很浓的碱和氧化剂溶液中加热氧化，使金属表面形成一层氧化铁所组成的保护性薄膜	防腐蚀，美观。用于一般连接的标准件和其他电子类零件
布氏硬度	HB	材料抵抗硬的物体压入其表面的能力称为“硬度”。根据测定的方法不同，可分为布氏硬度、洛氏硬度和维氏硬度	用于退火、正火、调质的零件及铸件的硬度检验
洛氏硬度	HRC		用于经淬火、回火及表面渗氮、渗氮等处理的零件硬度检验
维氏硬度	HV		用于薄层氧化零件的硬度检验

参 考 文 献

[1] 技术产品文件标准汇编《技术制图》卷. 北京：中国标准出版社，2006.

[2] 中华人民共和国国家标准《机械制图》汇编. 北京：中国标准出版社，2004.

[3] 王槐德主编. 机械制图新旧标准代换教程. 北京：中国标准出版社，2008.

[4] 刘小年，杨月英主编. 机械制图集. 北京：高等教育出版社，2007.

[5] 张萌克主编. 机械制图. 北京：机械工业出版社，2006.

[6] 高俊亭，毕万全，马全明主编. 工程制图. 北京：高等教育出版社，2008.